《浙江植物志（新编）》编辑委员会 编著

浙江植物志 新编

Flora of Zhejiang

（New Edition）

第九卷　泽泻科—禾本科

Volume 9

Alismataceae—Poaceae

浙江科学技术出版社

图书在版编目(CIP)数据

浙江植物志：新编. 第九卷 /《浙江植物志（新编）》编辑委员会编著. — 杭州：浙江科学技术出版社，2021.6
ISBN 978-7-5341-9435-1

Ⅰ. ①浙… Ⅱ. ①浙… Ⅲ. ①植物志－浙江 Ⅳ. ① Q948.525.5

中国版本图书馆 CIP 数据核字（2021）第 010392 号

书　　名	浙江植物志（新编）·第九卷
编　　著	《浙江植物志（新编）》编辑委员会
出版发行	浙江科学技术出版社
	杭州市体育场路 347 号　邮政编码：310006
	编辑部电话：0571-85152719
	销售部电话：0571-85176040
	网址：www.zkpress.com
排　　版	杭州万方图书有限公司
印　　刷	浙江新华数码印务有限公司
经　　销	全国各地新华书店
开　　本	889mm×1194mm　1/16　　印　张　38.75
字　　数	884 000
版　　次	2021 年 6 月第 1 版　　2021 年 6 月第 1 次印刷
书　　号	ISBN 978-7-5341-9435-1　　定　价　350.00 元

版权所有　翻印必究

（图书出现倒装、缺页等印装质量问题，本社销售部负责调换）

策划组稿	章建林　詹　喜	责任编辑	赵雷霖　李亚学
责任校对	赵　艳　陈宇珊	封面设计	金　晖
责任印务	叶文炀		

【内容提要】

本卷记载了浙江省野生或习见栽培的被子植物（泽泻科至禾本科）17科，197属，523种（不计种下分类群，但浙江无原种的种下分类群以种计）。其中包括本志作者自《浙江植物志（新编）》编著项目启动以来发表的新分类群（新种、新亚种和新变种）2个，新组合1个，浙江分布新记录科1个，新记录属8个，新记录种（含亚种和变种）38个，订正了3个以往错误鉴定种。每种植物均有中名、拉丁名、形态描述、产地、生境、分布、用途等记述，92%以上种类附有野外实地拍摄的彩色图片。

本卷可供农业、林业、园艺、医药、环保等行业的科技人员、管理人员及广大植物爱好者参考，也可作为各类院校植物学、农学、林学、园艺学、药学、生态学等相关专业的辅助教材。

Summary

In this volume, 523 species belonging to 197 genera in 17 families (from Alismataceae to Poaceae) are recorded, which are wild and commonly cultivated species in Zhejiang Province. The species covered in this volume include 2 new taxa (new species, new subspecies and new variety), 1 new combination, 1 family newly recorded with 8 genera newly recorded, 38 species newly recorded(with subspecies and variety) in Zhejiang. 3 formerly mis-identified species were clarified. Each species contains Chinese name, scientific name, morphological description, locality, habitat, distribution and economic usage, etc. More than 92% species are accompanied by color picture obtained form original observation.

This book can be used as a reference for scientists and technicians, managers and plant hobbyists of agriculture, forestry, horticulture, medicine and pharmacy and environmental protection and other relative fields, It also can be course material for various majors in botany, agriculture, forestry, horticulture, pharmacy , ecology, etc.

《浙江植物志(新编)》编辑委员会

主　　　任　胡　侠（2018年12月起在任）
　　　　　　林云举（2014年11月至2018年12月在任）
副 主 任　吴　鸿　杨幼平　王章明（常务）　陆献峰
　　　　　　于明坚　江　波　吾中良　章滨森
委　　　员　柳新红　陈华新　朱光权　丁良冬　孙晓霞

主　　　编　李根有　丁炳扬
副　主　编　金孝锋　陈征海　张方钢　金水虎
编　　　委　李根有　丁炳扬　金孝锋　陈征海　张方钢
　　　　　　金水虎　柳新红　赵云鹏

顾　　　问　郑朝宗　裘宝林

组 织 编 著　浙江省林业局
　　　　　　浙江省植物学会

Editorial Board of Flora of Zhejiang (New Edition)

Directors

Hu Xia (Served from December 2018)

Lin Yunju (Served from November 2014 to December 2018)

Vice directors

Wu Hong	Yang Youping	Wang Zhangming
Lu Xianfeng	Yu Mingjian	Jiang Bo
Wu Zhongliang	Zhang Binsen	

Committee members

Liu Xinhong	Chen Huaxin	Zhu Guangquan
Ding Liangdong	Sun Xiaoxia	

Editors-in-chief

Li Genyou Ding Bingyang

Associate editors-in-chief

Jin Xiaofeng	Chen Zhenghai	Zhang Fanggang
Jin Shuihu		

Editorial board

Li Genyou	Ding Bingyang	Jin Xiaofeng
Chen Zhenghai	Zhang Fanggang	Jin Shuihu
Liu Xinhong	Zhao Yunpeng	

Advisers

Zheng Chaozong Qiu Baolin

Organizers

Zhejiang Administration of Forestry

Botanical Society of Zhejiang

本卷编著者及分工

卷 主 编　丁炳扬
卷副主编　马乃训　王金旺
编 著 者　泽泻科、水鳖科、水蕹科、眼子菜科、川蔓藻科、茨藻科、角果藻科、
　　　　　菖蒲科、浮萍科、禾本科禾亚科（稻属、假稻属、水禾属、菰属、弓果黍属、
　　　　　黍属、距花黍属、囊颖草属、求米草属、稗属、臂形草属、野黍属、雀稗属、
　　　　　膜稃草属、马唐属、狗尾草属、狼尾草属、蒺藜草属、伪针茅属、稗荩属、
　　　　　小丽草属、柳叶箬属）
　　　　　王金旺（浙江省亚热带作物研究所）
　　　　　霉草科
　　　　　张芬耀（浙江省森林资源监测中心）
　　　　　无叶莲科、禾本科禾亚科（除王金旺承担的属外）
　　　　　丁炳扬（浙江省林业科学研究院）
　　　　　棕榈科（槟榔科）
　　　　　周　庄（浙江省亚热带作物研究所）
　　　　　天南星科
　　　　　张益锋（绍兴文理学院）　丁炳扬（浙江省林业科学研究院）
　　　　　鸭跖草科
　　　　　杨少宗（浙江省林业科学研究院）
　　　　　谷精草科、灯心草科
　　　　　吴棣飞（温州市公园管理处）

禾本科竹亚科（分属检索表、东笆竹属、刚竹属、井冈寒竹属、筇竹属、巴山木竹属）

马乃训（中国林业科学研究院亚热带林业研究所）

禾本科竹亚科（玉山竹属、矢竹属、方竹属、大节竹属、酸竹属、少穗竹属）

张文燕（中国林业科学研究院亚热带林业研究所）

禾本科竹亚科（簕竹属、绿竹属、慈竹属、牡竹属）

袁金玲（中国林业科学研究院亚热带林业研究所）

禾本科竹亚科（苦竹属）

岳晋军（中国林业科学研究院亚热带林业研究所）

禾本科竹亚科（赤竹属、箬竹属、倭竹属）

李伟成（国家林业和草原局竹子研究开发中心）

禾本科竹亚科（业平竹属、唐竹属）

王　波（浙江省林业科学研究院）

Authors and Division

Volume editor-in-chief

Ding Bingyang

Volume associate editor-in-chief

Ma Naixun and Wang Jinwang

Authors

Alismataceae, Hydrocharitaceae, Aponogetonaceae, Potamogetonaceae, Ruppiaceae, Najadaceae, Zannichelliaceae, Acoraceae, Lemnaceae, Poaceae Subfam. Pooideae (Oryza, Leersia, Hygroryza, Zizania, Cyrtococcum, Panicum, Ichnanthus, Sacciolepis, Oplismenus, Echinochloa, Brachiaria, Eriochloa, Paspalum, Hymenachne, Digitaria, Setaria, Pennisetum, Cenchrus, Pseudoraphis, Sphaerocaryum, Coelachne, Isachne)

Wang Jinwang (Zhejiang Institute of Subtropical Crops)

Triuridaceae

Zhang Fenyao (Zhejiang Monitoring Centre for Forest Resources)

Petrosaviaceae, Poaceae Subfam. Pooideae (Except for the genus undertaken by Wang Jinwang)

Ding Bingyang (Zhejiang Academy of Forestry)

Arecaceae

Zhou Zhuang (Zhejiang Institute of Subtropical Crops)

Araceae

Zhang Yifeng (Shaoxing University), Ding Bingyang (Zhejiang Academy of Forestry)

Commelinaceae

Yang Shaozong (Zhejiang Academy of Forestry)

Eriocaulaceae, Juncaceae

Wu Difei (Park Administrative Office of Wenzhou)

Poaceae Subfam. Bambusoideae (Key to Genus, Sasaella, Phyllostachys, Gelidocalamus, Qiongzhuea, Bashania)

Ma Naixun (Research Institute of Subtropical Forestry, Chinese Academy of Forestry)

Poaceae Subfam. Bambusoideae (Yushania, Pseudosasa, Chimonobamubusa, Indosasa, Acidosasa, Oligostachyum)

Zhang Wenyan (Research Institute of Subtropical Forestry, Chinese Academy of Forestry)

Poaceae Subfam. Bambusoideae (Bambusa, Dendrocalamopsis, Neosinocalamus, Dedrocalamus)

Yuan Jinling (Research Institute of Subtropical Forestry, Chinese Academy of Forestry)

Poaceae Subfam. Bambusoideae (Pleioblastus)

Yue Jinjun (Research Institute of Subtropical Forestry, Chinese Academy of Forestry)

Poaceae Subfam. Bambusoideae (Sasa, Indocalamus, Shibataea)

Li Weicheng (China National Bamboo Research Center)

Poaceae Subfam. Bambusoideae (Semarundinaria, Sinobambusa)

Wang Bo (Zhejiang Academy of Forestry)

序 一

浙江植物学专家前辈历经10年的辛勤努力，于1993年出版了8卷《浙江植物志》(7卷加总论卷)，记载了浙江野生与习见栽培的维管植物共231科，1372属，4444种(含种下等级)。该志编撰严谨，图文并茂，荣获浙江省科技进步一等奖(1994)、第二届国家图书奖(1995)，不仅深受社会各界欢迎，出现了一书难求的现象，还成为浙江乃至周边省份科研、科普、教学、生产的必备参考书，在浙江省的经济建设、生态保护等方面发挥了非常重要的作用。

《浙江植物志》出版之后的20多年中，随着经济的飞速发展，省外及国外一些植物物种被大量引入，同时浙江新一代植物学工作者在继承前辈严谨工作作风的基础上，不懈努力，深入调查，又发现了众多的植物新分类群和分布新记录。而这些资料均分散在各种期刊和著作中，不利于各行各业应用。因此，《浙江植物志(新编)》的出版顺应了时代的发展和社会的需求，意义重大。

《浙江植物志(新编)》对原志书进行了全面的、系统的补充修订，并在被子植物部分采用了当代著名的四大被子植物分类系统之一的克朗奎斯特(Cronquist)分类系统(1988)；本志书用精美的彩色照片代替了原来的线描图，使之更具直观性和实用性，这在省级植物志书中是非常有特色的。

全套志书由原来的8卷增加至10卷；收录种类比原志书有了大量增加，其中有近年发现的新分类群100余个，新记录科3个，新记录属80多个，新记录种400多个，同时增加了很多物种的新分布点；对原记载的植物逐种进行了考证，对不少植物学名根据新的资料予以了更正，对一些原来鉴定错误或经调查已无栽培的种类进行了更正与删减，充分汲取了植物分类的最新研究成果，使之更具科学性和准确性。

由此可见，本套志书在学术水平上又有了较大的提升，充分体现出了编撰志书为地方经济建设及基层大众服务的初衷。相信本套志书出版之后，定会为浙江省的植物学研究、教学、科普以及植物资源的开发利用与保护等发挥重要作用。

我注意到，在从事植物经典分类人才越来越稀缺的今天，在经济较发达的浙江，仍有一批中青年植物学者执着地坚守在基础研究的岗位上。这让我尤为高兴。

在本套志书编撰之初，我与浙江同行就有了密切的书信联系和问题交流，并自始至终给予了特别关注。得知本套志书即将陆续出版，甚感欣慰，特予作序。

中国科学院植物研究所研究员
中国科学院院士

2019年5月于北京

序 二

　　浙江地处我国东南沿海，陆域面积不大，但自然条件优越，植物资源丰富，人文底蕴深厚，有钟观光、钱崇澍、李善兰等植物学先驱，并涌现出了陈嵘、张肇骞、钟补求、蔡希陶、王伏雄、吴中伦、梁希、杨衔晋、林刚、陈诗、陈谋、贺贤育等林学家、植物分类学家和采集家，成为我国现代植物学的重要发源地之一。独特的区域优势和丰富的植物资源，吸引了众多国内外学者来浙江开展采集和研究工作，除浙江籍人士外，还有胡先骕、秦仁昌、郑万钧、陈焕镛、裴鉴、唐进、耿以礼、郑勉、裴佩熹、J. Cunningham、R. Fortune、E. Faber、F.B. Forbes、W.B. Hemsley、S. Matsuda、C.S. Sargent、H. Migo、A.N. Steward 等，为浙江的植物资源调查和分类研究奠定了基础。

　　1993 年，本人有幸受邀参加"浙江植物资源调查研究及《浙江植物志》编著"成果评审会，方云亿、章绍尧等浙江老一辈植物分类学家踏实严谨、精益求精的科研作风给我留下了深刻印象。研究成果获得了浙江省科技进步一等奖（1994），《浙江植物志》还获得第二届国家图书奖和第七届全国优秀科技图书一等奖（1995），成为省级植物志的典范。《中国植物志》于 2004 年全部出版，有人认为植物分类学家从此已无用武之地。殊不知，由于历史原因，就整体而言，我国植物分类学还处在描述阶段。浙江省的植物分类学者认识到这一点，他们承前启后，不仅自己奋斗，还培养人才，为这一领域注入了活力。浙江省的植物资源调查研究工作方兴未艾，相继出版了《浙江种子植物检索鉴定手册》等专著，积累了丰富翔实的新资料，结出了新成果。

　　《浙江植物志（新编）》由浙江省 27 家单位的 50 余位专家参与编研工作。通过大规模和系统的野外考察、标本采集、照片拍摄，收录的种类大幅增加，其中有近年发现的新记录科 3 个，新记录属 80 多个，新记录种 400 多个，充实了浙江乃至全国植物区系地理的内容；全书 85% 以上的种类配有实地拍摄的彩色照片，图文并茂。与《浙江植物志》相比，《浙江植物志（新编）》种类收录更齐全，分类处理更合理，兼顾科学性、可读性、实用性和鉴赏性。在此，我对本志编著者和浙江科学技术出版社相关人员所付出的心血表示感谢，也希望浙江的植物分类工作者再接再厉，继续开展更深入的植物资源调查和研究，在分类修订、生物多样性编目、物种形成、系统发生和进化、亲缘地理等方面取得新的更大的成绩。

　　是为序。

中国植物学会名誉理事长
中国科学院院士　洪德元
2019 年 6 月于北京

前　言

浙江位于中国东南沿海，长江三角洲南翼，东临东海，南接福建，西与安徽、江西相连，北与上海、江苏接壤，地理坐标为 27°02′～31°11′N，118°01′～123°10′E。陆地面积10.55万平方千米，约占全国的1.1%，是我国陆地面积最小的省份之一。全省以山地丘陵为主，素有"七山一水二分田"之说。因地处中亚热带，全省气候温和，雨量充沛，山脉纵横，丘陵起伏，河谷、平原、盆地交错分布，海岸曲折，岛屿众多，自然环境复杂多样，利于各类植物繁衍生息，加之地史古老，孕育并保存了丰富的植物种类，享有"东南植物宝库"之美誉。

浙江境内的植物标本采集与调查工作始于18世纪初期。随着杭、甬等地通商口岸的开放，J. Cunningham、R. Fortune、E. Faber等10多个国家的50多位学者先后进入浙江的舟山、宁波、杭州、台州等地开展植物标本的采集和调查工作，对早期植物科学的传播及植物分类资料的积累起到了重要作用。在我国最早科学系统地开展植物标本采集的是钟观光（北仑），之后在浙江涌现出了一批我国近代植物分类学家和采集家，如钱崇澍（海宁）、陈嵘（安吉）、钟补勤（北仑）、钟稼勤（北仑）、钟补求（北仑）、林刚（平阳）、陈诗（诸暨）、陈谋（诸暨）、吴中伦（诸暨）、贺贤育（镇海）等。我国许多著名植物分类学家也曾先后来浙江进行采集、研究，如胡先骕、张肇骞、秦仁昌、郑万钧、耿以礼、唐进、裴鉴、郑勉、裴佩熹等。因此，浙江也成为我国近代植物分类研究的发祥地之一。中华人民共和国成立后，浙江省人民政府对植物资源的普查工作非常重视，陆续组织开展了一些专题性或区域性的植物资源普查工作，积累了大量的标本和资料，为植物志书的编写奠定了良好的基础。

1982年，浙江省科委下达了089号文件，组织省内19家大专院校、科研单位的50余位科研、教学专家，开展了《浙江植物志》的编著工作。他们通过野外考察、标本查阅、资料整理、潜心编撰，历经十载寒暑，出版了洋洋8卷巨著。全志共记载浙江野生及习见栽培植物231科，1372属，3897种，30亚种，391变种，126变型，第一次全面系统地展示了浙江植物资源的全貌。该项目荣获浙江省科学技术进步奖一等奖（1994）。《浙江植物志》还获得第二届国家图书奖（1995）及第七届全国优秀科技图书一等奖（1995）。长期以来，作为省内外植物专业人士、学生及社会有关人员必不可少的权威工具书，《浙江植物志》在浙江省的经济和生态建设方面发挥了极为重要的作用。

《浙江植物志》出版后的20多年中，社会、经济、文化、环境等方面均发生了翻天覆地的变化，植物种类、相关信息也相应地产生了巨大的改变。随着交通状况不断改善和植物分类知识的广泛普及，在年青一代专业人员的不懈努力下，植物调查和研究工作更为全面和深入，新发现也逐渐增多。据初步统计，在本项目进行之前就已发现新种

(含种下等级)或新记录种350多个;在此期间,国内外植物分类和系统进化等方面的研究也取得了长足发展,被 Flora of China 和其他文献归并的有300余种,分类等级或学名改变的有300多种;与此同时,很多历史上曾经引种的植物已经消失,而在走向国际化的进程中,更多与农业、林业、园林、医药相关的新资源植物又被不断地引进栽培,种类变动的数量高达本志书记载总数的近1/4。

近些年来,在浙江各级政府的高度重视下,植物资源调查研究工作的开展如火如荼、方兴未艾。在本志编撰前及期间,浙江的科研团队相继出版了《温州植物志》(5卷)、《杭州植物志》(3卷)、《宁波植物图鉴》(5卷)等区域性志书,以及一批实用性图鉴或专著,如《浙江种子植物检索鉴定手册》《浙江野菜100种精选图谱》系列丛书、《浙江省常见树种彩色图鉴》、《宁波珍稀植物》、《宁波滨海植物》、《玉环木本植物图谱》、《台州乡土树种识别与应用》、《慈溪乡土树种彩色图谱》、《莫干山区乡土树种》等;各地已建或新建自然保护区的资源普查工作陆续开展,出版了《天目山植物志》(4卷)、《清凉峰植物》、《清凉峰木本植物志》(2卷)、《百山祖的野生植物》等专著和科学考察报告,积累的新资料越来越丰富。党的十八大后,中共浙江省委、省人民政府统筹推进"五位一体"总体布局,十分重视生态建设和植物资源保护工作。在新形势下,迫切需要厘清浙江省植物种类、分布、生存状况及开发利用价值,为森林、湿地、物种三条"生态保护红线"的研究与监测提供信息丰富、数据准确、功能完善的基础资料。如今,社会安宁,经济繁荣,修志时机已充分成熟,工作基础也已相对夯实。因此,为适应新形势的快速变化,尽早编撰一部能反映浙江植物资源现状的志书已是大势所趋和当务之急。

经过一段时间的酝酿和筹备,2014年年底,由浙江省林业局(原浙江省林业厅)与浙江省植物学会联合组织成立了《浙江植物志(新编)》编委会,聚集全省27家教学、科研、生产单位的50余位专家和学者,正式启动了"浙江省野生植物资源调查、建档、编纂及《浙江植物志》(第二版)编著"项目(浙江省财政项目,编号:335010-2015-0005)。

5年来,编委会召开了10余次全体或扩大会议,制订和完善了编写大纲和细则,并提出全部采用彩色照片及系统更先进、种类更齐全、资料更丰富、数据更准确、使用更方便的要求;组织了数百次规模不等的野外科学考察活动,时间覆盖一年四季,地点遍及全省各地,拍摄了100余万幅植物种类和生境彩色照片,采集标本5000余号,发现了众多的植物新类群和省级以上分布新记录植物,获取了大量植物新分布点及新用途等重要信息;参编者查阅了大量文献资料,以及省内外各大植物标本馆、中国数字植物标本馆(CVH)、国家标本资源共享平台(NSII)的大量相关标本,对不少有疑问的植物类群和学名进行了认真考证,发表研究论文上百篇,取得了丰硕的成果。

本套志书共10卷,收录的种类原则上为浙江省境内野生、归化、逸生及当下习见栽培的植物。具体收录的种类和内容如下:第一卷为概论(包括采集研究简史、区系特征、资源植物），蕨类植物门，石杉科至满江红科，计50科；第二卷为裸子植物门，苏铁科至红豆杉科，计10科，被子植物门，木兰科至荨麻科，计33科；第三卷为胡桃科至杨柳科，计36科；第四卷为白花菜科至蔷薇科，计17科；第五卷为含羞草科至茶茱萸科，计26科；第六卷为黄杨科至夹竹桃科，计27科；第七卷为萝藦科至胡麻科，计19科；第八卷为紫葳科至菊科，计9科；第九卷为泽泻科至禾本科，计17科；第十卷为莎草科至兰科，计18科。

本志的编写及出版工作得到了社会各界的大力支持和热切关注。中国科学院植物研究所王文采院士、洪德元院士自始至终给予了倾情关注和悉心指导；郑朝宗教授、裘宝林教授不顾年老体迈，欣然受邀担任本志顾问，并多次亲临现场指导、细心审阅资料；许多参与《浙江植物志》编著工作的省内老一辈植物分类学家为本志的编写建言献策，并寄予热切厚望；浙江科学技术出版社本着公益精神，不求赢利，为高质量出版本志，与编委会进行了密切合作；省内外植物分类专家及爱好者为本志无私提供了相关信息和高质量照片；江苏省中国科学院植物研究所标本馆（NAS），中国科学院昆明植物研究所标本馆（KUN），中国科学院西北高原生物研究所植物标本馆（HNWP），中国科学院植物研究所标本馆（PE），中国科学院华南植物园标本馆（IBSC），中国科学院沈阳应用生态研究所东北生物标本馆（IFP），安徽师范大学生命科学学院生物标本馆植物标本室（ANUB），以及杭州植物园植物标本馆（HHBG）、浙江农林大学植物标本馆（ZJFC）、浙江自然博物院植物标本馆（ZM）、浙江大学植物标本馆（HZU）、杭州师范大学植物标本馆（HTC）、温州大学植物标本馆（WZU）等为本志作者查阅标本给予了极大方便；全省各县（市、区）及自然保护区等单位的领导和技术人员在植物资源考察过程中给予了大力支持；原浙江省林业厅厅长林云举、副厅长王章明一直将本项目作为重要工作来抓，对编写过程中遇到的困难和问题都给予了及时解决；浙江省野生动植物保护管理总站吾中良站长、章滨森站长、陈华新副站长，浙江省林业科学研究院江波院长，浙江省森林资源监测中心汪奎宏主任以及本志编委会办公室的柳新红、朱光权、陈友吾、孙晓霞等同志在本志的调查和编写过程中做了大量组织、协调和日常管理工作。所有这一切，都为本志编研工作的顺利开展和完成提供了强有力的保障。谨在此一并致以诚挚的谢意！

由于编著者研究水平、编研时间所限，志书中难免存在不足之处，恳盼读者不吝指正。

《浙江植物志（新编）》编辑委员会

执笔：李根有

2019年4月30日

编写说明

1. 本志收录的种类原则上为浙江省境内野生、归化、逸生及当下习见栽培的维管植物。蕨类植物采用秦仁昌分类系统（1978）；裸子植物采用郑万钧分类系统（1978）；被子植物采用克朗奎斯特（Cronquist）分类系统（1988），但对个别科做了适当调整，如芍药科（根据王文采先生意见，移至毛茛科之后）、禾本科（因考虑分卷平衡原因，与莎草科位置对调）等。

2. 本志收载的种下等级包括亚种和变种，变型不单独著录，只在种下讨论中予以附记，列出名称（中名、拉丁名）和主要鉴别特征。对于栽培植物的品种通常不作划分。在种类统计上以种系为单位，即浙江无模式亚种（变种）的亚种（变种）以种计数［1个种系下不止1个亚种（变种）的只计1个］，其余亚种（变种）不作计数。

3. 本志对浙江省自然分布种类省内产地情况的著录，除全省均有分布的外，尽可能反映其产地信息。为节省篇幅，以地级市为单位编写，如某市大部分县（县级市和区）有产的只写出该地级市名称；对于不是大部分县（县级市和区）有产的则直接列出县（县级市和区）名称（与地级市间用"及"连接）；对于一些老市区间难以明确划分界线的简称为"市区"。产地名称和范围的行政区划资料截至2014年，但为更好地反映植物分布的自然属性，部分市区仍作独立产地予以记载。具体如下：

湖州：湖州市区（吴兴、南浔）、长兴、安吉、德清。

嘉兴：嘉兴市区（南湖、秀洲）、嘉善、平湖、桐乡、海盐、海宁。

杭州：杭州市区（上城、下城、江干、拱墅、西湖、余杭）、萧山（含滨江）、富阳、临安、桐庐、建德、淳安。

绍兴：绍兴市区（越城、柯桥）、上虞、诸暨、嵊州、新昌。

宁波：宁波市区（海曙、江东、江北、镇海、北仑）、鄞州、慈溪、余姚、奉化、象山、宁海。

舟山：定海、普陀、岱山、嵊泗。

衢州：衢州市区（柯城、衢江）、开化、常山、江山、龙游。

金华：金华市区（婺城、金东）、浦江、兰溪、义乌、东阳、磐安、永康、武义。

台州：台州市区（椒江、路桥、黄岩）、天台、三门、临海、仙居、温岭、玉环。

丽水：莲都、缙云、遂昌、松阳、龙泉、庆元、云和、景宁、青田。

温州：温州市区（鹿城、龙湾、瓯海）、洞头、乐清、永嘉、瑞安、文成、平阳、苍南、泰顺。

4．本志对浙江省分布的植物种类国内分布情况的著录，除全国均有分布的外，分大区（东北、华北、华东、华中、华南、西南、西北）和省（自治区、直辖市）两级编写，如大区内大部分省（自治区、直辖市）有分布的只写出该大区名称；对于不是大部分省（自治区、直辖市）有分布的则直接列出省（自治区、直辖市）名称，与大区间用"及"连接。分布区名称和范围以2014年的行政区划为依据，但为更好地反映植物分布的自然属性，对部分地区做了适当调整。具体如下：

东北：黑龙江、吉林、辽宁。

华北：内蒙古、河北（含北京、天津）、山西、山东。

华东：江苏（含上海）、安徽、浙江、江西、福建。

华中：河南、湖北、湖南。

华南：台湾、广东（含香港、澳门）、海南、广西。

西南：四川（含重庆）、贵州、云南、西藏。

西北：陕西、宁夏、甘肃、青海、新疆。

目　　录

一六八	泽泻科	Alismataceae	1
一六九	水鳖科	Hydrocharitaceae	14
一七〇	水蕹科	Aponogetonaceae	26
一七一	眼子菜科	Potamogetonaceae	28
一七二	川蔓藻科	Ruppiaceae	37
一七三	茨藻科	Najadaceae	39
一七四	角果藻科	Zannichelliaceae	45
一七五	霉草科	Triuridaceae	47
一七六	无叶莲科	Petrosaviaceae	50
一七七	棕榈科（槟榔科）	Arecaceae	52
一七八	菖蒲科	Acoraceae	77
一七九	天南星科	Araceae	79
一八〇	浮萍科	Lemnaceae	113
一八一	鸭跖草科	Commelinaceae	119
一八二	谷精草科	Eriocaulaceae	139
一八三	灯心草科	Juncaceae	147
一八四	禾本科	Poaceae	158

中名索引 568

拉丁名索引 579

附录 596

一六八　泽泻科 Alismataceae

水生或沼生草本。具根状茎、匍匐茎、球茎或珠芽。叶基生；叶片常挺水，稀浮水或沉水；叶形变化大，具平行脉、弧状脉及横小脉；叶柄基部扩大成鞘。花单性或两性，雌雄同株或异株，常轮状排成总状或圆锥花序，稀伞形花序；花萼3，宿存；花瓣3，覆瓦状排列；雄蕊6至多数，稀3；花丝分离，花药2室；心皮多数，稀6~9，分离或基部连合，螺旋状排列于突起的花托上或轮状排列于扁平的花托上；子房上位，1室，具1胚珠，着生于子房基部；花柱宿存。聚合瘦果，稀蓇葖果或小坚果。种子常褐色或紫色，胚马蹄形，无胚乳。

13属，约100种，世界广泛分布，以北半球温带和热带地区为主。我国有7属，20种；浙江有5属，12种。

分属检索表

1. 花单性或两性；雄花生于花序上部，雌花或两性花生于花序下部 …… **1. 慈姑属 Sagittaria**
1. 花两性。
　　2. 心皮螺旋状排列在花托上。
　　　　3. 花序不分枝，花序轴上常仅有1花或达3花 …… **2. 毛茛泽泻属 Ranalisma**
　　　　3. 花序常分枝，排成大型圆锥花序。
　　　　　　4. 叶片宽心形至肾形，先端钝圆或凹；雄蕊6~12 …… **3. 泽薹草属 Caldesia**
　　　　　　4. 叶片条形、披针形至卵形，先端钝至锐尖；雄蕊多数 …… **4. 刺果泽泻属 Echinodorus**
　　2. 心皮轮状排列在扁平的花托上 …… **5. 泽泻属 Alisma**

❶ 慈姑属 Sagittaria L.

水生或沼生草本。具根状茎、球茎或珠芽。叶基生；叶沉水、浮水或挺水；叶片条形、心形至箭形，具长柄，基部扩大成鞘。总状或圆锥花序，分枝成轮，每轮常3花，具3苞片；花单性或两性，雌雄同株或异株；雄花生于上部，花梗细长；雌花生于下部，花梗粗短；萼片3，宿存；花瓣3，白色；雄蕊9至多数；心皮多数，离生，螺旋状排列于隆起的花托上。瘦果侧扁，常具翅。种子马蹄形。

约30种，分布于温带和热带地区。我国有8种；浙江有6种。

分种检索表

1. 叶片箭形或深心形；花序圆锥状或总状，如为总状花序，则叶片浮水。

2.叶柄细长,柔软,叶片沉水或浮水,浮水叶片宽卵形或卵状椭圆形;总状花序 ················
·· 1.冠果草 S. guayanensis subsp. lappula
2.叶柄粗壮,直立,挺水,叶片箭形;圆锥花序。
　　3.叶腋内有珠芽;外轮花被片不反折,花后仍包着心皮;瘦果两侧具脊 ················
··· 2.利川慈姑 S. lichuanensis
　　3.叶腋无珠芽;外轮花被片花后反折;瘦果两侧无脊 ············ 3.野慈姑 S. trifolia
1.叶片条形、条状卵形,或条形叶和箭形叶同时存在;总状花序。
　　4.挺水叶有叶柄,叶片条状卵形,或条形叶和箭形叶同时存在。
　　　　5.挺水叶片条状卵形 ····································· 4.阔叶慈姑 S. platyphylla
　　　　5.挺水叶片条形和箭形同时存在 ··················· 5.小慈姑 S. potamogetonifolia
　　4.叶均无叶柄,全部条形 ································· 6.矮慈姑 S. pygmaea

1. 冠果草　（图9-1）

Sagittaria guayanensis Kunth subsp. **lappula** (D. Don) Bogin

多年生水生草本。叶基生；叶片沉水或浮水，沉水叶片条形或叶柄状，浮水叶片宽卵形或卵状椭圆形，长3～10cm，宽2～8cm，先端圆形，基部深心形，全缘，掌状脉9～12；叶柄近盾状着生，基部扩大成鞘。总状花序具1～3轮花，每轮具1～3花，每轮苞片3，苞片基部连合；花两性或单性，通常花序下部的为两性花，花梗粗短，花序上部的为雄花，或全为两性花；萼片宽卵形；花瓣白色，基部淡黄色，常有紫色斑点；雄蕊6～12，花丝基部连合；两性花有多数离生心

图9-1　冠果草

皮。瘦果侧扁，倒卵形或椭圆形，两侧有鸡冠状突起，果喙自腹侧斜出。花果期6—10月。

产于松阳、景宁、平阳（南雁）。生于水沟或水田中。分布于长江以南各地。亚洲东部和东南部、非洲热带地区也有。产于松阳的为20世纪20年代标本，产于景宁、平阳的为近年发现的野生植株。

模式亚种 S. guayanensis Kunth 瘦果较小，背翅狭，鸡冠状突起不明显，整个瘦果稍膨胀，分布于南美洲热带地区，我国不产。

2. 利川慈姑（图9-2）
Sagittaria lichuanensis J.K. Chen, S.C. Sun et H.Q. Wang

多年生水生或沼生草本。叶基生；叶挺水，直立，叶片箭形，长约15cm，顶裂片长4.5～8cm，宽2.5～6cm，侧裂片长6～9cm；叶柄长25～30cm，基部具鞘，鞘内有褐色、倒卵形珠芽。圆锥花序长15～35cm，具4至多轮花，每轮具2～3花；花单性；外轮花被片卵形，宿存，花后包住心皮顶部，内轮花被片白色；雌花1～2轮，雄花多轮；雄蕊15～18；心皮离生，集成球形。瘦果侧扁，两侧具脊。花果期7—10月。

产于衢州市区、磐安、龙泉、庆元、青田、瑞安、苍南。生于沼泽、山间湿地、农田水沟等浅水中。分布于江苏、江西、福建、湖北、广东、贵州等地。

图9-2　利川慈姑

3. 野慈姑 （图9-3）

Sagittaria trifolia L. — *S. trifolia* form. *longiloba* (Turcz.) Makino

多年生水生或沼生草本。根状茎横走，末端常膨大成球茎。叶基生；沉水叶片条形，挺水叶片箭形，大小变化很大，长5～30cm，顶裂片卵形至三角状披针形，长5～20cm，先端渐尖稍钝头，侧裂片狭长，披针形，长于顶裂片，先端长渐尖；叶柄长20～60cm，三棱形。总状花序常组成圆锥花序；花单性，雄花生于花序上部，雌花生于下部；苞片卵形，长5～7mm；萼片卵形，长4～6mm；花瓣白色，倒卵形，长7～10mm；花丝扁平，长披针形，花药黄色；心皮离生，集成球形。瘦果侧扁，斜宽倒卵形，长3～4mm，具翅，背部翅上有1～4齿，果喙向上直立。花果期6—10月。

产于全省各地。生于池塘、水田、沟渠等浅水中。分布于我国南北各地。亚洲各国及欧洲也有分布。

图9-3 野慈姑

3a. 华夏慈姑　慈姑 （图9-4）
subsp. **leucopetala** (Miq.) Q.F. Wang — *S. trifolia* var. *sinensis* (Sims) Makino

与野慈姑的主要区别在于叶片宽大肥厚，顶端裂片宽卵形，宽10cm以上；花序分枝多，最下部的1~2轮常有3分枝；球茎显著膨大。

原产于我国，日本、朝鲜半岛及东南亚有栽培。我国长江以南各地均有栽培，尤以华东、华南较为普遍。全省各地有栽培，以平原地区为多，常逸生。生于水田中和沟渠、河流边缘浅水处。

球茎供食用。

图9-4　华夏慈姑

4. 阔叶慈姑　泽泻叶慈姑 （图9-5）
Sagittaria platyphylla (Engelm.) J.G. Sm.

多年生水生或沼生草本。无根状茎，具匍匐茎和球茎。叶片有沉水和挺水之分，沉水叶无柄，叶片扁平，挺水叶具柄，叶柄长20~60cm；叶片条状卵形，长5~15cm，宽1~6cm。总状花序挺水，花序梗长20~60cm；花单性，雌雄同株，常3花轮生，雄花生于花序上部，雌花生于下部；苞片基部合生，裂片膜质，披针形或三角形；萼片卵形，具白色膜质边缘；花瓣白色，近圆形或扇形；花丝膨大，具柔毛，花药黄色；心皮离生，集成球状。瘦果侧扁，具喙，两侧有薄翅。花果期7—10月。

原产于美洲，大洋洲和非洲有归化。华东、华南有引种。全省各地普遍栽培，常山、浦江、瓯海有归化。生于河沟浅水处或用于园林造景。

图9-5 阔叶慈姑

5. 小慈姑　小叶慈姑　（图9-6）
Sagittaria potamogetonifolia Merr.

多年生水生或沼生草本。茎较细弱，高15～30cm。沉水叶披针形，叶柄细弱；挺水叶条形

图9-6 小慈姑

或箭形，长3～10cm，顶裂片长1.5～5cm，宽0.2～1cm，侧裂片长2～6cm；叶柄长8～20cm，基部具鞘。总状花序具2～6轮花；花单性；1～3雌花着生于花序轴最下一轮；心皮多数，离生，两侧压扁；雄花多数，花梗细弱，雄蕊多数。瘦果倒卵形，侧扁，周围具膜质翅，果近镰刀状。花果期8—10月。

产于江山、松阳、龙泉、庆元。生于水田中、沟边。分布于华东和华南。

6. 矮慈姑（图9-7）
Sagittaria pygmaea Miq.

一年生，偶为多年生水生或沼生草本。具匍匐茎和小球茎。叶基生；叶片条形或条状披针形，长10～15cm，宽0.5～1cm，先端渐尖或急尖，稍钝头，基部鞘状，全缘，具多条平行脉，有横脉相连，无叶柄。总状花序；花单性，雌雄同株；2～5雄花生于花序上部，花梗长1～2cm；1雌花生于花序最下部；苞片卵形，长约2mm；萼片倒卵状长圆形，长约4mm；花瓣倒卵圆形，长6～8mm。瘦果扁平，宽倒卵形，两侧有薄翅，边缘具鸡冠状齿，长约3mm。花果期6—10月。

产于全省各地。生于水田、沟渠或沼泽中。分布于华东、华中、华南和西南。日本、朝鲜半岛也有。

全草可作饲料和绿肥。

图9-7　矮慈姑

2 毛茛泽泻属 Ranalisma Stapf

多年生水生或沼生草本。具根状茎。叶基生，直立，具长柄。花葶直立，1~3花着生于花葶顶端；花两性；萼片3；花瓣3；雄蕊9；心皮多数；花柱直立。瘦果侧扁，周围有薄翅，具宿存长喙。

2种，分布于亚洲及非洲热带和亚热带地区。我国有1种；浙江也有。

长喙毛茛泽泻　毛茛泽泻　（图9-8）
Ranalisma rostrata Stapf

多年生水生或沼生草本。具纤细匍匐根状茎。叶基生；叶片全缘，薄纸质；沉水叶披针形，挺水叶宽椭圆形或卵状椭圆形，先端急尖，基部心形或钝，边缘有纤毛，具3~5弧状脉，羽状脉明显；叶柄细长，基部扩大成鞘状。花葶直立，具1~3花；苞片2，卵状披针形；花两性；花瓣白色；萼片宽椭圆形，长为花瓣的1/2~2/3；雄蕊9，长为萼片的一半；心皮多数，离生，聚生于半球形的花托上；花柱长喙状，宿存，花后花托伸长。瘦果侧扁，周围有薄翅。花果期7—10月。

产于莲都（南明山），杭州市区、瓯海等地有栽培。生于浅水池沼中。分布于湖南、江西。印度、马来西亚、越南也有。

本种在我国十分稀少，莲都南明山野生种群已灭绝，目前有野外回归试验，种群恢复良好。为国家一级重点保护野生植物。

图9-8　长喙毛茛泽泻

❸ 泽薹草属 Caldesia Parl.

多年生水生或沼生草本。叶基生；叶片宽心形至肾形，具长柄。大型总状或圆锥花序，具总苞片及苞片；花两性；萼片3，宿存；花瓣3，白色；雄蕊6～12；心皮6至多数，离生，排列在花托上呈半球形，内有1弯生胚珠；花柱顶端狭窄。果实为聚合小坚果。

3种，分布于亚洲、欧洲、非洲和大洋洲。我国有2种；浙江均产。

1. 宽叶泽薹草（图9-9）
Caldesia grandis Sam.

多年生水生或沼生草本。根状茎直立。叶基生；叶片扁圆形，宽大于长，先端凹，中脉处急尖而突起，基部平直，叶脉隆起，平行，横脉密生；叶柄中下部具横隔，顶端呈叶枕状，基部渐宽，鞘状，边缘通常膜质。花葶直立，高30～60cm；圆锥花序分枝轮生，每轮常3分枝，下部1～3轮可再次分枝；苞片披针形，先端尖；花两性；萼片宿存，反折，椭圆形至宽卵形；花瓣白色，匙形或近倒卵形，平展或反折；雄蕊9～12；心皮多数，通常15～17，分离；花柱直立或微弯。小坚果具脊，果喙直立，或多少微弯。花果期7—9月。

产于青田（齐云山）。生于山地沼泽。分布于湖北、湖南、台湾、广东、云南。孟加拉国、印度、马来西亚、越南也有。

株型美丽，可供观赏。

图9-9 宽叶泽薹草

2. 泽薹草 圆叶泽泻
Caldesia parnassifolia (Bassi ex L.) Parl.

多年生水生草本。根状茎横走。叶基生；叶片长大于宽；沉水叶片小，卵形；浮水叶片较大，卵状心形乃至圆形，先端钝圆，有时微凹，基部深心形，全缘，有5～13弧状脉，有细密的斜出平行脉；叶柄细长，基部略扩大成鞘状。花葶直立，高30～90cm；圆锥花序分枝轮生，每轮常3分枝，稀达6分枝；总苞片披针形；花两性；萼片宽椭圆形，宿存；花瓣白色，早落；雄蕊6；心皮6～9，密集于半球形的花托上。小坚果倒卵形，侧扁，背面具肋，顶端有长喙，直立。花果期7—10月。

产于杭州市区、永康。生于沼泽地或池塘浅水处。分布于黑龙江、内蒙古、江苏、湖北、湖南、云南和陕西。亚洲（北部、东部、南部）、欧洲、大洋洲和非洲也有。

与宽叶泽薹草的主要区别在于后者叶片宽大于长，中脉处急尖而突起；雄蕊9～12；心皮多数，常15～17。

④ 刺果泽泻属 Echinodorus Rich. et Engelm. ex A. Gray

水生或沼生草本。叶片挺水或浮水，稀沉水；叶片条形、披针形至卵形，全缘或波状，先端钝至锐尖，基部楔形或心形；叶无柄或具柄，叶柄三棱形，稀圆柱形。总状花序或圆锥花序，稀伞形花序；总苞片粗糙，沿脉有小乳突或光滑；花两性；苞片钻形至披针形；萼片下弯或平展；花瓣白色；雄蕊多数；雌蕊15～250，螺旋状排列于突起的花托上。果实具纵肋，有时扁平，稀背面具脊，背面及侧面无翅，但具腺体。

26种，分布于西半球。我国有引种栽培或归化1种；浙江也有。

心叶刺果泽泻 （图9-10）
Echinodorus cordifolius (L.) Griseb.

多年生水生草本。具根状茎、匍匐茎。叶基生；叶片挺水，稀沉水；叶柄具脊；叶片卵形或椭圆形，基部心形，先端锐尖。总状花序，拱起外倾，花序下部常分枝，3～9轮，每轮有3～15花；花序轴三棱形，棱上具刺突；花两性；苞片显著，钻形，粗糙；花瓣白色；花梗不等长，长2～8cm；萼片平展，脉上具乳突；雄蕊22，"丁"字着药，花药外向；雌蕊多数。花后，在花梗基部生出腋芽，能发育成植株。幼果球状，种子倒披针形，具短喙，背面具脊，未见成熟果实。花果期8—10月。

原产于美洲。华东、华南有栽培。瓯海有归化。生于河流浅水处或水田中。

可用于水体治理或园林造景。

一六八　泽泻科 Alismataceae

图9-10　心叶刺果泽泻

5 泽泻属 Alisma L.

多年生水生或沼生草本。根状茎短。叶基生；叶片沉水或挺水，挺水叶片披针形至椭圆形，具长柄。花两性，轮生，伞形花序再集成大型圆锥花序，具苞片；萼片3，宿存；花瓣3，白色，覆瓦状排列；雄蕊6；心皮多数，离生，整齐排列在扁平的花托上。瘦果侧扁。

约11种，主要分布于温带和亚热带地区。我国有6种；浙江有2种。

1. 窄叶泽泻（图9-11）
Alisma canaliculatum A. Braun et C.D. Bouché

多年生挺水草本。具短根状茎。叶基生；沉水叶片条形，叶柄状；挺水叶片披针形，稍镰状弯曲，全缘，先端渐尖，基部楔形，中脉粗壮，每侧有平行脉2或3，叶柄基部扩大成鞘，边缘膜质。花葶高达1m，直立，由聚伞花序再集成圆锥花序；总苞片披针形；花两性；萼片长圆形，边缘膜质；花瓣倒卵形，白色，基部黄色；雄蕊6；心皮多数，整齐排成1轮，柱头略弯曲；花托在果期外突，呈半球形。瘦果倒卵形，侧扁，背面有深沟，顶端腹面有小尖喙。种子紫色。花果期6—10月。

产于安吉、杭州市区、临安、桐庐、诸暨、宁波市区、普陀、天台、莲都、缙云、洞头。生于水田、沟渠、沼泽中。分布于我国南北各地。日本、朝鲜半岛也有。

图9-11　窄叶泽泻

2. 东方泽泻（图9-12）

Alisma orientale (Sam.) Juz.

多年生挺水草本。根状茎块状。叶基生；叶片宽披针形至椭圆形，先端短渐尖或急尖，基部心形或近圆形，全缘，具5~7弧状脉；叶柄基部扩大成鞘，边缘膜质。花葶高70~90cm或更高；伞形花序通常3~9轮，集成大型圆锥花序；总苞片披针形；花两性；萼片宽卵形；花瓣白色，具紫红色晕，略短于萼片或等长；雄蕊6；心皮多数，排成1轮；果期花托呈凹形。瘦果倒卵形，排列不整齐，褐色，侧扁，背部有1~2浅沟，腹面近顶端有极短的宿存花柱。花果期6—9月。

原产于我国北方。东北亚及越南、缅甸、印度、尼泊尔也有。我国南北各地普遍栽培。嘉兴市区、杭州市区、临安、绍兴市区、余姚、兰溪、景宁、乐清、平阳曾有栽培。现杭州植物园有栽培。

与窄叶泽泻的主要区别在于后者挺水叶片披针形；果期花托外突；瘦果背面具深沟。

根茎可供药用。

一六八　泽泻科 Alismataceae

图 9-12　东方泽泻

一六九　水鳖科 Hydrocharitaceae

一年生或多年生水生草本。叶基生或茎生，基生叶多密集，茎生叶对生、互生或轮生；叶形、大小多样；叶柄有或缺，有叶柄者常具鞘。花单性，雌雄异株或同株，稀两性，着生于佛焰苞内或两个对生的苞片内；两性花和雌花单生，雄花常多数，稀单生；花被片离生，1或2轮，每轮3枚；雄蕊1至多数，花药底部着生；子房下位，1室，侧膜胎座，胚珠多数；花柱2~5。果实浆果状，球形至条形，果皮腐烂开裂。种子多数，形状多样，种皮光滑或有毛，有时具细刺瘤状突起。

17属，约80种，广泛分布于全球热带、亚热带地区，少数分布于温带地区。我国有11属，24种，主要分布于长江以南各地；浙江有7属，10种。

分属检索表

1. 叶基生；茎短缩。
   2. 叶片披针形至圆形，通常有叶柄。
      3. 沉水草本；无匍匐茎；果皮具翅 ············· **1. 水车前属 Ottelia**
      3. 漂浮草本；具匍匐茎；果皮无翅 ············· **2. 水鳖属 Hydrocharis**
   2. 叶片条形，通常无叶柄。
      4. 雄蕊3~9；子房先端伸长成喙；雌花佛焰苞无梗或具短梗，不呈螺旋状 ············· **3. 水筛属 Blyxa**
      4. 雄蕊1~3；子房圆柱状；雌花佛焰苞梗细长，花后呈螺旋状 ············· **4. 苦草属 Vallisneria**
1. 叶茎生；茎伸长。
   5. 叶片具明显锯齿；茎极易折断 ············· **5. 黑藻属 Hydrilla**
   5. 叶片锯齿不明显；茎不易折断。
      6. 3~7叶轮生；茎较细，直径约1 mm ············· **6. 伊乐藻属 Elodea**
      6. 5~9叶轮生；茎粗壮，直径1~3 mm ············· **7. 水蕴草属 Egeria**

1　水车前属 Ottelia Pers.

多年生沉水草本。叶基生；叶片披针形、阔卵形、近圆形或心形，有叶柄，基部具鞘。花两性，或单性而雌雄异株，1至数朵生于佛焰苞内；两性花和雌花具短梗或无梗，雄花梗较长；萼片3，具膜质边缘；花瓣3，白色、黄色、紫色或其他颜色，基部具附属体；雄蕊3~15；子房下位，长圆形，1室或隔成不完全的多室，胚珠多数；花柱顶端2深裂。果实包藏于佛焰苞内，果皮厚，具纵棱或翅，含胶质。种子多数，长圆形或纺锤形。

约21种，分布于热带、亚热带和温带地区。我国产5种，主要分布于华南、西南；浙江有1种。

水车前 龙舌草 水白菜 （图9-13）
Ottelia alismoides (L.) Pers.

多年生沉水草本。茎短缩。叶基生；叶片膜质，全缘或有细齿，先端圆或钝尖，基部圆形、心形或楔形；在植株个体发育的不同阶段，叶形常依次变更，初生叶条形，后出现披针形、椭圆形、宽卵形叶；叶柄具狭翅，长短随水体的深浅而不同，长者可达40cm。花两性，单生于佛焰苞内；佛焰苞椭圆形至卵形，具长柄，顶端2或3浅裂，有3~6条皱波状纵翅，在翅不发达的脊上有时出现瘤状突起；花无梗；花瓣白色、淡紫色或浅蓝色；雄蕊常为6；子房长椭圆形，与佛焰苞近等长。果长2~5cm。种子多数，纺锤形，细小，种皮上有纵条纹。花果期4—10月。

产于吴兴、长兴、德清、嘉善、北仑、鄞州、奉化、象山、宁海、定海、普陀、黄岩、天台、临海、龙泉、庆元、瓯海、乐清、永嘉。生于湖泊、沟渠、水田或沼泽中。分布于东北、华东、华中、华南、西南。亚洲东部和东南部、非洲东北部、大洋洲也有，北美洲有引种栽培。

可作蔬菜、饵料、饲料、绿肥以及药用，也可用作观赏。为浙江省重点保护野生植物。

图9-13 水车前

② 水鳖属 Hydrocharis L.

漂浮草本。匍匐茎横走，先端有芽。叶片圆形或肾形，全缘，先端圆或急尖，基部心形或肾形，叶背中部具海绵质气囊组织，有叶柄。花单性，雌雄同株；雄花序具梗，佛焰苞2，内含1~4雄花，萼片3，花瓣3，白色，雄蕊6~12；雌花单生于具长柄的佛焰苞内，花被片与雄花相似，子房椭圆形，6室，花柱6，各2裂。果椭圆球形至圆球形，在顶端呈不规则开裂。种子多数，椭圆形。

3种，分布于亚洲、非洲、大洋洲、欧洲和北美洲。我国产1种；浙江也有。

水鳖 （图9-14）
Hydrocharis dubia (Blume) Backer

漂浮草本。根丛生。匍匐茎发达，顶端生芽，可产生越冬芽。叶簇生，多浮水，有时挺水；叶片心形或圆形，直径3~7cm，先端圆，基部心形，全缘，叶背稍带紫红色，中部有海绵状贮气组织；叶柄长短变化较大。花单性；2或3雄花同生于佛焰苞内，每次仅1花开放，花梗长5~6.5cm，萼片3，长椭圆形，长约5mm，花瓣3，与萼片互生，宽倒卵形或圆形，长约1.3cm，雄蕊9~12，有3~6退化；雌花单生于佛焰苞内，花梗长4~8.5cm，花直径约3cm，花被片与雄花相似，有退化雄蕊6，腺体3，黄色，肾形，与萼片互生，花柱6，2深裂，子房下位，不完全6室。果实浆果状，球形至倒卵形，直径约7mm。种子多数，椭圆形，顶端渐尖，种皮上具毛状突起。花果期6—11月。

产于全省各地，以平原和盆地为多。生于池塘、河湾或沟渠中。分布于东北、华北、华东、华中、华南及云南、陕西。亚洲其他地区和大洋洲也有。

可作饲料及绿肥；幼叶柄可作蔬菜。

图9-14 水鳖

3 水筛属 Blyxa Noronha ex Thouars

一年生或多年生沉水草本。有茎或无茎。叶基生或茎生；叶片披针形、条形，先端渐尖，基部有鞘，边缘具细齿或全缘；无柄。花单性或两性；雄花具短梗，1至数朵生于佛焰苞内，雌花和两性花无梗，单生于佛焰苞内；佛焰苞有梗或无梗，具纵棱，先端2裂；萼片3，条状披针形，宿存；花瓣3，较萼片长，白色；雄蕊3～9；花柱3；子房下位，先端伸长成喙，胚珠多数。果长圆柱形。种子多数，矩状纺锤形，平滑或有棘突，两端有或无尾状附属物。

约11种，分布于热带和亚热带地区。我国有5种，分布于华东、华中、华南和西南等地；浙江有3种。

分种检索表

1. 植株无直立茎；叶基生。
  2. 种子两端无尾状附属物 ·· **1. 无尾水筛 B. aubertii**
  2. 种子两端有尾状附属物 ·· **2. 有尾水筛 B. echinosperma**
1. 植株具明显直立茎；叶茎生兼基生；种子狭椭圆形 ············· **3. 水筛 B. japonica**

1. 无尾水筛 （图9-15）
Blyxa aubertii Rich.

沉水草本。茎极度短缩。叶基生；叶片条形，长5～20cm，宽0.3～0.7cm，先端渐尖，基部鞘状，边缘有细锯齿或全缘。花两性，单生于佛焰苞内；佛焰苞腋生，长管状，先端2齿裂，长3～6cm，具长3～8cm的梗；萼片3，条状披针形，长5～7mm，宽约1mm；花瓣3，白色，长条形，长约1cm；雄蕊3；子房长圆柱形，与佛焰苞近等长，先端伸长成喙。果圆柱形。种子多数，纺锤形，长约1.5mm，表面疣状棘突不明显，两端无尾状附属物。花果期5—10月。

产于鄞州、奉化、宁海、普陀、遂昌、瓯海、永嘉、瑞安、文成、平阳、苍南、泰顺。生于水田或沟渠中。分布于华南及江西、福建、湖南、四川、云南。东亚、东南亚、南亚、非洲和大洋洲也有。

图 9-15 无尾水筛

2. 有尾水筛 （图9-16）
Blyxa echinosperma (C.B. Clarke) Hook. f.

沉水草本。茎极度短缩。叶基生；叶片条形，长8～20cm，宽0.3～0.7cm，先端渐尖，基部鞘状，边缘有细锯齿或全缘。花两性，单生于佛焰苞内；佛焰苞腋生，长管状，先端2齿裂，长3～6cm，具长3～5cm的梗；萼片3，条状披针形，长约6mm，宽约1mm；花瓣3，白色，长条形，长约1cm；雄蕊3；子房圆柱形，与佛焰苞近等长，先端伸长成喙。果长圆柱形。种子多数，纺锤形，长1～1.5mm，表面具明显的疣状突起，两端有尾状附属物，偶见种子仅一端具尾状附属物。花果期6—11月。

产于鄞州、象山、宁海、定海、庆元、云和、乐清、瑞安、平阳。生于水田、沟渠中。分布于河北、江苏、安徽、江西、福建、湖南、台湾、广东、广西、四川、贵州和陕西南部。东亚、东南亚、南亚和大洋洲也有。

图 9-16　有尾水筛

3. 水筛 （图9-17）
Blyxa japonica Maxim. ex Asch. et Gürke

沉水草本。具明显直立茎，高10～20cm。叶基生兼茎生；叶片条形，长3～7cm，宽0.1～0.3cm，先端渐尖，基部半抱茎，边缘有细锯齿，中脉明显；无柄。花两性，单生于佛焰苞内；佛焰苞腋生，长管状，长1～3cm，先端2裂，无梗或具短梗；萼片3，条状披针形；花瓣3，白色，长条形，长约1cm；雄蕊3，长1～3mm；子房圆锥形，与佛焰苞近等长，先端伸长成喙。果圆柱形。种子多数，狭椭圆形，表面光滑。花果期8—10月。

产于鄞州、慈溪、象山、宁海、普陀、天台、磐安、龙泉、庆元、云和、乐清、瑞安、文成、泰顺。生于水田、池塘和水沟中。分布于华东、华南及辽宁、湖北、湖南、四川、贵州。东亚、东南亚、南亚和欧洲也有。

一六九　水鳖科 Hydrocharitaceae

图 9-17　水筛

4 苦草属 Vallisneria L.

沉水草本。无直立茎，匍匐茎光滑或粗糙。叶基生；叶片带状，先端钝，基部稍呈鞘状，边缘有细锯齿或全缘。花单性，雌雄异株；雄花具梗，多数，集生于佛焰苞内，具短的花序梗，成熟后先端开裂，雄花浮出水面开放，雄花小，萼片3，花瓣3，极小或退化殆尽，雄蕊1~3；雌花无梗，单生于雌佛焰苞内，总花梗甚长，直至将花托出水面，受精后螺旋状收缩，萼片3，花瓣3，极小，退化成腺体状，子房下位，圆柱形或长三角柱形，胚珠多数，花柱3，2裂。果圆柱形或三棱状圆柱形，光滑或有翅。种子多数，长圆形或纺锤形，光滑或有翅。

约8种，分布于热带、亚热带地区。我国有3种；浙江有2种。

1. 密刺苦草　密齿苦草　(图9-18)
Vallisneria denseserrulata (Makino) Makino

多年生沉水草本。匍匐茎具小刺突。叶基生；叶片膜质，带状，长15~70cm，宽0.6~1.5cm，自先端向基部逐渐变窄，叶端圆钝或急尖，叶基略呈鞘状，叶缘具密细锯齿。雌雄异株；生雄花的佛焰苞三角形，长1~1.5cm，内含雄花多数，佛焰苞梗长2~3cm，雄花小，萼片3，反卷；生雌花的佛焰苞圆筒状，长1.5~2cm，先端2裂，裂片圆钝，苞内有1雌花，佛焰苞梗纤细，萼片3，卵状匙形，长约3mm，稍内卷；柱头3，顶端2裂。果三棱状圆柱形。种子多数，无翅。花期8—10月。

产于湖州市区、嘉兴市区、杭州市区、萧山、桐庐、绍兴市区、诸暨、北仑、鄞州、慈溪、奉化、浦江、义乌、台州市区、天台、临海、莲都、缙云、龙泉。生于溪沟或湖泊中。分布于辽宁、安徽、湖北、广东、广西。日本也有。

可作鱼、蟹、鸭、猪的饲料；也可种植于水族箱供观赏或用作水体绿化材料。

图9-18　密刺苦草

2. 苦草 （图9-19）
Vallisneria natans (Lour.) H. Hara

多年生沉水草本。匍匐茎光滑。叶基生；叶片膜质，带状，长20～120cm，宽0.5～2cm，先端圆钝，边缘全缘或具不明显的细锯齿；无叶柄。花单性，雌雄异株；生雄花的佛焰苞卵状圆锥形，长1.5～2cm，内含雄花极多，佛焰苞梗长1～6cm，雄花小，萼片3，雄蕊1，无退化内轮花被和退化雄蕊；生雌花的佛焰苞筒状，长1.5～2cm，先端2裂，佛焰苞梗纤细，雌花单生于佛焰苞内，萼片3，先端钝，长2～4mm，花瓣3，极小，白色，花柱3，先端2裂，退化雄蕊3。果圆柱形。种子倒长卵形，有腺毛状突起。

产于湖州市区、安吉、杭州市区、临海、桐庐、建德、淳安、绍兴市区、诸暨、定海、衢州市区、开化、常山、金华市区、浦江、兰溪、东阳、永康、温岭、莲都、瓯海。生于溪沟、河流、池塘、湖泊。分布于东北、华北、华东、华中、华南、西南及陕西。东北亚、东南亚、南亚、西南亚及澳大利亚也有。

可作鱼、蟹、鸭、猪的饲料；也可种植于水族箱供观赏或用作水体绿化材料。

与密刺苦草的主要区别在于后者匍匐茎具小刺突；叶缘具密细锯齿；果三棱状圆柱形；种子表面无腺毛状突起。

图9-19 苦草

⑤ 黑藻属 Hydrilla Rich.

沉水草本。茎纤细，圆柱形，多分枝。叶轮生，近基部偶有对生；叶片条形；无叶柄。花单性，腋生，雌雄异株或同株；雄花单生，具柄，生于近球形无梗的雄佛焰苞内，萼片3，卵形或倒卵形，花瓣3，与萼片互生，匙形，通常较萼片狭窄，雄蕊3，与花瓣互生；雌花单生，无柄，生于管状佛焰苞内，佛焰苞先端2裂，花伸出水面开放，花被片与雄花相似，但较狭，花柱3，稀为2，圆柱形，表面有流苏状乳突，子房下位，1室，圆柱形或狭圆锥形，侧膜胎座，胚珠少数，倒生。果圆柱形，平滑或具突起。种子2～6，矩圆形。

仅1种，广泛分布于温带、亚热带和热带地区。我国有1种；浙江也产。

黑藻 水王荪（图9-20）
Hydrilla verticillata (L. f.) Royle

多年生沉水草本。茎圆柱形，表面具纵向细棱纹，质较脆，极易折断。休眠芽长卵圆形，苞叶多数，螺旋状紧密排列，狭披针形至披针形。3～6叶轮生；叶片条形，长1～2cm，宽

0.1~0.25cm，先端锐尖，边缘锯齿明显，叶背中脉具细小刺突；无叶柄。花单性，雌雄同株或异株；生雄花的佛焰苞近球形，表面具明显的纵棱纹，顶端具刺突；雄花萼片3，稍反卷，长约2mm，花瓣3，反折开展，长约2mm，雄蕊3，花丝纤细，花药条形，雄花成熟后自佛焰苞内伸出，漂浮于水面开花；生雌花的佛焰苞管状，苞内有1雌花，雌花花被片与雄花相似，子房具延伸的长喙，开花时伸出水面。果圆柱形，表面常有2~9个刺状突起。种子2~6，茶褐色，两端尖。花果期5—10月。

产于全省各地。生于池塘、沟渠、水田、河流或湖泊中。分布于全国各地。广泛分布于欧亚大陆热带至温带地区。

可作鱼、蟹、鸭、猪的饲料；也可种植于水族箱供观赏或用作水体绿化材料。

图9-20　黑藻

a. 罗氏轮叶黑藻（变种）（图9-21）
var. roxburghii Casp.

休眠芽长椭圆形，芽苞片卵圆形，边缘锯齿小而不明显；果表面常光滑，无刺状突起，或偶见1～3个小突起，多为空壳。种子1～3，空瘪无胚。花期5—10月。

产于全省各地。生于池塘、沟渠、水田、河流及湖泊中。分布于全国各地。广泛分布于欧亚大陆热带至温带地区。

本变种系一同源三倍体，来源于二倍体的黑藻，主要以休眠芽进行无性繁殖。

可作鱼、蟹、鸭、猪的饲料；也可种植于水族箱供观赏或用作水体绿化材料。

图9-21 罗氏轮叶黑藻

6 伊乐藻属 Elodea Michx.

沉水草本。无根状茎和匍匐茎。茎纤细，分枝或不分枝。叶茎生，3～7叶轮生；叶片条形至条状披针形，先端锐尖；无叶柄。花单性，腋生，雌雄异株，稀两性，无花梗；花丝分离或基部1/2连合；花药椭圆形；子房1室，花柱3。果卵球形或椭圆球形，光滑，不规则开裂。种子圆柱状至梭形，表面光滑或具毛。

5种，分布于美洲、欧洲；亚洲、非洲、欧洲及澳大利亚有引种。我国有1归化种；浙江也有。

伊乐藻 （图9-22）
Elodea nuttallii (Planch.) H. St. John

多年生沉水草本。根状茎缺失。茎圆柱形，纤细，直径约1mm。叶茎生，常3叶轮生，偶见2叶对生；叶片下弯，条形，宽不超过2mm，叶背中脉无细小刺突；无叶柄。花序单生，无花梗；花单性，腋生，雌雄异株，雄佛焰苞近球形，长约4mm；雌花未见。雄花花期7—10月。

原产于美洲。亚洲、欧洲等有引种。华北、华东、华中、华南及四川等地有引种。临安（昌化溪）、鄞州（龙观）有归化。生于河道中。

20世纪80年代，伊乐藻雄株经日本引入我国后，在水产及水生态修复中广泛应用，其断枝可产生不定根，腋芽可发育成新植株，繁殖扩散能力强，是一种生态安全高风险物种。

图9-22 伊乐藻

7 水蕴草属 Egeria Planch.

多年生沉水草本。无根状茎和匍匐茎。茎直立，分枝或不分枝。叶茎生，常5叶轮生；无叶柄；叶片条形，先端钝圆，叶背无刺突。花单性，雌雄异株；花瓣白色；花丝分离，花药线形；子房1室，花柱3。果卵球形，光滑，不规则开裂。种子梭形。

3种，分布于南美洲；亚洲、非洲、大洋洲、欧洲和北美有引种。我国有1归化种；浙江也有。

水蕴草 埃格草 （图9-23）
Egeria densa Planch.

多年生沉水草本。根状茎缺失。茎圆柱形，粗壮，直径1~3mm。叶茎生，常5~9叶轮生；叶片条形，长约2cm，宽3~4mm，先端短尖，叶背中脉无细小刺突，叶缘具不明显锯齿；无叶柄。花单性，雌雄异株；雄花腋生，花梗挺水，萼片3，长椭圆形，花瓣3，白色，倒卵形至近圆形，褶皱，雄蕊9，花丝及花药黄色；雌花未见。

原产于南美洲。台湾、广东等地有归化。鄞州、奉化、鹿城等地也有归化。生于河流或水沟中。

叶色、株型美丽，常种植于水族箱以供观赏。

图 9-23 水蕴草

一七〇 水蕹科 Aponogetonaceae

多年生水生草本。具块状根茎，有乳汁。叶基生；叶片浮水或沉水，长椭圆形至披针形，全缘或波状，具平行叶脉数条和多数次级横脉，有长柄，柄基具鞘。穗状花序单一或二叉状分枝，花时挺水，佛焰苞常早落，稀宿存；花两性；花被片1～3，离生，排成2轮，花药外向，2室，纵裂；常宿存，或缺失；雄蕊6至多数，离生；子房上位，心皮3～6，离生或基部联合，成熟时分离，胚珠2至多数，着生于子房室近基部的边缘。蓇葖果草质。

仅1属，约30种。广泛分布于亚洲、非洲、欧洲热带和亚热带地区，尤以非洲热带地区种类最多。我国仅有1种；浙江也有。

可栽培作观赏用；有些种类的根茎可食用或作牲畜饲料。

水蕹属 Aponogeton L. f.

属特征及分布与科同。

水蕹 田干草 （图9-24）
Aponogeton lakhonensis A. Camus

多年生淡水草本。根茎卵球形或长锥形，硬木质，具细丝状叶鞘残留物，下部着生许多纤维状须根。叶片沉水或浮水，草质；叶片长椭圆形至披针形，全缘，有时皱波状，长4～12cm，宽1～3cm，先端钝圆或急尖，基部心形或圆形，长轴具3～5平行脉，次级横脉多数，中脉宽，在叶下面微突；沉水叶柄长9～15cm，浮水叶柄长10～60cm。穗状花序顶生，不分枝，花时挺水，长5～12cm，佛焰苞早落，花序梗长达40cm；膜质花被片2，黄色，离生，匙状倒卵形，长约2.5mm；雄蕊6，离生，稍长于花被片，排成2轮，外轮先熟，花丝向基部逐渐增宽，花药2室，纵裂；心皮3～6，离生。蓇葖果卵形，顶端渐狭成一外弯的短钝喙。种子长圆形。花果期7—10月。

产于德清、临安、建德、莲都、遂昌、龙泉、云和、瑞安。生于河流、农田水沟中。分布于华南及江西、福建、云南等地。东南亚、南亚也有。

甚是少见，已列为浙江省重点保护野生植物。

一七〇　水蕹科 Aponogetonaceae

图 9-24　水蕹

一七一 眼子菜科 Potamogetonaceae

多年生水生草本。常具根茎。茎细弱，分枝。叶互生或对生；叶片沉水或浮水，沉水叶片条形或丝状，浮水叶片披针形或椭圆形，叶片基部具鞘，叶鞘离生或下部贴生于叶柄；托叶膜质或草质。花两性或单性，排成穗状花序或聚伞花序，稀单生于叶腋，花序梗基部被膜质鞘包围；花被片4，离生，具短柄，稀合生成杯状，或花被片缺失；雄蕊1~4，花药外向；心皮1~4或多数，离生，每心皮内具1胚珠。果多为小核果状或小坚果状，顶端具喙，稀为纵裂的蒴果。

3属，约85种，广泛分布于全球温暖地区。我国有2属，24种；浙江产2属，9种。

1 眼子菜属 Potamogeton L.

多年生水生草本。茎细弱，圆柱形或稍扁。叶互生，有时在花序下面近对生，一型或二型；浮水叶片披针形、长椭圆形，全缘或具细锯齿；沉水叶片通常条形或丝状；托叶膜质，与叶片离生或贴生于叶片基部而形成叶鞘。穗状花序花时伸出水面，具2至多轮花，每轮3花，或2花交互对生，花序梗圆柱形或稍扁，与茎等粗或向上逐渐膨大而呈棒状；花两性，无梗或近无梗；花被片4；雄蕊4，与花被片对生；心皮1~4，离生。小核果具短喙，外果皮松软而略呈海绵质，内果皮背部盖状物自果实基部长达顶部。种子近肾形。

约75种，分布于全球，尤以北半球温带地区分布较多。我国有20种，南北各地均有分布；浙江产8种。

属内大多数种类可作饲料和绿肥；一些种类为水田杂草；少数种类可供药用。

分种检索表

1. 植株叶片二型，即具浮水叶和沉水叶。
   2. 浮水叶小，长不及3cm，宽不及1.5cm；沉水叶无叶柄，丝状至条形，宽不及2mm。
      3. 花柱长约1.5mm；果脊有数个齿状突起，形似鸡冠状 ·················· **1.鸡冠眼子菜 P. cristatus**
      3. 花柱长约0.5mm；果脊无齿状突起，具3条棱纹 ·················· **2.南方眼子菜 P. octandrus**
   2. 浮水叶较大，长4~10cm，宽1.5~4cm；沉水叶有叶柄，宽超过5mm ······ **3.眼子菜 P. distinctus**
1. 植株叶片一型，全为沉水叶。
   4. 叶片宽条形、条状长椭圆形，宽通常超过5mm。
      5. 叶无叶柄 ·· **4.菹草 P. crispus**
      5. 叶有叶柄，柄长可达4cm ·································· **5.竹叶眼子菜 P. wrightii**
   4. 叶片条形，宽1~4mm。

6.叶片具细锯齿；托叶下部与叶柄连合成抱茎的鞘 ················· **6.微齿眼子菜 P. maackianus**
　6.叶片全缘；托叶与叶柄分离。
　　7.叶片长达10cm，宽1.5～3mm；侧脉数条；叶片先端常呈镰状弯曲 ······ **7.尖叶眼子菜 P. oxyphyllus**
　　7.叶片长不及5cm，宽1～1.5mm；侧脉细弱或缺失 ····················· **8.小眼子菜 P. pusillus**

1. 鸡冠眼子菜　小叶眼子菜（图9-25）
Potamogeton cristatus Regel et Maack

　　多年生水生草本。茎纤细，圆柱形或近圆柱形，直径约0.5mm，近基部常匍匐地面，节上生须根，多分枝。叶二型；花期前全部为沉水叶，条形，长3～8cm，宽约0.1cm，先端渐尖，无叶柄，全缘，托叶膜质；近花期或开花时出现浮水叶，互生，在花序梗下近对生，叶片椭圆形，稀披针形，革质，长1.5～3cm，宽0.4～1.1cm，先端钝或急尖，基部近圆形或楔形，全缘，具长1～1.5cm的柄，托叶膜质，与叶柄离生。穗状花序顶生，或呈假腋生状，具3～5轮花，密集；花小，被片4；心皮4，离生；花柱长约1.5mm。果斜倒卵形，长约3mm，背部中脊明显呈鸡冠状，喙长1～2mm。花果期5—9月。

　　产于全省各地。生于池塘、沟渠或水稻田中。分布于华东、华中及黑龙江、辽宁、河北、台湾、四川。俄罗斯、日本、朝鲜半岛也有。

　　可作绿肥或饲料。

图9-25　鸡冠眼子菜

2. 南方眼子菜 钝脊眼子菜 (图9-26)
Potamogeton octandrus Poir. — *P. octandrus* Poir. var. *miduhikimo* (Makino) H. Hara

多年生水生草本。茎纤细，圆柱形或近圆柱形，直径约0.5mm，近基部常葡匐，节上生根，多分枝。叶二型；花期前全部为沉水叶，条形，长2～6cm，宽约0.1cm，先端急尖，无叶柄，全缘，叶脉3；近花期或开花时出现浮水叶，互生，在花序梗下面近对生，叶片椭圆形、长椭圆形，革质，长1.5～3cm，宽0.6～1.2cm，先端钝或急尖，基部近圆形或楔形，全缘，平行叶脉多数，顶端连接，具1～2cm的柄，托叶膜质，与叶柄离生。穗状花序顶生，具4轮花；花序梗稍膨大，略粗于茎，长1～1.5cm；花小，被片4；心皮4，离生；花柱长约0.5mm。果倒卵形，长约2.5mm，背脊钝，无鸡冠状突起。花果期6—10月。

产于全省各地。生于池塘、缓流河沟中，水体多呈微酸性。我国南北各地均有分布。亚洲（北部、东部、东南部、南部）、非洲和大洋洲也有。

可作绿肥或饲料。

图9-26 南方眼子菜

3. 眼子菜 (图9-27)
Potamogeton distinctus A. Benn.

多年生水生草本。根茎发达，白色，多分枝。茎圆柱形，直径约1.5mm，通常不分枝。叶二型；浮水叶革质，宽披针形至长椭圆形，长4～10cm，宽1.5～4cm，先端急尖或钝圆，基部钝圆或楔形，全缘，弧状脉多条，顶端连接，具长5～10cm的柄，托叶长2～3cm，基部抱茎；沉水叶披针形至狭披针形，草质，长达11cm，边缘具细锯齿，叶柄长达10cm，常早落，托叶膜质，长2～7cm，呈鞘状抱茎。穗状花序顶生，具多轮花，开花时伸出水面，花后沉没水中；花序梗稍膨大，粗于茎，长3～8cm；花小，被片4；心皮2（稀为1或3）。果宽倒卵形，长约3.5mm，背部具明显3脊，脊上有突起。花果期7—11月。

产于全省各地。生于池塘、水田或水沟中。广泛分布于全国各地。亚洲（北部、东部、东南部）和太平洋岛屿也有。

为常见的稻田杂草。全草可作药用，也可作饲料。

图9-27 眼子菜

3a. 丽水眼子菜（变种）（图9-28）
var. lishuiensis M.R. Zhu et W.Y. Xie

叶片基部浅心形或圆形；果较大，长4.5～5mm。

产于莲都（峰源荸埕湖）。生于沼泽地。

图9-28 丽水眼子菜

4. 菹草 (图9-29)
Potamogeton crispus L.

多年生沉水草本。茎稍扁,多分枝。叶互生,全部沉水;叶片宽条形,长3~10cm,宽0.4~1cm,先端钝圆,基部略抱茎,叶缘多少呈浅波状,具细锯齿,平行脉3~5,横脉疏而明显;无叶柄;托叶薄膜质,早落;休眠芽腋生,形似松果,肥厚,坚硬,长1~3cm,边缘具细锯齿。穗状花序顶生,具2~4轮花,初时每轮2花对生,穗轴伸长后常稍不对称;花序梗棒状,花时伸出水面;花小,被片4。果卵形,长约3.5mm,果喙长可达2mm。花果期4—8月。

产于全省各地。生于池塘、水沟或缓流河水中。分布于全国各地。世界广泛分布。

可作草食性鱼类的天然饵料,也可作猪饲料。

图 9-29 菹草

5. 竹叶眼子菜 (图9-30)
Potamogeton wrightii Morong

多年生沉水草本。根茎发达,白色,节处生有须根。茎圆柱形,直径约2mm,不分枝或具少数分枝。叶一型;叶片宽条形或条状长圆形,长5~20cm,宽1~2cm,先端钝圆而具小突尖,基部钝圆或楔形,边缘浅波状,叶缘具细微的锯齿,中脉显著,两侧各有3~4平行脉,具细密横脉;叶柄长1~4cm;托叶离生,近膜质,基部鞘状抱茎,长2.5~5cm。穗状花序顶生,具多轮花,密集;花序梗膨大,稍粗于茎,长4~7cm;花小,被片4,绿色;心皮4,离生。果倒卵形,长约3mm,两侧稍扁,背部具明显3脊,中脊狭翅状,侧脊锐。花果期6—10月。

产于全省各地，瓯江以南少见。生于湖泊、河流等较大型水体中。广泛分布于全国各地。亚洲（北部、东部、东南部、南部）和太平洋岛屿也有。

可作绿肥或饲料。

本种通常被误定为 P. malaianus Miq.（小节眼子菜 P. nodosus Poir.的异名）。小节眼子菜分布于云南、陕西、新疆，浙江不产。

图 9-30　竹叶眼子菜

6. 微齿眼子菜　黄丝草　（图 9-31）
Potamogeton maackianus A. Benn.

多年生沉水草本。茎细长，直径约 0.8mm，多分枝，近基部常匍匐，节上生须根。叶一型；叶片条形，长 2~6cm，宽 0.2~0.4cm，先端钝圆或急尖，基部与膜质托叶贴生成短的叶鞘，抱茎；叶脉 3~7，平行，顶端连接，中脉显著，侧脉较细弱，横脉不明显，叶缘具微细的疏锯齿。穗状花序顶生，具 2~3 轮花；花序梗通常不膨大，与茎近等粗，长 1~4cm；花小，被片 4；心皮 4，稀少于 4，离生。果倒卵形，长约 4mm，顶端具长约 0.5mm 的短喙，背部 3 脊。花果期 6—10 月。

产于富阳、桐庐、建德、兰溪、龙泉、永嘉、平阳。生于湖泊、河湾等较大型水体中。分布于东北及河北、山东、江苏、安徽、湖北、台湾、四川、云南、陕西。俄罗斯、日本、朝鲜半岛、菲律宾也有。

可作绿肥或饲料。

图 9-31 微齿眼子菜

7. 尖叶眼子菜 （图9-32）
Potamogeton oxyphyllus Miq.

多年生沉水草本。茎细长，椭圆柱形或近圆柱形，直径0.5～1mm，多分枝，基部常匍匐地面，节上生根。叶一型；叶片条形，长3～10cm，宽1.5～3mm，常微弯曲而呈镰状，先端渐尖，基部渐狭，全缘；无叶柄；叶脉7～11，平行，于叶端连接，中脉显著，侧脉较细弱，但清晰可见；托叶离生，膜质，长约1.5cm，仅边缘叠压而呈鞘状抱茎，常早枯，纤维状宿存。穗状花序顶生，具3～4轮花；花序梗稍膨大成棒状；花小，被片4；心皮4。果倒卵形，长约3mm，果喙长约0.5mm，背部3脊，侧脊较钝，中脊呈锐的狭翅状。花果期5—10月。

产于全省各地。生于池塘、溪沟之中，水体多呈微酸性。分布于黑龙江、辽宁、江苏、安徽、湖北、台湾、云南、西藏、陕西南部。俄罗斯、日本、朝鲜半岛、印度尼西亚也有。

可作绿肥或饲料。

图 9-32 尖叶眼子菜

8. 小眼子菜 （图9-33）
Potamogeton pusillus L.

多年生沉水草本。无根茎。茎椭圆柱形或近圆柱形，纤细，直径约0.5mm，多分枝，近基部常匍匐地面，节上生根。叶一型；叶片条形，长2～5cm，宽1～1.5mm，先端渐尖，全缘；无叶柄；叶脉1～3，中脉明显，侧脉不明显或缺失；托叶离生，膜质，长0.5～1.2cm，边缘叠压而呈鞘状抱茎，常早落。穗状花序顶生，具2～3轮花，间断排列；花序梗与茎相似或稍粗于茎；花小，被片4；心皮4。果斜倒卵形，长1.5～2mm，顶端具短喙，脊钝圆。花果期5—10月。

产于全省各地。生于池塘、湖泊、水田或沟渠等静水或缓流水体之中。我国南北各地均产，但以北方更为多见。全球分布甚广，尤以北半球温带水域常见。

图 9-33　小眼子菜

② 篦齿眼子菜属　Stuckenia Börner

多年生水生草本。根茎发达。茎细长，圆柱形。叶一型，全部为沉水叶，互生；叶片条形或丝状条形，全缘；叶脉1～5，先端钝或锐尖；无叶柄；托叶与叶片基部贴生，形成显著的叶鞘。穗状花序沉水，开花时不伸出水面，多为水表传粉；心皮4，离生。果实具短喙，近无侧棱或侧棱极不显著，内果皮盖状物长未及内果皮顶部，仅自基部向上约达果长的2/3处。

与眼子菜属的主要区别在于后者叶片一型或二型，即具沉水叶和浮水叶；托叶与叶片离生或贴生于叶片基部形成叶鞘；穗状花序花时伸出水面；心皮1～4；内果皮背部盖状物自基部长达顶部。

7种，全球广泛分布。我国有4种；浙江有1种。

篦齿眼子菜 龙须眼子菜 （图9-34）

Stuckenia pectinata (L.) Börner — *Potamogeton pectinatus* L.

多年生沉水草本。根茎发达，白色，具分枝。茎细长，近圆柱形，直径0.5～1mm，下部分枝稀疏，上部分枝稍密集。叶片丝状条形，长2～10cm，宽0.5～1mm，先端急尖；叶脉3，平行，顶端连接，中脉显著，有与之近于垂直的横脉，边缘脉细弱而不明显，基部与托叶贴生成鞘，鞘长1～4cm，边缘叠压而抱茎，顶端具膜质小舌片。穗状花序顶生，具4～7轮花，间断排列；花序梗细长，与茎近等粗；花被片4，圆形或宽卵形；心皮4，通常仅1或2枚可发育为成熟果实。果倒卵形，长3.5～5mm，顶端具短喙，背部钝圆。花果期5—10月。

产于上虞、宁波市区、慈溪、余姚、象山、定海、三门、洞头、龙湾、瑞安。生于滨海、河沟、水渠、池塘等水体中。我国南北各地均有分布。全球广泛分布，尤以温带水域常见。

全草可入药；也可作绿肥。

图9-34　篦齿眼子菜

一七二　川蔓藻科 Ruppiaceae

盐沼生沉水草本。根状茎纤细多分枝，匍匐生于泥中，节上生须根。叶互生或近对生，花序下的假对生；叶片狭条形，具1脉，全缘或具极细缺刻；无叶柄，基部叶鞘离生或抱茎，两侧具叶耳，无叶舌，鞘顶端略具齿。花小，两性，2至数花组成穗状花序；穗状顶生或腋生，初时具短花梗，包藏于鞘内，果时强烈伸长或略伸长，浮水或沉水；穗状花序由2至数花组成，花小，两性，花被片极小；雄蕊2；雌蕊具离生心皮4～6，或更多，柱头盘状或盾状，子房颈瓶状，初时近无柄，果时柄伸长，1室，胚珠1。小坚果斜卵形，顶端常具喙，具长梗，外果皮海锦状松软易腐，内果皮质硬，棕色或暗棕色。

1属，3～7种，分布于全球温带及亚热带海域或内陆盐碱水域。我国产1种；浙江也有。

川蔓藻属　Ruppia L.

属特征及分布与科同。

川蔓藻（图9-35）
Ruppia maritima L.

沉水草本。地上茎分枝多，呈丛生状，节明显，节间长1～6cm。叶互生，花序下的假对生；叶片狭条状或丝状，具明显中肋，长2～10cm，宽0.3～0.5mm，先端渐尖或急尖，基部具膜质翅状鞘，鞘长约1cm，叶耳钝圆。穗状花序长2～4cm，常由2花组成，初时包藏于叶鞘内的短梗上，花后梗伸出鞘外，直立或弯曲；花两性；无花被；雄蕊2，药室近球形；心皮4～6，有时更多，柱头盾状，子房颈瓶状，弯生胚珠1，悬垂。小坚果呈略斜的广卵球形，不开裂，顶端具短喙，长约2mm，果梗长1～2cm，4～7枚簇生于长约5cm的果序梗上；果具短喙。花果期1—6月。

产于镇海、北仑、慈溪、象山、定海、普陀、岱山、龙湾、瑞安、苍南。生于滨海池塘和水沟等盐碱水体中。分布于华南及辽宁、山东、江苏、福建、甘肃、青海、新疆等地。广泛分布于全球温带及亚热带海域或内陆盐碱水域。

图 9-35 川蔓藻

一七三　茨藻科 Najadaceae

一年生或多年生沉水草本。植株多分枝，光滑或具皮刺；茎节上多生有不定根。叶对生、轮生或聚生于枝端；叶片狭条形或条形，叶缘具锯齿或全缘，叶基扩展成鞘；无叶柄。花单性，雌雄同株或异株，单生或簇生于叶腋；雄花具佛焰苞或缺，佛焰苞膜质，管状，先端2裂，雄蕊1，花药1~4室；雌花裸露，无或稀具佛焰苞，心皮1，子房内具1倒生胚珠，柱头2~4裂。小坚果，果皮膜质。种子长圆球形或卵球形，种皮细胞形状各异。

1属，约40种，全球广泛分布。我国有11种，分布于南北各地；浙江有7种。

茨藻属　Najas L.

属特征及分布与科同。

分种检索表

1. 雌雄异株；植株较粗壮，茎粗1~4.5mm；茎和叶片下面具显著皮刺；叶鞘全缘 ············ **1.大茨藻 N. marina**
1. 雌雄同株；植株细弱，茎粗约1mm（澳古茨藻除外）；茎和叶片下面无显著皮刺；叶鞘具刺状细锯齿。
　2. 花药1室。
　　3. 叶片常5叶假轮生；叶耳圆形至倒心形；小坚果长椭球形，顶端不弯曲 ·· **2.纤细茨藻 N. gracillima**
　　3. 上部叶片常3叶假轮生，下部的近对生；叶耳半圆形至圆形；小坚果狭椭球形，顶端稍弯曲 ·· **3.小茨藻 N. minor**
　2. 花药4室。
　　4. 叶耳长三角形至披针形 ·· **4.草茨藻 N. graminea**
　　4. 叶耳圆形至倒心形。
　　　5. 果新月形；雌花具佛焰苞 ·· **5.弯果茨藻 N. ancistrocarpa**
　　　5. 果长圆形；雌花无佛焰苞。
　　　　6. 外种皮细胞六边形 ·· **6.澳古茨藻 N. oguraensis**
　　　　6. 外种皮细胞四边形 ·· **7.东方茨藻 N. chinensis**

1. 大茨藻（图9-36）

Najas marina L.

一年生沉水草本。植株较粗壮，呈黄绿色至墨绿色，有时节部红褐色，质脆，极易从节部折断；茎粗1~4.5mm，分枝多，呈二叉状，常具稀疏锐尖的粗刺，刺长1~2mm。叶近对生和3叶假轮生，于枝端较密集，无叶柄；叶片条状，长1.5~3cm，宽0.2~0.4cm，先端具刺细胞，边缘

图9-36 大茨藻

每侧具粗锯齿，背面沿中脉疏生刺状齿；叶鞘宽圆形，长约3mm，抱茎，全缘或上部具稀疏的细锯齿。花单性，雌雄异株，单生于叶腋；雄花具瓶状佛焰苞，佛焰苞先端2裂，雄蕊1，花药4室；雌花裸露，子房椭圆形，花柱圆柱形，柱头2或3裂。小坚果椭球形或倒卵状椭球形，长4～6mm，直径3～4mm，柱头宿存。外种皮细胞多边形，凹陷，排列不规则。花果期7—10月。

产于德清、杭州市区、浦江。生于湖泊等大型水体中。我国南北各地广泛分布。亚洲（北部、东部、东南部、中部）、非洲、大洋洲、欧洲和北美洲也有。

可作绿肥和饲料。

2. 纤细茨藻 （图9-37）

Najas gracillima (A. Braun ex Engelm.) Magnus

一年生沉水草本。植株纤细，易碎，茎圆柱形，直径0.5～1mm，分枝多，呈二叉状。叶常为5叶假轮生，少数为3叶或5叶以上假轮生，多呈簇生的数枚叶与单枚叶拟对生状态，无叶柄；叶片狭条形，长1.5～3.5cm，宽0.5～1mm，先端渐尖，下部几无齿，上部边缘每侧具极小的刺状细齿；叶鞘长1～2mm，抱茎；叶耳圆形至倒心形，先端具刺状细齿6～7。花单性，雌雄同株，1～4花腋生，2花以上者常仅有1雄花，其他皆为雌花；雄花椭圆形，具佛焰苞，花被1，雄蕊1，花药1室；雌花裸露，心皮1，花柱长1～2mm，柱头2裂。小坚果长椭球形，褐色，长约2mm，直径约0.5mm，常成对生于茎节上。种皮细胞长方形。花果期6—10月。

图9-37 纤细茨藻

产于杭州市区、萧山、桐庐、建德、龙游、金华市区、浦江、临海、莲都、缙云、遂昌、龙泉、云和、温州市区、瑞安、文成、平阳、泰顺。多生于稻田或藕田中，亦见于水沟和池塘的浅水处。分布于吉林、辽宁、内蒙古、河北、江西、福建、湖北、台湾、海南、广西、贵州、云南等地。日本和北美洲也有。

3. 小茨藻 （图9-38）
Najas minor All.

一年生沉水草本。植株纤细，易折断，茎圆柱形，直径0.5~1mm，光滑无刺，分枝多，呈二叉状。上部叶片常3叶假轮生，下部的近对生，于枝端较密集，无叶柄；叶片条形，长1~3.5cm，宽0.5~1mm，先端渐尖，上部狭而向背面稍弯至强烈弯曲，边缘每侧有细锯齿，先端具刺细胞；叶鞘上部呈倒心形，长约2mm；叶耳半圆形至圆形，具细齿。花单性，雌雄同株，单生于叶腋；雄花具瓶状佛焰苞，椭圆形，长0.5~1.5mm，雄蕊1，花药1室；雌花无佛焰苞和花被，雌蕊1，花柱细长，柱头2裂。小坚果狭长椭球形，上部渐狭而稍弯曲，长约3mm，直径约0.5mm。外种皮细胞多少呈纺锤形。花果期6—10月。

产于湖州市区、杭州市区、萧山、临安、桐庐、诸暨、鄞州、衢州市区、金华市区、浦江、义乌、瑞安、文成、泰顺。生于池塘、湖泊、水沟和稻田中。分布于东北、华北、华东、华中、华南及云南、新疆等地。亚洲、非洲、欧洲也有，北美洲有引种。

图9-38 小茨藻

4. 草茨藻 （图9-39）

Najas graminea Delile

一年生沉水草本。植株柔软，茎光滑无刺，圆柱形，直径0.5～1mm，基部分枝较多，上部分枝较少，呈二叉状。叶常3枚假轮生，或2枚近对生，无柄；叶片狭条形至条形，长2～3cm，宽约1mm，先端渐尖，边缘每侧有较密而微小细齿，肉眼不易察觉，叶基扩大成鞘，抱茎；叶耳长三角形，长1～2mm，两侧着生刺状细齿。花单性，雌雄同株，常单生，或2～3花聚生，均无佛焰苞；雄花椭圆形，多生于植株上部，长约1mm，花被裂片圆形，花药4室；雌花无花被，心皮1，花柱长约1mm，柱头2裂。小坚果长椭球形，长1.5～2mm，直径约0.8mm，柱头宿存。外种皮细胞在种子中部呈比较规则的六边形，向种子两端逐渐变成不规则的多边形，成行排列。花果期6—10月。

产于泰顺。生于水稻田中。分布于辽宁、河北、江苏、安徽、福建、河南、湖北、台湾、广东、海南、广西、云南等地。亚洲（东部、东南部、南部）、非洲、大洋洲和欧洲也有，北美洲有引种。

可作饲料和绿肥。

图9-39　草茨藻

4a. 弯果草茨藻（变种）

var. recurvata J.B. He, L.Y. Zhou et H.Q. Wang

叶片较小，叶宽通常不及0.5mm；叶耳短披针形。小坚果先端向背脊弯曲。外种皮细胞明显为长方形。

产于缙云、龙泉、泰顺。生于水田或水田沟边。分布于湖北。

5. 弯果茨藻 （图9-40）

Najas ancistrocarpa A. Braun ex Magnus

一年生沉水草本。茎纤弱，圆柱形，直径0.5～1mm，易碎，光滑无刺，分枝多，呈二叉状。

图 9-40　弯果茨藻

叶近对生或3叶假轮生，于枝端较密集，无叶柄；叶片狭条形，长1.5～3cm，宽0.5mm，先端具细齿1～2，边缘每侧具4～16枚不明显细锯齿，多生于叶片上部；叶鞘长1～1.5mm，抱茎；叶耳圆形，上部边缘具5～8枚细锯齿。花单性，雌雄同株，单生于叶腋，雌雄花均具佛焰苞；雄花椭圆形，佛焰苞短颈瓶形，口缘具刺细胞4或5，雄蕊1，花药4室；雌花佛焰苞囊状，紧裹，口缘具数枚刺细胞，花柱超出佛焰苞之上，柱头2裂。小坚果呈"U"形弯曲，长约2mm。种子弯曲呈镰刀状。花果期7—10月。

产于杭州市区、桐庐。生于湖湾静水中。分布于江西、福建、湖北、台湾。日本也有。

6. 澳古茨藻　（图9-41）
Najas oguraensis Miki

一年生沉水草本。植株较粗壮，质脆易断，茎圆柱形，光滑无刺，直径约2mm，分枝多，呈二叉状。叶质硬，上部者3叶假轮生，下部者有时2叶近对生，无叶柄；叶片狭披针形，长1～2cm，宽1～3mm，稍向下弯曲或反卷，先端有1～2枚细齿，边缘每侧具锯齿，齿长为叶宽一半及以上，少数叶背面沿中脉有稀疏刺状齿；叶鞘长3～5mm，抱茎；叶耳圆形至倒心形，顶部具细锯齿。花单性，雌雄同株，单生于叶腋；雄花多生于植株上半部，椭圆形，具1佛焰苞和1花

图 9-41　澳古茨藻

被，雄蕊1，花药4室；雌花裸露，长椭圆形，长约3mm，直径约1mm，花柱长约0.5mm，柱头2裂。小坚果长椭球形，长3～4mm，直径约1mm，上部渐狭并稍有弯曲。外种皮细胞在种子中部呈六边形，至种子末端呈不规则多边形或四边形，但仍排列整齐。花果期7—10月。

产于建德（三河乡）。生于池塘边缘的浅水中。分布于江西、湖北、台湾等地。日本、朝鲜、尼泊尔、印度、巴基斯坦也有。

7. 东方茨藻
Najas chinensis N.Z. Wang — *N. orientalis* Triest et Uotila

一年生沉水草本。植株纤细，易折断，茎圆柱形，光滑无刺，直径0.5～1mm，分枝多，呈二叉状。叶近对生或3叶假轮生，于枝端较密集，无叶柄；叶片条形，长2～3cm，宽0.5～1mm，伸展或稍向下弯曲，先端有1或2枚细齿，边缘每侧有6～20枚细锯齿；叶鞘抱茎，长约2mm；叶耳圆形，具数枚细锯齿。花单性，雌雄同株，单生，稀2花同生于叶腋；雄花具筐状佛焰苞，花被1，雄蕊1，花药4室；雌花无佛焰苞和花被，心皮1，长约2.5mm，花柱长约1mm，柱头2裂。小坚果长椭球形，长2～2.5mm，直径约0.5mm。种子略呈肾形，网隙肉眼可见；外种皮细胞四边形，排列整齐，胞壁上有明显突起。花果期6—10月。

《中国植物志》记载浙江有产，但未见标本。分布于吉林、辽宁、江西、福建、湖北、台湾、广东、海南、广西、云南等地。日本及欧洲也有。

一七四　角果藻科 Zannichelliaceae

多年生沉水草本。匍匐茎，多分枝，节上疏生须根。叶互生，近对生或假轮生，被一膜质先出叶包围；叶片狭条形，扁平，1脉，长达5cm，宽常小于1mm，无叶柄，全缘，先端渐尖，基部具鞘。花小，单性，雌雄同株，腋生；雄花和雌花各1朵同生于佛焰苞内；雄花无花被，雄蕊1，着生于雌花基部，花丝细长，花药2室；雌花生于1透明杯状苞内，心皮通常4，离生，花柱长，柱头斜盾形。小坚果半月形，扁平，背侧具不规则齿状或瘤状脊，无柄或具短柄，先端具喙，稍向背面弯曲。

仅1属，1种，广泛分布于全球。我国有1种；浙江也有。

角果藻属　Zannichellia L.

属特征及分布与科同。

角果藻（图9-42）
Zannichellia palustris L.

多年生沉水草本。具匍匐横走的根状茎。茎细弱，分枝较多，交织成团，易折断。叶互生，近对生或假轮生；叶片狭条形，长2~5cm，宽0.5~1mm，全缘，无叶柄，先端渐尖，基部有鞘状膜质托叶，中脉明显。花小，单性，腋生；雌花、雄花同生于1膜质佛焰苞内；雄花仅1雄蕊，花丝细长，长约3mm，花药长约1mm，2室，纵裂，花粉球形；雌花花被杯状，半透明，通常具离生心皮4（稀至6），子房椭圆形，花柱短粗，后伸长，宿存，柱头卵圆形，胚珠1，悬垂。果新月形，长约3mm，常2~4（6）簇生于叶腋，稀有果序梗，小坚果具与果等长的小果柄；果脊具钝齿，先端具长喙，通常长于或等于果长，略向背面弯曲。种子直生，有卷曲的子叶。

产于鄞州、慈溪、奉化、定海、岱山、龙湾、瑞安、平阳、苍南。生于沿海沟渠或池塘等盐碱水体中。分布于我国南北各地。全球广泛分布。

图 9-42 角果藻

一七五　霉草科 Triuridaceae

腐生草本。植物体常呈淡红色或紫色。茎分枝或不分枝。叶退化为鳞片状，无叶绿素。顶生总状花序或近伞房花序；花小，单性，少为两性，雌雄同株或异株；花辐射对称，花被片3～10，常为6，离生或基部连合，1轮；雄蕊2～6，着生于花托上或花被基部；雌蕊具6～50离生心皮，胚珠1，生于心皮内角的基部。聚合蓇葖果近球形，蓇葖果纵裂。种子直立，胚小。

约9属，57种，分布于热带和亚热带地区。我国仅有1属，6种，分布于东南部和南部；浙江有1属，2种。

喜荫草属 Sciaphila Blume

根具疏柔毛。茎纤细，直立，常左右曲折。花序总状；花单性，雌雄同株；花具短梗，花被基部稍合生，裂片3～10，顶端具髯毛或无；雄蕊2、3或6，几无花丝；心皮多数，离生，花柱侧生或基生；无退化雄蕊和退化雌蕊。蓇葖果纵裂。种子梨形或椭球形。

约37种，分布于热带和亚热带地区。我国有6种；浙江有2种。

1. 大柱霉草　（图9-43）
Sciaphila secundiflora Thwaites ex Benth.

多年生腐生草本，淡红色，无毛。根多数，纤细而稍成束，具稀疏柔毛。茎坚硬，直立，不规则左右曲折，具棱，不分枝，连同花序高5～12cm。叶少数，鳞片状，卵状披针形，长2～4mm，先端具短尖或微凹。总状花序短而直立，具3～9疏松排列的花；花梗稍上弯，长1～3mm；苞片长1～3mm；花被6裂，裂片钻形，长2～3mm；雄花位于花序上部，雄蕊2或3，近无梗；雌花具多数堆集成球形的倒卵形子房，呈乳突状，长约0.5mm；花柱近基生，棍棒状，超过子房。蓇葖果倒卵形，长约1mm，先端圆，上部多疣。花期6—7月，果期8—9月。

产于淳安、婺城、武义、临海、景宁、苍南等地。生于山坡林下阴湿处。分布于江西、福建、台湾、广东、广西等地。日本、印度尼西亚、马来西亚、斯里兰卡、新几内亚岛及所罗门群岛也有。

图 9-43 大柱霉草

2. 多枝霉草 （图9-44）

Sciaphila ramosa Fukuy. et T. Suzuki

多年生腐生草本，淡红色，无毛。根较少，具稍密的长柔毛。茎纤细，直立，圆柱形，常分枝，连同花序高4~8cm。叶稀少，鳞片状，披针形，长1~2mm，先端具短尖。花序总状或排成圆锥状；花梗斜展或稍直立，长3~5mm；苞片长1.5~2mm；花被裂片6，裂片几相等，卵形或卵状披针形，长约0.7mm，先端具短尖；雄花位于花序上部，雄蕊2~3，几无花丝；雌花子房多数，堆集成球形，子房倒卵形，呈瘤状突起；花柱自子房顶端伸出，线形，远超过子房。蓇葖果倒卵形，稍弯曲，长约0.7mm，顶端圆，基部具喙状刺。花期5—7月，果期8—9月。

产于武义、临海、松阳、景宁、苍南等地。生于山坡林下阴湿处。分布于我国台湾、广东（香港）。日本也有。

与大柱霉草的区别在于花序常分枝，花梗较长，花被裂片卵形或卵状披针形，花柱自子房顶端伸出，线形，蓇葖果基部具喙状刺。

图9-44 多枝霉草

一七六　无叶莲科 Petrosaviaceae

多年生腐生或自养草本。具根状茎。茎直立或匍匐，不分枝。叶基生或在茎上互生；叶片条形或退化成鳞片状。总状或伞房花序顶生，具鞘状苞片；花小，两性，辐射对称；花被片6，分离或基部合生，具蜜腺；雄蕊6，花丝分离或贴生于花被片基部，花药基着或背着，内向纵裂；子房上位或半下位，心皮3，中下部合生，3室，中轴胎座，每室具4或多数胚珠，花柱短。蒴果沿腹缝线开裂。种子偏斜，有翅或无翅。

2属，4种，分布于亚洲东部和东南部。我国有1属，2种；浙江有1属，1种。

无叶莲属 Petrosavia Becc.

多年生腐生草本。具覆盖鳞片的根状茎。茎直立，不分枝。叶互生，退化成鳞片状。花小，两性，排成顶生的总状花序或近伞形花序；花被片6，下部合生或贴生于子房上，外轮3片较小；雄蕊6，花丝钻形，贴生于花被裂片基部，花药内向纵裂；子房上位或半下位，心皮3，下部合生，具多数胚珠。蒴果沿心皮离生部分的腹缝线开裂。种子多数，具膜质翅。

3种，分布于亚洲东部和东南部（日本至缅甸）。我国有2种；浙江有1种。

疏花无叶莲　（图9-45）
Petrosavia sakuraii (Makino) J.J. Sm. ex Steenis —— *Miyoshia sakuraii* Makino

腐生小草本，高8~20cm，无叶绿素。根状茎细长。茎纤细，直立，通常单生于根状茎的顶端。鳞片状叶在茎基部密生，向上渐疏离，上部的彼此相距1~2cm。总状花序顶生，长2~8cm，有花数朵至10余朵，花梗长3~6mm，苞片稍短于花梗；花长3~3.5mm，花被片下部1/3合生，外轮的长约1mm，内轮的长约2mm；花药椭圆形，近基着；心皮基部合生，子房半下位，花柱分离，柱头头状。蒴果黄褐色，直径2.5~3.5mm。种子椭圆形，暗褐色，外种皮膜质，向两端延伸呈翅状。花期7—8月，果期10月。

产于遂昌（九龙山）、松阳（箬寮岘）、龙泉（凤阳山）。生于海拔1000~1600m的山坡阔叶林或竹林下的腐殖质土中。分布于台湾、广西、四川。日本、越南、印度尼西亚、缅甸也有。

一七六　无叶莲科 Petrosaviaceae

图 9-45　疏花无叶莲

一七七 棕榈科（槟榔科）Arecaceae

灌木、藤本或乔木。茎通常不分枝，单生或丛生。叶互生，在芽时折叠，羽状或掌状分裂；叶柄基部通常扩大成具纤维的鞘。花小，单性或两性，雌雄同株或异株，有时杂性，组成佛焰花序（或肉穗花序）；花萼和花瓣各3；雄蕊通常6，2轮排列；花药2室，纵裂；子房1~3室或3心皮离生或于基部合生，柱头3，通常无柄，每心皮内有1~2胚珠。果实为核果或硬浆果，有时覆盖覆瓦状排列的鳞片。种子具丰富的均匀或嚼烂状胚乳。

约183属，2450种，分布于热带、亚热带地区，主产于亚洲热带地区及美洲，少数产于非洲。我国约有18属，100余种（含常见栽培属、种）；浙江有13属，20种。

本科植物中大多数种类都有较高的经济价值，许多种类为热带和亚热带的景观树种，是庭园绿化不可缺少的材料。

分属检索表

1. 攀缘藤本或攀缘状灌木，稀直立灌木；外果皮被覆瓦状排列的鳞片 ················ **1. 省藤属 Calamus**
1. 直立灌木或乔木；外果皮不被鳞片。
  2. 叶掌状（扇状）分裂。
    3. 心皮离生；茎秆较细，直径通常在20cm以下。
      4. 茎直径通常在10cm以上，无节；叶的裂片单折；果实或种子通常肾形 ················
      ················ **2. 棕榈属 Trachycarpus**
      4. 茎直径远小于10cm，具节；叶的裂片单折至数折；果实或种子非肾形 ······ **3. 棕竹属 Rhapis**
    3. 心皮近基部离生，多少合生；茎秆较粗壮，直径通常在20cm以上。
      5. 叶先端边缘无丝状纤维；内果皮骨质或木质 ················ **4. 蒲葵属 Livistona**
      5. 叶先端边缘有丝状纤维；内果皮薄，壳质 ················ **5. 丝葵属 Washingtonia**
  2. 叶羽状分裂，羽片通常外向折叠，稀为内向折叠，但羽片具啮蚀状的尖；花单生或簇生，常为3朵聚生。
    6. 乔木或大型灌木，高通常超过3m。
      7. 叶轴下部羽片特化成长刺 ················ **6. 刺葵属 Phoenix**
      7. 叶轴下部羽片不特化成长刺，为正常的羽片。
        8. 花序着生两性花（即雌雄同株同序）；胚乳嚼烂状；叶为二回羽状分裂 ················
        ················ **7. 鱼尾葵属 Caryota**
        8. 花序通常着生单性花（即雌雄同株异序或异株），稀为两性花；胚乳均匀；叶为一回羽状分裂。
          9. 叶鞘通常包茎。
            10. 具根状茎，植株丛生或单生；雄花辐射对称，圆形或小球形；柱头残留在果实基部 ····
            ················ **9. 散尾葵属 Dypsis**
            10. 无根状茎，植株单生；雄花通常不对称或雄花不为圆形或小球形；柱头常残留在果实顶部 ················ **11. 假槟榔属 Archontophoenix**
          9. 叶鞘不包茎。

11. 叶柄上面通常密被绒毛；花雌雄异株，雌花花瓣基部合生，顶端镊合状 ⋯⋯⋯⋯ **8.国王椰属 Ravenea**
11. 叶柄上面通常无毛；花雌雄同株，雌花花瓣离生，覆瓦状。
　12. 叶多少呈浅灰蓝色；叶柄基部通常具刺或齿 ⋯⋯⋯⋯⋯⋯⋯⋯⋯⋯⋯⋯⋯⋯ **10.布迪椰子属 Butia**
　12. 叶通常绿色或墨绿色；叶柄基部平滑而不具刺或齿 ⋯⋯⋯⋯⋯⋯⋯⋯⋯⋯⋯⋯ **12.金山葵属 Syagrus**
6. 小型或中型灌木，植株矮小，通常不超过3m ⋯⋯⋯⋯⋯⋯⋯⋯⋯⋯⋯⋯⋯⋯⋯⋯⋯ **13.袖珍椰属 Chamaedorea**

1 省藤属 Calamus L.

攀缘藤本，稀直立灌木。叶鞘通常为圆筒形，常具刺；叶柄基部常膨大成囊状突起；叶轴具刺；叶羽状全裂，常具刚毛。花单性，雌雄异株；佛焰苞为长管状或鞘状；雄花序通常为三回分枝；雌花序通常为二次分枝。果实球形或卵球形，顶端具宿存花柱；外果皮被紧贴的覆瓦状排列的鳞片。种子通常1。

374种，广泛分布于亚洲热带和亚热带地区，少数分布于大洋洲和非洲。我国约有28种；浙江有1种。

本属多数种类的藤茎质地柔韧，可供编制各种藤器、家具，是手工业的重要原料。

毛鳞省藤 （图9-46）
Calamus thysanolepis Hance

丛生灌木状，高2～3m。叶羽状全裂，长0.8～2.5m；羽片2～6片成组聚生于叶轴两

图9-46　毛鳞省藤

侧，并指向不同方向，剑形，先端渐尖，长20～37cm，宽1.5～2.5cm；叶轴三棱形，有扁刺和小针刺；叶鞘非筒状并渐延伸为叶柄。肉穗花序具少数分枝，每分枝约有9枚小穗状花序，花序轴"之"字形弯曲。坚果球形，直径可达1cm，鳞片约20纵列，三角状菱形，淡红黄色，向顶端变为淡红褐色，下部边缘被褐色睫毛。种子椭圆形，稍扁，背面略有小瘤状突起，种脊面有深的合点孔穴，胚乳均匀，胚基生。花期2月，果期9—12月。

产于乐清、永嘉、龙湾、苍南、泰顺。生于山坡或沟谷密林中。分布于江西、福建、广东、广西。越南也有。

现存个体数很少，为浙江省重点保护野生植物。

❷ 棕榈属 Trachycarpus H. Wendl.

常绿乔木。叶片圆扇形，掌状分裂。花单性，稀两性，雌雄异株，偶为雌雄同株或杂性；花序生于叶间，雌雄花序相似，多次分枝或二次分枝；佛焰苞数个；通常2～4花成簇着生于小花枝上；雄花花萼3深裂或几分离，花冠大于花萼，雄蕊6；雌花的花萼与花冠如同雄花，雄蕊不育，箭头形，心皮3，离生，有毛。果实阔肾形或长圆状椭圆形，有脐或在种脊面稍具沟槽。种子形如果实，胚乳均匀。

9种，分布于印度、中南半岛至中国和日本。我国有3种；浙江有1种。

棕榈 （图9–47）
Trachycarpus fortunei (Hook.) H. Wendl.

植株高达10m。树干圆柱形，直径10～15cm，常被残存的纤维状老叶鞘所包围。叶片圆扇形，掌状深裂成30～50片，裂片长60～70cm，宽2.5～4cm，先端2浅裂，硬挺或顶端下垂；叶柄长50～100cm，两侧具细圆齿，顶端有明显的戟突。肉穗花序圆锥状；佛焰苞革质，多数，被锈色绒毛；花小，淡黄色，单性，雌雄异株；萼片和花瓣均宽卵形；雄蕊花丝分离；子房3室，密被白色柔毛，柱头3。核果肾状球形，直径约1cm，成熟时呈黑色。花期5—6月，果期8—10月。

产于浙南山区。生于山地疏林中，全省各地常见栽培。分布于长江以南各地。日本也有。

本种树形优美，除可供观赏外，叶鞘纤维还可作绳索，编蓑衣、棕绷、地毯，制刷子和作沙发的填充料等，浙南地区常用棕叶包扎粽子；未开放的花苞又称"棕鱼"，可供食用；棕皮及叶柄（棕板）煅炭入药有止血作用。

一七七 棕榈科（槟榔科） Arecaceae

图 9-47　棕榈

3 棕竹属 Rhapis L. f. ex Aiton

丛生灌木，上部被以网状纤维的叶鞘。叶扇状或掌状；叶柄边缘无刺或具微锯齿。花单性，雌雄异株；花序生于叶间，雌雄花序相似，有2～3个完全的佛焰苞，花螺旋状单生于小花枝周围；雄花花萼杯状，3齿裂；花冠倒卵形或棍棒状，3浅裂；雄蕊6，2轮；雌花似于雄花，子房由完全分离的3心皮组成，每心皮具1胚珠。浆果球形或卵球形，顶端具柱头残留物。种子单生，球形或近球形。

8种，分布于亚洲（东部、东南部）。我国有5种，分布于西南部至南部；浙江栽培2种。

1. 棕竹 （图9-48）
Rhapis excelsa (Thunb.) A. Henry

丛生灌木，高可达3m。茎有节，直径1.5～3cm，上部覆盖褐色粗纤维质

图9-48 棕竹

一七七　棕榈科（槟榔科）Arecaceae

的老叶鞘。叶掌状深裂，裂片3～10，不均等，长15～32cm，宽1.5～5cm，通常宽披针形，具3至多脉，横脉明显，边缘和主脉上有极细小的锯齿；叶柄长8～15cm，稍扁平，顶端的小戟突半圆形，被毛或后变无毛。圆锥状肉穗花序较长；佛焰苞2～3个，被棕色弯卷绒毛；雄花较小，淡黄色；雌花较大。浆果球状倒卵形，直径5～10mm，宿存的花冠筒不变成实心的柱状体。种子球形，胚位于种脊对面近基部。花期6—8月，果期9—11月。

原产于我国南部至西南部。日本也有。全省各地庭园常见盆栽，温州偶见露地栽培。

树形优美，是庭园绿化的好材料；根及叶鞘纤维可入药。

2. 矮棕竹 （图9-49）
Rhapis humilis Blume

丛生灌木，高通常不逾2.5m。茎圆柱形，有节，上部被紧密的褐色网状纤维的叶鞘。叶掌状深裂，裂片7～20，线形，长15～25cm，宽0.8～2cm，具1～3主脉，横脉不明显，边缘及主脉上具极细锯齿；叶柄长15～25cm，稍扁平，顶端小戟突呈卵圆形或三角形，顶端被毛或无毛。圆锥状肉穗花序较短；佛焰苞2～3个。浆果球形，直径约7mm，宿存的花冠筒变成实心的柱状体。种子球形，直径约4.5mm。花期4—5月，果期7—8月。

原产于我国南部至西南部。日本也有。全省各地庭园有少量盆栽，温州偶见露地栽培。

树形优美，可作庭园绿化观赏。

图9-49　矮棕竹

与棕竹的主要区别在于本种叶裂片较多而狭长,具1~3脉;叶柄顶端的小戟突通常呈卵圆形或三角形;果时宿存的花冠筒变成实心的柱状体。

④ 蒲葵属 Livistona R. Br.

常绿乔木。茎直立,单生,有环状叶痕,上部常为老叶鞘和棕色网状纤维所包围。叶聚生于茎顶;叶片掌状浅裂至深裂,裂片先端2浅裂或2深裂;叶柄长而粗壮。花两性,排成疏散、多分枝的肉穗花序,花序从叶间抽出;佛焰苞管状;萼片和花瓣仅基部合生;雄蕊6,花丝合生成一环;心皮3,近基部离生。核果球形或卵状椭圆形。

35种,分布于亚洲及大洋洲热带地区。我国有3种;浙江栽培1种。

蒲葵 (图9-50)

Livistona chinensis (Jacq.) R. Br. ex Mart.

植株高可达20m。茎圆柱形,直径20~30cm,下部有密集的环纹。叶片宽肾状扇形,直径可达1m以上,掌状

图9-50　蒲葵

深裂至中部，裂片多数，线状披针形，宽4～5cm，先端2深裂，柔软而下垂；叶柄长1～2m，下部边缘有逆刺。肉穗花序圆锥状；佛焰苞革质，管状，棕色，2裂；花小，黄绿色，长约2mm。核果椭圆形，状如橄榄，长1.8～2cm，直径约1cm，成熟时呈黑色。种子椭圆形，长1.5cm，直径0.9cm，胚约位于种脊对面的中部稍偏下。花期4—5月，果期8—10月。

原产于我国南部和中南半岛。宁波、温州及普陀、温岭、玉环有栽培。

树形优美，耐寒性强，为优良的绿化植物；嫩叶可编制葵扇；老叶可制笠帽、蓑衣、船篷等；果实及根性味平、淡，有败毒抗癌、祛瘀止血等功效。

5 丝葵属 Washingtonia H. Wendl.

高大乔木。茎单生，无刺，通常部分或全部被宿存的枯叶，具密集的环状叶痕。具掌状叶，叶片裂片边缘有丝状纤维；叶柄边缘具明显的弯齿；叶鞘被密集的早落绒毛，边缘变成纤维状。花序生于叶间；佛焰苞2个，管状；花小，两性，单生，螺旋状着生；雄蕊6；心皮3，近基部离生，胚珠基生。果实小，宽椭圆形、卵球形至球形，顶端残留淡黑色的柱头和不育心皮。种子椭圆形或卵球形。

2种，分布于美国西部及墨西哥西部。我国常见栽培1种；浙江也有。

丝葵 华盛顿棕 （图9-51）
Washingtonia filifera (Lind. ex André) H. Wendl. ex de Bary

植株高达18～21m。树干呈灰色，基部稍膨大，近基部直径75～105cm，可见明显的纵向裂缝和不太明显的环状叶痕，被覆许多下垂的枯叶。大型掌状叶，叶片直径达1.8m，约分裂至中部而成50～80裂片，裂片之间及边缘具灰白色的丝状纤维；叶柄约与叶片等长，基部扩大成革质的鞘，戟突三角形，边缘干膜质。花序大型，弓状下垂，长于叶（长可达3.6m）；花萼管状钟形，裂片3；花冠比花萼长2倍；子房小，陀螺形，3裂，上部骤缩成1丝状的花柱，柱头具细点，不分裂。果实卵球形，长约9.5mm，直径约6mm，亮黑色。种子卵形。花期5—7月，果期8—10月。

原产于美国西南部。福建、台湾、广东、云南有引种栽培。宁波、台州、丽水、温州及海盐、杭州市区、临安、建德、淳安、普陀等地有栽培。

树形挺拔，为优良的绿化树种。

在温州还可偶见大丝葵 *W. robusta* H. Wendl. 的栽培，与丝葵的主要区别在于树干基部显著膨大，去掉枯叶后呈淡褐色；叶较小，亮绿色，分裂至基部2/3处，裂片边缘的丝状纤维只存在于幼龄树的叶上；叶柄淡红褐色，边缘具粗壮的钩刺。

图 9-51　丝葵

一七七 棕榈科（槟榔科） Arecaceae

⑥ 刺葵属 Phoenix L.

灌木或乔木状。茎单生或丛生。叶羽状全裂，羽片狭披针形或线形，基部的退化成刺状。花序生于叶间；佛焰苞鞘状，革质；花单性，雌雄异株；花小，黄色；雄花花萼杯状，顶端具3齿，花瓣3，镊合状排列；雌花球形，花萼与雄花的相似，退化雄蕊6；心皮3，离生，每室具1直立胚珠。果实长圆形或近球形，外果皮肉质，内果皮薄膜质。种子1，腹面具纵沟。

14种，分布于亚洲与非洲的热带及亚热带地区。我国有6种；浙江有5种。

分种检索表

1. 果小，长不超过3cm，肉薄。
    2. 乔木状，高可达5m及以上。
        3. 茎秆较细，直径约30cm；叶灰绿色 ·················· **1. 银海枣 P. sylvestris**
        3. 茎秆粗壮，直径40cm以上；叶深绿色 ·················· **2. 加那利海枣 P. canariensis**
    2. 灌木状，高不超过5m。
        4. 茎秆纤细，直径约10cm；羽片呈2列排列，背面叶脉被灰白色糠秕状鳞秕；雌花序分枝长而纤细，呈不明显的"之"字形曲折；花萼顶端具明显的短尖头；果成熟时呈枣红色，具枣味 ··· **3. 江边刺葵 P. roebelenii**
        4. 茎秆较粗，直径达30cm以上；羽片呈4列排列，背面叶脉不具灰白色糠秕状鳞秕；雌花序分枝短而粗壮，呈明显的"之"字形曲折；花萼顶端不具短尖头；果成熟时呈紫黑色，不具枣味 ··· **4. 刺葵 P. loureiroi**
1. 果大，长3.5~6.5cm，肉厚 ·················· **5. 海枣 P. dactylifera**

1. 银海枣　林刺葵　中东海枣　（图9-52）
Phoenix sylvestris (L.) Roxb.

乔木状，高可达16m。茎直径达33cm，具宿存的叶柄基部。叶密集成半球形树冠，叶长3~5m，无毛；叶柄短；叶鞘具纤维；羽片剑形，顶端尾状渐尖，互生或对生，呈2~4列排列，下部羽片较小，最后变为针刺。佛焰苞近革质；花序长60~100cm，直立；雄花长6~9mm，狭长圆形或卵形，顶端钝，白色，具香味，花萼杯状，顶端具3圆钝齿，花瓣3，长为花萼的3~4倍，花丝极短，离生，花药线形，稍短于花瓣；雌花近球形，花萼杯状，顶端具3短齿，长为花瓣的1/2，花瓣3，极宽。果序长约1m，具节，密集，橙黄色；果实长圆状椭圆形或卵球形，橙黄色。种子长圆形，两端圆，苍白褐色。花期3—4月，果期9—10月。

原产于缅甸、印度、巴基斯坦等地。福建、广东、广西、四川、云南等地有栽培。全省各地都有栽培，但遇极寒年份浙北地区易受冻害。

植株挺拔，形态优美，是街道绿化与庭园造景的常用树种。

图9-52　银海枣

2. 加那利海枣　（图9-53）
Phoenix canariensis Chabaud

乔木状，高可达10（20）m以上。茎秆粗壮，直径50～90（120）cm，具波状叶痕。羽状复叶，顶生丛出，较密集，长可达6m，每叶有100多对小叶；小叶狭长形，长1m左右，近基部小叶呈针刺状，基部由黄褐色网状纤维包裹。穗状花序腋生，长可达1m以上；花

图9-53　加那利海枣

小，黄褐色。浆果卵状球形至长椭圆形，成熟时呈黄色至淡红色。花期5—6月，果期6—8月。

原产于非洲加那利群岛。长江以南各地有引种栽培。全省各地有栽培，但遇极寒年份浙北地区易受冻害。

植株高大雄伟，形态优美，耐寒、耐旱，是街道绿化与庭园造景的常用树种，但其是红棕象甲的主要取食植物，一旦被危害，极易死亡。

3. 江边刺葵　美丽针葵　（图9-54）
Phoenix roebelenii O'Brien

茎丛生，栽培时常为单生，高1~3m，稀更高，茎直径约10cm，具宿存的三角状叶柄基部。叶长1~2m；羽片线形，较柔软，长20~40cm，两面深绿色，背面沿叶脉被灰白色的糠秕状鳞秕，呈2列排列，下部羽片变成细长软刺。佛焰苞长30~50cm，仅上部裂成2瓣；雄花序与佛焰苞近等长，雌花序短于佛焰苞，分枝长而纤细，呈不明显的"之"字形曲折；雄花花萼长约

图9-54　江边刺葵

1mm，顶端具三角状齿，花瓣3，针形，长约9mm，顶端渐尖，雄蕊6；雌花近卵形，长约6mm，花萼顶端具明显的短尖头。果实长圆形，长1.4~1.8cm，直径6~8mm，顶端具短尖头，成熟时呈枣红色，果肉薄而有枣味。花期4—5月，果期6—9月。

原产于缅甸、越南、印度和我国云南。广东、广西、福建等地有引种栽培。温州有露地栽培，其他地区多作室内盆栽。

株型漂亮，可作庭园观赏植物。

4. 刺葵（图9-55）
Phoenix loureiroi Kunth

茎丛生或单生，高2~5m，直径达30cm以上。叶长达2m；羽片线形，长15~35cm，宽10~15mm，单生或2~3片聚生，呈4列排列。佛焰苞长15~20cm，褐色，不开裂为2舟状瓣；花序梗长60cm以上；雌花序分枝短而粗壮，长7~15cm，呈明显的"之"字形曲折；雄花近白色，花萼长1~1.5mm，顶端具3齿，花瓣3，长4~5mm，宽1.5~2mm，雄蕊6；雌花花萼长约1mm，顶端不具三角状齿，花瓣圆形，直径约2mm，心皮3，卵形，长约15mm，宽8mm。果实长

图9-55　刺葵

圆形，长1.5~2cm，成熟时呈紫黑色，基部具宿存的杯状花萼。花期4—5月，果期6—10月。

产于玉环（大麦屿）。生于基岩海岸的悬崖峭壁上或陡坡林下、林缘。分布于台湾、广东、海南、广西、云南等地。

树形美丽，可作庭园绿化植物；果可食，嫩芽可作蔬菜；叶可作扫帚。

5. 海枣
Phoenix dactylifera L.

乔木状，高可达20（30）m。茎具宿存的叶柄基部，上部的叶斜升，下部的叶下垂，形成一个较稀疏的头状树冠。叶长达6m；叶柄长而纤细；羽片线状披针形，长18~40cm，灰绿色，具明显的龙骨突起，2或3片聚生，被毛，下部的羽片变成长而硬的针刺状。佛焰苞长，大而肥厚，花序为密集的圆锥花序；雄花长圆形或卵形，白色，质脆，花萼杯状，顶端具3钝齿，花瓣3，斜卵形，雄蕊6，花丝极短；雌花近球形，具短柄，花萼与雄花的相似，但花后增大，花瓣圆形，退化雄蕊6，呈鳞片状。果实长圆形或长圆状椭圆形，长3.5~6.5cm，成熟时呈深橙黄色，果肉肥厚。种子1，扁平。花期3—4月，果期9—10月。

原产于西亚和北非。福建、广东、广西、云南等地有引种栽培。鹿城、苍南有栽培。

树形美观，常作观赏植物；果实可食，通常做蜜饯；花序汁液可制糖；叶可造纸；树干作建筑材料与水槽。

7 鱼尾葵属 Caryota L.

常绿灌木或乔木。茎单生或丛生，具环状叶痕。叶大，聚生于茎顶，叶片二回至三回羽状全裂；羽片菱形、楔形或披针形，先端极偏斜而有不规则的齿缺，状如鱼尾。花单性，雌雄同株，通常3朵聚生，其中1朵较小的为雌花，2朵较大的为雄花，排成圆锥状下垂的肉穗花序，花序生于叶腋；佛焰苞管状；萼片和花瓣离生，萼片呈覆瓦状排列；雄花雄蕊6至多数；雌花心皮3，合生。浆果状核果近球形，有种子1~2。

13种，分布于亚洲南部与东南部至澳大利亚热带地区。我国有4种；浙江栽培3种。

分种检索表

1. 茎丛生，灌木状；雄花的萼片顶端全缘；果成熟时呈紫红色。⋯⋯⋯⋯⋯⋯⋯⋯⋯ **1. 短穗鱼尾葵 C. mitis**
1. 茎单生，乔木状；雄花的萼片顶端非全缘；果成熟时呈红色或淡红色。
   2. 叶较小，叶长3~4m；茎绿色，表面被白色的毡状绒毛⋯⋯⋯⋯⋯⋯⋯⋯⋯⋯ **2. 鱼尾葵 C. maxima**
   2. 叶较大，叶长5~7m；茎黑褐色，表面不被白色的毡状绒毛⋯⋯⋯⋯⋯⋯⋯⋯⋯ **3. 董棕 C. obtusa**

1. 短穗鱼尾葵 （图9-56）

Caryota mitis Lour.

小乔木状，高5～8m。茎丛生，绿色，直径8～15cm，表面被微白色的毡状绒毛。叶长3～4m；羽片呈楔形或斜楔形，外缘笔直，内缘1/2以上弧曲成不规则的齿缺，且延伸成尾尖或短尖，淡绿色；叶柄被褐黑色的毡状绒毛；叶鞘边缘具网状的棕黑色纤维。佛焰苞与花序被糠秕状鳞秕，花序短，长25～40cm，具密集穗状的分枝花序；雄花萼片宽倒卵形，长约2.5mm，宽约4mm，顶端全缘，具睫毛，花瓣狭长圆形，长约11mm，宽约2.5mm，淡绿色，雄蕊15～25；雌花与雄

图9-56　短穗鱼尾葵

花相似，但较小，退化雄蕊3。果球形，成熟时呈紫红色，具1种子。花期4—6月，果期8—11月。

原产于东南亚、南亚以及我国海南、广西。温州市区、平阳、苍南有栽培。

树形美丽，可作庭园绿化植物；茎的髓心含淀粉，可供食用；花序汁液含糖分，可供制糖或酿酒。

2. 鱼尾葵 （图9-57）
Caryota maxima Blume ex Mart. — *C. ochlandra* Hance

植株高可达10m以上。茎单生，绿色，具环状叶痕。叶长3~4m，暗绿色，叶片二回羽状全裂，小裂片革质，侧生小裂片半菱形，长15~18cm，内侧边缘上半部有不整齐的粗齿，外侧边缘先端延伸成一长尾尖，顶生小裂片近扇形，先端有不整齐的粗齿。肉穗花序长约3m，分枝悬垂；雄花长约1.6cm，雄花的萼片与花瓣不被脱落性的黑褐色的毡状绒毛，盖萼片小于被盖的侧萼片，表面具疣状突起，边缘不具半圆齿；雌花长约6mm。浆果状核果近球形，直径1.5~2cm，淡红色。种子通常1。花期5—7月，果期8—11月。

原产于福建、广东、海南、广西、云南等地，亚洲热带地区也有。温州市区、瑞安、平阳、苍南有栽培。

本种树形美丽，可作庭园绿化植物；茎的髓心含淀粉，可作桄榔粉的代用品。

图9-57　鱼尾葵

3. 董棕（图9-58）

Caryota obtusa Griff.

植株高可达10m以上。茎黑褐色，直径25~45cm，具明显的环状叶痕。叶片二回羽状全裂，叶长5~7m，宽3~5m，弓状下弯；羽片宽楔形或狭的斜楔形，长15~29cm，宽5~20cm；叶柄长1.3~2m，被脱落性的棕黑色的毡状绒毛；叶鞘边缘具网状的棕黑色纤维。肉穗花序长1.5~2.5m，具多数、密集的穗状分枝花序；雄花花萼与花瓣被脱落性的黑褐色毡状绒毛，萼片近圆形，盖萼片大于被盖的侧萼片，表面不具疣状突起，边缘具半圆齿；雌花与雄花相似，但花萼稍宽，花瓣较短，退化雄蕊3，子房倒卵状三棱形。果实球形至扁球形，直径1.5~2.4cm，成熟时呈红色。种子1~2，近球形或半球形。花期6—10月，果期5—10月。

原产于中南半岛、南亚和我国广西、云南。温州市区、瑞安、平阳、苍南有栽培。

木质坚硬，可作水槽与水车；树形美丽，可作绿化观赏树种。

图9-58　董棕

8 国王椰属 Ravenea H.Wendl. ex C.D. Bouché

直立乔木，高达10~40m。叶羽状全裂，羽片多数而狭长，中脉在上面稍下陷，背面常被小鳞片；叶鞘密被绒毛。花单性，雌雄异株；花序着生于叶间，一回至二回分枝；苞片3~5，管状，宿存，背面具鳞片和毛；雄花序多分枝，雄花多少呈"之"字形螺旋排列，萼片3，三角状卵形，在基部1/3处合生，花瓣3，阔卵形，近基部合生，肉质，雄蕊6，2行排列，花药箭形，花粉球形；雌花和雄花相似，但比雄花粗壮，退化雄蕊6，心皮3，卵形，合生，子房3室，胚珠3。果实球形至椭圆形，通常黄色、橙色至红色。种子球形、半球形或1/3球形。

18种，产于马达加斯加和科摩罗群岛。我国常见引进栽培的有1种；浙江也有。

国王椰子 （图9-59）
Ravenea rivularis Jum. et H. Perrier

直立乔木，通常高9~12m，最高可达30m。茎秆粗壮，直径可达50cm，表面光滑，密布叶鞘脱落后留下的轮纹。叶羽状全裂，簇生茎顶，可多达25枚，长达2.4m；羽片坚韧，条状披针形，长约60cm，显著向外折叠。花雌雄异株；肉穗花序圆锥状，可达1.5cm。核果近球形，成熟时呈红褐色，直径约0.8cm。

图9-59　国王椰子

原产于马达加斯加南部。华南地区常见栽培。鹿城、洞头、永嘉有少量栽培，较易受冻害。树形优美，广泛用作行道树、庭园绿化树种和室内盆栽。

⑨ 散尾葵属 Dypsis Noronha ex Mart.

灌木至大型乔木。通常具横走的根状茎。茎丛生或单生，具明显的环状叶痕。叶通常羽状全裂，羽片外向折叠；叶鞘管状，在茎顶形成明显的冠茎。花单性，雌雄同株；花序多生于叶间，极少生于叶下，一回至四回分枝或不分枝；3花聚生于小穗轴的表面或浅凹穴中，萼片和花瓣各3；雄花通常具3或6雄蕊；柱头3，花蕾时呈三角形，靠合，受精时展开，子房球状卵形，心皮3，离生，仅1个发育。果球形、椭球形、纺锤形或微弯，柱头残留在果实基部。胚乳均匀。

约140种，主产于马达加斯加。我国常见栽培1种；浙江也有。

散尾葵 （图9-60）
Dypsis lutescens (H. Wendl.) Beentje et J. Dransf.

中型丛生灌木。具根状茎。茎似竹秆，黄绿色，高3～5m，直径5～7cm，略被灰白蜡粉，环状叶痕明显。叶羽状全裂，黄绿色，长约1.5m，每边有羽片50～80枚；羽片

图9-60　散尾葵

线状披针形，表面有蜡质白粉；叶鞘被灰白蜡粉或光滑。花序生于冠茎下方，三回分枝，长45~65cm，小穗长12~18cm；花小，卵球形，金黄色，3花聚生，或在小穗上部有对生至单生的雄花；雄花萼片和花瓣具条纹脉，雄蕊6；雌花萼片和花瓣与雄花的略同，心皮3，1室。果实近椭球形，长1.5~1.8cm，宽1~1.3cm，黄绿色，外果皮光滑，中果皮具网状纤维。种子阔卵形或阔椭球形。花期5—6月，果期8—9月。

原产于马达加斯加。我国华南常见栽培。温州有栽培，多见于盆栽。

植株观赏价值较高，是庭园美化和室内盆栽的好材料；叶可用于插花；叶鞘具收敛止血等功效。

⑩ 布迪椰子属 Butia Becc.

茎单干型，稀为丛生，高大至矮小。叶拱形，一回羽状分裂，叶数因种而异，多少呈浅灰蓝色；羽片线形，25~50对，于叶轴上近垂直排列而呈"V"形；叶柄常具刺，有的呈纤维状。花单性，雌雄同株，多次开花结实；花序单生于叶间，分枝；雌花大于雄花，萼片与花瓣3；花瓣离生，覆瓦状。果卵形或球形，橙色，基部宿存有壳斗状萼片。种子1~3，胚乳均匀。

9种，分布于南美洲。我国常见栽培1种；浙江也有。

布迪椰子（图9-61）
Butia capitata (Mart.) Becc.

单干型乔木，高4~8m。茎干灰色，粗壮，平滑，但有老叶痕，直径20~30（50）cm。叶片羽状，长可达2.6m，蓝绿色或灰绿色，背面粉白色；叶柄长70~88cm，基部最宽处4~7cm，显著弯曲下垂，基部具长8~11cm的刺，向上渐无。花序出于下层的叶腋，逐渐往上层叶腋生长；佛焰苞长80~100cm，宽7~8.5cm；小穗50~60，长62~69cm；雌花圆形或卵圆形，直径4~8mm，晚于雄花开放；雄花与雌花同形，直径4~10mm。果椭圆形，长1.8~3.5cm，直径1.5~2.2cm，具短喙，黄色至橙红色，肉甜。种子长1.8~2.4cm，直径1~1.8cm，椭圆形，一端有3个芽孔。花期4—5月，果期9—11月。

原产于巴西南部、阿根廷和乌拉圭。我国南方各地有引种栽培。全省各地有零星栽培。

本种是耐寒性最强的棕榈科植物之一，株型优美，是理想的行道树及庭园树；果实还可制作果酱和果冻。

图 9-61　布迪椰子

11 假槟榔属　Archontophoenix H. Wendl. et Drude

乔木状，单生。叶生于茎顶，呈整齐的羽状全裂；叶柄短，上面具沟槽；叶鞘管状，常在基部稍膨大而形成冠茎。花单性，雌雄同株，多次开花结实；花序生于叶下，三回分枝；小穗轴下部的3花聚生（2雄1雌），上部的则为雄花；雄花通常不对称；雌花小于雄花，萼片与

一七七　棕榈科（槟榔科）Arecaceae

花瓣3，覆瓦状排列。果球形至椭圆形，淡红色至红色，柱头常残留在果实顶部。种子椭圆形至球形，种脐在基部延长，胚基生。

6种，分布于澳大利亚东部。我国常见栽培2种；浙江栽培1种。

假槟榔 （图9-62）
Archontophoenix alexandrae (F. Muell.) H. Wendl. et Drude

乔木状，高达10～25m。茎直径约15cm，圆柱状，基部略膨大。叶生于茎顶，长2～3m，羽状全裂；羽片呈2列排列，线状披针形，长达45cm，宽1.2～2.5cm，先端渐尖，全缘或有缺刻，叶面绿色，叶背面被灰白色鳞秕状物，中脉明显；叶轴和叶柄厚而宽，无毛或稍被鳞秕；叶鞘绿

图9-62　假槟榔

色，膨大而包茎，形成明显的冠茎。花序生于叶鞘下，呈圆锥花序式，下垂，长30~40cm，多分枝，花序轴略具棱和弯曲，具2个鞘状佛焰苞，长45cm；花雌雄同株，白色；雄花萼片3，三角状圆形，长约3mm，花瓣3，斜卵状长圆形，长约6mm，雄蕊通常9~10；雌花萼片和花瓣各3，圆形，长3~4mm。果实卵球形，红色，长12~14mm。种子卵球形，长约8mm，直径约7mm，胚乳嚼烂状，胚基生。花期4月，果期4—7月。

原产于澳大利亚东部。福建、台湾、广东、海南、广西、云南等地有栽培。鹿城、乐清、永嘉有栽培。

树形优美，为优良的绿化树种。

12 金山葵属 Syagrus Mart.

通常为单生乔木。叶羽状全裂，羽片线形，具2浅裂，横小脉常明显。花单性，雌雄同株；花序单生于叶腋，通常一回分枝；大佛焰苞宿存，管状，花蕾时包着整个花序，在纵裂开以前常略为纺锤形，而后展开呈勺状；近基部每3花（2雄花中间有1雌花）聚生，向顶部为成对或单生的雄花；雄花通常不对称，萼片与花瓣3，离生；雌花与雄花相似，花瓣离生，覆瓦状。果实球形、卵球形或椭圆形。种子与内果皮腔同形。

31种，主产于南美洲，从委内瑞拉向南至阿根廷，其中巴西种类最多。我国南方地区常见栽培1种；浙江也有。

金山葵 皇后葵 （图9-63）
Syagrus romanzoffiana (Cham.) Glassman

乔木状。茎高10~15m，直径20~40cm。叶长4~5m，羽状全裂，羽片多，每2~5枚靠近成组排成几列，线状披针形；叶柄及叶轴被易脱落的褐色鳞秕状绒毛。花序生于叶腋间，长达1m以上，一回分枝，分枝多达80或更多，每分枝长30~50cm，"之"字形弯曲，基部至中部着生雌花，顶部着生雄花；花序梗上的大苞片（大佛焰苞）舟状，木质化，长约150cm，宽约14cm，顶端呈长喙状，背面具纵沟槽；花雌雄同株；雄花长7~16mm；雌花长4.5~6mm。果实近球形或倒卵球形，长3cm，直径2.7cm，稍具喙，外果皮光滑，新鲜时呈橙黄色，干后呈褐色。种子与内果皮腔同形，胚乳均匀具棱，中央有1个小的空腔，胚近基生。花期通常5—8月，果期11月至次年3月，其他季节也偶见开花结果。

原产于巴西。广泛栽培于热带和亚热带地区。我国南部各地常见栽培。温州各地有栽培。

树形优美，为优良的绿化树种。

一七七　棕榈科（槟榔科）Arecaceae

图9-63　金山葵

⑬ 袖珍椰属 Chamaedorea Willd.

小型至中型直立灌木，高很少超过3m，稀为藤本。茎纤细，通常单干型，少数为丛生，绿色，叶环痕显著。叶一回羽状分裂，或二叉状，边缘常具齿，无冠茎。花单性，雌雄异株，多次开花结实；叶间花序或叶下花序，穗状或穗状分枝，雌花、雄花螺旋状着生其上，萼片和花瓣3，同形，覆瓦状排列。果常为红色或黑色。种子1，胚乳均匀。

约110种，主产于南美洲，从墨西哥中部至巴西和玻利维亚。我国南方常见栽培2种；浙江常见栽培1种。

袖珍椰子 （图9-64）
Chamaedorea elegans Mart.

常绿小灌木。茎直立，通常单生而不分枝，深绿色，上具不规则花纹，高1~2.4m，直径4cm，基部常有气生根。叶一般着生于茎顶，羽状全裂，裂片披针形，互生，深绿色，有光泽，长14~22cm，宽2~3cm，顶端2枚羽片的基部常合生为鱼尾状，嫩叶绿色，老叶墨绿色，表面有光泽，如蜡制品。肉穗花序腋生；花序梗纤弱，多分枝；花黄色，呈小球状；雌雄异株；雄花序稍直立；雌花序营养条件好时稍下垂。果序梗朱红色，浆果橙黄色或淡橙红色。花期春季。

原产于墨西哥。华南地区有栽培。浙江南部有栽培，通常盆栽。

树形优美，是庭园绿化和室内盆栽的好材料；叶还可用于插花。

图9-64　袖珍椰子

一七八　菖蒲科 Acoraceae

多年生常绿草本。肉质匍匐根状茎横走，含芳香油。叶近基生，嵌列状2列；叶片长条形，革质，具平行脉，无柄；叶鞘套叠状，边缘膜质。花序生于当年生叶腋，花序梗长，全部贴生于佛焰苞鞘上；佛焰苞叶状，部分与花序梗合生，在肉穗花序着生点之上分离，宿存；肉穗花序指状圆锥形或鼠尾状；花两性，密集，自下而上开放；花被片6；雄蕊6；子房倒圆锥状，与花被片等长，先端近平截，2或3室，每室胚珠多数，着生于子房室的顶部；花柱极短。浆果长圆球形，顶端渐狭为近圆锥状的尖头，红色，藏于宿存花被之下。种子长圆球形。

1属，2种，分布于北温带及亚洲热带地区。我国均产；浙江也有。

菖蒲属 Acorus L.

属特征及分布与科同。

1. 菖蒲 （图9-65）
Acorus calamus L.

多年生草本。根状茎粗壮，直径0.5～2.5cm，芳香，肉质根多数，具毛发状须根。叶基部两侧膜质叶鞘宽4～5mm；叶片剑状条形，长达150cm，宽1～3cm，基部宽、对褶，中部以上渐狭，两面具明显隆起的中肋，侧脉3～5对，大都伸延至叶尖。花序梗三棱形，长15～50cm；叶状

图9-65　菖蒲

佛焰苞剑状条形，长20～50cm；肉穗花序狭锥状圆柱形，长4～8cm，直径0.6～2cm，花密集；花黄绿色，直径约2mm；花被片长约2.5mm；花丝长2～2.5mm，宽约0.5mm；子房长圆柱形，长2.5～3.5mm，粗1～2.3mm。果序粗达2cm，浆果长圆球形，红色。种子椭球形至卵球形，浅棕色，长2.5～3mm，宽1～1.2mm。花果期4—9月。

产于全省各地。生于池塘边、沟渠、沼泽湿地等潮湿地，也常见栽培。分布于我国各地。全球温带、亚热带地区均有分布。

全草芳香，可作香料或驱虫；根状茎可入药；还可用于湿地绿化供观赏。民间每逢端午时节，悬菖蒲、艾叶于门窗，以祛避邪疫。本省栽培的园艺品种有花叶菖蒲'Variegatus'，用于园林绿化观赏。

2. 金钱蒲 （图9-66）

Acorus gramineus Soland. — *A. tatarinowii* Schott

多年生草本。根状茎细弱，直径通常不及1cm，横走或斜伸，芳香，根肉质，须根密集。叶基部两侧膜质叶鞘宽2～3mm；叶片狭条形，长10～50cm，宽常不及1.5cm，先端长渐尖，无中肋，平行脉多数。花序梗三棱形，长2.5～15cm；叶状佛焰苞长8～25cm；肉穗花序狭锥状圆柱形，长2.5～10cm，直径3～7mm，花密集；花黄绿色，或多少带白色，直径约2mm；花被片长约1.5mm；花丝长1.5mm；子房长圆柱形，长2.5～3mm，粗约2mm。果序粗达1.5cm，浆果倒卵球形，黄绿色。种子椭球形，浅棕色，具长刚毛，长2.5～3mm，宽1～1.2mm。花果期5—8月。

产于全省各地。生于山谷、山间流水的岩石缝隙和阴湿石壁上。除东北外，我国南北各地均有分布。东北亚、东南亚及印度东北部也有。

与菖蒲的主要区别在于后者根状茎粗壮，直径0.5～2.5cm；叶片剑状条形，宽1～3cm，具明显的中肋；肉穗花序直径0.6～2cm。

根状茎可入药；植株常绿而具光泽，在园林和庭园花境栽培供观赏，亦可盆栽放书房案头供观赏。本省栽培的园艺品种有金叶石菖蒲'Ogan'、银边金线蒲'Variegatus'等，用于观赏。

图9-66　金钱蒲

一七九　天南星科 Araceae

多年生草本，稀为灌木状。具球茎、块茎或根状茎。茎直立或攀缘，或无地上茎。叶常基生或在茎上互生；叶片不分裂或掌状、鸟足状、羽状、放射状分裂，具羽状脉，稀具平行脉；叶柄基部或中部以下鞘状。花小，两性或单性，单性时雌雄同株或异株，排成肉穗花序，外有佛焰苞包围；花被存在或缺；雄蕊常与花被片同数而对生，但在无被花中数目不等；子房上位，1至多室，胚珠1至多数。浆果，种子具肉质外种皮，胚乳丰富。

约110属，3500种，除极地和干旱沙漠外，世界各地均有分布，主产于热带和亚热带地区。我国连同栽培的有30余属，200多科；浙江有17属，29种。浙江偶见栽培的还有五彩芋 *Caladium bicolor* (Aiton) Vent. 和麒麟叶 *Epipremnum pinnatum* (L.) Engl.，但均限于室内，不予收录。

本科很多种类是常见的室内或庭园观赏植物；许多种类是历史悠久的常用中药；也有一些种类可供食用或饲用，或作工业用。

分属检索表

1. 陆生或湿生植物；叶基生或茎生，但不呈莲座状着生。
   2. 藤本植物，攀缘生长，或幼年植株近直立草本，而成年植株茎伸长成藤状。
      3. 攀缘藤本植物；叶片厚纸质至厚革质。
         4. 叶片沿中脉两侧常有穿孔或空洞；花两性。
            5. 叶柄上部有关节；浆果相互分离·················· 3. 麒麟叶属 Epipremnum
            5. 叶柄上部无关节；浆果相互黏合·················· 4. 龟背竹属 Monstera
         4. 叶片沿中脉两侧无穿孔或空洞；花单性·················· 10. 喜林芋属 Philodendron
      3. 幼年植株茎较短，成年植株茎伸长成藤状；叶片薄纸质·················· 11. 合果芋属 Syngonium
   2. 直立草本或灌木状，大多非攀缘生长，稀呈攀缘状。
      6. 地下茎非球茎，有伸长或短缩的地上茎；叶基生兼茎生。
         7. 单叶，全缘或分裂；茎伸长或短缩。
            8. 茎较细长；叶片基部着生；肉穗花序无附属器。
               9. 叶柄具短鞘；花两性，有花被。
                  10. 佛焰苞水平展开，基部心形·················· 1. 花烛属 Anthurium
                  10. 佛焰苞直立向上，基部楔形·················· 2. 白鹤芋属 Spathiphyllum
               9. 叶柄具长鞘；花单性，无花被。
                  11. 叶片上面常无斑纹；佛焰苞无管部和檐部之分·················· 5. 广东万年青属 Aglaonema
                  11. 叶片上面常有彩色斑纹；佛焰苞有管部和檐部之分·················· 7. 黛粉芋属 Dieffenbachia
            8. 茎粗壮肉质；叶片盾状着生；肉穗花序顶端有附属器·················· 9. 海芋属 Alocasia
         7. 叶为羽状复叶；茎短缩·················· 17. 雪铁芋属 Zamioculcas

6. 地下茎为球茎，无地上茎；叶基生。
　　12. 叶多数，通常多于6；肉穗花序无附属器 ······················ 6. 马蹄莲属 Zantedeschia
　　12. 叶少数，通常不多于6；肉穗花序有附属器。
　　　　13. 叶1，叶片3全裂，裂片再羽状分裂；花时无叶 ··············· 13. 魔芋属 Amorphophallus
　　　　13. 叶1～6，叶片全缘或分裂，裂片不再羽状分裂；花时有叶。
　　　　　　14. 佛焰苞喉部不闭合，无横隔膜；肉穗花序雌花部分与佛焰苞分离。
　　　　　　　　15. 叶片大型，长逾30cm，宽逾20cm，盾状着生 ················ 8. 芋属 Colocasia
　　　　　　　　15. 叶片较小，长不逾25cm，宽不逾15cm，非盾状着生。
　　　　　　　　　　16. 叶片不分裂或戟状3～5裂；肉穗花序两性 ············ 14. 犁头尖属 Typhonium
　　　　　　　　　　16. 叶片掌状、鸟足状或放射状全裂；肉穗花序单性，稀两性 ··· 15. 天南星属 Arisaema
　　　　　　14. 佛焰苞喉部闭合，具横隔膜；肉穗花序雌花部分与佛焰苞贴生 ········ 16. 半夏属 Pinellia
1. 漂浮水生植物；叶基生，排成莲座状 ·· 12. 大藻属 Pistia

1 花烛属 Anthurium Schott

多年生草本或灌木。茎大多直立，稀呈攀缘状。叶形多样，全缘或分裂；叶柄明显，基部具短鞘，先端具膨大的关节。花序梗通常伸长，稀很短；佛焰苞宿存，水平展开，基部心形；肉穗花序无柄或具短柄，无附属器；花两性，有花被；雄蕊4，药室外向纵裂；子房2室，每室具胚珠2或1；花柱不存在或很短，柱头盘状，2浅裂。浆果肉质，绿色、橙黄色、绯红色或紫色。种子长圆形，胚乳丰富。

约550种，分布于美洲热带地区，全球热带地区有引种。我国常见栽培的有2种；浙江有1种。

花烛　红掌　安祖花　（图9-67）
Anthurium andraeanum Linden ex André

常绿草本植物。茎节短。叶基生兼茎生，绿色，革质，长圆状心形或卵心形，先端短尖或钝，基部心形，全缘；叶柄细长。花序梗长短不一，常高于叶；佛焰苞水平展开，基部心形，革质并有蜡质光泽，橙红色、猩红色、粉红色或白色，宿存；肉穗花序圆柱形，黄色，长5～7cm，下倾几贴近于佛焰苞。可常年开花。

原产于哥斯达黎加、哥伦比亚等热带雨林区。全球热带和亚热带地区广泛栽培。我国南方各地有栽培。本省温室或室内也有栽培供观赏，有时也栽于公园和街道边花坛。

经长期选育和杂交形成繁多的园艺品种，是世界著名的花卉，花色有紫色、大红色、深红色、粉红色、橙色、绿色、白色及杂色等。适合盆栽、切花或庭园阴蔽处丛植美化。此外，本省少量栽培的还有火鹤花 A. scherzeranm Schott.，叶片和花均较花烛小。

图9-67　花烛

❷ 白鹤芋属 Spathiphyllum Schott

多年生草本。具块茎或伸长的根状茎。茎短小，有时变厚而木质。叶基生兼茎生；叶片全缘或有分裂，具明显的中脉；叶柄长，基部呈鞘状。佛焰苞不席卷，直立向上，高出叶面，基部楔形；肉穗花序圆柱形，无附属器；花两性，有花被。

约40种，分布于亚洲东南部和美洲的热带地区，有许多种类作为观赏植物被世界各地引种。我国有引种栽培4种；浙江栽培1种。

白鹤芋　白掌　（图9-68）
Spathiphyllum kochii Engl. et K. Krause

常绿草本，株高30～40cm。具块茎或伸长的根状茎。叶基生兼茎生；叶片长椭圆形或长圆状披针形，两端渐尖，全缘或有分裂，具明显的中脉；叶柄长，深绿色，基部呈鞘状。佛焰苞大，不席卷，直立向上，白色或微绿色，基部楔形；肉穗花序圆柱形，乳黄色，无附属器。

原产于美洲热带地区，世界各地广泛栽培。我国南北各地温室或室内有栽培。全省各市区也有。

花和叶均具很高的观赏价值，是室内盆栽观叶植物，也可用于切花；能吸收氨气、丙酮、苯和甲醛等有害气体，具净化空气的功能。

图9-68　白鹤芋

3 麒麟叶属 Epipremnum Schott

藤本植物，常攀缘生长。叶大，互生，薄革质，全缘或羽状分裂，常沿中脉两侧有小穿孔；叶柄具鞘，上端具关节。花序梗粗壮；佛焰苞卵形，多少渐尖；肉穗花序无柄，全部具花；花两性，稀下部为雌花，极少为单性，无花被；雄蕊4（6），花丝线形，渐狭为细长的药隔，花药远短于花丝，外向纵裂；子房顶端平截，多边形，1室，胚珠2～4。浆果小。种子肾形。

约20种，分布于亚洲热带地区、澳大利亚和太平洋岛屿。我国华南、西南有野生和引种3种；浙江有1种。

绿萝　黄金葛　（图9-69）
Epipremnum aureum (Linden et André) G.S. Bunting

攀缘藤本。茎多分枝，枝悬垂，幼枝鞭状，细长，节间长15～20cm。成熟枝上的叶片薄革质，卵形或卵状长圆形，长30～45cm，宽25～35cm，先端短渐尖，基部心形，不对称，上面有不规则的黄色斑块，Ⅰ级侧脉8～9对，与强劲的中脉成70°～80°；叶柄粗壮，长25～40cm，上部关节长约2.5cm，基部稍扩大成鞘，上面具宽槽。幼枝上的叶片较小，纸质，叶柄也较短。花果极少见。

原产于印度尼西亚的所罗门群岛，亚洲热带地区广泛栽培。我国南方各地都有引种，本省主要城镇也有栽培，以盆栽为主。

攀缘性强，气根发达，叶色斑斓，四季常绿，长枝披垂，是优良的观叶植物；具有吸附有毒气体和净化空气的作用。

图 9-69　绿萝

❹ 龟背竹属　Monstera Adans.

攀缘藤状灌木。叶互生，排成2列。幼株的叶常小，卵形或卵状心形，具短柄，叶片紧贴茎上；成熟植株叶片各式，大多长圆形，革质或厚革质，不对称，全缘或羽状分裂，常有空洞；叶柄上叶鞘达中部或中部以上。花序梗由枝顶附近抽出；佛焰苞卵形或长圆状卵形，舟状展开；肉穗花序无柄，与佛焰苞分离，近圆柱形；花多而密，最下部的花不育，其余为两性花，无花被。浆果密集，各室种子少数。种子无胚乳。

约50种，分布于拉丁美洲。我国引种1种；浙江也有。

龟背竹（图9-70）
Monstera deliciosa Liebm.

攀缘藤状灌木。茎绿色，粗壮，节间长6~7cm，具气生根。叶片大，轮廓心状卵形，宽40~60cm，厚革质，羽状分裂，侧脉间有1~2个较大的空洞，靠近中脉者多为横圆形，宽1.5~4cm，向外的为横椭圆形，宽5~6cm；叶柄绿色，长达1m，腹面扁平，宽4~5cm，背面

图9-70　龟背竹

一七九　天南星科 Araceae

钝圆。花序梗长15～30cm，绿色；佛焰苞厚革质，宽卵形，舟状，长20～25cm，近直立，先端具喙，人为展平宽15～17.5cm，苍白带黄色；肉穗花序近圆柱形，长17.5～20cm，淡黄色。浆果淡黄色。花期8—9月，果于次年花期之后成熟。

原产于墨西哥。全球热带地区有栽培。我国各地有引种，通常栽培于温室中，福建、广东、云南有露地栽培。全省各地温室也有栽培，温州地区可露地栽培，但极端年份会有冻害发生。

叶形奇特，常年碧绿，极为耐阴，是室内大型盆栽观叶植物。

❺ 广东万年青属 Aglaonema Schott

多年生草本或灌木状。茎直立，分枝或不分枝，具环状叶痕。叶互生，叶片不分裂，绿色，无斑纹；叶柄大部分具长鞘。花序梗短于叶柄；佛焰苞外面黄绿色或绿色，内面常白色，无明显的管部和檐部之分；肉穗花序几无柄，与佛焰苞等长或近等长，顶端无附属器；花单性，雄花在上，雌花在下，无花被；雄花具雄蕊2；雌花心皮1，稀2。浆果深黄色或朱红色。

共21种，分布于亚洲热带和亚热带地区。我国有2种；浙江有1种。

广东万年青（图9-71）
Aglaonema modestum Schott ex Engl.

常绿草本。茎直立，高40～80cm，节间长1～2cm。茎基部叶片鳞片状，披针形；茎中上部叶片卵形或卵状披针形，长15～25cm，宽6～12cm，先端渐尖，基部钝圆或宽楔

图9-71　广东万年青

形，侧脉4~5对；叶柄长5~20cm，中部以下扩大成鞘。花序梗纤细，长5~12cm；佛焰苞长圆状披针形，长5~7cm，宽约1.5cm，先端长渐尖，基部下延；肉穗花序长为佛焰苞的2/3，雄花部分远长于雌花部分；雄蕊顶端四方形；雌蕊近球形，柱头盘状。浆果长圆形，长约2cm，绿色或黄红色，具宿存柱头。种子1。花果期6—11月。

原产于东南亚及广东、广西、贵州。我国长江以南各地常见栽培。全省各地室内盆栽或温室栽培，温州地区可露地栽培，但极端年份会有冻害发生。

耐阴性较好，为常见观叶植物，可盆栽点缀厅室，也可作插花配叶用；全草可供药用，有清热解毒、消肿止痛等功效。

6 马蹄莲属 Zantedeschia Spreng.

多年生草本。根状茎粗厚，茎粗短。叶基生，单叶，上面通常无彩色斑纹；叶柄通常长，海绵质。花序梗与叶同年抽出，与叶等长或比叶长；佛焰苞斜漏斗状，管部宿存，喉部张开，檐部广展；肉穗花序圆柱形，略短于佛焰苞；花单性，无花被；雄花有雄蕊2~3，离生，花药顶孔开裂；子房1~5室，每室有胚珠4。浆果倒卵圆形或近球形。

8~9种，分布于非洲南部至东北部。我国引种4种；浙江有1种。

马蹄莲（图9-72）
Zantedeschia aethiopica (L.) Spreng.

粗壮草本，具根状茎。茎短缩。叶基生；叶片较厚，心状箭形或箭形，长15~40cm，宽10~25cm，先端锐尖、渐尖或具尾状尖头，基部心形

图9-72　马蹄莲

或戟形，全缘，无斑块，后裂片长6～7cm；叶柄长0.4～1m，下部具鞘。花序梗长40～50cm，光滑；佛焰苞斜漏斗状，长10～25cm，管部短，黄色，檐部略后仰，锐尖或渐尖，具锥状尖头，亮白色，有时带绿色；肉穗花序圆柱形，长6～9cm，直径4～7mm，黄色；雌花部分长1～2.5cm，雄花部分长5～6.5cm；子房3～5室，渐狭为花柱。浆果短卵圆形，淡黄色，直径1～1.2cm。

原产于非洲南部。世界及我国各地广泛引种栽培。全省各地温室或室内有栽培。

为优美的观赏植物，既可用于切花，制作花束、花篮、花环和瓶插，又可盆栽摆放于室内。

7 黛粉芋属 Dieffenbachia Schott

亚灌木。茎粗壮，下部常倾斜生根。叶聚生于茎顶端；叶片长圆形，上面常有斑纹，Ⅰ级侧脉多数，Ⅱ级脉平行，向先端上升并弧曲，细脉网结；叶柄长，叶鞘达中部以上。花序梗短于叶柄；佛焰苞长圆形，下部席卷成管，喉部开展；肉穗花序圆柱形，稍短于佛焰苞；雄花序近圆柱形，花多而密；雌花序背部常与佛焰苞管部合生，雌花远离；雌雄花序间隔裸秃或具少数不育雄花；花单性，无花被。

约30种，分布于美洲热带地区。我国南部引种4种；浙江有1种。

黛粉芋 花叶万年青 黛粉叶 （图9-73）
Dieffenbachia seguine (Jacq.) Schott —— *D. picta* Schott

常绿亚灌木。茎高可达1m，直径1.5～2.5cm。叶片长圆形或长圆状椭圆形，长15～30cm，宽7～12cm，先端稍狭具锐尖头，基部圆形或微心形，两面暗绿色，脉间有许多大小不同的各种颜色的彩斑；叶柄具长鞘，向上鞘渐长至几达顶端，有宽槽。花序梗短；佛焰苞长圆状披针形，狭长，骤尖，绿色或白绿色；肉穗花序短于佛焰苞，下部裸秃，雌花序达肉穗花序的中部，雄花

图9-73 黛粉芋

序密接，或有少数不育中性花间隔；心皮2或3，柱头近分离。浆果橙黄色。

原产于美洲热带地区。全球热带、亚热带地区普遍引种。我国自海南、云南向北至北京、天津各城市都有栽培，福建、台湾、广东等地有逸生。本省各地市区也有栽培。

本种叶色和斑纹变化多，株型紧凑，四季常青且耐阴，是重要的室内观赏植物；全草也可药用。

8 芋属 Colocasia Schott

多年生草本。具球茎或根状茎。叶基生；叶片盾状着生，卵状心形或箭状心形；叶柄伸长，基部鞘状抱茎。花序梗常多数，从叶腋抽出；佛焰苞管部短，席卷，宿存，檐部直立，脱落；肉穗花序短于佛焰苞，雄花序位于上部，长圆柱形，雌花序短，位于基部，中间有不育雄花序分隔；附属器直立，钻形；花单性，无花被。

约20种，分布于亚洲热带和亚热带地区。我国有6种；浙江有2种，栽培或逸生。

1. 芋 紫芋 （图9-74）
Colocasia esculenta (L.) Schott —— *C. tonoimo* Nakai

湿生草本。球茎卵形至长椭圆形，常生多数小球茎。叶2～5，基生；叶片盾状卵形，长30～50cm，宽20～40cm，先端急尖或短渐尖，侧脉4对，斜伸达叶缘，后裂片浑圆，合生部分达1/3～1/2，弯缺较钝，深3～5cm，基脉相交成30°角；叶柄长于叶片，长0.5～0.9m，绿色或紫色，基部鞘状抱茎。花序梗短于叶柄；佛焰苞长约20cm，管部绿色，长卵形，檐部淡黄色，披针形或椭圆形；肉穗花序椭圆形，短于佛焰苞；附属器短，长约为雄花序的一半，钻形。花期7—8月，但在浙江极少见开花。

原产于我国和印度、马来半岛等地。全球热带和亚热带地区广泛栽培。华东、华南、西南及湖北、湖南等地都有栽培。全省各地普遍栽培，也常见逸生于海拔600m以下的丘陵和低山的溪沟边，尤以农田和池塘边较为常见。

球茎富含淀粉，可供食用或提取淀粉工业用，也可供药用；叶柄可作蔬菜或饲料。由于长期栽培选育形成若干品种，主要分青荷芋和乌脚芋（紫芋）两类：前者叶柄绿色，母球茎（俗称"芋头"）大，子球茎（俗称"芋艿"）少，以食用母球茎为主，著名的如奉化芋头；后者叶柄紫色，母球茎小，子球茎多，以食用子球茎为主。

《浙江植物志》等文献均记载浙江有野芋 *C. antiquorum* Schott 的分布，但 *Flora of China* 认为此种（称"滇南芋"）分布于云南和南亚地区，浙江不产，而芋除广泛栽培外还在许多地方逸生或野生。

图9-74 芋

2. 大野芋 (图9-75)

Colocasia gigantea (Blume) Hook. f.

常绿草本。根状茎直立，圆柱形或倒圆锥形。叶3～5，基生；叶片长圆状心形或卵状心形，长达60～120cm，宽40～100cm，有时更大，边缘波状，后裂片圆形，弯缺开展；叶柄长可达1.5m，绿色具白粉，下半部鞘状闭合。花序梗5～8枚并列于同一叶柄鞘内，先后抽出，长30~80cm；佛焰苞长12~24cm，管部绿色，椭圆形，檐部白色，基部兜状；肉穗花序长10~20cm，基部为雌花序，上部为雄花序，中间为不育雄花序；附属器极短小，锥状。花期4—6月，但在浙江少见开花。

原产于东南亚、中南半岛及我国江西、福建、广东、广西、云南等地。亚洲东南部和我国安徽、湖南、四川、贵州等地有栽培。杭州市区、临安、桐庐、衢州市区、开化、常山、江山、天台、庆元、景宁、温州市区、文成等地也有栽培。

与芋的主要区别在于后者植株具卵形至长椭圆形球茎；佛焰苞檐部淡黄色；植株较矮小。

图9-75　大野芋

⑨ 海芋属　Alocasia (Schott) G. Don

多年生草本。具根状茎。茎粗壮，叶集生于茎顶；叶片盾状着生，箭状心形或宽卵状心形，全缘或波状；叶柄下部具长鞘。肉穗花序圆柱形，从叶腋抽出，佛焰苞长于花序；花单性，无花被，花序上部为雄花，中部为中性花，下部为雌花；附属器圆锥形；雄花有雄蕊3~8，合生成柱；雌花有心皮3~4，子房1室，胚珠少数。浆果红色。

约80种，分布于亚洲热带地区。我国有8种；浙江有2种。

1. 尖尾芋　（图9-76）

Alocasia cucullata (Lour.) G. Don

根茎粗短，肉质。地上茎短小，直径3~6cm，直立或横卧，具环状叶痕和膜质的残留叶鞘。

叶聚生于茎端；叶片盾状着生，宽卵状心形，长15～30cm，宽7～20cm，先端骤渐尖，基部心形或近戟形，叶脉4～6对，叶面浓绿光亮；叶柄长25～30cm，基部扩大成鞘状。佛焰苞近肉质，管部绿色，长圆状卵形，檐部淡黄白色，狭舟状；肉穗花序比佛焰苞短，雌花序与雄花序之间有不育雄花；附属器粗短；花单性，无花被。浆果近球形，红色。花果期5—8月。

原产于东南亚、南亚及我国福建、台湾、广东、海南、广西、四川、贵州、云南等地。我国南方地区亦常见栽培。本省各地盆栽作室内观叶植物，温州南部可露地越冬，洞头、平阳、苍南、泰顺有逸生。生于海拔350m以下的山坡林下、溪沟边湿地或田边。

全草可供药用，有清热解毒、消肿镇痛等功效；全株有毒，根状茎毒性较大。

图9-76　尖尾芋

2. 海芋（图9-77）

Alocasia odora (Roxb. ex Lodd, G. Lodd et W. Lodd) Spach

匍匐根状茎圆柱形，有节，常萌生分枝。地上茎粗壮，直立，高可达2m，直径10～20cm。叶多数，螺旋状排列；叶片近革质，盾状着生，箭状卵形，长50～90cm，宽40～80cm，前裂片宽卵形，先端渐尖，长、宽几相等，后裂片半卵形，长约为前裂片的1/3，基部连合较短，弯缺圆形；叶柄粗大，下部1/2具鞘。花序梗2～3枚丛生，圆柱形，长15～50cm；佛焰苞管部席卷成长圆状卵形或卵形，白绿色，檐部黄绿色，舟状，略下弯；肉穗花序芳香，雌花序与雄花序之间有不育雄花；附属器圆锥状，奶黄色，嵌以不规则的槽纹；子房棱柱状，先端渐狭为明显的花柱。浆果短卵状，红色。花期4—7月。

原产于日本和东南亚、南亚及我国南岭以南台湾至云南各地。本省各地盆栽作室内观叶植物，浙南地区可露地栽培，瓯江以南各地时有归化。生于海拔500m以下的溪沟边、阴湿的林下或草丛中。

植株优美，为常见的室内大型观叶植物；全株有小毒。

与尖尾芋的区别在于后者地上茎短小，直径不超过6cm；叶片较狭小，宽30cm以下。本种以往曾被归并于热亚海芋 *A. macrorrhizos* (L.) G. Don，但后者叶片非盾状着生，后裂片间弯缺裸露而不同。

图9-77　海芋

⑩ 喜林芋属 Philodendron Schott

攀缘植物或多年生草本。茎节间多少延长，稀极短缩。叶片厚纸质或革质，卵形或长圆形，基部深心形，边缘各种方式分裂；叶柄圆柱形，平坦、具槽或上面深凹。花序梗通常短；佛焰苞厚，肉质，白色、黄色或红色，管部席卷，檐部舟状卵形、长圆形或披针形；肉穗花序直立，与佛焰苞近等长，无柄或具短柄；雌花序圆柱形，多花密集，果序肉质；雄花序下部不育，上部能育；花单性，无花被。

约275种，分布于美洲热带地区，现全球热带、亚热带地区常见引种。我国南方地区引种6种；浙江有1种。

羽叶喜林芋　春羽（图9-78）
Philodendron bipinnatifidum Schott

多年生草本，株高可达1m及以上。茎粗壮，直立或攀缘，直径可达10cm，茎上有明显叶痕及电线状的气生根。叶聚生于茎顶；叶片卵状心形，革质，长30～60cm，宽20～40cm，但一般盆栽的较小，鲜绿有光泽，羽状深裂；叶柄长40～50cm。佛焰苞外面绿色，内面黄白色；肉穗花序与佛焰苞近等长，黄白色；附属器圆柱形。花果未见。

原产于南美的巴拉圭、巴西等地。全球热带和亚热带地区普遍栽培。我国各地城市温室有引种栽培，华南可露地栽培。杭州、宁波、温州等地也有栽培。

图9-78　羽叶喜林芋

株型优美，叶片巨大，羽状深裂，富有光泽，具很高的观赏价值；同时它又耐阴，是极好的室内观叶植物。

⑪ 合果芋属 Syngonium Schott

多年生攀缘草本。幼年植株茎较短，成年植株茎伸长成藤状，节部易生气生根，能附着生长。叶呈丛生状；叶片薄纸质，戟形或箭形，叶片掌状3裂、5裂或多裂，绿色，常生有白色斑纹或斑块；叶柄细长。花序梗短，花后伸长并弯垂；佛焰苞管部和檐部间有缢缩；肉穗花序基部为雌花，上部为雄花，中间为不育雄花。

34种，分布于墨西哥南部至巴西的美洲热带地区。许多种类已在全球热带地区广泛栽培；我国常见栽培的有1种；浙江也有。

合果芋 （图9-79）
Syngonium podophyllum Schott

常绿攀缘草本。茎节具气生根，攀附他物生长。叶异型：植株贴地茎上的叶盾状着生，叶片为单叶，箭形或戟形，质地薄，色较浅；攀缘茎上的叶色变深变绿，质地加厚，通常掌状5～9裂，中间裂片较大。佛焰苞浅绿或黄色，但一般不易见到开花。

原产于美洲热带地区，世界各地广泛栽培。我国南北各地均有栽培。全省各地室内普遍栽培，温州地区可露地栽培。

合果芋品种繁多，四季常绿，飒爽多姿，适应力强，可于庭园、户外墙角附植美化，亦可附木柱盆栽或独立小盆栽，为上等的室内观赏植物。

图9-79　合果芋

⑫ 大藻属 Pistia L.

漂浮水生草本。具长而悬垂的纤维状根。茎节间极短，具匍匐枝。叶簇生呈莲座状，叶片形状因发育阶段不同而异。花序梗短；佛焰苞甚小，叶状，生于叶簇中央；肉穗花序短于佛焰苞，下部2/3与佛焰苞合生；花单性，雌雄同株，无花被；雄花有雄蕊2；雌花子房1室，胚珠多数。浆果有多数种子。

仅1种。我国有栽培或逸生；浙江也有。

大薸 水白菜 （图9-80）
Pistia stratiotes L.

漂浮草本。具细长匍匐枝，枝端生小植株。叶基生，莲座状；叶片形状因发育阶段不同而异，初为圆形或倒卵形，略具柄，后为倒卵状楔形、倒卵状长圆形，长2.5～10cm，先端截形或浑圆，基部厚，几无柄，两面均被绒毛，叶脉7～15，扇状伸展，背面隆起成皱褶状；叶鞘托叶状，干膜质。花单性，雌雄同株，无花被；佛焰苞短小，长约1.2cm，叶状，白色，生于叶簇中；肉穗花序背面与佛焰苞合生长达2/3，2～8朵雄花生于上部，雌花单生于下部。浆果有多数种子。花果期8—10月。

原产于南美洲（巴西），全球热带和亚热带地区有归化。山东至四川一线以南各地均有栽培或逸生。全省各地内陆水域有栽培或逸生。生于池塘或河道中，常见开花结实。

全株可作饲料。

图9-80 大薸

13 魔芋属 Amorphophallus Blume ex Decne.

多年生草本。具扁球形球茎，无地上茎。叶1，基生；叶柄粗壮，常有褐色或白色斑块；叶片通常3全裂，裂片一回至二回羽状分裂，或二歧分裂后再羽状分裂。花序与叶不同时存在，通常具长梗；佛焰苞管部漏斗形或钟形，席卷，檐部多少展开；肉穗花序圆柱形，雌花在下，雄花在上，上有增粗或延伸的附属器；雄花通常有雄蕊3~6，稀1；雌花有心皮3~4，稀1，子房（1）3~4室，每室1胚珠。浆果球形或扁球形。

约200种，分布于东半球热带地区。我国有16种；浙江有2种。

1. 花魔芋　魔芋　（图9-81）
Amorphophallus konjac K. Koch —— *A. rivierei* Durieu ex Riviere

球茎扁球形，直径7~25cm，顶部中央多少下凹。鳞叶2~3，披针形。叶单一；叶柄粗壮，长0.5~1.5m，绿色，具绿褐色或白色斑块；叶片掌状3全裂，裂片长达70cm，每裂片再作二回

图9-81　花魔芋

羽状分裂或二回二歧分裂，小裂片互生，大小不等。花序先于叶长出，花序梗长50～70cm；佛焰苞长20～30cm，外面绿色，杂以暗绿色斑纹，边缘紫红色，檐部外面绿色，内面紫红色，边缘波状；肉穗花序圆柱形，雄花序在上，雌花序在下；附属器长圆锥形，长20～25cm，超过佛焰苞许多，深紫色；子房球形，花柱与子房近等长，柱头边缘3裂。浆果球形或扁球形，成熟时呈黄绿色。花期5—6月，果期7—9月。

原产于云南，华南至陕西、甘肃均有栽培，日本也有。长兴、杭州市区、临安、新昌、诸暨、鄞州、普陀、衢州市区、开化、常山、金华市区、东阳、永康、天台、遂昌、庆元、洞头、乐清等地有栽培，时有逸生。生于海拔800m以下的沟谷疏林或山坡竹林下，常栽培于农田或房前屋后。

球茎可加工成"魔芋豆腐"供蔬食，亦可作为其他食品的添加剂，但全株有小毒，要慎用。

2. 东亚魔芋　华东魔芋　（图9-82）

Amorphophallus kiusianus (Makino) Makino — *A. tienmushanensis* Y.Z. Tao — *A. sinensis* Belval

球茎扁球形。鳞叶2，有青紫色、淡红色斑块。叶单一；叶柄粗壮，绿色，具白色斑块，光滑；叶片掌状3全裂，裂片长达50cm，每裂片二歧分叉后再羽状深裂，小裂片卵形或狭卵形。花序先于叶长出，花序梗长25～45cm；佛焰苞长15～20cm，管部长6～8cm，外面绿色，具白色斑纹，檐部展开为斜漏斗状，外面淡绿色，内面淡红色，有白斑，边缘带杂色；肉穗花序圆柱形，雄花序在上，雌花序在下；附属器长圆锥形，不超出或略超出佛焰苞，散生紫黑色硬毛；子房球

图9-82　东亚魔芋

形，无花柱，柱头盘状。浆果球形或扁球形，红色，成熟时呈蓝色。花期5—6月，果期7—8月。

产于安吉、杭州市区、临安、淳安、新昌、普陀、常山、天台、松阳、龙泉、庆元、乐清、文成、苍南、泰顺等地。生于海拔1000m以下的山谷、山脚林下或灌草丛中。分布于安徽、江西、福建、湖南、台湾、广东等地。日本南部也有。

球茎含淀粉，可加工成"魔芋豆腐"作蔬菜食用，但全株有小毒，要慎用。

与花魔芋的区别在于后者附属器远超出佛焰苞，深紫色；雌蕊有与子房近等长的花柱，柱头3裂；佛焰苞檐部外面绿色，内面紫红色。

14 犁头尖属 Typhonium Schott

多年生草本。具球茎。叶3～6，基生；叶片箭状戟形或3～5裂，或鸟足状分裂。佛焰苞管部短而宽，席卷，喉部多少收缩，宿存，檐部卵状披针形或披针形，脱落；肉穗花序两性，上部为雄花，下部为雌花，中间为中性花；附属器形状多样；花单性，无花被；雄花有雄蕊1～3；子房1室，胚珠1～2，无花柱。

约50种，分布于亚洲热带地区和大洋洲的波利尼西亚，非洲和拉丁美洲有引种。我国有9种；浙江有1种。《浙江植物志》记载丽水（莲都）有鞭檐犁头尖 T. flagelliforme (Lodd.) Blume 栽培，但现已多年不见，不再收录。

犁头尖 （图9-83）

Typhonium blumei Nicolson et Sivad. — *T. divaricatum* auct. non (L.) Blume

球茎近球形或椭圆形。成年植株叶3～6；叶片纸质，戟状三角形或深心状戟形，长5～12cm，先端渐尖，基部心形，侧裂片卵状披针形至长圆形，边全缘或3浅裂；叶柄长15～30cm。花序从叶丛中抽出，花序梗长5～10cm；佛焰苞管部卵形，长1.6～3cm，绿色，檐部卵状披针形，长12～18cm，深紫色；肉穗花序无柄，雄花部分橙黄色，长4～9mm，雌花部分长1.5～3cm；附属器深紫色，鼠尾状，长10～13cm；中性花同型，线形。浆果倒卵形。花果期6—8月。

产于温州及莲都、云和、景宁等地。生于低海拔的地边、宅旁或山坡疏林下。分布于华南、西南及江西、福建、湖北、湖南等地。东南亚、南亚及日本也有，非洲、西半球热带地区和太平洋岛屿有引种。

球茎可供药用，能解毒消肿、散结止血；有毒。

据 *Flora of China*，以往文献中记载的 *T. divaricatum* (L.) Blume 是误定，我国不产。

图 9-83　犁头尖

⑮ 天南星属　Arisaema Mart.

　　多年生草本。具球茎。叶1～2，基生；叶片3裂，有时鸟足状或放射状分裂，裂片全缘、锯齿或啮齿状浅裂；叶柄具长鞘，叶鞘和花序梗形成的"杆"，常与花序梗具同样的斑纹。佛焰苞管部席卷，喉部开展，檐部大多呈拱形盔状；肉穗花序单性，稀两性，直立或下垂，顶端有附属器；雄花序疏生花，雌花序密生花，在两性花序中雄花在上，雌花在下，花无花被。

　　约180种，分布于亚洲、非洲东北部、北美东部和墨西哥。我国有78种；浙江有7种。

分种检索表

1.叶片掌状或鸟足状分裂，裂片和佛焰苞先端不呈丝状（普陀南星具长1～1.5cm的刺状突尖）。
　　2.叶片掌状3全裂。
　　　　3.叶片中裂片具柄；佛焰苞管部淡紫色，喉部无耳，檐部不呈盔状 ············· **1.花南星　A. lobatum**
　　　　3.叶片中裂片不具柄或具极短的柄；佛焰苞管部绿色，喉部具耳，檐部呈盔状 ·····················
　　　　　　·· **2.普陀南星　A. ringens**
　　2.叶片鸟足状分裂。

4.叶裂片5,稀3或7,侧裂片具共同的短柄。

  5.叶通常2;叶中裂片长圆形或卵状长圆形,具长2～6cm的柄 ················ **3.灯台莲 A. bockii**

  5.叶1～2;叶中裂片宽倒卵形或倒卵形,具长0.6～2.5cm的柄 ·········· **4.东北南星 A. amurense**

4.叶裂片7～17,侧裂片无共同的短柄;佛焰苞绿色或淡白绿色。

  6.叶裂片11～17;附属器细长呈鼠尾状,长8cm以上 ················ **5.天南星 A. heterophyllum**

  6.叶裂片7～11;附属器短缩成圆柱形,长7cm以下 ················ **6.云台南星 A. silvestrii**

1.叶片放射状分裂,裂片和佛焰苞先端均为长渐尖并具下垂的细丝 ········ **7.一把伞南星 A. erubescens**

1. 花南星 （图9-84）

Arisaema lobatum Engl.

球茎近球形。叶1～2;叶片3全裂,裂片长6～22cm,宽3～10cm,全缘或有粗齿,中裂片长圆形或椭圆形,先端渐尖,基部楔形或钝,具长1.5～5cm的柄,侧裂片长圆形,不对称,外侧宽为内侧的2倍,无柄;叶柄长17～32cm,黄绿色,有紫色斑块,下部1/3～1/2具鞘。花序梗与叶柄等长或稍短;佛焰苞管部淡紫色,漏斗状,长4～7cm,喉部无耳,斜截形,檐部披针形,深紫色或绿色;肉穗花序单性;雄花序长1.5～2.5cm,具疏花;雌花序圆柱形或近球形,长1～2cm;附属器近棒状,长4～5cm,顶端钝圆,中部略收缩,基部截形,具长约6mm的短柄。花期4—7月,果期8—9月。

图9-84　花南星

产于安吉、临安、淳安、开化、江山、遂昌等地。生于海拔600～1200m的山谷林下、草坡或荒地。分布于华中、西南及河北、山西、江苏、安徽、江西、广西、陕西、甘肃等地。

2. 普陀南星 （图9-85）
Arisaema ringens (Thunb.) Schott

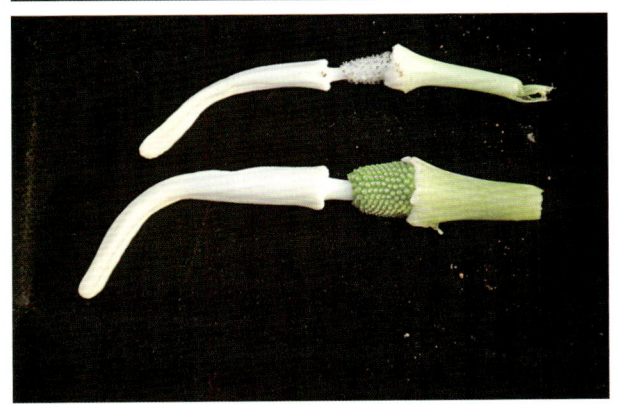

球茎扁球形。叶常2，稀1；叶片3全裂，裂片长12～25cm，宽7～15cm，全缘，中裂片宽椭圆形，无柄或具极短的柄，侧裂片长圆形或椭圆形，偏斜，先端渐尖，具长1～1.5cm的刺状突尖，无柄；叶柄长15～30cm，黄绿色，下部1/3具鞘。花序梗常短于叶柄，有时长仅为叶柄的1/2；佛焰苞管部绿色，宽倒圆锥形，长5～7cm，喉部常具宽耳，耳内面深紫色，外卷，檐部下弯成盔状，前檐具卵形唇片，下垂，先端向外弯；肉穗花序单性；雄花序圆柱形，长1.5～2cm，无柄；雌花序近球形，长1.5～1.8cm；附属器棒状，侧扁，长4.5～7.5cm，顶端钝，基部增粗，具长5～10mm的柄。花期4—7月，果期8—9月。

产于象山（韭山列岛）和普陀（庙子湖、东福山、珞珈山和桃花岛）。生于海拔150m以下的滨海林下。分布于江苏、台湾。日本、朝鲜半岛也有。

图9-85 普陀南星

3. 灯台莲 全缘灯台莲 （图9-86）
Arisaema bockii Engl.

图9-86　灯台莲

球茎扁球形。鳞叶和叶各2；叶片鸟足状分裂，裂片5，偶为3，卵形或长圆形，全缘或有不规则的粗锯齿至细锯齿，中裂片长圆形或卵状长圆形，先端锐尖，基部楔形，具长2~6cm的柄，侧裂片小于中裂片或近相等，具共同的短柄，外侧裂片较小，不对称，无柄；叶柄长20~30cm，下部1/2具鞘。花序梗略短于叶柄；佛焰苞淡绿色具淡紫色条纹，或暗紫色具黄绿色条纹，管部漏斗状；肉穗花序单性；雄花序圆柱形，花疏生；雌花序近圆锥形，花密集，子房卵圆形；附属器棒状或圆柱形，具细柄，上部增粗或不增粗，直径0.5~1cm。浆果黄色，长圆锥状。花期5月，果期6—9月。

图9-87　绿苞灯台莲

产于长兴、安吉、德清、杭州市区、临安、建德、淳安、诸暨、嵊州、新昌、北仑、余姚、定海、普陀、开化、江山、婺城、武义、磐安、缙云、遂昌、龙泉、庆元、景宁、玉环、永嘉、瑞安、文成、泰顺等地。生于海拔500~1500m的山坡和沟谷林下或灌草丛中。分布于江苏、安徽、江西、福建、河南、湖北、湖南、广东、广西、贵州等地。

球茎可供药用，有消肿止痛、燥湿祛痰、除风解痉等功效；有毒。

本种形态变异较大，叶片通常5裂，偶有3裂；裂片大的长达22cm，宽14.5cm，小的长仅4cm，宽3cm；叶缘从全缘至细锯齿或粗锯齿甚至不规则浅裂。以往国内文献记载的 A. sikokianum Franch. et Sav. 及 var. serratum (Makino) Hand.-Mazz. 应是本种的误定，该种和变种的附属器白色，先端球状膨大，产于日本，我国不产。

本省尚有变型绿苞灯台莲 form. *viridescens* (D.D. Ma) W.Y. Xie et B.Y. Ding（图9-87），区别在于佛焰苞绿色，具白色条纹。产于安吉、临安、普陀、开化。生于海拔1150m以下的山坡或沟谷林下。全株嫩绿，加上其特殊的佛焰苞，具较高的观赏价值。

4. 东北南星（图9-88）

Arisaema amurense Maxim.

球茎近球形。鳞叶2，叶1~2；叶片鸟足状分裂，裂片(3)5，中裂片宽倒卵形或倒卵形，长7~15cm，宽5~12cm，先端短渐尖，基部楔形，具长0.6~2.5cm的短柄，侧裂片与中裂片近等大，全缘，有时具细齿；叶柄长17~25cm，下部1/3具鞘。花序梗短于叶柄，长5~10cm；佛焰苞长12~16cm，管部漏斗状，白绿色，长5~7cm，上部粗2cm，檐部直立，卵状披针形，长7~9cm，宽3.5~5cm，绿色或紫色，具白色条纹；肉穗花序单性；雄花序长1.8~3cm，上部渐狭；雌花序短圆锥形，长1.5~2.5cm；附属器棒状，长4~6.5cm，具短柄，基部截形，直径

图9-88 东北南星

5～8mm，上部等粗或略细，直径5～10mm。浆果红色。花期4—5月，果期5—7月。

产于普陀（桃花岛和东福山岛）。生于海拔200m以下的山坡阔叶林下。分布于东北、华北及河南、宁夏等地。朝鲜半岛、俄罗斯（东南西伯利亚）也有。为浙江分布新记录种。

普陀产的本种具花植株以1叶为多，假茎较短，叶裂片宽倒卵形或倒卵形，中裂片具短柄与东北南星无异，但叶裂片和佛焰苞均较大而与文献记载的有差异，其确切的分类地位值得进一步研究。

5. 天南星　异叶天南星　（图9-89）
Arisaema heterophyllum Blume

多年生草本。球茎扁球形或近球形，常具侧生小块茎。鳞叶4～5，膜质；叶单一，叶片鸟足状分裂（形似螺状），裂片11～17，倒披针形、长圆形、条状长圆形，长5～22cm，宽2～6cm，先端渐尖，基部楔形，全缘，无柄或具短柄；叶柄圆柱形，下部3/4鞘状，绿色或粉绿色，有深绿色斑纹。佛焰苞绿色，管部长3～8cm，喉部截形，檐部卵形或卵状披针形，先端骤狭渐尖，常下弯成盔状；肉穗花序有两性花序和单性雄花序两种；附属器细长呈鼠尾状，长超过8cm，伸出佛焰苞外呈"之"字形上升。浆果黄红色、红色，圆柱形。花期4—5月，果期7—9月。

产于杭州、衢州、温州及长兴、安吉、诸暨、嵊州、新昌、上虞、北仑、鄞州、普陀、嵊泗、金华市区、义乌、浦江、磐安、武义、遂昌、松阳、龙泉、庆元、景宁等地。生于海拔800m以下的沟谷林下或山坡灌草丛中。我国除西藏外各地均有分布。日本、朝鲜半岛也有。

球茎可供药用，名为"天南星"，有解毒消肿、祛风定惊、化痰散结等功效；有小毒。

图9-89　天南星

6. 云台南星 （图9-90）

Arisaema silvestrii Pamp. — *A. dubois-reymondiae* Engl.

图9-90　云台南星

球茎近球形或卵圆形。鳞叶3，膜质，叶2；叶片鸟足状分裂（形似螺状），裂片7～11，长圆状倒披针形或披针形，长5～15cm，宽2～4cm，先端渐尖，基部楔形，全缘或略呈波状，中间裂片与两侧裂片等长或略小；叶柄长20～30cm，绿色，下部具鞘。花序梗短于叶柄，长12～20cm；佛焰苞绿色或淡白绿色，管部漏斗状，长5～7cm，喉部宽2～2.5cm，檐部长圆形，先端渐尖；肉穗花序单性；雄花序棒状，长约2cm，花较疏；雌花序长约2cm；附属器无柄，长圆柱状，长不逾7cm，顶端略膨大，圆钝，稍弯曲，基部具少数钻形的中性花。花期3—5月，果期7—9月。

产于长兴、安吉、杭州市区、临安、建德、诸暨、北仑、鄞州、宁海、普陀、金华市区、武义、磐安、遂昌、龙泉、庆元、景宁、泰顺等地。生于海拔1250m以下的沟谷阔叶林、竹林下或山坡灌草丛中。分布于华东、华中及山西、广东、贵州、陕西等地。

7. 一把伞南星 （图9-91）

Arisaema erubescens (Wall.) Schott

球茎扁球形，表面黄色或淡红紫色。鳞叶有紫褐色斑纹，叶1，稀2；叶片放射状分裂，裂片7～20，披针形或长圆形，长7～25（35）cm，宽2～4（6）cm，先端长渐尖并具细而下垂的细丝，基部狭窄，无柄；叶柄长40～80cm，绿色，有时具褐色斑块，下部具鞘。花序梗短于叶柄，具褐色斑纹；佛焰苞绿色，背面有白色条纹，或紫色而无条纹，管部窄圆柱形，喉部稍膨大，檐部三角状卵形，先端渐窄成长4～15cm的细丝；肉穗花序单性；雄花序具密花，上部常有少数中性花；雌花序下部常具钻形中性花；附属器棒状，长3～4cm。浆果红色。花期5—7月，果期8—9月。

产于安吉、临安、淳安、诸暨、嵊州、新昌、北仑、鄞州、余姚、奉化、宁海、象山、衢江、开化、江山、金华市区、东阳、磐安、永康、武义、天台、缙云、遂昌、松阳、龙泉、庆元、景宁、乐清、永嘉、瑞安、文成、平阳、泰顺等地。生于海拔450～1300m的沟谷或山坡林下、竹林或灌草丛中。分布于华北、华东、华中、华南、西南及陕西、甘肃等地。越南、老挝、泰国、缅甸、尼泊尔、不丹、印度（东北部）也有。

球茎可供药用，具解毒消肿、祛风定惊、化痰散结等功效；有小毒。

图9-91　一把伞南星

存疑种

蛇头草　日本天南星
Arisaema japonicum Blume

《浙江植物志》记载本省山区零星有产，但据 *Flora of China*，中国没有此种的分布。它外形与云台南星相似，主要区别在于佛焰苞喉部边缘有耳，附属器具柄，基部无中性花。省内标本馆中有数份标本被鉴定为本种，其中武义宣平的1份佛焰苞喉部似乎有耳，其余有些是天南星或云台南星的误定，还有些花不完整不能肯定，因此需要在野外作进一步观察。

⑯ 半夏属　Pinellia Ten.

多年生草本。具球茎。叶基生，叶柄或叶片基部常有珠芽；叶片全缘、3裂或鸟足状分裂。花序梗细长，基生，不与叶鞘形成"杆"；佛焰苞绿色，管部席卷，喉部闭合，有横隔膜，檐部长圆形，远比管部长；肉穗花序两性，雄花部分位于隔膜之上，雌花部分位于隔膜之下，与佛焰苞贴生；附属器伸长呈线形，远超出佛焰苞；花单性，无花被。

共9种，分布于东亚，主产于我国东部，欧洲、北美及澳大利亚引种2种。我国9种均产；浙江有4种。

分种检索表

1. 叶片全缘。
　　2. 叶片基部着生 ··· **1. 滴水珠　P. cordata**
　　2. 叶片盾状着生 ··· **2. 盾叶半夏　P. peltata**
1. 叶片分裂（但幼苗叶常不裂）。
　　3. 叶片鸟足状分裂，裂片7～15 ··· **3. 掌叶半夏　P. pedatisecta**
　　3. 叶片3全裂，幼苗叶可不裂 ·· **4. 半夏　P. ternata**

1. 滴水珠 （图9-92）
Pinellia cordata N.E. Br.

球茎球形或卵球形。叶1；叶片长圆状卵形、长三角状卵形或心状戟形，长5～15cm，宽3～8cm，先端长渐尖或有时呈尾状，基部深心形，常在弯曲处上面有1珠芽，上面绿色，常带白色斑纹，下面常带淡紫色，全缘；叶柄长8～25cm，紫色或绿色，具紫斑，几无鞘，在中部以下生1珠芽。花序梗短于叶柄；佛焰苞绿色、淡黄紫色，长2～7cm，管部卵圆形，檐部椭圆形，展平时宽1.2～3cm；肉穗花序雄花在上，雌花在下，前者长于后者；附属器绿色，长6～20cm，常弯曲呈"之"字形上升。花期4—6月，果期7—9月。

产于安吉、杭州市区、临安、桐庐、建德、鄞州、余姚、柯城、开化、江山、金华市区、武义、磐安、临海、仙居、缙云、遂昌、龙泉、庆元、景宁、洞头、乐清、永嘉、瑞安、文成、苍南、泰顺。生于海拔800m以下的阴湿渗水的崖壁上或石缝中。分布于安徽、江西、福建、湖北、湖南、广东、广西、贵州等地。

球茎可供药用，具解毒止痛、散结消肿等功效；有毒。

图9-92　滴水珠

2. 盾叶半夏（图9-93）
Pinellia peltata Pei

球茎近球形，直径1~2.5cm。叶2~3；叶片盾状着生，卵形或长圆形，长10~18cm，宽5.5~12cm，先端渐尖或短渐尖，基部心形，深绿色，全缘；叶柄长20~35cm，下部具鞘。花序梗长7~15cm；佛焰苞黄绿色，管部卵圆形，檐部展开，先端钝；肉穗花序雄花部分长约6mm，

一七九　天南星科 Araceae

图 9-93　盾叶半夏

雌花部分长5mm，密生花；附属器长约10cm，向上渐细。浆果卵圆形，顶端尖。花果期5—8月。

产于建德、莲都、庆元、景宁、温州市区、乐清、瑞安、文成、泰顺等地。生于海拔900m以下的溪沟边湿地或阴湿渗水的崖壁上或石缝中。分布于福建。模式标本采自庆元石龙山。

3. 掌叶半夏　虎掌　狗爪半夏（图9-94）
Pinellia pedatisecta Schott

球茎近圆球形，四周常生有数个小块茎。叶2～5，基生；叶片鸟足状分裂，裂片7～15，披针形或楔形，中裂片较大，长15～18cm，宽1.5～3.5cm，两侧裂片依次渐小，先端渐尖，基部

图 9-94　掌叶半夏

楔形；叶柄纤细，长20~70cm，下部具鞘。花序梗从叶丛基部抽出，长20~50cm；佛焰苞绿色，管部长圆形，檐部长披针形，基部展平宽1.5cm；肉穗花序雄花部分在上，雌花部分在下，且前者长于后者；附属器长8~12cm。浆果卵圆形，绿色至黄白色。

产于嘉兴市区、桐乡、杭州市区、临安、建德、诸暨、鄞州、柯城、慈溪、奉化、永嘉、瑞安、泰顺。生于海拔500m以下的田边竹林下或草丛、路边荒地中，也见栽培。分布于河北、山西、山东、江苏、安徽、福建、河南、湖北、湖南、广西、四川、贵州、云南、陕西等地。

球茎可供药用；有毒。

4. 半夏 （图9-95）
Pinellia ternata (Thunb.) Makino

图9-95 半夏

球茎圆球形，上部周围生多数须根。叶2～5，稀1；幼苗叶片卵状心形至戟形，全缘；成年植株叶片3全裂，裂片长椭圆形或披针形，中裂片长略过于侧裂片，长3～12cm，宽1.5～3.5cm，两端锐尖，全缘或浅波状；叶柄长10～25cm，基部具鞘，鞘内、鞘部以上或叶片基部生有珠芽。花序梗长20～30cm，长于叶柄；佛焰苞绿色，管部狭圆柱形，檐部长圆形，有时边缘呈青紫色，先端钝或锐尖；肉穗花序雄花部分在上，雌花部分在下，前者短于后者；附属器绿色至带紫色，长6～10cm。浆果卵圆形，黄绿色，顶端渐狭。花果期5—8月。

产于全省各地。生于海拔1000m以下的路边和农田、园地、宅旁荒地中。我国除西藏、青海、新疆、内蒙古未见野生外，其余省份均有分布。日本、朝鲜半岛也有，欧洲和北美有归化。

球茎可供药用，能燥湿化痰、降逆止呕；有毒。

本种形态变异较大，特别是临安天目山有2号标本（张若蕙T0247、徐跃良等Xu584）植株高达40cm，叶裂片长达16cm，宽达6.5cm，而有较大差异。

17 雪铁芋属 Zamioculcas Schott

多年生草本。茎粗短，肉质，能储存水分供干旱时所需。羽状复叶常聚生于茎顶，肥厚；小叶片革质，光滑，深绿色。花序梗短，从叶丛中抽出；佛焰苞狭椭圆形，檐部长约为管部的4倍；肉穗花序圆柱形，略短于佛焰苞，雄花部分远长于雌花部分。

单种属，分布于非洲东部。世界各地有引种栽培。我国有1种；浙江也有。

雪铁芋　金钱树　泽米叶天南星　（图9-96）
Zamioculcas zamiifolia (Lodd.) Engl.

常绿草本，高45～60cm。茎粗短，肉质。叶聚生于茎顶；偶数羽状复叶长40～60cm，叶轴粗壮，具6～8对小叶；小叶长7～15cm，质厚实，色光亮，深绿色。花序梗短，从叶丛中抽出，基部有鳞叶；佛焰苞狭椭圆形，外面黄绿色，内面淡黄色，檐部长约为管部的4倍，两者之间有缢缩；肉穗花序圆柱形，略短于佛焰苞，下部雌花部分灰褐色，雄花部分远长于雌花部分，浅黄色。花期为夏季初。

原产于东非，自肯尼亚至南非东北部。全球热带、亚热带地区有引种栽培。1997年引入我国，在华南可露地栽培，其他地区则种植于室内；全省市区温室或室内有盆栽，温州较常见。

为室内观叶植物，有净化空气的作用；全株有毒，不能食用。

图 9-96　雪铁芋

一八〇 浮萍科 Lemnaceae

漂浮或沉水小草本，生于淡水中。植物体以圆形或长圆形的小型叶状体形式存在，具根或无根，通常以出芽的方式繁殖。花单性，雌雄同株，无花被；雌花具单心皮雌蕊，花柱短，柱头全缘，胚珠1~7；雄花有雄蕊1或2；每一花序常包括1雌花和1或2雄花，外围以膜质佛焰苞。果为瓶状胞果。种子1~6。

5属，约38种。全球除北极地区外广泛分布。我国有4属，8种，分布于南北各地；浙江有4属，7种。

本科大多数种类繁殖快，为家畜、家禽喜食饲料，也是常用中草药。

分属检索表

1. 植株有根；叶状体具脉，基部具2囊。
    2. 叶状体具2条以上的根。
        3. 叶状体长为宽的1~1.5倍，通常具5~21根 ······ **1.紫萍属 Spirodela**
        3. 叶状体长为宽的1.5~3倍，通常具2~7根 ······ **2.兰氏萍属 Landoltia**
    2. 叶状体仅具1根 ······ **3.浮萍属 Lemna**
1. 植株无根；叶状体无脉，基部具1囊 ······ **4.无根萍属 Wolffia**

1 紫萍属 Spirodela Schleid.

水生漂浮草本。叶状体盘状，单生或2~5叶簇生，上面绿色，叶背常紫色，具3~12脉；5~21根束生，具薄的根冠和1条维管束。花着生于叶状体边缘，藏于囊状佛焰苞中，内含2或3雄花和1雌花；花药2室；子房1室，胚珠2。果实球形，边缘具翅。

2种，一种全球广泛分布，另一种分布于中南美洲。我国有1种；浙江也有。

紫萍 紫背浮萍 （图9-97）

Spirodela polyrhiza (L.) Schleid.

叶状体扁平，阔倒卵形，长5~8mm，宽4~6mm，先端钝圆，表面绿色，背面紫色，具掌状脉5~11条；背面中央簇生5~21根，根长3~5cm，根具冠尖和1条维管束；在根基附近的一侧囊内产生无性芽，萌发后，幼小叶状体渐从囊内浮出，由一细弱的柄与母体相连。花果未见。据*Flora of China*，佛焰苞内有2雄花和1雌花。子房具1或2胚珠。果实两侧具翅。种子具12~20肋。花果期6—9月。

产于全省各地。生于水田、池塘、湖湾、沟渠等水体中。分布于东北、华东、华中及河北、山西、山东、台湾、广东、广西、四川、贵州、云南、陕西、青海。全球广泛分布。

全草可入药；可作家畜、家禽饲料或草鱼饵料。

图 9-97 紫萍

❷ 兰氏萍属 Landoltia Les et D.J. Crawford

水生漂浮草本。叶状体单生或数个簇生，表面绿色，叶背常紫红色，具3～7脉；背面中央簇生2～7根，根具冠尖和1条维管束；在根基附近的侧囊内产生无性芽，萌发后，幼小叶状体渐从囊内浮出，由一细弱的柄与母体相连。花单性，雌雄同株，着生于叶状体边缘，包于有缝隙的苞片内；雄蕊2，4室。种子1，稀2。

仅1种，分布于亚洲东南部及澳大利亚。我国有；浙江也有。

兰氏萍（图9-98）

Landoltia punctata (G. Mey.) Les et D.J. Crawford — *Lemna punctata* G. Mey.

叶状体扁平或中部突起，倒卵形至椭圆形，长1.5～8mm，1.5～3倍于宽，通常上表面沿中脉有乳突。根2～7。花果未见。据 *Flora of China*，子房有1或2胚珠。果实近顶端具翅。种子具肋。花果期6—9月。

产于桐庐、衢江、玉环、缙云、遂昌、龙泉、庆元、云和、龙湾、瓯海、文成。生于池塘、水田或沟渠中。分布于福建、河南、湖北、台湾、四川、云南、西藏。亚洲（东部、东南部和南部）、太平洋岛屿、非洲、大洋洲和美洲也有。

图 9-98 兰氏萍

③ 浮萍属 Lemna L.

漂浮或悬浮水生草本。叶状体单生或数个簇生；叶状体扁平，两面绿色，稀下表面红色，具1~5脉；根1，无维管束。叶状体基部两侧具囊，囊内着生营养芽和花芽，营养芽萌发产生新的叶状体。花单性，雌雄同株，着生于叶状体边缘，佛焰苞膜质，内有2雄花和1雌花；雄蕊2，花药4室；子房1室，胚珠1～5。果卵球形。种子1～5，具肋。

13种，全球广泛分布。我国有5种；浙江有4种。

分种检索表

1. 漂浮草本，叶状体浮于水面。
  2. 根鞘具狭翅 ·· 1. 稀脉浮萍 L. aequinoctialis
  2. 根鞘无狭翅。
    3. 叶状体背面扁平或中部稍突起，叶背通常泛红色 ·················· 2. 日本浮萍 L. japonica
    3. 叶状体扁平，两面均为绿色 ·· 3. 浮萍 L. minor
1. 沉水草本，叶状体悬浮于水中 ·· 4. 品萍 L. trisulca

1. 稀脉浮萍 （图9-99）
Lemna aequinoctialis Welw.

图9-99　稀脉浮萍

漂浮植物。叶状体斜倒卵形或斜倒卵状长圆形，两侧略不对称，长3～5mm，宽2～4mm，两面绿色，近扁平，全缘，先端钝圆，基部钝，具3脉，无柄。根1，根冠锐尖，根鞘具狭翅。花果未见。据 Flora of China，子房具1胚珠。果实不具翅。种子具肋。花果期全年。

产于全省各地。生于池塘、水田、沟渠等水体中。分布于辽宁、河北、山西、山东、江苏、安徽、江西、福建、河南、湖北、台湾、广东、贵州、云南、陕西、青海。全球广泛分布。

《浙江植物志》记载的名称为 L. perpusilla Torr.，是本种的误用。

2. 日本浮萍
Lemna japonica Landolt

漂浮草本。叶状体倒卵形至椭圆形，长2～6mm，1.3～1.8倍于宽，扁平或中部稍突起，叶背通常泛红色，全缘，具3脉，稀5脉，不明显，无柄。根1，根冠锐尖，根鞘无细翅。花果未见。据 Flora of China，子房具1胚珠。花果期7—10月。

产于青田。生于池塘或沟渠中。分布于黑龙江、内蒙古、河北、山西、山东、江苏、河南、湖北、四川、云南、陕西。日本和朝鲜半岛也有。

3. 浮萍 （图9-100）
Lemna minor L.

漂浮植物。叶状体倒卵形或长椭圆形，两侧对称，长1.5～5mm，宽2～3mm，两面均为绿色，全缘，上面稍突起或沿中线隆起，具3脉，不明显，无柄。根1，根冠钝头，根鞘无翅。花果未见。据 *Flora of China*，子房具1胚珠。果实具翅。种子具肋。花果期5—9月。

产于全省各地。生于池塘、湖泊、沟渠或水田中。分布于全国各地。亚洲（北部、中部、南部、西南部）和非洲、欧洲、北美也有，日本、大洋洲有引种。

全草可药用；可作家畜饲料或绿肥；也是草鱼优良饵料。

图9-100 浮萍

4. 品萍
Lemna trisulca L.

沉水植物，悬浮于水中，常聚成团。叶状体长椭圆形或狭卵状披针形，长2～4mm，宽0.8～1mm，扁平，两面暗绿色，多少透明，先端钝圆，全缘或有时具不规则的细齿，具3脉，向基部渐狭，具长5～10mm的细柄，借以与母体相连经数代不脱落，呈"品"字形；背面生1细根，根端尖，常连根脱落，叶状体于母体基部两侧的囊中萌发。花果未见。据 *Flora of China*，花果期叶状体浮于水面；花单性，雌雄同株，着生于叶状体边缘。果实卵形。种子具肋。花果期5—9月。

据文献记载临海有产，未见标本。分布于黑龙江、内蒙古、河北、山西、江苏、安徽、湖北、台湾、四川、云南、陕西、新疆。除南美洲外全球广泛分布。

❹ 无根萍属 Wolffia Horkel ex Schleid.

漂浮草本。叶状体细小如砂，常呈椭圆形或近球形，背面通常强烈突起，单个或2个相连，无根。叶状体具1侧囊，出芽生成新的叶状体。花单性，雌雄同株，生于叶状体上面的囊内，无佛焰苞；雄花单生，雄蕊1，花药1室；雌花1心皮，子房1室，具1直立胚珠。果圆球形，光滑。

11种，全球广泛分布。我国有1种；浙江也有。

无根萍 微萍 （图9-101）
Wolffia globosa (Roxb.) Hartog et Plas

叶状体极其微小，无根。叶状体椭圆形或卵形，直径0.5～1.5mm，单个或2个连在一起，上面绿色，扁平，背面明显突起，淡绿色。雄花单生，雄蕊1；子房1室，具1胚珠。果圆球形。花果期7—9月。

产于杭州市区、萧山、桐庐、绍兴市区、宁波市区、金华市区、义乌、温州市区、文成。生于池塘或沟渠中。分布于我国南北各地。亚洲东部、东南部、南部也有，南美洲、北美洲有引种。

为鱼类优良饵料。

《浙江植物志》记载的名称为 *W. arrhiza* (L.) Wimm.，是本种的误用。

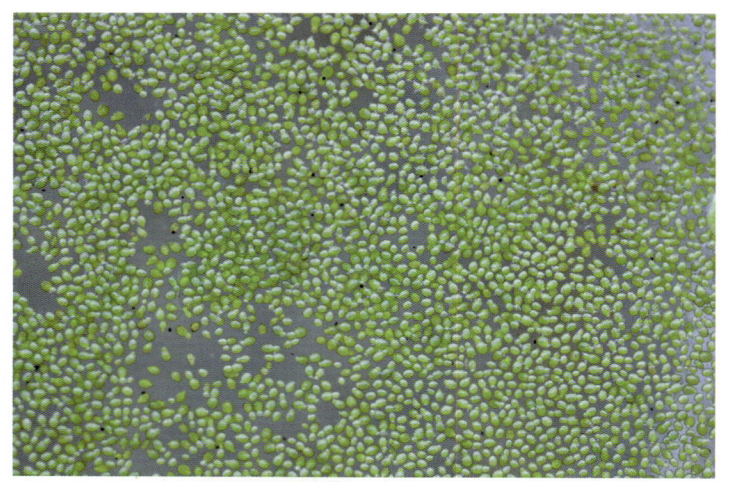

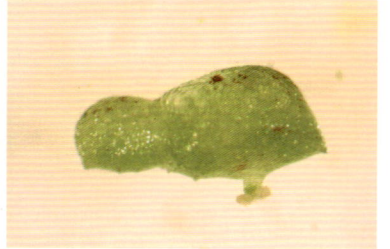

图9-101　无根萍

一八一　鸭跖草科 Commelinaceae

一年生或多年生草本。茎上节明显。叶互生，全缘，叶鞘明显。蝎尾状聚伞花序再排成顶生或腋生的圆锥花序，或短缩成伞形花序或头状花序；总花梗上的总苞片叶状、舟状或佛焰苞状；花两性，稀单性，辐射对称；萼片3，离生；花瓣3，离生或不同程度合生；雄蕊6，全育或仅部分发育；子房上位。蒴果室背开裂，稀为浆果状。种子有棱，种脐线形。

约40属，650种，分布于热带、亚热带地区，少数种可分布于温带地区。我国有15属，59种；浙江有8属，20种，其中引种栽培的有1属，6种。

分属检索表

1. 攀缘草本；圆锥花序中下部的蝎尾状聚伞花序上的花为两性花，其余均为雄花。
    2. 叶片心状椭圆形；聚伞花序全部具总苞片；侧枝几乎每节生花序；子房每室具2胚珠 ·· **1. 竹叶子属 Streptolirion**
    2. 叶片披针形至卵状披针形；聚伞花序仅基部1枚具总苞片；侧枝大部分节上无花序；子房每室有8胚珠 ·· **2. 竹叶吉祥草属 Spatholirion**
1. 直立或匍匐草本；花全为两性花。
    3. 果为浆果状而不裂，果皮黑色或蓝黑色；花序顶生 ······················ **3. 杜若属 Pollia**
    3. 果为开裂的蒴果；花序顶生或否。
        4. 圆锥花序顶生，扫帚状，花小而极多；子房2室；蒴果小 ············ **4. 聚花草属 Floscopa**
        4. 花序顶生或否，不呈扫帚状而簇生；子房3室。
            5. 总苞片佛焰苞状。
                6. 花瓣合生成筒状或中部合生而两端分离；可育雄蕊6；苞片弯曲镰刀状，覆瓦状排列 ·· **5. 蓝耳草属 Cyanotis**
                6. 花瓣分离；可育雄蕊3或6；苞片非覆瓦状排列。
                    7. 花两侧对称；可育雄蕊3，退化雄蕊顶端扁，分裂成蝴蝶状；蒴果常2裂 ·· **6. 鸭跖草属 Commelina**
                    7. 花辐射对称；可育雄蕊6；蒴果3裂 ············ **7. 紫万年青属 Tradescantia**
            5. 总苞片叶状 ·· **8. 水竹叶属 Murdannia**

1 竹叶子属 Streptolirion Edgew.

攀缘草本。侧枝穿鞘而出，每节着生花序。叶片心状椭圆形。聚伞花序多个，集成圆锥花序与叶对生，自叶鞘背面穿鞘而出，每个聚伞花序基部均具叶状苞片；基部聚伞花序上的花为两性,其余均为雄性;萼片3,离生,舟状;花瓣3,白色,条状匙形;雄蕊6,全育;子房3室,每室具2胚珠。蒴果三棱状卵形。种子多角形。

仅1种,分布于亚洲东南部。我国有;浙江也有。

竹叶子 (图9-102)
Streptolirion volubile Edgew.

多年生攀缘草本。茎长0.5~6m,无毛或稀被短柔毛。叶片心状椭圆形,长5~15cm,宽3~15cm,先端尾尖,基部深心形;叶柄长3~11.5cm;叶鞘鞘口有睫毛。蝎尾状聚伞花序具1至数花,集成圆锥状;圆锥花序下部苞片叶状,长1.5~6cm,上部的苞片卵状披针形,较小;萼片长3~5mm,先端急尖;花瓣初时呈白色或淡紫色,后转白色,宽线形或匙形,长6~7cm,宽约1mm;花丝密被绵毛。蒴果长4~10mm,顶端有长2~3mm的芒状突尖的喙。种子灰褐色,直径约2.5mm。花期7—8月,果期9—10月。

产于安吉、临安、淳安、诸暨等地。生于山谷林下、溪沟边。分布于华北、西南及辽宁、湖南、广西、陕西、甘肃等地。日本、朝鲜半岛、越南、泰国、老挝、缅甸、印度、不丹等地也有。

图9-102 竹叶子

❷ 竹叶吉祥草属 Spatholirion Ridl.

攀缘草本。侧枝大部分节上无花序。叶片披针形至卵状披针形。圆锥花序自叶鞘口部伸出,与叶对生,仅基部1枚聚伞花序具叶状苞片;花杂性同株,下部聚伞花序上的花为两性,其余均为雄性；萼片离生，舟状；花瓣3，离生，紫红色或白色，宽线形或匙形，几与萼片等长；雄蕊6，全育；子房3室，每室具8胚珠。蒴果三棱状卵形。种子三棱形。

3种，分布于我国长江流域以南至越南、泰国。我国有2种；浙江有1种。

竹叶吉祥草
Spatholirion longifolium (Gagnep.) Dunn

多年生攀缘草本。茎长可达3m，近无毛或被柔毛。叶片披针形至卵状披针形，长10～20cm，宽1.5～6cm，先端渐尖，基部楔形，两面无毛或被微毛；叶柄长1～3cm；叶鞘边缘及鞘口有睫毛。圆锥花序长约10cm，与总花梗几等长；叶状苞片卵状心形，长4～10cm；花无梗；萼片长约6mm；花瓣紫红色或白色，宽线形或匙形，稍短于萼片；子房无毛。蒴果，顶端具芒状突尖的喙。花期6—8月，果期7—9月。

产于文成、平阳、泰顺。生于山谷混交林下。分布于江西、福建、湖北、湖南、广东、广西、四川、贵州和云南。越南也有。

3 杜若属 Pollia Thunb.

多年生草本。茎直立或基部匍匐。叶片椭圆形或长圆形，稀披针形。圆锥花序顶生，稀为伞形花序；总苞片叶状；苞片小或无；花两性，具短梗；萼片离生，舟状椭圆形；花瓣白色或紫色，离生，倒卵形、卵圆形或长圆形；雄蕊6，全育，稀其中3枚或1枚退化，花丝无毛；子房3室。果为浆果状，圆球形或卵形，成熟时呈蓝色或黑色。种子多角形。

约17种，分布于亚洲、非洲和大洋洲的热带、亚热带地区。我国有8种；浙江有1种。

杜若（图9-103）
Pollia japonica Thunb.

多年生草本。茎直立或上升，高30～50cm，直径3～8mm，被微柔毛。叶片狭椭圆形，两面微粗糙，长10～30cm，宽3～7cm；叶无柄或基部渐狭呈柄状；叶鞘无毛。圆锥花序由疏离轮生的聚伞花序组成，远长于末端叶片；总花梗长15～30cm，和花梗密被白色钩状毛；总苞片披针形；苞片膜质；花具短梗；萼片白色，椭圆形，长约5mm，宿存；花瓣白色，稍带淡红色，倒卵状匙形，长约3mm；雄蕊6，全育，偶有1～2枚退化。果为浆果状，圆球形或卵形，直径约5mm，成熟时呈蓝色。种子多角形，直径约2mm。花期7—9月，果期9—10月。

产于全省各地。生于海拔1200m以下的山坡林下或沟边潮湿处。分布于安徽、江西、福建、湖北、湖南、台湾、广东、广西、四川和贵州。日本、朝鲜半岛也有。

全草有活血、益肾、解毒等功效，可治腰痛及毒蛇咬伤。

图9-103　杜若

④ 聚花草属　Floscopa Lour.

多年生草本。茎直立或稍攀缘，根状茎长。叶片披针形至椭圆形。圆锥花序顶生或兼腋生，常在茎顶端呈扫帚状；苞片常小；花两性，具梗，小而极多；萼片离生；花瓣蓝色、紫色或白色，离生；雄蕊3或6，全育而相等；子房2室，每室1胚珠。蒴果小，稍扁，卵球形。种子半球形或半椭圆形。

约20种，分布于热带和亚热带地区。我国有2种；浙江有1种。

聚花草　（图9-104）
Floscopa scandens Lour.

植株全体或仅叶鞘及花序各部分被多细胞腺毛，但有时叶鞘仅一侧被毛。茎高20～70cm，不分枝，上部直立，下部匍匐。叶片披针形至椭圆形，长4～12cm，宽1～3cm，上面有鳞片状突起；叶无柄或具带翅的短柄。圆锥花序扫帚状，顶生兼腋生，长达8cm，宽达4cm；下部总苞片叶状，等大，向上渐变小；花梗极短；萼片浅舟状；花瓣蓝色或紫色，少白色，倒卵形，略长于萼片；雄蕊6，全育，花丝长而无毛。蒴果卵球形，略压扁，长、宽约2mm。种子灰蓝色，半椭圆形，长约1.5mm，具辐射纹。花果期7—11月。

产于临海、龙泉、瑞安、苍南、泰顺。生于海拔约1700m以下的山坡林下或溪沟边潮湿处。分布于江西、福建、湖南、台湾、广东、海南、广西、贵州和云南。大洋洲及越南、泰国、老挝、缅甸、印度、不丹也有。

图9-104 聚花草

5 蓝耳草属 Cyanotis D. Don

一年生或多年生草本。茎直立或基部匍匐，无根状茎。叶片条形至长圆状披针形；无叶柄。聚伞花序短缩成头状花序；总苞片1，佛焰苞状，包裹花序；苞片镰刀状弯曲，覆瓦状排列成2列而偏向一侧；花两性；花瓣长，中部连合成筒，两端分离，多为蓝色或蓝紫色；雄蕊6，全育；子房3室，每室2胚珠。蒴果三棱状倒卵形或近球形。种子柱状或金字塔形。

约50种，分布于亚洲、非洲的热带和亚热带地区至澳大利亚北部。我国有5种；浙江有1种。

蛛丝毛蓝耳草　露水草
Cyanotis arachnoidea C.B. Clarke

多年生草本。根须状。主茎不育，短缩；可育茎由叶丛下部发出，披散或匍匐，长20～80cm，有疏或密的蛛丝状毛。主茎上的叶丛生，禾叶状或条状，长8～35cm，宽0.5～1.5cm；可育茎上的叶最长不过7cm。蝎尾状聚伞花序常数个簇生于枝顶或叶腋，无梗而短缩成头状，或有长达4cm的花序梗；苞片弯曲或镰刀状，覆瓦状排列，长7～8mm；萼片基部连合，线状披针形，长约5mm，下面被蛛丝状毛；花瓣蓝紫色、蓝色或白色，长约6mm；花丝被蓝色蛛丝状毛。蒴果小，三棱状倒卵形，长约2.5mm，顶端密生细长硬毛。种子灰褐色，有小窝孔。花期6—9月，果期10月。

产于宁海、乐清、平阳、苍南。生于海拔约800m以下的山坡林下、路边草地潮湿处。分布于江西、福建、台湾、广东、海南、广西、贵州和云南。越南、泰国、老挝、缅甸、印度和斯里兰卡也有。

6　鸭跖草属　Commelina L.

一年生或多年生草本。茎多分枝，无根状茎。蝎尾状聚伞花序藏于佛焰苞状总苞片内；苞片不呈镰刀状弯曲，通常极小或缺失。生于聚伞花序下部分枝的花小，早落，生于上部分枝的花正常发育；花两侧对称；萼片3，内方2枚基部常合生；花瓣3，蓝色，内方（前方）2枚较大，明显具爪；可育雄蕊3，位于一侧，退化雄蕊3，顶端4裂，裂片排成蝴蝶状，花丝长而无毛；子房2～3室。蒴果常2瓣裂。种子黑色或褐色。

约170种，广泛分布于全球，主产于热带、亚热带地区。我国有8种；浙江有4种。

分种检索表

1. 佛焰苞边缘分离，基部心形或浑圆。
　　2. 蒴果3室；佛焰苞卵状披针形，顶端渐尖或短渐尖 ············· **1.节节草　C. diffusa**
　　2. 蒴果2室；佛焰苞心形，顶端急尖 ····························· **2.鸭跖草　C. communis**
1. 佛焰苞因下缘连合而呈漏斗状或风帽状。
　　3. 蒴果3瓣裂，每室2种子；叶柄明显，长于3mm，叶片卵形至宽卵形，长不超过7cm ············· **3.饭包草　C. benghalensis**
　　3. 蒴果3或2瓣裂，每室1种子；叶柄不明显，不逾3mm，叶片披针形，长可达15cm ············· **4.耳苞鸭跖草　C. auriculata**

一八一　鸭跖草科 Commelinaceae

1. 节节草　竹节菜 （图9-105）
Commelina diffusa Burm. f.

一年生披散草本。茎匍匐，多分枝。叶片披针形或分枝下部的为长圆形，长3～12cm，宽0.8～3cm，顶端渐尖；叶鞘常具红色小斑点，仅鞘口及一侧有刚毛。蝎尾状聚伞花序常单生于分枝上部叶腋；花序自基部二叉分枝，一枝具长梗，与总苞片垂直，具1～4朵远伸出总苞片的不育花，另一枝具短梗，与总苞片方向一致，具3～5朵藏于总苞片内的可育花；总苞片与叶对生，卵状披针形，长1～4cm，折叠，顶端渐尖或短渐尖，基部心形或浑圆，外面无毛或被短硬毛；苞片极小；花梗长约3mm，果期伸长达5cm，粗壮而弯曲；萼片浅舟状，宿存；花瓣蓝色。蒴果三棱状矩圆形，3室，腹面2室，每室具2种子，开裂，背面1室具1种子，不裂。种子黑色，卵状长圆形，具粗网状纹饰。花果期5—11月。

产于临安（天目山）、松阳、瓯海（茶山）、苍南。生于水边草丛中。分布于台湾、广东、海南、广西、贵州、云南和西藏等地。广泛分布于全球热带、亚热带地区。

全草可药用，有清热、散毒、利尿等功效。

图9-105　节节草

2. 鸭跖草 （图9-106）
Commelina communis L.

一年生披散草本。茎匍匐，多分枝，长可达1m。叶片披针形至卵状披针形，长3～9cm，宽1.5～2cm，两面无毛；叶鞘无毛。蝎尾状聚伞花序下面一枝具1～2不育花，花梗长8mm，上面一枝具3~4可育花，具短梗，几乎不伸出总苞片，花时花梗长约3mm，果期弯曲，长不过6mm；总苞片佛焰苞状，与叶对生，心状卵形，长1.2~2.5cm，折叠，顶端短急尖，基部心形，边缘常有硬毛；萼片膜质，长约5mm；花瓣深蓝色，内方2枚具爪，长近1cm。蒴果椭圆形，长5~7mm，2室，2瓣裂，每室2种子。种子长2~3mm，棕黄色，半椭圆形，一端平截，腹面平，有不规则窝孔。花期7—9月。

产于全省各地。生于田边、路边或山坡沟边潮湿处。分布于我国各地（除青海、新疆、西藏外）。俄罗斯（远东）、日本、朝鲜半岛、越南、泰国、老挝、马来西亚、柬埔寨也有。

全草可入药，有清热、解毒、凉血、利尿等功效。

嘉兴（南湖）、临安（西天目山）、磐安（大盘山）有变型白花鸭跖草 form. **alba** Ti Chen，区别在于花为白色。

图9-106　鸭跖草

3. 饭包草　火柴头　（图9-107）
Commelina benghalensis L.

多年生披散草本。茎大部分匍匐，节上生根，上部及分枝上部上升，长可达70cm，疏被柔毛。叶有长于3mm的叶柄；叶片卵形，长3～7cm，宽1.5～3.5cm，顶端钝或急尖，近无毛；叶鞘口沿有疏而长的睫毛。蝎尾状聚伞花序下面一枝具细长梗，有1～3不育花，伸出佛焰苞，上面一枝有数朵可育花，藏于总苞内；总苞片漏斗状，与叶对生，常数个集生于枝顶，下部边缘合生，长8～12mm，疏被毛，顶端短急尖或钝，柄极短；萼片膜质，长约2mm；花瓣蓝色，长3～5mm，内方2枚具长爪。蒴果三棱状椭圆形，长4～6mm，3室，腹面2室，每室有2种子，开裂，后面1室有1种子或无，不裂。种子黑色，长近2mm，多皱并有不规则网纹。花果期7—10月。

产于全省各地。生于田边、沟边或山坡林下潮湿处。分布于华东、华中、华南、西南及河北、山东、陕西等地。亚洲和非洲热带、亚热带地区广泛分布。

全草可入药，有清热利尿、解毒消肿等功效。

图 9-107　饭包草

4. 耳苞鸭跖草　（图9-108）
Commelina auriculata Blume

多年生直立草本，高可达1.4m。茎无毛，上部被1列疏毛。叶柄短，长不逾3mm；叶片椭圆形或披针形，顶端急尖或短渐尖，长2～4（6）cm，宽1～2cm，上面疏生糙毛，下面有时被柔毛，或两面近无毛；叶鞘全面被毛，鞘口被长睫毛。蝎尾状聚伞花序下部一分枝不发育，上部一分枝有2～5花；总苞片与叶对生，总苞小，漏斗状，长仅1cm，下缘仅一半合生，顶端急尖，无毛或主脉上疏生白色刚毛；萼片长3～4mm，膜质；花小，花瓣3，不等大，淡蓝色。蒴果小，球状三棱形，长4mm，3室，每室有1种子，3瓣裂或2瓣裂，背面1室不裂。种子椭圆形，腹面平，灰褐色，长3.5mm，平滑。花果期7—11月。

产于瑞安、苍南。生于海拔约50m的山坡林缘湿地或沟边。分布于福建、台湾、广东等地。印度尼西亚和大洋洲西部也有。

图 9-108　耳苞鸭跖草

7 紫万年青属　Tradescantia L.

多年生草本。无根状茎。茎匍匐，上升或直立。叶2列或螺旋状排列；蝎尾状聚伞花序假顶生或侧生，单一，簇生或形成圆锥花序；总苞片佛焰苞状；花辐射对称；萼片离生或基部合生，舟形；花瓣离生或基部爪部合生，白色或粉红色，卵圆形；雄蕊6，全育而近等长或对瓣3枚较短，花丝无毛或具须毛。蒴果卵球形，3裂，每室有1~2种子，近四面体状，具网状纹。

约70种，主要分布于美洲热带地区。我国常见栽培或归化的有6种；浙江均有。

分种检索表

1. 花瓣分离或近于分离。
  2. 茎短，粗壮；叶互生而紧贴；子房每室1胚珠 ·················· **1. 紫背万年青　T. spathacea**
  2. 茎细长；叶不紧贴，疏松互生；子房每室2胚珠。
    3. 茎直立；叶片线形；花瓣蓝紫色。
      4. 花梗无毛，萼片无毛或仅顶部被毛；花直径小于2cm ·············· **2. 紫露草　T. ohiensis**
      4. 花梗和萼片疏被长柔毛；花直径达3~5cm ·············· **3. 毛萼紫露草　T. virginiana**
    3. 茎匍匐；叶长圆形或卵状长圆形；花瓣白色 ·············· **4. 白花紫露草　T. fluminensis**
1. 花瓣合生成筒状或中部合生，而两端分离。

5. 植株紫色；花瓣基部微合生成一短筒 ··· **5. 紫竹梅 T. pallida**
5. 植株通常淡绿色，或仅叶片下面紫色；花瓣合生成一长筒 ························· **6. 吊竹梅 T. zebrina**

1. 紫背万年青　紫万年青　（图 9-109）

Tradescantia spathacea Sw. — *Rhoeo discolor* (L'Hér.) Hance — *R. spathacea* (Sw.) Stearn — *T. discolor* L'Hér.

多年生草本，植株粗壮。茎短，高约 10 cm，直径约 2 cm。叶互生，紧贴，覆瓦状集生于茎顶；叶片稍肉质，光滑，披针形或宽披针形，长 20～40 cm，宽 3～6 cm，先端锐尖，基部鞘状，上面深绿色，有时具白色或黄色条纹，下面紫红色；叶鞘宽短，有时口部有毛。花序腋生，数花集成紧密的伞形花序，具纤细的总花梗，并为 2 枚淡紫色佛焰苞状大苞片所包；花小，白色；萼片 3，卵状披针形，分离；花瓣 3，卵形，分离；雄蕊 6，全育，花丝有白色念珠

图 9-109　紫背万年青

状长柔毛；子房3室，每室1胚珠。蒴果椭圆形，室背开裂。花期7—8月，果期9—10月。

原产于墨西哥、中美洲、西印度群岛。在广东已为归化植物。全省各地常见栽培。

栽培供观赏；叶、花有清肺化痰、凉血止痢等功效。

2. 紫露草　紫鸭跖草　原动花　（图9-110）

Tradescantia ohiensis Raf. — *T. reflexa* Raf.

多年生草本。茎细长，簇生，稍肉质，高50～70cm，直径5～8mm。叶片线形至线状披针形，禾叶状，长25～35cm，宽约1cm，边缘近基部处疏生睫毛。聚伞花序短缩成顶生伞形花序；总苞片1长1短，长者可达20cm；花具细长的梗，稍下垂，无毛；萼片绿色，稍带紫色，长圆状椭圆形，长7～8mm，无毛或仅顶部被毛；花瓣蓝紫色，近倒卵形，长于萼片；花丝蓝紫色，密被念珠状长柔毛；子房3室，每室2胚珠。蒴果椭圆形。种子近半球形，直径约2.5mm，有窝孔。花期6—8月，果期8—10月。

原产于美洲热带地区。我国有引种栽培。海宁、杭州市区、临安、宁波市区、鄞州、余姚、象山、金华市区、磐安、临海、普陀等地有栽培。

本种花丝上的长柔毛由单列细胞构成，细胞内原生质流动快，在植物学上常用作观察原生质流动的实验材料。

图9-110　紫露草

3. 毛萼紫露草　毛萼紫鸭跖草　（图9-111）

Tradescantia virginiana L.

多年生草本。茎细长，稍肉质。叶片线形至线状披针形，禾叶状，边缘近基部处疏生睫毛。聚伞花序短缩成顶生伞形花序；总苞片1长1短；花梗稍下垂，疏被长柔毛；萼片绿色，稍带紫色，长圆状椭圆形，疏被长柔毛；花瓣蓝紫色，近倒卵形；花丝蓝紫色，密被念珠状长柔毛；子房3室，每室2胚珠。蒴果椭圆形。种子近半球形，有窝孔。花期6—8月，果期8—10月。

原产于美洲热带地区。我国有引种栽培。杭州市区、宁波市区、奉化、莲都有栽培。

图9-111 毛萼紫露草

4. 白花紫露草 （图9-112）
Tradescantia fluminensis Vell.

多年生草本。茎匍匐，光滑，带紫红色晕，节略膨大，节处易生根。叶互生，长圆形或卵状长圆形，长2.5～7cm，先端尖，下面深紫堇色，仅叶鞘上端有毛，具白色条纹。花小，多朵聚生成伞形花序，为2叶状苞片所包被；萼片绿色，卵

图9-112 白花紫露草

圆形；花瓣白色；花丝被毛；子房3室，每室2胚珠。花期5—8月，果期7—9月。

原产于美洲热带地区。我国有引种栽培。杭州市区、临安、象山、金华市区、临海、莲都、龙泉、温州市区等地有栽培。

栽培供观赏；全株可药用，有消肿解毒、活血利尿等功效。

5. 紫竹梅 （图9-113）

Tradescantia pallida (Rose) D.R. Hunt — *Setcreasea pallida* Rose — *S. purpurea* B.M. Boom

多年生草本，全体紫色。茎上部斜伸，下部匍匐，长50cm，直径5～10mm，多分枝，节和节间明显。叶片长圆形或长圆状披针形，长7～15cm，宽3～5cm，先端急尖或渐尖，基部宽楔形，抱茎，两面及边缘疏生长柔毛；叶鞘边缘和鞘口有睫毛。聚伞花序短缩成近头状花序；总苞片2，舟状，稍小于叶片，苞片膜质，卵形；萼片膜质，长圆形，长5～6mm，外面基部密被白

图9-113 紫竹梅

色长柔毛；花瓣淡紫色，基部微合生成一短筒，倒卵状长圆形，长于萼片；雄蕊6，全育，花丝有念珠状长柔毛。花期7—9月，果期9—10月。

原产于美洲热带地区。我国各地有引种栽培。全省各地常见露地栽培或盆栽。

栽培供观赏。

6. 吊竹梅　垂竹草　（图9-114）
Tradescantia zebrina Bosse — *Zebrina pendula* Schnizl.

多年生草本。茎匍匐，长1.5m，直径5mm，多分枝，披散或悬垂。叶片卵状椭圆形，长4～10cm，宽2～4cm，先端渐尖，基部宽楔形，两面绿色，或上面有白色条纹，或下面紫色，边缘有短睫毛；叶鞘边缘和鞘口有长睫毛。聚伞花序短缩成近头状花序；总苞片2，舟状，稍小于叶片；萼片白色，大部分合生成管状，裂片三角形；花瓣中部以下合生成管状，花冠筒白色，裂片紫红色，近圆形；花丝具念珠状长柔毛。花期6—9月，果期10月。

原产于墨西哥。在福建、台湾、广东、广西等地已为归化植物。全省各地常见盆栽，常有逸生。

栽培供观赏；全草有清热、凉血、利尿等功效。

图9-114　吊竹梅

8 水竹叶属 Murdannia Royle

一年生或多年生草本。茎匍匐、上升或呈花葶状。叶片互生或莲座状丛生于不发育的主茎，条形至长圆状披针形。蝎尾状聚伞花序单生或数枚组成圆锥花序，有时短缩成头状，或退化至1花；总苞片叶状，苞片小，膜质；花两性；萼片3，浅舟状或深舟状；花瓣3，蓝紫色、蓝色、粉色、黄色或近白色，圆形或倒卵形；可育雄蕊3，或其中1枚败育，退化雄蕊3（稀2、1或无），顶端戟状而不分裂，或顶端3全裂；子房3室。蒴果3瓣裂，卵形、椭圆形或圆球形。种子具多种纹饰。

约50种，主要分布于亚洲热带和亚热带地区。我国有20种；浙江有5种。

分种检索表

1. 水生或沼生；1～5花簇生于叶腋；退化雄蕊顶端戟状而不分裂。
    2. 茎较粗壮；萼片长6～10mm；蒴果狭椭圆形，具不明显三棱，长8～10mm，直径2～3mm，两端近渐尖至急尖；种子稍扁，近平滑 ·· **1. 疣草 M. keisak**
    2. 茎较纤细；萼片长4～6mm；蒴果卵圆状三棱形，长5～7mm，直径3～4mm，两端稍钝；种子不扁，具沟纹和窝孔 ·· **2. 水竹叶 M. triquetra**
1. 陆生或湿生；顶生圆锥花序，或多枚聚伞花序集于鞘状总苞片内；退化雄蕊顶端3全裂。
    3. 叶片披针形；花疏散，决不呈头状；蒴果每室有3种子 ················· **3. 根茎水竹叶 M. hookeri**
    3. 叶片多为禾叶状；花在聚伞花序上密集，花序在花时呈头状，果期头状或否；蒴果每室仅有2种子。
        4. 主茎可育，节间长，植株基部无成丛的基生叶；叶鞘多数全面被长硬毛，有时仅一侧被毛；花梗纤细而伸直；种子有窝孔但无纹饰 ····························· **4. 裸花水竹叶 M. nudiflora**
        4. 主茎不育，节间短，其上的叶成丛；叶鞘除少数外仅在沿口部一侧有长硬毛；花梗在果期稍弯曲；种子有纹饰但无窝孔 ····························· **5. 牛轭草 M. loriformis**

1. 疣草（图9-115）

Murdannia keisak (Hassk.) Hand.-Mazz.

一年生草本。茎肉质，粗1.5～4mm，长达40cm，下部匍匐，上部上升，通常多分枝，节间长约8cm，密生1列白色硬毛，与叶鞘的1列毛相连续。叶片线状披针形或线状椭圆形，平展或稍折叠，长2～8cm，宽5～8mm，先端渐尖。花序通常仅有1花，顶生兼腋生；花序梗长1～4cm，顶生者长，腋生者短，花序梗中部有1个条状的苞片，有时苞片腋中生1花；花较大；萼片长6～10mm；花瓣粉红色、紫红色或浅蓝色，倒卵圆形；可育雄蕊3，花丝密生长须毛，退化雄蕊顶端戟状而不分裂。蒴果狭卵圆形，具不明显三棱，两端近渐尖至急尖，长8～10mm，直径2～3mm，每室4种子（有时较少）。种子灰色，稍扁，近平滑。花期8—9月，果期10—11月。

产于全省各地。生于水稻田边或湿地中。分布于吉林、辽宁、江西、福建等地。日本和朝鲜半岛也有。

一八一 鸭跖草科 Commelinaceae

图9-115 疣草

2. 水竹叶（图9-116）

Murdannia triquetra (Wall. ex C.B. Clarke) Brückn.

一年生草本。茎肉质，下部匍匐，上部上升，通常多分枝，节间长约8cm，密生1列白色

图9-116 水竹叶

硬毛，与叶鞘的1列毛相连续。叶片线状披针形或线状椭圆形，平展或稍折叠，长2~6cm，宽5~8mm，顶端渐尖。花序通常仅有单花，顶生兼腋生；花序梗长1~4cm，顶生者长，腋生者短，花序梗中部有1个条状的苞片，有时苞片腋中生1花；萼片绿色，狭长圆形，长4~6mm；花瓣粉红色、紫红色或蓝紫色，倒卵圆形；可育雄蕊3，花丝密生长须毛，退化雄蕊顶端戟状而不分裂。蒴果卵圆状三棱形，长5~7mm，直径3~4mm，两端稍钝或短急尖，每室3种子（有时1~2）。种子红灰色，不扁，具沟纹和窝孔。花期9—10月，果期10—11月。

产于全省各地。生于水稻田边或湿地中。分布于华东、华中、华南、西南及陕西等地。印度、越南、泰国、老挝和缅甸也有。

3. 根茎水竹叶 （图9-117）
Murdannia hookeri (C.B. Clarke) G. Brückn.

图9-117 根茎水竹叶

多年生草本。根状茎横走，直径约3mm，无毛。茎上升，长60cm，有时分枝，直径3~5mm，密生1列短柔毛。叶片披针形，基部稍抱茎，顶端短渐尖或钝，长12cm，宽1~2.2cm，无毛，仅叶鞘边缘密生1列长硬毛。圆锥花序顶生，由数枚长2~4cm的蝎尾状聚伞花序组成，花序各部分无毛；最下方1~2个总苞片叶状，与叶近等大，其余的长不超过1cm；苞片长约2mm；萼片长4mm，长圆状卵形；花瓣淡紫色至近白色，倒卵圆形，远大于萼片；能育雄蕊3，花丝具绵毛。蒴果长椭圆状三棱形，长6~7mm，两端急尖，顶端具宿存花柱留下的突尖，每室3种子。种子灰色，有红色斑点。花果期6—9月。

产于庆元（百山祖）。生于海拔约1300m的林下或山谷沟边。分布于福建、湖南、广东、广西、四川、贵州、云南等地。印度东部也有。

4. 裸花水竹叶 （图9-118）
Murdannia nudiflora (L.) Brenan

多年生草本。根须状，纤细，直径不及0.3mm，无根状茎。茎多条自基部发出，披散，长10～50cm，无毛。叶茎生，有时1～2叶基生；叶鞘长一般不及1cm；叶片禾叶状或披针形，顶端钝或渐尖，长2.5～10cm，宽0.5～1cm。蝎尾状聚伞花序数枚，排成顶生圆锥花序，或仅单枚；总苞片下部叶状，上部的很小，长不及1cm；聚伞花序具数朵密集排列的花，具纤细而长达4cm的总梗；苞片早落；花梗细而挺直，长3～5mm；萼片椭圆形，长约3mm；花瓣淡紫色，倒卵圆形；可育雄蕊2，花丝下部有须毛，退化雄蕊2～4，顶端3全裂。蒴果卵球状三棱形，长3～4mm，每室2种子。种子黄棕色，有窝孔，或同时有辐射状排列的白色瘤状突起。花果期6—10月。

产于全省各地。生于沼泽湿地、山谷沟边或田边潮湿处。分布于华东、华中及山东、广东、广西、四川、云南等地。东南亚、南亚及日本、巴布亚新几内亚、印度洋和太平洋群岛也有。

图9-118　裸花水竹叶

5. 牛轭草 （图9-119）

Murdannia loriformis (Hassk.) R.S. Rao et Kammathy

多年生草本。根须状，直径0.5～1mm。主茎不育，多条可育茎从基部叶丛发出，披散或上升，长15～50cm，无毛或一侧有短毛。主茎上的叶禾叶状或剑形，密集成莲座状，长5～15cm，宽6～9mm，仅下部边缘有睫毛；可育茎上的叶较短；叶鞘沿口部一侧有硬毛。蝎尾状聚伞花序单枚顶生或有2～3枚集成圆锥花序；下部总苞片叶状，上部的长不过1cm；聚伞花序有长达2.5cm的总梗；有数朵密集的花集成头状；苞片早落；花梗在果期长2.5～4mm，稍弯曲；萼片草质，卵状椭圆形，长约3mm；花瓣紫红色或蓝色，倒卵圆形，长5mm；可育雄蕊2。蒴果卵圆状三棱形，长3～4mm。种子黄棕色，具辐射条纹和细网纹，无窝孔，亦无乳突。花果期5—10月。

产于龙泉、永嘉、平阳、泰顺。生于溪边、路边潮湿处。分布于华东、华南及湖南等地。日本、越南、泰国、印度尼西亚、菲律宾、印度、斯里兰卡和新几内亚岛也有。

图9-119 牛轭草

一八二　谷精草科 Eriocaulaceae

一年生或多年生草本，湿生或水生。根密生在茎的下部，索状。叶基生或螺旋状着生于茎上；叶片狭窄，质薄，半透明，常有横脉。头状花序具总苞片，单个或数个丛生于细长的花葶上；花小，单性，雌雄同序，稀异株或异序；雌雄同株时，雌花位于花序四周，雄花位于中央；花被片4～6，2轮，每轮2～3，异被；萼片离生，或多少合生成管状或佛焰苞状；花瓣常有柄，离生或合生，稀缺；雄蕊6（3）或4，2或1轮，花丝细长，花药小，1～2室，纵裂；子房上位，2～3室，每室具1直立胚珠，花柱分枝2～3，稀1。蒴果膜质，室背开裂。种子小，平滑或有纹饰。

约10属，1150种。广泛分布于全球的热带和亚热带地区，美洲热带地区尤多。我国有1属，35种，除西北外，各地均产；浙江有1属，9种。

谷精草属 Eriocaulon L.

一年生或多年生草本，湿生或水生。茎不显著。叶基生；叶片条形。花葶长于叶片，具鞘；头状花序生于花葶顶端；总苞片呈覆瓦状排列；单性，雌雄同序；花被片2轮，每轮3，稀2；雄花萼片基部合生成短管状乃至全部合生成佛焰苞状，花冠离生或合生成高脚杯状或漏斗状，先端具毛或黑色腺体，雄蕊6，稀4；雌花萼片离生乃至合生成佛焰苞状，花瓣离生或基部合生，宽条形或棍棒形，先端具毛或黑色腺体，稀退化，子房2～3室，稀1室。蒴果室背开裂，每室1种子。种子常椭球形，橙红色或黄色，表面常具横格及"T"形毛。

约400种，分布于热带和亚热带地区。我国有约34种；浙江有9种。

分种检索表

1. 花2数；雄蕊4；子房2室，有时仅1室发育 ································ **1. 长苞谷精草 E. decemflorum**
1. 花3数，有时其中部分因退化、愈合而减小；雄蕊6；子房3室（仅江南谷精草为1室）。
   2. 雌花萼片离生，2或3数。
      3. 雌花花瓣缺；花药白色、乳白色至淡黄褐色 ······················ **2. 白药谷精草 E. cinereum**
      3. 雌花花瓣存在；花药黑色。
         4. 花序托明显具毛。
            5. 总苞片倒卵状长圆形；雌花萼片有龙骨状突起 ············ **3. 南投谷精草 E. nantoense**
            5. 总苞片近圆形；雌花萼片仅中肋处加厚，无龙骨状突起 ······ **4. 狭叶谷精草 E. angustulum**
         4. 花序托无毛或偶有疏短毛。
            6. 雄花花冠3瓣等大；雌花和雄花两侧萼片均有翅 ············ **5. 华南谷精草 E. sexangulare**

6. 雄花花冠远轴瓣较侧面的大；雌花和雄花萼片均无翅 …………… 6.尼泊尔谷精草 E. nepalense
2. 雌花萼片合生成佛焰苞状，顶端3裂。
　7. 花柱1，不分枝；子房1室 ………………………………………… 7.江南谷精草 E. faberi
　7. 花柱分枝3；子房3室。
　　8. 总苞片倒卵形或近圆形，长2~2.5mm ………………………… 8.谷精草 E. buergerianum
　　8. 总苞片条状披针形至披针形，长6~7.5mm …………………… 9.四国谷精草 E. miquelianum

1. 长苞谷精草 （图9-120）

Eriocaulon decemflorum Maxim. — *E. nipponicum* Maxim.

叶基生；叶片宽条形或条形，长5~11cm，宽1~2mm，半透明，横格不明显。花葶多数，高6~22cm，有4~5纵沟；头状花序倒圆锥形，直径4~5mm；总苞片长椭圆形，长3.5~6mm，显著长于花，麦秆黄色，先端急尖；苞片倒披针形，先端尖，背面生白短毛；花序托无毛或有毛；雄花花萼常2深裂，有时其中1裂片缩小成单个裂片，裂片舟形，背面与顶端有短毛，花冠裂片2（1），下部合生成管状，裂片近先端有1黑色腺体，雄蕊4，花药黑色；雌花萼片2，离生，披针形，上部有毛，花瓣2，倒披针形，上部内侧有黑色腺体，子房2（1）室，有时仅1室发育，花柱分枝2（1）。种子近球形，直

图9-120　长苞谷精草

径0.8～1mm。花期8—9月,果期9—10月。

产于临安、北仑、鄞州、奉化、宁海、象山、磐安、武义、莲都、缙云、遂昌、龙泉、庆元、景宁、瓯海、永嘉、文成、泰顺。生于路边、溪旁湿地、田间。分布于东北、华东、华中、华南等地。日本、俄罗斯也有。

2. 白药谷精草　赛谷精草 （图9-121）
Eriocaulon cinereum R. Br.

叶基生；叶片狭条形，长1.5～8cm，宽1.3～1.5mm，半透明，具横格。花葶多数，高7～12cm，具4～6棱；头状花序卵球形，直径3～6mm；总苞片椭圆形，长2～2.5mm，先端钝，膜质，麦秆黄色或灰黄色，背面无毛；苞片长椭圆形，无毛或背部偶有长毛，中央常褐色；雄花花萼佛焰苞状结合，3裂，无毛或背面顶部有毛，花冠裂片3，卵形至长圆形，各有1黑色或棕色的腺体，雄蕊6，花药白色、乳白色至淡黄褐色；雌花萼片2，离生，花瓣缺，子房3室，花柱分枝3。种子卵球形。花果期9—10月。

产于桐庐、淳安、宁海、遂昌、龙泉、庆元、景宁、乐清、永嘉、瑞安、文成、泰顺。生于浅水旁或水田沟里。分布于华东、华中、华南、西南及甘肃、陕西等地。东南亚、南亚及日本、澳大利亚、非洲也有。

图9-121　白药谷精草

3. 南投谷精草
Eriocaulon nantoense Hayata

叶基生；叶片条形，长2.5～4cm，宽1～1.8（3）mm，半透明，具横格。花葶7～15枚，高

11~15cm，具4~5棱；花序成熟时近球形，灰黑色；总苞片倒卵状长圆形，禾秆色，硬膜质，稍反折，长1.6~1.9mm；苞片倒卵形至倒披针形，背面上部及顶端有白色短毛；雄花花萼漏斗状，前面开裂，上端近截形或钝头，3浅裂至深裂，花冠裂片3，近顶端常各有1棕色至灰色的腺体，远轴裂片稍大，矩圆状三角形，侧裂片较小，雄蕊6，花药黑色；雌花萼片3，舟形，稍呈黑色，背都有狭龙骨状突起，先端圆钝至急尖，花瓣3，倒披针状条形，近顶端处无腺或各有1小腺，子房3室，花柱分枝3，长于或等于花柱。种子卵球形，表面具横格，每格边缘伸出1~6个向下的条状突起。花果期9—11月。

产于江山、龙泉、泰顺。生于沼泽、稻田中。分布于福建、台湾、广东、海南、广西、贵州、云南等地。

4. 狭叶谷精草
Eriocaulon angustulum W.L. Ma

叶基生；叶片条形，长2.5~8cm，宽0.8~1.5（2.5）mm，半透明，具横格。花葶数10枚，高10~30cm；花序成熟时近球形，淡棕色至灰黑色，直径约4mm；总苞片近圆形，淡棕色，稍反折，硬膜质；苞片倒卵形至倒披针形；雄花花萼佛焰苞状，3浅裂至深裂，花冠裂片3，有1~3黑色至棕色的腺体，矩圆形，顶端及侧面有短毛，中裂片明显大于侧裂片，雄蕊6，花药黑色；雌花萼片3，离生，舟形，无龙骨状突起，带黑色，上部及顶端有白短毛，花瓣3，倒披针状条形，膜质，常无腺体，有时2瓣近顶处有不明显的棕色或黑色腺体，顶端及边缘有白短毛，子房3室，花柱分枝3。种子卵球形，表面具横格，每格边缘具2~5个条状截头的突起。花果期8—12月。

产于龙泉。生于山谷及沟边湿地中。分布于福建、台湾、广东、海南、广西等地。

5. 华南谷精草 （图9-122）
Eriocaulon sexangulare L.

叶片条形，长10~37cm，宽4~13mm，半透明，对光能见横格。花葶5~20枚，高可达60cm，具4~6棱；花序近球形，灰白色，直径约6.5mm；总苞片倒卵形，禾秆色，平展，硬膜质，直径2.2~2.5mm；苞片倒卵形至倒卵状楔形，背上部有白短毛；雄花花萼合生，佛焰苞状，近轴处深裂至半裂，顶端（2）3浅裂，两侧裂片具翅，翅端为不整齐齿状，花冠裂片3，裂片条形，常各有1不明显的腺体，裂片顶端有短毛，雄蕊6，花药黑色；雌花萼片3，两侧萼片舟形，背面有宽翅，中萼片较小，无翅，花瓣3，膜质，条形，中间的稍大，近顶处各有1淡棕色、不明显的腺体，子房3室，花柱分枝3，花柱扁。种子卵球形，表面具横格及"T"形毛。花果期8—12月。

产于泰顺（龟湖）。生于水坑、池塘、稻田中。分布于福建、台湾、广东、广西、海南。东南亚、南亚也有。

图9-122　华南谷精草

6. 尼泊尔谷精草　老谷精草　疏毛谷精草
Eriocaulon nepalense Prescott ex Bong. — *E. senile* Honda — *E. nantoense* Hayata var. *parviceps* (Hand.-Mazz.) W.L. Ma

茎常明显延长达2~6cm。叶基生或茎生；叶片条形，长4~11cm，宽3~5mm，半透明，具横格。花葶5~15枚，高12~25cm，具4~7棱；花序成熟时近球形，灰黑至棕黑色，直径约5mm；总苞片倒卵状楔形，禾秆色，有时稍带黑色，稍反折，膜质；苞片倒披针状楔形，顶端、边缘及背上部有毛；雄花花萼合生，3浅裂至深裂，顶端及背上部有白短毛，花冠裂片3，中裂片稍大，长圆形，侧裂片较小而少毛，常各有1黑色腺体，雄蕊6，花药黑色；雌花萼片3，舟形，无龙骨状突起，带黑色，中萼片有时退化缩小以至不能见，花瓣3，倒披针状条形，膜质，顶端有时凹缺，1~3瓣顶端有黑色或棕色的腺体，子房3室，花柱分枝3，与花柱近等长或更长。种子长卵球形，表面具横格。花期4—9月。

产于仙居、遂昌、龙泉、庆元、瑞安、泰顺。生于山地、沼泽湿地中。分布于江西、福建、湖南、广东、广西、四川、云南等地。日本也有。

7. 江南谷精草（图9-123）
Eriocaulon faberi Ruhland.

叶基生；叶片长披针状条形，长5~15cm，宽3~5mm，半透明，具横格。花葶多数，长短不一，高可达40cm，具4~5棱；头状花序半球形，直径2~4.5mm；总苞片椭圆形，长约2mm，麦秆黄色，背面无毛；苞片长卵状匙形，背面被白粉状毛；花序托具长柔毛；雄花花萼佛焰苞状结合，前方开裂，端部近截形或3浅裂，顶端具多数白短毛，背面上部毛少，花冠裂片3，合生成上部3浅裂的高脚杯状，裂片宽卵形，各有1黑色腺体，顶部多有泡状白短毛，雄蕊6，花药黑色；雌花花萼合生，佛焰苞状，前方开裂，顶部3浅裂，花瓣3，棒槌形，肉质，上端各具1黑色至棕色的腺体及多数短毛，内面有长毛，子房1室，花柱1，不分枝。种子椭圆球形至近圆形，表面有横格，每格有1个"T"形突起。花果期7—10月。

产于临安、鄞州、奉化、宁海、象山、临海、遂昌、庆元。生于稻田、水沟、沼泽地。分布于江苏、江西、福建、湖南、湖北。模式标本采自宁波。

图9-123　江南谷精草

8. 谷精草　（图9-124）

Eriocaulon buergerianum Körn.

叶基生；叶片长披针状条形，长6～20cm，宽4～6mm，具横格。花葶多数，长短不一，高可达30cm；花序成熟时近球形，禾秆色，直径4～6mm；总苞片倒卵形或近圆形，长2～2.5mm，麦秆黄色，背面上部被白色棒状毛；苞片倒卵形，先端骤尖，上部密生白色短毛；花序托具长柔毛；雄花萼片3，合生，佛焰苞状，先端具3圆齿和白色柔毛，花冠裂片3，合生成上部3浅裂的高脚杯状，先端具白色柔毛，雄蕊6，花药黑色；雌花萼片3，合生，佛焰苞状，先端3裂，花瓣3，离生，棍棒状，近先端有1黑色腺体，具细长毛，子房3室，花柱分枝3。种子长椭圆球形。花果期9—10月。

产于全省各地。生于溪沟、田边水沟或沼泽湿地。分布于华东、华中、华南及西南。日本也有。

带花序梗的花序可入药，有疏风、明目、退翳等功效。

图9-124 谷精草

9. 四国谷精草　龙塘山谷精草　（图9-125）

Eriocaulon miquelianum Körn. — *E. sikokianum* Maxim. — *E. sikokianum* var. *linanense* W.L. Ma — *E. kengii* Ruhland

叶基生；叶片条状披针形，长6～15cm，宽1～2mm，半透明，具横格。花葶多数，长短不一，高可达35cm，具4～5棱；花序倒锥形，淡麦秆色；总苞片条状披针形至披针形，长6～7.5mm，显著长于花，无毛或边缘有睫毛状微毛；苞片长倒卵形；雄花花萼3浅裂，合生，佛焰苞状，先端具圆齿，花冠合生，3裂，中瓣较大，长卵形，近顶处有睫毛和1黑色腺体，雄蕊6，花药黑色；雌花花萼合生，佛焰苞状，顶端3浅裂，边缘及外面疏被长柔毛，花瓣3，离生，棒状，近肉质，近顶处各有1黑色腺体，子房3室，花柱分枝3，与花柱近等长。种子卵球形。花果期

8—12月。

产于临安、余姚、宁海、象山、天台、缙云、庆元、景宁、乐清、永嘉、文成、平阳、泰顺。生于山地、沼泽湿地。分布于湖南。日本、朝鲜半岛也有。

图 9-125　四国谷精草

一八三 灯心草科 Juncaceae

多年生草本。常具直伸或横走的根状茎，稀一年生草本。茎直立或斜升，簇生，稀单生。叶基生兼茎生；叶片扁平至圆柱状，条形，有时退化成刺芒状乃至缺；叶鞘开放或闭合。花序各式，顶生或假侧生，其下具总苞片，分枝基部常具鞘状的枝先出叶；花小，两性，具梗或无梗，其下具1干膜质的苞片，有时内侧还具1~2小苞片状先出叶；花被片6，2轮，或内轮3枚退化，草质或干膜质；雄蕊6，2轮，或内轮3枚退化，花丝分离，花药2室，基部着生；子房上位，1或3室，每室具3至多数胚珠，侧膜胎座、基生胎座或中轴胎座，花柱单一，柱头3。蒴果3瓣裂。种子小，有时具尾状附属物。

约8属，400余种，广泛分布于温带和寒带地区，热带山地也有。我国有2属，92种，全国各地均产，以西南地区种类最多；浙江有2属，10种。

① 灯心草属 Juncus L.

多年生或稀一年生草本。茎直立，常簇生。叶片扁平或圆柱状，条形或毛发状，有时退化成刺芒状或缺；叶鞘开放；叶舌缺；叶耳存在或缺。花序顶生或假侧生，为单花或数枚簇生的小头状花序再排成复聚伞花序，或单独的头状花序；总苞片叶状或苞片状，或似茎的延伸；先出叶存在或缺；花被片6；雄蕊6或3；子房3室或不完全3室，每室具多数胚珠，柱头3。蒴果3瓣裂。种子小，有时两端具白色附属物。

240余种，主要分布于温带和寒带地区。我国有76种；浙江有8种。

分种检索表

1. 叶基生或近基生，叶片退化为刺芒状或缺；总苞片圆柱形，似茎的延伸；花序假侧生；花具小苞片。
  2. 茎粗壮，直径1.5~4mm；花被片条状披针形，外轮者稍长，子房3室；蒴果三棱状椭圆形················
·· **1.灯心草 J. effusus**
  2. 茎细弱，直径1~1.5mm；花被片卵状披针形，内、外轮近等长，子房不完全3室；蒴果卵形··········
·· **2.野灯心草 J. setchuensis**
1. 叶基生和茎生，叶片正常发育；总苞片叶状或缺；花序顶生，稀为假侧生；花无小苞片，稀有小苞片。
  3. 一年生草本，无根状茎；花排成疏松的二歧聚伞花序或排成圆锥状，具小苞片···························
·· **3.小灯心草 J. bufonius**
  3. 多年生草本，有根状茎。
    4. 花多数，组成聚伞状或圆锥花序式。

5. 叶基生兼茎生；花被片长1.8～2.6mm，顶端圆钝；叶耳圆形 ················· 4.扁茎灯心草 J. gracillimus
5. 叶基生；花被片长3.5～4mm，顶端急尖；叶耳大，突出稍尖 ················· 5.坚被灯心草 J. tenuis
4.2至多数花紧缩成头状花序，头状花序单生于茎顶或2至多枚生于花序梗上，排成聚伞状或圆锥花序式。
  6. 茎扁平，两侧具显著的翅；雄蕊6 ·· 6.翅茎灯心草 J. alatus
  6. 茎稍扁，两侧具狭翅或无翅；雄蕊3。
    7. 茎圆柱形或稍扁；头状花序半球形至近球形；蒴果三棱状圆锥形 ··· 7.江南灯心草 J. prismatocarpus
    7. 茎微扁平，两侧略有狭翅；头状花序呈星芒状球形；蒴果三棱状长圆柱形 ··· 8.星花灯心草 J. diastrophanthus

1. 灯心草 （图9-126）
Juncus effusus L.

多年生草本。根状茎横走。茎簇生，圆柱形，高40～100cm，直径1.5～4mm，有多数细纵棱。叶基生或近基生；叶片大多退化殆尽；叶鞘中部以下紫褐色至黑褐色；叶耳缺。复聚伞花序假侧生，通常较密集；总苞片似茎的延伸，直立，长5～20cm；先出叶宽卵形，长约0.5mm，膜质；花被片条状披针形，外轮的长

图9-126 灯心草

2~2.5mm，内轮的有时稍短，边缘膜质；雄蕊3，稀6，长约为花被片的2/3，花药稍短于花丝；子房3室。蒴果三棱状椭圆形，成熟时稍长于花被片，顶端钝或微凹。种子黄褐色，椭圆形，长约0.5mm，无附属物。花期3—4月，果期4—7月。

产于全省各地。生于沟边、田边及路边潮湿处，亦常见栽培。分布于全国各地。广泛分布于全球温暖地区。

茎可作草席等编织原料；髓可供药用，有清热、镇静、利尿等功效。

2. 野灯心草 （图9-127）
Juncus setchuensis Buchenau

多年生草本。根状茎横走。茎簇生，圆柱形，高30~50cm，直径1~1.5mm，有多数细纵棱。叶基生或近基生；叶片大多退化成刺芒状；叶鞘中部以下紫褐色至黑褐色；叶耳缺。复聚伞花序假侧生，通常较开展；总苞片似茎的延伸，直立，长5~15cm；先出叶卵状三角形，长0.5~0.8mm，膜质；花被片卵状披针形，近等长，长2~2.5mm，边缘膜质；雄蕊3，长约为花被片的2/3，花药稍短于花丝；子房不完全3室。蒴果三棱状卵球形，成熟时稍长于花被片，顶端钝。种子黄褐色，倒卵形，长约0.5mm，无附属物。花期3—4月，果期4—7月。

产于全省各地。生于沟边及路边潮湿处。分布于我国长江流域及其以南各地。

图9-127 野灯心草

2a. 假灯心草
var. **effusoides** Buchenau

与野灯心草的区别在于茎常弧形弯斜，具浅纵沟；叶状总苞片常弯曲；蒴果通常圆球形，顶端极钝，果皮较薄。

产于天台、乐清。生于阴湿山坡、山沟、林下及路旁潮湿地。分布于华东、华中、华南、西南及陕西、甘肃等地。

3. 小灯心草
Juncus bufonius L.

一年生草本。茎簇生，细弱，高4～20cm，有时稍下弯，基部常红褐色。叶基生和茎生，茎生叶常1；叶片条形，扁平，长1～13cm，宽约1mm；叶鞘具膜质边缘；无叶耳。花序呈二歧聚伞状，或排成圆锥状，生于茎顶，占整个植株的1/4～4/5，花序分枝细弱而微弯；叶状总苞片长1～9cm，常短于花序；花排列疏松，稀密集，具花梗和小苞片；花被片披针形，外轮的长3.2～6mm，背部中间绿色，边缘宽膜质，白色，顶端锐尖，内轮的稍短，几乎全为膜质，顶端稍尖；雄蕊6，长为花被片的1/3～1/2，花药长圆形，淡黄色，花丝丝状；雌蕊具短花柱。蒴果三棱状椭圆形，黄褐色，顶端稍钝。种子椭圆形，两端细尖，黄褐色，有纵纹，长0.4～0.6mm。花期5—7月，果期6—9月。

据《浙江种子植物检索鉴定手册》记载本省有产，但笔者尚未见可靠标本。分布于东北、华北、西北、华东、华南地区。东亚、北亚、中亚、欧洲和北美洲也有。

4. 扁茎灯心草　细灯心草　（图9-128）
Juncus gracillimus (Buchenau) V.I. Krecz. et Gontsch. — *J. compressus* Jacq. var. *gracillimus* Buchenau

图9-128　扁茎灯心草

多年生草本。根状茎横走。茎簇生,近圆柱形或稍扁,高30～70cm,直径1～2mm,较平滑。叶基生兼茎生;叶片边缘稍内卷,条形,长10～20cm,宽0.5～1mm;叶耳短而钝,膜质。复聚伞花序顶生;花在分枝上单生;总苞片叶状,短于或等长于花序;先出叶卵形,长约1mm,膜质;花被片卵状长圆形,先端钝,边缘膜质,外轮的长1.8～2.6mm,内轮的稍短而宽;雄蕊6,长约为花被片的2/3,花药稍长或几等长于花丝;子房3室。蒴果卵球形,长于花被片,顶端钝。种子黄褐色,椭圆形,长约0.3mm,无附属物。花果期5—7月。

产于临安、定海、普陀、余姚、龙泉。生于水边或沟边潮湿处。分布于东北、华北、西北及长江流域各地。北亚、东亚也有。

5. 坚被灯心草　柔弱灯心草　(图9-129)
Juncus tenuis Willd.

多年生草本。根状茎不明显。茎簇生,微压扁,高25～50cm,直径约0.5mm,有多数细纵棱。叶基生;叶片扁平或边缘内卷,条形,长10～20cm,宽约1mm;叶耳披针形或长圆形,膜

图9-129　坚被灯心草

质。复聚伞花序顶生；花在分枝上单生；总苞片叶状，远长于花序；先出叶近菱形，长约1mm，膜质；花被片披针形，先端尾尖，边缘宽膜质，外轮的长3.5～4mm，内轮的与外轮的近等长或稍短；雄蕊6，长约为花被片的1/2，花药与花丝近等长；子房不完全3室。蒴果三棱状卵形，明显短于花被片，顶端钝。种子黄褐色，倒卵形，长约0.3mm，无附属物。花果期6—9月。

产于德清、安吉、杭州市区、临安、宁海、天台、龙泉、景宁、瑞安、泰顺。生于河旁、溪边、湿草地。分布于东北、华东及河南等地。东亚、南亚、北美洲、欧洲也有。

6. 翅茎灯心草 （图9-130）
Juncus alatus Franch. et Sav.

多年生草本。根状茎短。茎多数簇生，压扁，通常两侧具显著的翅，高20～45cm，直径2～4mm。叶基生兼茎生；叶片压扁，长10～15cm，宽2～4mm，稍中空，多管型，有不连贯的横脉状横隔；叶耳缺。复聚伞花序顶生；3～7花在分枝上排成小头状花序；总苞片叶状，短于花序；先出叶卵形，长约1.5mm，先端急

图9-130 翅茎灯心草

尖，膜质；花被片披针形，外轮的长2.5～3mm，内轮的长3～3.5mm，边缘狭膜质；雄蕊6，长约为花被片的2/3，花药短于花丝；子房3室。蒴果三棱状长卵形，稍长于花被片，顶端钝，具短喙，成熟时上部带褐紫色。种子长卵形，长约0.8mm，两端稍尖，无附属物。花期5—6月，果期6—7月。

产于全省各地。生于田边、沟边及路边潮湿处。分布于黄河流域、长江流域及以南各地。日本、朝鲜半岛也有。

7. 江南灯心草　笄石菖　水茅草　（图9-131）
Juncus prismatocarpus R. Br. — *J. leschenaultii* Gay ex Laharpe

多年生草本。根状茎短。茎少数簇生，圆柱形或稍扁，高30～70cm，直径2～3mm。叶基生兼茎生；叶片条形，通常扁平，长10～20cm，宽1.5～3mm，中空，具不完全横隔，绿色；叶耳微小，膜质。复聚伞花序顶生；3～10余花在分枝上排成小头状花序；总苞片线状披针形，短于花序；先出叶长卵形，长约1.5mm，先端尖，膜质；花被片披针形，近等长，长3～3.5mm，边缘狭膜质；雄蕊3，长约为花被片的1/2，花药短于花丝；子房3室。蒴果三棱状圆锥形，远长于花被片，顶端具短喙。种子长卵形，长约0.8mm，两端稍尖，无附属物。花期5—6月，果期6—9月。

产于全省各地。生于沟边、河边及路边潮湿处。分布于长江流域及以南各地。北亚、东亚、东南亚及大洋洲也有。

图9-131　江南灯心草

7a. 圆柱叶灯心草 （图9-132）
subsp. **teretifolius** K.F. Wu

与江南灯心草的区别在于叶圆柱形，有时干后稍压扁，具明显的完全横隔膜，单管；植株常较高大。

产于莲都、临海、乐清。生于山坡林下、灌丛中及沟谷水旁潮湿处。分布于江苏、广东、云南、西藏。

图9-132　圆柱叶灯心草

8. 星花灯心草 （图9-133）
Juncus diastrophanthus Buchenau

多年生草本。根状茎极短。茎簇生，微压扁，高10～30cm，直径1～2mm，有时上部两侧略具狭翅。叶基生兼茎生；叶片压扁，长5～10（15）cm，宽2～3mm，稍中空，多管型，有不连贯的横脉状横隔；叶耳小，近三角形，膜质。复聚伞花序顶生；5～10余花在分枝上排成小头状花序；总苞片叶状，短于花序；先出叶卵形，长1～1.5mm，先端尾尖，膜质；花被片披针形，内轮略比外轮长，长3～4mm，边缘狭膜质；雄蕊3，长约为花被片的1/2，花药短于花丝；子房3室。蒴果三棱状长圆柱形，远长于花被片，顶端渐尖，具短喙。种子卵形，长约0.7mm，两端稍尖，无附属物。花期4—6月，果期5—7月。

产于全省各地。生于沟边、路边及林下山坡流水潮湿处。分布于华东、华中、华南、西南及陕西、甘肃。日本、朝鲜半岛、印度也有。

一八三 灯心草科 Juncaceae

图 9-133 星花灯心草

❷ 地杨梅属 Luzula DC.

多年生或极稀为一年生草本。茎直立，簇生。叶片扁平或内折，禾叶状，边缘或多或少有白色长柔毛；叶鞘闭合；叶舌和叶耳均缺。花序为单花或数花簇生的小头状花序再排成复聚伞花序、圆锥花序或复头状花序；总苞片叶状；先出叶存在；花被片6；雄蕊6，稀3；子房1室，具3胚珠，柱头3。蒴果3瓣裂。种子小，有细网纹，通常有明显的尾状附属物。

约75种，广泛分布于温带和寒带地区，尤以北半球为最多，少数种分布在靠近热带的高山地区。我国有16种，主产于东北、华北、西北和西南；浙江有2种。

与灯心草属的区别在于本属叶鞘闭合，叶片边缘多少具缘毛；蒴果仅有3种子。

1. 羽毛地杨梅（图9-134）

Luzula plumosa E. Mey.

多年生草本。具横走的根状茎。茎簇生，高20～35cm。叶片披针形或狭披针形，基生的长5～15cm，宽5～10mm，茎生的较短，边缘有白色长柔毛。花单生，排成开展的复聚伞花序；总苞片远短于花序；先出叶卵形，长约1.5mm，先端尖，边缘膜质；花被片紫褐色，卵状披针形，外轮的长约3mm，内轮的稍短，先端渐尖，上部边缘狭膜质；雄蕊6，花药稍长于花丝；花柱短，柱头细长。蒴果卵状三棱形。种子暗褐色，卵形，长约1.5mm，具约与种子等长而弯曲的附属物。花果期4—6月。

产于安吉、临安、淳安、松阳、遂昌、龙泉、云和、庆元、景宁、文成、泰顺。生于海拔800～1500m的山坡林下或路边阴湿草丛中。分布于华东、华中、西南及台湾、陕西、甘肃等地。印度、不丹、日本也有。

图9-134　羽毛地杨梅

2. 多花地杨梅 （图9-135）
Luzula multiflora (Ehrh.) Lej.

多年生草本。具短的根状茎。茎簇生，高15～40cm。叶片条形或狭披针形，基生的长7～15cm，宽2～5mm，茎生的较短，边缘有白色长柔毛。花簇生成小头状花序，再排成复聚伞花序；总苞片几等长于或短于花序；先出叶宽卵形，长约1.5mm，上部边缘有小齿，膜质；花被片紫褐色，卵状披针形，外轮的长2.5～3mm，内轮的稍短，先端渐尖，边缘狭膜质；雄蕊6，花药长约为花丝的2倍；花柱短，柱头细长。蒴果近卵形。种子暗褐色，卵形，长约1.5mm，具长约为种子1/2的附属物。花果期3—5月。

产于安吉、杭州市区、临安、桐庐、普陀、临海。生于山坡草地或路边草丛中。分布于我国南北各地。亚洲其他地区、大洋洲、欧洲、北美洲均有分布。

本种与羽毛地杨梅的主要区别在于花在花序分枝上排成小头状花序，非单生。

图9-135　多花地杨梅

一八四　禾本科 Poaceae

草本或木本植物。秆具显著而实心的节和通常中空的节间。叶一型或异型，互生，排成2列，由叶鞘和叶片组成，叶鞘与叶片之间通常无柄而有膜质或纤毛状的叶舌；叶片披针形至条形，具平行脉，基部两侧有时具叶耳。花小，两性，稀单性，排成短缩的穗状花序（小穗），再组成圆锥状、总状、穗状或指状花序；小穗由颖片和1至多数小花组成；小花由稃片、鳞被、雄蕊和雌蕊组成；子房上位，通常由2心皮合生而成，1室，有1倒生胚珠。果通常为颖果。种子富含胚乳，胚小。

700余属，11000多种，广泛分布于世界各地。我国有226属，1795种，分布于南北各地；浙江连同栽培的有131属，382种。

本科植物具有很高的经济价值，包括粮食作物和蔬菜、牧草和饲料、地被植物和草坪草、建筑和编织材料、制糖和造纸原料、中草药等，在农业、牧业、林业、园林、医药等方面具有非常重要的地位，也在生态建设和环境保护方面发挥重要作用。

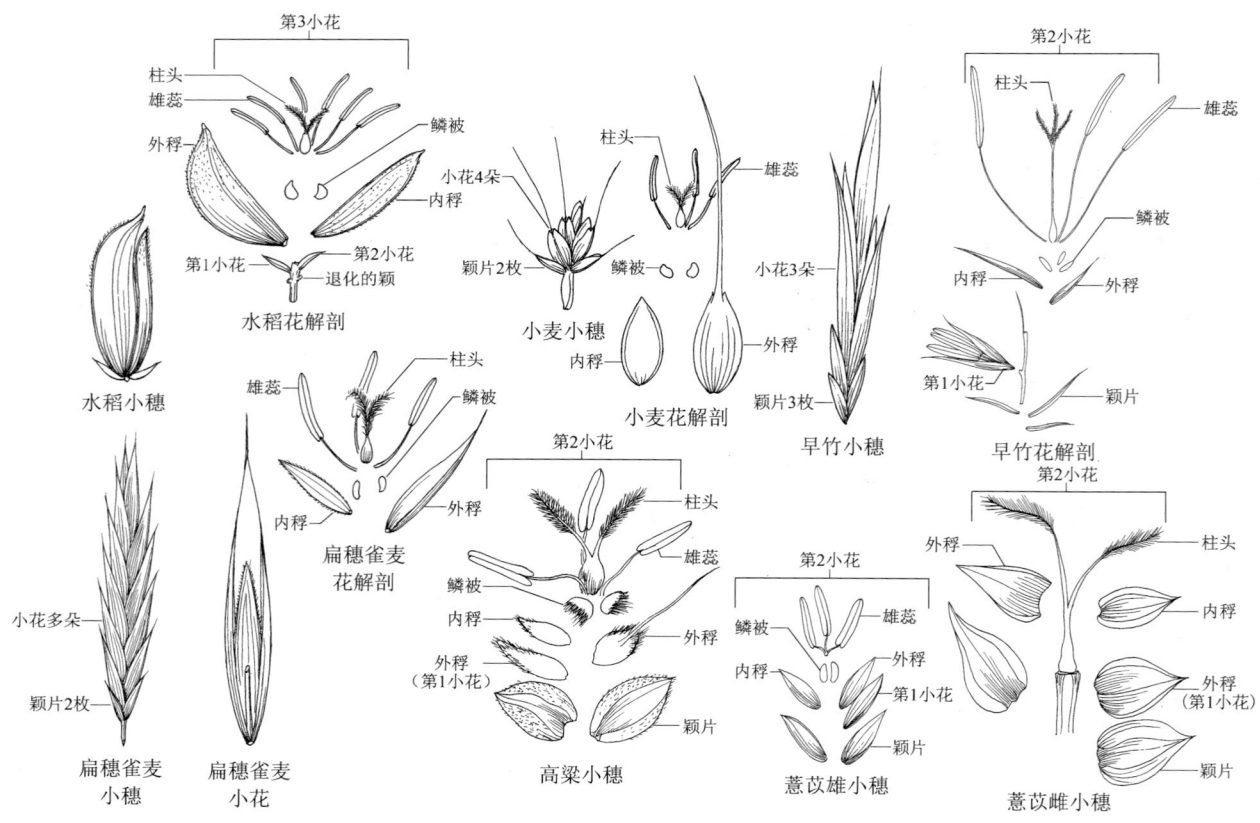

图9-136　禾本科小穗和小花的结构

（一）竹亚科 Bambusoideae

多年生木本，稀草本（我国不产），呈乔木状、灌木状、地被状或藤本状。地下茎和竹秆有合轴丛生、单轴散生和复轴混生三种类型。竹秆由若干节和节间组成，节上有箨环和秆环，节上的分枝数目因属而异。叶二型；秆上的叶称为秆箨或笋壳，其上端具1无柄且常无显著中脉的叶片，名为箨片或箨叶；而枝上的叶一般有短柄，叶柄与叶鞘相连处有一关节，叶片即自关节处脱落。小穗含2至多数小花，稀含1花，侧扁或圆柱形，组成圆锥状、总状或穗状等花序；花两性，或小穗的下部花为雄花或不孕花；鳞被通常3，稀更少或无；雄蕊3至6；子房卵圆形、长柱形或近于圆球形，花柱2或3，基部常合为一，柱头大多2或3，稀4或1。果实为颖果，亦有坚果状、浆果状。

90余属，1500种左右，其中木本竹类有70余属，1200余种，分布于亚洲、非洲和美洲的热带、亚热带及暖温带地区。我国有约40属，500余种，主产于长江流域及以南各地；浙江是我国主要产竹省之一，有21属，149种。

本亚科植物多数可食并可作观赏，部分可以材用、药用。

分属检索表

1.地下茎合轴型。
  2.地下茎因具有秆柄延伸所成的假鞭，使地面上的竹秆呈散生状或复丛状 …… **1.玉山竹属 Yushania**
  2.地下茎秆柄不延伸，故无明显的假鞭，地面上的竹秆呈单丛状。
    3.秆和大枝的节上具枝刺 …… **2.簕竹属（簕竹亚属）Bambusa**
    3.秆和大枝的节上不具枝刺。
      4.箨片基部宽与箨鞘顶部宽近相等，箨片通常直立。
        5.箨耳一般较发达；叶片通常无小横脉 …… **2.簕竹属（孝顺竹亚属）Bambusa**
        5.箨耳一般微弱；叶片通常具小横脉 …… **3.绿竹属 Dendrocalamopsis**
      4.箨片基部宽与箨鞘顶部宽不相等，箨片通常开展或外翻。
        6.秆壁较薄；箨耳一般微弱。
          7.箨鞘顶部宽截形或微下凹，顶部宽为箨片基部宽的2～3倍；节间较长，可为45～100cm；小穗较长，各小花排列疏离；同小穗中各外稃等长 …… **2.簕竹属（单竹亚属）Bambusa**
          7.箨鞘顶部略有波折，呈"山"字形，顶部宽约为箨片基部宽的2倍；节间中度长，一般为60cm以下；小穗较短，各小花排列紧密；同小穗中各外稃大小不等 …… **4.慈竹属 Neosinocalamus**
        6.秆壁较厚；箨耳显著或小型。
          8.秆环隆起，高于节间；鳞被3，近同形 …… **3.绿竹属 Dendrocalamopsis**
          8.秆环较平坦，与节间等高；鳞被缺失或偶具1～2（3）…… **5.牡竹属 Dendrocalamus**
1.地下茎单轴型或复轴型，具地下横走的竹鞭。
  9.秆每节具1分枝（上部有时可稍多）。
    10.中小型竹，秆高5～10m；主枝明显较秆细；叶片呈广披针形 …… **6.矢竹属 Pseudosasa**

10. 小型竹或地被竹，秆高不及2m；主枝与秆近等粗；叶片呈椭圆形或圆状椭圆形。
  11. 秆节常膨大，节下无毛环；雄蕊6。
    12. 秆上举，基部作弧形弯曲；每节仅具1分枝；箨鞘的鞘口䍁毛作水平方向开展……………… **7. 赤竹属 Sasa**
    12. 秆直立，基部不作弧形弯曲；每节1分枝，唯有时在秆中部的节上可生2～3枝；箨鞘的鞘口䍁毛直立或斜伸 …………… **8. 东笆竹属 Sasaella**
  11. 秆节平，节下具毛环；秆维管束开放型；雄蕊3 ……………… **9. 箬竹属 Indocalamus**
9. 秆每节具2枚或2枚以上分枝。
  13. 秆每节具2分枝 ……………… **10. 刚竹属 Phyllostachys**
  13. 秆每节具2枚以上分枝。
    14. 秆每节分枝5～7或更多，枝均纤细而较短，通常不再分次级枝。
      15. 秆节具2芽；小枝在具2叶时，因下方叶鞘长于上方，故使下方的叶片反而居于上面……………… **11. 倭竹属 Shibataea**
      15. 秆节具1芽；叶片生长排列正常 ……………… **12. 井冈寒竹属 Gelidocalamus**
    14. 秆每节3分枝，以后数目可增多。
      16. 秆节具3芽。
        17. 秆基部数节生有环列的刺状气生根；秋季出笋 ……………… **13. 方竹属 Chimonobambusa**
        17. 秆节无环列的刺状气生根；春夏季出笋。
          18. 秆环和箨环极肿胀，隆起成脊，宛如算盘珠；假小穗或假小穗丛无佛焰苞片 ……………… **14. 筇竹属 Qiongzhuea**
          18. 秆环和箨环隆起正常；假小穗或假小穗丛具佛焰苞片 ‥ **15. 业平竹属 Semiarundinaria**
      16. 秆节仅具1芽。
        19. 秆箨宿存或迟落。
          20. 秆箨迟落，箨环上具木栓质环；雄蕊3 ……………… **16. 苦竹属 Pleioblastus**
          20. 秆箨宿存。
            21. 秆每节具3分枝，偶可5；枝条紧贴主秆 ……………… **6. 矢竹属 Pseudosasa**
            21. 秆每节分枝后期可至多枚；枝条不紧贴主秆 ……………… **16. 苦竹属 Pleioblastus**
        19. 秆箨早落性。
          22. 秆壁横切面典型维管束为开放型；雄蕊3 ……………… **17. 唐竹属 Sinobambusa**
          22. 秆壁横切面典型维管束为半开放型（兼有开放型）；雄蕊3～6。
            23. 秆在分枝一侧仅在其基部稍扁，其余部分仍为圆筒型；雄蕊3 ……………… **18. 巴山木竹属 Bashania**
            23. 秆在分枝一侧扁平或至少大部分为扁平。
              24. 秆环中度或其隆起，相邻上下节间稍作"之"字形曲折；枝条近等粗；雄蕊6 ……………… **19. 大节竹属 Indosasa**
              24. 秆环微隆起，全秆颇通直；主枝较明显。
                25. 地下茎单轴型；箨片通常较小，披针形或三角状披针形；雄蕊6 ……………… **20. 酸竹属 Acidosasa**
                25. 地下茎单轴型或复轴型；箨片通常较大，形状多变，三角形乃至带形及线形；雄蕊3～4（5）……………… **21. 少穗竹属 Oligostachyum**

1 玉山竹属 Yushania Keng f.

生长在高海拔山岳地带的灌木状竹类。合轴型散生竹；秆柄较细长，直径多在1cm以内，前后粗细较均匀，且较竹秆细，在地下横走较远；节间实心或少数种可中空，在横切面上常可见通气道。总状或圆锥花序，生于具叶小枝顶端；小穗柄细长，小穗含2～8（14）小花；鳞被3；雄蕊3；柱头2或稀3，羽毛状。颖果。

70余种，分布于亚洲东部及非洲。我国产60余种；浙江有3种。

分种检索表

1. 幼秆时节间被疣基刺毛；箨耳发达 ·· 1.毛玉山竹 Y. basihirsuta
1. 幼秆时节间被短毛或刺毛；箨耳微小或不明显。
  2. 箨环具箨鞘基部残留物；节下不具厚白粉 ································ 2.玉山竹 Y. niitakayamensis
  2. 箨环不具箨鞘基部残留物；节下具厚白粉 ···················· 3.百山祖玉山竹 Y. baishanzuensis

1. 毛玉山竹 （图9-137）
Yushania basihirsuta (McClure) Z.P. Wang et G.H. Ye

秆高1.5～3m，直径3～8mm，节间长10～15（29）cm，秆壁厚1.5～3mm；幼时节间被疣基刺毛，节下有白粉；箨环隆起，初时密被长刺毛及箨鞘残留物。秆箨宿存，长为节间的2/5～2/3；箨鞘密被疣基小刺毛，边缘密生长刺毛；箨耳发达，镰形，边缘密生微弯曲继毛；箨舌高约1mm，截形或圆拱形，边缘具

图9-137 毛玉山竹

微纤毛；箨片线状披针形，外翻。每节下部1分枝，上部3分枝。小枝具5～9叶，叶鞘具刺毛；叶耳发达，镰形，紫色，边缘密生䍁毛；叶舌圆拱形或斜截形，高0.3～1mm；叶片披针形或长椭圆状披针形，长7～18.5cm，宽约1.1cm，初时下面基部具硬毛。笋期4—6月。

产于遂昌（九龙山）。生于海拔约1500m的疏林下或空旷地。分布于湖南、广东。

2. 玉山竹 （图9-138）
Yushania niitakayamensis (Hayata) Keng f.

秆高1～4m，直径5～20mm，节间长10～30cm；幼时节间具短毛而粗糙；箨环具箨鞘基部残留物。秆箨迟落或宿存，箨鞘背面上方及边缘密被刺毛；箨耳微小，鞘口具数根长约2mm的棕色䍁毛；箨舌高约0.5mm，截形，微呈撕裂状；箨片脱落性，线形或钻形，长5～10mm。每节下部1分枝，上部3～4或更多。小枝具3～10叶，叶鞘具微毛；叶耳微小，鞘口两肩各具5根长2～3mm的波曲䍁毛；叶舌近圆拱形或截形，高约0.5mm，上缘微呈撕裂状；叶片狭披针形，长2～12（18）cm，宽3～13mm，两面均无毛。笋期7月。

产于临安。生于海拔1000m以上的疏林下。分布于我国台湾。

图9-138 玉山竹

3. 百山祖玉山竹 （图9-139）
Yushania baishanzuensis Z.P. Wang et G.H. Ye

秆柄长达25cm，秆直立，散生状，高1.5～2m，直径0.5～0.8cm，节间长达20cm；幼秆多少具白色刺毛而粗糙，节下具厚白粉。秆箨迟落，长为节间的1/2～2/3；箨鞘暗紫色，被稀疏或较密白色刺毛，边缘具白色纤毛；箨耳不明显，无或具少数直立繸毛；箨舌高约1mm，平截或微凹，常边缘具微纤毛；箨片绿色带紫色，锥状至线形，通常直立。每节初为3分枝，以后

图9-139 百山祖玉山竹

可增多。小枝具3~5叶，叶鞘初被白粉；叶耳无或不明显，鞘口两肩各具5~8根直立长继毛；叶舌截形或微凹，高约0.5mm；叶片线状披针形或长椭圆状披针形，长约14cm，宽约1.1cm，两面无毛或下面基部具细毛。笋期4—5月。

浙江特有，产于龙泉（凤阳山）、庆元（百山祖）。生于海拔1400~1700m的山坡或沟谷林下。模式标本采自庆元百山祖。

2 箣竹属 Bambusa Retz. corr. Schreb.

乔木状或灌木状，地下茎合轴，秆丛生。秆箨脱落性；箨耳显著或无；箨片直立、外展至下翻。分枝多数，有些种的小枝或下部枝条短缩为硬刺或软刺。假花序；假小穗基部具苞片，小穗轴节间较长且易逐节折断，小花易逐个脱落。内稃具2脊，鳞被2~3；雄蕊6；柱头（1）3，羽毛状。颖果内稃一面具腹沟。笋期为夏秋季。

100多种，分布于亚洲、非洲和大洋洲的热带至亚热带地区。我国有60多种，主要分布于华东、华南及西南；浙江有11种，多数栽培于温州各地。《浙江植物志》记载本省连引种栽培的有23种（含单竹属 Lingnania 4种），但经多年栽培，一些不耐寒的种类被逐渐淘汰，如妈竹 B. boniopsis McClure、信宜石竹 B. subruncata L.C. Chia et H.L. Fung、长枝竹 B. dolichoclada Hayata、鱼肚腩竹 B. gibboides W.T. Lin、水单竹 L. cerosissima (McClure) L.C. Chia、甲竹 L. remotiflora (Kuntze) McClure、挂绿竹 B. vulgaris Schrad. ex J.C. Wendland var. vittata Rivière et C. Rivière 等，本志不再收录。青秆竹 B. breviflora Munro 等2种作异名处理，苦绿竹 B. prasina T.H. Wen 等4种归入绿竹属 Dendrocalamopsis。

分种检索表

1. 竹秆下部分枝上具小枝短缩所成的枝刺 ·· **1. 佛肚竹 B. ventricosa**
1. 竹秆下部分枝上不具小枝短缩所成的枝刺。
  2. 箨片基底宽不及箨鞘顶端宽的一半，箨片外翻。
    3. 新秆密被白粉；箨舌先端具长流苏状毛 ·· **2. 粉单竹 B. chungii**
    3. 新秆不被白粉；箨舌先端无毛或具纤毛 ·· **3. 大木竹 B. wenchouensis**
  2. 箨片基底宽为箨鞘顶端宽的一半或以上，箨片直立或外展。
    4. 无箨耳或箨耳微弱 ·· **4. 孝顺竹 B. multiplex**
    4. 箨耳明显或箨耳发达。
      5. 新秆具明显的黄白色纵条纹 ·· **5. 花竹 B. albolineata**
      5. 新秆不具明显的黄白色纵条纹。
        6. 箨耳狭长圆形或披针形 ·· **6. 青皮竹 B. textilis**
        6. 箨耳卵形或长圆形。
          7. 箨鞘具明显的黄绿色或黄白色纵条纹。

一八四　禾本科 Poaceae

8. 节间较短，多30cm以下；箨耳发达，长2.5cm以上；粗的秆常具黄绿色纵条纹⋯⋯⋯ **7. 撑篙竹 B. pervariabilis**
8. 节间较长，多30cm以上；箨耳较发达，长2.5cm以下；秆不具黄绿色纵条纹⋯⋯⋯ **8. 青秆竹 B. tuldoides**
7. 箨鞘不具明显的纵条纹。
　9. 新秆不被毛⋯⋯⋯⋯⋯⋯⋯⋯⋯⋯⋯⋯⋯⋯⋯⋯⋯⋯⋯⋯⋯⋯⋯⋯⋯⋯⋯⋯⋯⋯⋯⋯⋯⋯⋯⋯⋯⋯ **9. 硬头黄竹 B. rigida**
　9. 新秆被刺毛。
　　10. 分枝自下部节开始；箨舌发达，高3～4mm⋯⋯⋯⋯⋯⋯⋯⋯⋯⋯⋯⋯⋯⋯⋯⋯⋯⋯⋯ **10. 龙头竹 B. vulgaris**
　　10. 分枝自8～10节开始；箨舌低矮，高约1mm⋯⋯⋯⋯⋯⋯⋯⋯⋯⋯⋯⋯⋯⋯⋯⋯ **11. 米筛竹 B. pachinensis**

1. 佛肚竹 （图9-140）

Bambusa ventricosa McClure

秆二型；正常秆高8～10m，直径3～5cm，下部稍呈"之"字形曲折，节间长30～35cm，下部略肿胀，第一、二节上生有短气根，分枝较低，小枝有时短缩为软刺，中上部多枝簇生，3枚较粗长；畸形秆高25～50cm，直径1～2cm，节间短缩且基部肿胀呈瓶状，长2～3cm，分枝稍高，常为单枝，其节间稍短缩而明显肿胀。二型秆下部各节于箨环之上、下方各环生一圈灰白色绢毛。箨鞘干时纵肋显著隆起，先端为近对称的宽拱形或近截形；箨耳不等大；箨舌高0.5～1mm；箨片直立或外展，易脱落，基部稍作心形收窄，稍窄于箨鞘之先端。叶耳卵形或镰刀形，边缘具数根波曲继毛；叶舌极矮；叶片长9～18cm，宽1～2cm，下面密生短柔毛。

原产于广东。日本、东南亚和欧美有引种栽培。舟山、温州也有引种栽培。

为著名观赏竹。

图9-140　佛肚竹

2. 粉单竹 （图9-141）

Bambusa chungii McClure — *Lingnania chungii* (McClure) McClure

秆高5~18m，直径5~7cm，节间长30~45cm，最长可达1m或更长，壁厚3~5mm；幼时被白蜡粉。节下最初密生一圈向下的棕色刺毛环，后渐变无毛。箨鞘质薄而硬，脱落后在箨环留存一圈窄的木栓环，幼时在背面被白蜡粉及稀疏贴生的小刺毛，后刺毛脱落，但基部宿存暗色柔毛；箨耳窄带形，边缘生长而细的淡色䍁毛；箨舌高约1.5mm，上缘具梳齿状裂刻或长流苏状毛；箨片强烈外翻，脱落性，先端渐尖而边缘内卷，基部呈圆形向内收窄，基底宽约为箨鞘先端的1/5。分枝多枝簇生，粗细近相等。末级小枝大都具7叶；叶片质地较厚，一般长10~16cm，宽1~2cm，基部两侧不对称，次脉5对或6对。

原产于福建、湖南、广东、广西。定海、平阳有引种栽培。

节间长，韧性强，适合劈篾编织；髓及竹青可入药；也可作庭园绿化。

图9-141 粉单竹

3. 大木竹 温州单竹 （图9-142）

Bambusa wenchouensis (T.H. Wen) Q.H. Dai — *Lingnania wenchouensis* T.H. Wen

秆高12~16m，直径8~10cm，节间长37~50cm，秆壁厚16~20mm；幼时节间被细柔毛，节内被绒毛，后变为秃净；箨环隆起，附有宽达15mm的箨鞘残留物。箨鞘脱落性，革质，新鲜时呈灰绿色，先端凹陷，背面被褐色刺毛；箨耳长而窄，横卧状，鞘口䍁毛褐色，长约5mm；箨舌高2mm，先端细齿裂；箨片强烈外翻，基部收窄呈钝圆形，为箨鞘顶端宽的1/3，两面均具细绒毛。分枝较低，多枝簇生，主枝粗长。末级小枝具7～12叶；叶柄长2mm，叶鞘纵肋隆起；叶耳发达，脱落性；叶舌隆起；叶片长9～16cm，宽1.2～2cm，两侧边缘均具细锯齿，次脉6～7对。

产于温州各地，常见栽培。分布于福建。模式标本采自温州。

秆高大，壁厚，可制农具及海上捕捞用的缆索；笋味微苦，性凉，水漂后可食。

变型黄条大木竹 form. **striata** J.J. Yue et J.L. Yuan，与大木竹的区别在于秆基部的节间在具芽或具分枝的一侧具黄色纵条纹。模式标本采自温州贡后村。

图9-142 大木竹

4. 孝顺竹（图9-143）

Bambusa multiplex (Lour.) Raeusch. ex Schult. et Schult. f. — *B. glaucescens* (Will.) Siebold ex Munro — *B. multiplex* var. *lutea* T.H. Wen

秆高4～6m，直径2～4cm，节间长30～50cm，壁较薄；新秆薄被白蜡粉，节间上半部被棕色小刺毛，近节部尤密，老时光滑无毛。箨鞘初被白蜡粉，早落，先端不对称的拱形；箨耳很小

图9-143 孝顺竹

或不明显，边缘具少量继毛；箨舌高1~1.5mm，边缘不规则短齿裂；箨片直立，易脱落，背面散生暗棕色小刺毛，腹面粗糙，基部宽与箨鞘顶端近相等。多枝簇生，主枝稍粗长。小枝具5~12叶；叶耳肾形，边缘具波曲细长继毛；叶舌高约0.5mm，边缘微齿裂；叶片长5~16cm，宽0.7~1.6cm，下面粉绿色，密被灰白色短柔毛。

全省各地均有分布。生于河边、堤岸、山脚、路边，栽培于庭院或房前屋后。分布于长江以南各地，为丛生竹中最耐寒的竹种。

为绿化观赏竹；或作田界、堤岸防护林，可劈篾编织。

孝顺竹在浙江常见栽培的还有2个变型：①凤尾竹 form. **fernleaf** R.A.Young（图9-144），其植株低矮，高1~2m，直径4~8mm；叶片小，长2~7cm，宽不逾8mm，且叶片数目甚多；②小琴丝竹 form. **alphonse-karri** (Satow) Nakai（图9-145），其秆和分枝的节间黄色，具不同宽的绿色纵条纹，秆箨新鲜时绿色具黄白色纵条纹。

图9-144 凤尾竹

图9-145 小琴丝竹

5. 花竹 （图9-146）

Bambusa albolineata L.C. Chia — *B. dolichomerithalla* Hayata

秆高6~8m，直径3.5~5.5cm，节间长40~60cm，秆壁稍薄；基部数节间具黄白色纵条纹，第一至第四节箨环之上、下方各具一圈灰白绢毛。箨鞘早落，背面具黄白色纵条纹，两侧疏贴生暗棕色刺毛，或基部第一、二节上的秆箨箨鞘背面下半部密被毛，先端稍不对称的拱形或浅波状起伏；箨耳不等大，小耳为大耳的1/3~1/2，微皱，边缘近末端具继毛；箨舌高1~1.5mm，边缘短锯齿裂；箨片直立，宽约为箨鞘顶端的5/7，秆下部者常有黄白色纵条纹，

基部稍作圆形收窄后即与箨耳相连，其连接部分4~5mm。分枝较低，多枝簇生，主枝稍粗长。叶耳狭卵形或镰形，边缘具长继毛；叶舌低矮，边缘具短纤毛；叶片长7~15cm，宽0.9~1.5cm，下面被柔毛。

原产于江西、福建、台湾和广东等地。温州有引种栽培。

节间长，材质柔韧，可供编织。

图9-146　花竹

6. 青皮竹 （图9-147）
Bambusa textilis McClure

秆高8~10m，直径3~5cm，节间长40~70cm，壁厚2~5mm；幼秆被白蜡粉，并贴生疏或密的淡棕色刺毛，后变为无毛。箨鞘早落，革质，背面近基部贴生暗棕色刺毛，先端呈不对称的宽拱形；箨耳较小，不等大，小耳约为大耳的一半；箨舌高2mm，边缘齿裂；箨片直立，易脱落，其长度约为箨鞘长的2/3或更长，背面近基部处疏生暗棕色刺毛，基部稍作心形收窄，且其宽约为箨鞘先端宽的2/3。多枝簇生，中央1枝略粗长。叶鞘背部具脊，纵肋隆起；叶耳发达，常呈镰刀形，边缘具弯曲而呈放射状的繸毛；叶舌极低矮，边缘啮蚀状；叶片长9～17cm，宽1～2cm，上面无毛，下面密生短柔毛，先端渐尖具钻状细尖头，基部近圆形或楔形。

原产于西南及福建、广东等地。舟山、台州、温州及庆元等地有引种栽培。

节平篾韧，可供编织。

图 9-147　青皮竹

6a. 光秆青皮竹　黄竹（变种）
var. **glabra** McClure

与青皮竹的区别在于其秆及秆箨无毛或近无毛。

原产于广东、广西。温州及定海有引种栽培。

用途同青皮竹。

6b. 崖州竹（变种）
var. gracilis McClure

与青皮竹的区别在于其秆纤细，节间近无毛，箨鞘较短，箨舌及箨片对称。

原产于广东、海南。平阳有引种栽培。

可供观赏。

7. 撑篙竹 （图9-148）
Bambusa pervariabilis McClure

秆高7～10m，直径4～5.5cm，节间长30cm左右，壁较厚；幼秆薄被白蜡粉或有糙硬毛，老时无粉也无毛，基部数节间具黄绿色纵条纹；基部数节于箨环之上、下方各环生一圈灰白色绢毛。箨鞘早落，薄革质，新鲜时具黄绿色纵条纹，先端向外侧一边下斜而呈不对称的拱形；箨

图9-148 撑篙竹

耳不等大，具波状皱褶，大耳沿箨鞘顶端向下倾斜，其倾斜程度可达箨鞘全长的1/6～1/5；箨舌高3～4mm；箨片直立，易脱落，幼时背面具黄绿色纵条纹，基部作圆形收窄后向两侧外延而与箨耳相连，基部宽约为箨鞘先端宽的2/3。常自第一节开始分枝，多枝簇生，主枝3。叶片长10～15cm，宽1～1.5cm，上面无毛，下面密生短柔毛。

原产于华南。温州有引种栽培。

材坚实，用于制作建筑脚手架、撑杆、农具、竹家具、编制品等；表面刮制的"竹茹"可药用。

8. 青秆竹 （图9-149）

Bambusa tuldoides Munro —— *B. breviflora* Munro

秆高6～10m，直径3～5cm，节间长30～36cm，壁较厚；幼秆薄被白蜡粉，基部第一至二节于箨环之上、下方各环生一圈灰白色绢毛。箨鞘早落，常于靠近外侧的一边有1～3条黄白色纵条纹，先端呈不对称的宽弧拱形；箨耳不等大；箨舌高3～4mm，条裂；箨片直立，易脱落，背面疏生脱落性棕色贴生小刺毛，腹面脉间被棕色或淡棕色小刺毛，基部稍作圆形收窄后便向两侧外延而与箨耳相连，箨片基部宽约为箨鞘先端宽的2/3～3/4。常自秆基第一或第二节开始分枝，多枝簇生，主枝粗长。叶鞘边缘仅一侧被短纤毛；叶耳无或存在；叶舌极低矮；叶片长10～18cm，宽1.5～2cm，上面无毛或近基部疏生柔毛，下面密被短柔毛，先端渐尖而具粗糙钻状细尖头，基部近圆形或宽楔形。

原产于广东。温州有引种栽培。

图9-149 青秆竹

9. 硬头黄竹 （图9-150）

Bambusa rigida Keng et Keng f.

秆高5~12m，直径2~6cm，节间长30~45cm，壁厚1~1.5cm；幼秆薄被白蜡粉，偶在基部第一节的箨环之上方环生一圈灰白色绢毛。箨鞘早落，硬革质，背面于下半部近内侧边缘贴生暗棕色刺毛，老时变无毛，先端向外侧倾斜而呈稍不对称的宽弧拱形；箨耳不等大，秆上部小耳仅为大耳的2/3，边缘被波曲状繸毛；箨舌高2.5~3mm，条裂，边缘具流苏状毛；箨片直立，易脱落，基部作圆形收窄后即向两侧外延与箨耳相连，此相连部分为3~4mm，箨片基部宽约为箨鞘先端宽的2/5。常自第一或第二节开始分枝，多枝簇生，主枝显著粗长。叶鞘纵肋隆起；叶耳椭圆形；叶舌高0.5mm；叶片长7.5~18cm，宽1~2cm，上面无毛或仅近基部被疏毛，下面密生短柔毛，次脉4~9对。

原产于四川。温州有引种栽培。

材厚而坚实，用作搭棚架、晒架以及各种农具。

图9-150 硬头黄竹

10. 龙头竹 （图9-151）
Bambusa vulgaris Schrad. ex J.C. Wendl.

秆稍疏离，高8～15m，直径5～9cm，节间长20～30cm；秆下部挺直或略呈"之"字形曲折，幼秆微被白蜡粉，并贴生淡棕色刺毛，老则无粉无毛；秆基数节具短气根，并于箨环之上、下方各环生一圈灰白色绢毛。箨鞘早落，背面密生脱落性暗棕色刺毛，先端在与箨片连接处呈拱形，但在与箨耳连接处作弧形下凹；箨耳发达；箨舌高3～4mm；箨片直立或外展，易脱落，背面疏生暗棕色小刺毛，腹面在脉间密生暗棕色小刺毛，基部更密，基部稍作圆形收窄，且其宽约为箨鞘先端宽的一半。分枝常自下部开始，数枝簇生，主枝较粗长。叶鞘初时疏生棕色糙硬毛，后变无毛；叶耳常不发达；叶舌高1mm或更低；叶片长10～30cm，宽13～25mm，基部近圆形而两侧稍不对称。

分布于泛热带地区，云南也有。温州有引种栽培。

为建筑、造纸用材，也可作种植园支柱用材。

图9-151　龙头竹

11. 米筛竹 （图9-152）

Bambusa pachinensis Hayata

秆高3～8m，直径1～4.5cm，节间长30～70cm，壁薄；幼秆薄被白色蜡粉，并疏被淡色或棕色贴生小刺毛，常于秆第一至五节的箨环之上、下方均环生一圈灰白色绢毛。箨鞘早落，革质，质脆而硬，背面几遍布贴生暗棕色刺毛，先端向外缘一侧稍倾斜，微呈不对称的宽拱形；箨耳不等大，小耳约为大耳的1/3，微有皱褶，边缘具卷曲细长繸毛；箨舌高1mm，边缘呈不规则齿裂；箨片直立，长为箨鞘全长的1/3～1/2，背面被极疏棕色刺毛，腹面粗糙，基部两侧作心形收窄后即与箨耳相连，箨片基部宽约为箨鞘先端宽的3/4。多枝簇生，主枝稍粗长。叶耳边缘具少数长繸毛；叶舌低矮；叶片长8～18cm，宽1～2cm，上面无毛，下面密生长柔毛。

原产于江西、福建、台湾、广东、广西等地，较耐寒。丽水、温州有引种栽培。

产量高，节间长，材质柔韧，为编制竹器的优良用材；也可造纸用。

图9-152 米筛竹

11a. 长毛米筛竹(变种)
var. **hirsutissima** (Odash.) W.C. Lin

与米筛竹的主要区别在于其箨舌具流苏状长毛，长5～10mm；米筛竹的箨舌仅呈不规则齿裂。

原产于福建、台湾、广东、广西。舟山、台州、丽水、温州有引种栽培。

竹篾柔韧轻便，可供编织。

❸ 绿竹属 Dendrocalamopsis (L.C. Chia et H.L. Fung) Keng f.

地下茎合轴型。秆丛生，较高大。箨鞘质地坚韧，顶端截形或两肩部广圆；箨耳较显著；箨片常直立，亦可外翻。分枝多枚，主枝显著。叶片较大。假小穗含5～12小花；小穗轴短缩，在小花间决不外露，质地较坚韧而不易折断，常使小穗整个脱落；颖片1或2；内稃甚窄；鳞被3；雄蕊6；花柱1，稀可2裂，柱头常3，稀2或1，羽毛状。颖果。

约10种，除缅甸有1种报道外，其他均为我国特产，分布于广西、海南、广东、福建、台湾；浙江有4种。

分种检索表

1. 两箨耳不等大，大耳为小耳的2倍大 ······················· 1.苦绿竹 D. basihirsuta
1. 两箨耳等大。
 2. 箨舌中央高3～9mm；幼秆被柔毛且具淡紫色纵条纹 ········· 2.吊丝单竹 D. variostriata
 2. 箨舌高1mm；幼秆光滑无毛。
  3. 箨鞘顶端呈截形或近截形，基底不为箭镞形 ····················· 3.绿竹 D. oldhami
  3. 箨鞘顶端圆而宽，基部两侧向下延长几为箭镞形 ············· 4.乌脚绿竹 D. edulis

1. 苦绿竹 （图9-153）
Dendrocalamopsis basihirsuta (McClure) Keng f. et W.T. Lin — *Bambusa basihirsuta* McClure — *B. prasina* T.H. Wen

秆高7～12m，直径4～9cm，节间长22～35cm；幼秆薄被白粉和脱落性小刺毛，后变为无毛。箨鞘初为绿色，不久即变黄色，厚革质，顶端近斜截形，幼时在背面被白粉和基部的中央处贴生棕褐色小刺毛；箨耳在秆下部细小，上部显著，大耳约为小耳的2倍，边缘均有小纤毛；箨舌截形，高约2mm，背面和边缘生细纤毛；箨片直立，近三角形，较箨鞘顶端为窄，能向两侧外延并与箨耳相连，边缘在基部生小纤毛。末级小枝具6～8叶；叶鞘初被小刺毛，不久变为无毛；叶耳镰形，边缘生小纤毛；叶舌平截，粗糙；叶片长13～25cm，宽2.5～5cm，基部近截形或钝圆形，下面密被短柔毛，次脉7～10对，小横脉不明显。

原产于广东。温州各地有栽培。

笋味苦，不宜食用；秆用于制作农具。

图 9-153　苦绿竹

2. 吊丝单竹 （图9-154）

Dendrocalamopsis variostriata (W.T. Lin) Keng f. — *Bambusa variostriata* (W.T. Lin) L.C. Chia et H.L. Fung

秆高5~12m，直径4~7cm，壁厚8~10mm；幼时梢端弯曲呈钓丝状，后伸直；节间幼时有淡紫色纵条纹，并贴生纵行排列而后渐脱落的柔毛，毛脱落后呈现黄色纵条纹；第六节以下各节内常贴生一圈灰白色短柔毛，在近秆基部的各节内常具环列的气生根。箨鞘脱落性，背面多少被易脱落的黄褐色刺毛，后可变为无毛或仅向基部具刺毛；箨耳长圆形，边缘生有长4~6mm的继毛；箨舌顶缘稍弧拱或截形，中央高度为3~9mm；箨片直立，基部两侧向内收窄而略为浅心形，基底宽约为箨鞘顶宽的一半。末级小枝具7～12叶；叶柄长2～3mm；叶鞘长9～10cm；叶耳小；叶舌高约1mm；叶片长13～26cm，宽1.6～3cm，下面被短柔毛，次脉6～10对。

原产于广东。定海、温州市区、平阳等地有引种栽培。

笋味鲜美；秆可作建筑材料。

图9-154 吊丝单竹

3. 绿竹（图9-155）

Dendrocalamopsis oldhami (Munro) Keng f. — *Bambusa atrovirens* T.H. Wen — *B. oldhami* Munro

秆高6～12m，直径3～9cm，节间长20～35cm，壁厚4～12mm；幼秆被白粉，邻近的节间通常稍作"之"字形曲折。箨鞘脱落性，革质，顶端近截形，背面无毛或被疏或密的褐色刺毛，

图 9-155 绿竹

图 9-156　花头黄竹

图 9-157　花秆绿竹

边缘无毛或其上部显著生纤毛；箨耳椭圆形或近圆形，边缘生纤毛；箨舌高约1mm，近全缘或上缘呈波状；箨片直立，三角形或窄三角形，基部截形并向内收窄，其宽约为箨鞘顶的一半。主枝3。末级小枝具6～15叶；叶柄长2～6mm；叶鞘长7～15cm，初时被显著小刺毛，后渐变无毛；叶耳半圆形；叶舌矮；叶片长15～30cm，宽3～6cm，上面无毛，下面被柔毛，边缘粗糙或有小刺毛，次脉9～14对，小横脉较明显。笋期5—11月。

产于温州，常见栽培。分布于福建、台湾、广东、广西、海南等地。

为优良笋用丛生竹，笋味上佳。

绿竹在浙江栽培的还有2个变型：①花头黄竹 form. **revoluta** (W.T. Lin et J.Y. Lin) W.T. Lin

（图9-156），竹秆节间绿色间有黄色条纹，秆箨无毛，仅基部有黄棕色刺毛，箨舌有小齿；②花秆绿竹 form. **striata** Y.Y. Wang et W.Y. Zhang（图9-157），秆呈淡黄色，具绿色纵条纹，部分竹叶间有少量黄色条纹，模式标本采自瑞安鹿木乡。

4. 乌脚绿竹 （图9-158）
Dendrocalamopsis edulis (Odash) Keng f.

秆高达20m，直径7.5～13cm，节间长20～35cm，秆壁厚1～1.8cm。箨鞘革质，先端广圆拱形，基底几为箭镞形，背面粗糙，在下部贴生小刺毛，上部亦疏生刺毛；箨耳小；箨舌矮；箨片三角形或长三角形，基部多少有些向内收窄，腹面在基部倒生褐色刺毛而上部近于无毛，边缘具小锯齿而粗糙。分枝多数，束状。末级小枝甚纤细，具10～12叶；叶柄长约4mm；叶鞘有纵肋，长10～13cm；叶耳极小而不显著，边缘生有数根长为7～10mm的丝状繸毛；叶舌显著，截形；叶片长20～34cm，宽3～5cm，基部圆或微呈心形，上面无毛，唯在脉上微糙，下面灰色，被小刺毛，次脉10～13对，再次脉8或9。笋期2—10月，花期9月。

特产于我国台湾。温州有引种栽培。

笋味鲜美，可供食用。

图9-158　乌脚绿竹

4 慈竹属 Neosinocalamus Keng f.

乔木状竹类。地下茎合轴型。秆丛生。箨鞘脱落性，革质；箨耳及繸毛缺如；箨舌边缘呈流苏状；箨片常直立，基部宽为箨鞘顶端宽的1/3～1/2。分枝多数，主枝略粗壮。末级小枝具多叶；叶片质薄，小横脉明显。花序续次发生，假小穗1～4枚生于花枝各节，小穗轴不易在诸小花间折断；外稃具多脉，内稃背部具2脊；鳞被1～4；雄蕊6；子房被毛，花柱1，柱头2～3，羽毛状。果实囊果状，果皮薄，易与种子分离。

2种，分布于我国西南及广东，以四川最为常见；浙江有1种。《浙江植物志》记载的吊丝球竹 N. beecheyanus (Munro) Keng f. et T.H.Wen 经多年栽培因不能越冬已死亡，不再收录。

慈竹（图9-159）
Neosinocalamus affinis (Rendle) Keng f.

秆高7～10m，直径4～6cm，节间长30～60cm；幼秆贴生灰白色至褐色小刺毛，脱落后留有小凹痕；基部数节有时在箨环的上、下方有贴生的银白色绒毛环。箨鞘革质，背部密生棕黑色刺毛，鞘口略呈"山"字形；箨耳无；箨舌短而宽，先端具繸毛；箨片两面均被白色小刺毛，基部向内收窄略呈圆形，仅为鞘口宽的一半，边缘内卷如舟状。秆每节约有20枚以上的分枝。末级小枝具9～12叶；叶鞘长4～8cm，无毛；叶耳及繸毛缺如；叶舌截形，高1～1.5mm，上缘啮蚀状；叶片窄披针形，长10～30cm，宽1～3cm，质薄，先端渐细尖，基部圆形或楔形，上面无毛，下面被细柔毛，次脉5～10对。笋期6—9月。

图9-159 慈竹

原产于四川、贵州、云南。舟山、金华、温州等地有引种栽培。可耐 –7℃ 低温。

可作绿化观赏；竹材篾性甚佳，用于编织及造纸。

浙江引种栽培的还有1变型：金丝慈竹 form. **viridiflavus** (Hsueh et T.P. Yi) T.P. Yi，其分枝一侧具浅黄色条纹可区别于慈竹。

5 牡竹属 Dendrocalamus Nees

乔木状竹类。地下茎合轴型。秆丛生。箨鞘脱落性，多为厚革质；箨耳常缺如；箨舌较明显，先端齿裂；箨片常外翻。分枝多数，主枝通常发达。末级小枝具多叶；叶耳常不明显而叶舌发达；叶片宽大。花序续次发生，小穗轴不在诸小花间逐节折断；颖通常1～3；外稃较宽大，内稃常具2脊；鳞被常缺；雄蕊6；子房柄短，花柱与柱头单一。颖果。笋期多在夏季。

60多种，分布于亚洲热带和亚热带地区。我国有30多种，分布于西南、华南等地；浙江有1种。《浙江植物志》记载的梁山牡竹 *D. farinosus* (Keng et Keng f.) L.C. Chia et H.L. Fung 经多年栽培因不能越冬已死亡，不再收录。

麻竹 （图9-160）
Dendrocalamus latiflorus Munro

秆高15～25m，直径15～30cm，节间长45～60cm；幼秆被白粉，节下具一圈棕色毛环。箨鞘宽圆铲形，被易脱落性褐色刺毛，鞘口甚窄；箨耳不明显；

图9-160 麻竹

箨舌高2~4mm，细齿状；箨片卵状披针形，外翻，腹面被淡棕色小刺毛。末级小枝具7~13叶，叶鞘长19cm；叶耳无；叶舌平截，高1~2mm，先端微齿裂；叶片长椭圆状披针形，长15~35（50）cm，宽2.5~7（13）cm，基部钝圆，先端渐尖而呈小尖头。笋期7—9月。

原产于福建、台湾、广东、广西、四川、贵州、云南。越南、缅甸、菲律宾、哥斯达黎加及美国也有栽培。平阳、苍南有引种栽培。

为高产笋用竹之一。

6 矢竹属 Pseudosasa Makino ex Nakai

乔木至灌木状竹类。地下茎复轴型。秆的节间圆筒形，无纵沟槽，秆环不明显。箨鞘迟落或宿存。秆每节具1芽，生出1~3枝，至秆上部每节分枝可更多，紧贴主秆。花序一次发生，总状花序简短，常由3~10（15）枚小穗排成总状或圆锥状，小穗含2~10（16）花，颖片2；鳞被3；雄蕊3（4）；花柱1，柱头3、羽毛状。颖果。

30余种，分布于我国、日本和朝鲜半岛。我国有近30种；浙江有9种。经查《浙江植物志》记载的托竹 *P. cantorii* (Munro) Keng f. 未见分布。

分种检索表

1. 秆中下部每节1分枝 ·· **1.矢竹 P. japonica**
1. 秆中下部每节1~3分枝及以上。
  2. 箨环幼时密被向下的一圈小刺毛。
    3. 箨鞘新鲜时呈暗棕色，密被栗色刺毛；无箨耳 ·· **2.茶秆竹 P. amabilis**
    3. 箨鞘新鲜时呈绿色，具散生的小刺毛或绒毛；具箨耳 ·· **3.笔竹 P. viridula**
  2. 箨环幼时无向下的一圈小刺毛。
    4. 箨耳较发达 ·· **4.空心苦 P. aeria**
    4. 箨耳微弱或无。
      5. 无箨耳及继毛。
        6. 箨环具木栓质。
          7. 秆高3m以上，节间长达35cm；秆箨长于节间；箨片锥状
··· **5.尖箨茶秆竹 P. acutivagina**
          7. 秆高3m以下，节间长达20cm；秆箨短于节间；箨片狭卵状披针形
··· **6.平截茶秆竹 P. truncatula**
        6. 箨环不具木栓质 ·· **7.少花茶秆竹 P. pallidiflora**
      5. 具小箨耳及数根继毛。
        8. 每节3~5分枝 ·· **8.䈥竹 P. hindsii**
        8. 每节1~3分枝 ·· **9.面竿竹 P. orthotropa**

1. 矢竹 （图9-161）

Pseudosasa japonica (Siebold et Zucc. ex Steud.) Makino

秆通常高2~5m，直径0.5~1.5cm，节间长15~30cm，无毛，节内不明显；箨环具木栓质残留物。箨鞘宿存，背面密生向下的刺毛；箨耳小或不明显，镰刀形至卵状，边缘有数根繸毛；箨舌圆拱形；箨片线状披针形，无毛，全缘。秆每节1分枝，近顶部可3分枝，枝先贴秆后展开；二级枝每节为1枝，常无三级分枝。小枝具5~9叶，叶鞘在近枝顶部的无毛，枝下部的具密毛；叶耳不明显，具几根平行的鞘口繸毛；叶舌高1~3mm，全缘；叶片狭长披针形，长14~30cm，宽0.7~4.6cm，两面均无毛。笋期5月。

原产于日本。我国长江流域以南各地广泛引种栽培。安吉、富阳、临安等地有引种栽培。

叶片较大，冠形优美，宜庭园栽培绿化观赏。

图9-161 矢竹

图9-162 辣韭矢竹

1a. 辣韭矢竹（变种）（图9-162）

var. **tsutsumiana** Yanagita

其秆中下部节间不规则短缩肿胀而有别于矢竹。

原产于日本。安吉、富阳、临安等地有引种栽培。

竹节间形状奇特，叶片较大，冠形优美，宜庭园栽培绿化观赏。

2. 茶秆竹　青篱竹　沙白竹　篱竹（图9-163）

Pseudosasa amabilis (McClure) Keng f. — *Arundinaria amabilis* McClure

秆劲直，高7～13m，直径4～6cm，节间长30～50cm；秆环平滑，箨环线状突起，幼时被一圈栗色刺毛。箨鞘迟落，新鲜时暗棕色，密被栗色刺毛，顶端窄，平截形，边缘具较密的长纤毛；无箨耳，鞘口缝毛长达15mm，波曲状；箨舌高5mm，半圆形拱突，边缘具睫毛；箨片直立，狭长三角形，边缘粗糙。分枝习性高，每节3枚，贴秆上举，枝条短小；二级分枝通常为每节1枝。小枝具2～3叶；叶鞘无毛；无叶耳，具数根长缝毛；叶舌高1～2mm，边缘密生短睫毛；叶片厚而坚韧，狭长披针形，长18～35cm，宽2～4cm，新叶时下面基部有微毛。

原产于福建、湖南、广西、广东等地，尤以广东怀集面积为最大。安吉、富阳、临安等地有引种栽培。

竹材通直、节平、坚韧，为我国传统出口商品，远销欧美、东南亚地区，宜作滑雪杆、钓鱼竿、雕刻、装饰、家具及运动器材等；分枝短，叶片较大，冠形优美，宜庭园栽培绿化观赏。

图9-163　茶秆竹

3. 笔竹（图9-164）

Pseudosasa viridula S.L. Chen et G.Y. Sheng

秆高3～4m，直径0.5～1.2cm，节间长13～32cm；幼秆被白粉，箨环具木栓质残留物，髓充实，海绵状。箨鞘迟落，绿色，革质，具散生的刺毛或绒毛，边缘密生纤毛；箨耳椭圆形，棕色，边缘具放射状曲缝毛；箨舌弧形，褐色，高约1.5mm，边缘生短纤毛；箨片直立，长三角状披针形，绿色，宽为鞘顶宽的2/3～3/4，两边缘均具小锯齿。每节1～3分枝，贴秆，唯秆中部以上每节具3分枝。每小枝具叶（2）4～5（7）；叶鞘被细刺毛；无叶耳，具多根缝毛；叶片长8～30cm，宽2～3.3cm。

原产于四川灌县。安吉、富阳、临安等地有引种栽培。模式标本采自杭州植物园栽培植株。叶片较大，冠形优美，宜庭园栽培绿化观赏。

图9-164　笔竹

4. 空心苦
Pseudosasa aeria T.H. Wen

秆高6m，直径2cm，节间长30~40cm，无毛，节平。箨鞘近宿存，绿色，被刺毛，基部尤密，边缘褐色有纤毛；箨耳较发达，椭圆形，褐色，边缘具细继毛；箨舌平截；箨片绿色直立，披针形，有时先端略皱褶，边缘有细锯齿，基部收缩。每节1~3分枝。小枝具3~5叶，叶鞘无毛，边缘有纤毛；叶耳不明显，继毛直立，长达13mm；叶舌短截状；叶片披针形，长11~20cm，宽1.2~2cm，两面均无毛。

浙江特有，产于苍南（天井）。模式标本采集于此。

竹材可编制小农具。

5. 尖箨茶秆竹　（图9-165）
Pseudosasa acutivagina T.H. Wen et S.C. Chen

秆高4m，直径2~3cm，节间长达35cm；幼秆被白粉，具白色柔毛；秆环平，箨环略隆起，具木栓质。秆箨宿存或迟落，革质，长于节间，呈长三角形，先端宽仅约3mm，初黄绿色，后黄棕色，被棕色刺毛，基部密生黄棕色髯毛，边缘具纤毛；无箨耳及继毛；箨舌弓状隆起，先端边缘有纤毛；箨片锥状直立，长1~2cm，无毛。每节3分枝。每小枝具2~3叶，叶鞘初被白色细柔毛，边缘无毛；无叶耳及继毛；叶片宽披针形至卵状披针形，长16~30cm，宽2~4cm，下面被短柔毛。

浙江特有，产于庆元。生于山坡下部疏林下。模式标本采自庆元关门岙。

竹材作篱笆及农用瓜菜架等。

图9-165 尖箨茶秆竹

6. 平截茶秆竹（图9-166）
Pseudosasa truncatula S.L. Chen et G.Y. Sheng

秆高1~1.5m，直径0.5~0.8cm，节间长达20cm，幼时微被绒毛，老后变无毛；箨环具少量箨鞘基部残留物。秆箨宿存，纸质，较节间为短，密被白色绒毛和黄褐色刺毛，顶端平截形，边缘密被纤毛；箨耳及繸毛缺如；箨舌截形，高1mm，边缘具长纤毛；箨片狭卵状披针形，基部向内收缩，宽为箨鞘顶端宽的一半，直立，顶端尖。秆每节1~3分枝或更多。每小枝具3或4

叶,叶鞘幼时密被倒生刺毛和绒毛,被白粉,边缘具纤毛;初具叶耳及繸毛;叶舌截形,高1~1.5mm,顶端具长纤毛;叶片卵状披针形,长14~33cm,宽2.4~5.5cm,下面具微毛,两边具极疏的短齿。笋期5月。

特产于浙江,产于杭州市区和富阳。生于山坡下沟渠边及疏林下。模式标本采自杭州。

图9-166 平截茶秆竹

7. 少花茶秆竹 (图9-167)

Pseudosasa pallidiflora (McClure) S.L. Chen et G.Y. Sheng

秆通常高1m,直径0.2~0.3cm,节间无毛,节下具纤细的短绒毛;秆环稍突出。秆箨宿存;无箨耳及繸毛;箨舌极短近无;箨片小,早落。秆每节1~3分枝,枝细长,贴生。每小枝具1~2叶,叶鞘上部具小微毛;叶耳繸毛稍发达或无;叶舌极短;叶片披针形或矩圆状披针形,长15cm,宽1.9cm,下面常具微小刺毛。

产于庆元。生于山脚及沟谷空旷地或疏林下。分布于广东。

图9-167 少花茶秆竹

8. 篲竹　四时竹　寒山竹
Pseudosasa hindsii (Munro) C.D. Chu et C.S. Chao — *Arundinaria hindsii* Munro

秆高2.5~5m，直径约1cm，节间长20~30cm，节下具白粉环并疏被脱落性小刺毛。秆箨宿存，淡绿色，或多或少具黄褐色细点，背面疏被黄褐色或白色刺毛，边缘具缘毛，顶端平截形；箨耳小，棕色，镰形，弯曲繸毛少数；箨舌弧形，高2~3mm，先端具稍粗糙的缘毛；箨片直立，三角状披针形，绿色，边缘染紫色，与箨鞘顶端近等宽。每节3~5分枝，贴秆。每小枝具4~5叶，叶鞘无毛或疏生小刺毛，边缘具短纤毛；无叶耳，具数根繸毛；叶舌截状，高1~1.5mm；叶片长7~22cm，宽1~1.6cm，无毛或下面被微毛。笋期为5月中至6月初。

原产于广东。安吉、富阳、临安等地有引种栽培。

叶片较狭长，冠形优美，宜庭园栽培绿化观赏。

9. 面竿竹　白毛暗竹　暗竹（图9-168）
Pseudosasa orthotropa S.L. Chen et T.H. Wen

秆高3~4.5m，直径1~2cm，节间长达30cm；幼秆绿色带紫，具白色短刺毛，节下具白粉环；节内长7～9mm；箨环具木栓质残留物。秆箨薄革质，近宿存，被极短糙毛，背部上方具薄白粉和不明显的褐斑；箨耳微弱，镰刀形至卵状，边缘有较密的弯曲继毛；箨舌极弱，高仅1mm，略弧形，先端具细微纤毛；箨片直立，卵状长三角形，基部微收缩。每节1～3分枝。每小枝具6～10叶，叶鞘密被毛；叶耳及继毛明显；叶舌极矮，截形；叶片长披针形，长10～27cm，宽1～2.5cm，下面具细短毛。笋期为5月底至6月。

产于安吉、天台、青田、文成、平阳、苍南、泰顺等地。生于石灰岩低山及丘陵。分布于江西、福建、广东等地。模式标本采自文成。

宜庭园栽培绿化观赏。

图9-168　面竿竹

一八四　禾本科 Poaceae

7 赤竹属 Sasa Makino et Shibata

灌木状竹类。地下茎复轴型。秆多少分离散生，直立中空，无毛或有倒向的毛；节通常肿胀或平。秆箨宿存，通常短于节间，无毛或有毛；箨鞘厚纸质至革质；箨片披针形至狭三角形。每节1分枝。叶片常为大型，披针形，小横脉明显。花序一次发生，常由5~9小穗排成圆锥状，着生于小枝顶端；小穗含4~10花；颖片2；外稃具多脉，内稃具2脊；雄蕊6；子房卵形，花柱短，柱头3，羽毛状。

约40种，分布于我国、朝鲜半岛和日本。我国有6种；浙江有3种。

分种检索表

1. 秆高1~1.5m；分枝粗壮。
  2. 箨鞘外面无毛或有时上部具小刺毛，边缘生纤毛 ································· **1. 华箬竹 S. sinica**
  2. 箨鞘外面密被棕色或白色长疣基毛，基部具一圈密集的棕色长刺毛 ································· **2. 庆元华箬竹 S. qingyuanensis**
1. 秆高0.2~0.5m；分枝细弱 ································· **3. 菲黄竹 S. auricoma**

1. 华箬竹 （图9-169）
Sasa sinica Keng

秆高1~1.5m，直径约4mm，质硬而光亮，节间圆筒形，虽中空但因壁厚而近实心，上部的各节间常有不等长现象。箨鞘宿存，长6~10cm，较其节间为长，淡紫色，无毛或有时上部具小刺毛，边缘生纤毛；箨耳尖锐突起，鞘口无繸毛。分枝粗壮，成长后箨鞘被它推离主秆反而紧包

图9-169　华箬竹

着此分枝。具叶小枝顶生2（3）叶，叶鞘长7～10cm，无毛；叶舌高仅0.5～2mm，截形；叶片长圆形兼披针形，长10～20cm，宽1.5～3cm，先端渐尖，下面基部具少量稀疏的短毛或两面均无毛，基部收缩为长约5mm的叶柄。笋期4—5月。

产于安吉、临安、余姚、云和、龙泉和庆元等地。生于山坡空旷地或疏林下。分布于安徽。

2. 庆元华箬竹 （图9-170）
Sasa qingyuanensis (C.H. Hu) C.H. Hu —— *Sasamorpha qingyuanensis* C.H. Hu

秆高1～1.5m，直径4～6mm，节间圆筒形，具白粉，节下方尤为明显，具厚的白粉环。秆箨宿存，箨鞘长于节间，常被分枝推离主秆而紧包着该分枝，具较密的棕色或白色长疣基毛，毛贴生或近于贴生，箨基部具一圈密集的棕色长刺毛，间生有较密的伏贴短柔毛，箨边缘具短睫毛状长疣基毛；箨耳尖锐突起，鞘口繸毛缺；箨舌可长达5mm。每分枝大都具3叶，集生于枝上部；叶鞘长约12cm，基部具疣基毛并略具白粉；无叶耳及鞘口繸毛；叶舌长达5mm或过之，截形或微呈波状，边缘无纤毛；叶片长圆形或长卵形，长18～28cm，宽4.7～6cm，两面无毛，次脉10～13对，小横脉明显，全缘或一侧有极不明显的微锯齿。笋期4—5月。

浙江特有，产于龙泉、庆元。生于海拔1400～1800m的山坡林下或山脊灌丛中。模式标本采自庆元百山祖。

图9-170　庆元华箬竹

3. 菲黄竹 （图9-171）
Sasa auricoma (Mitford) E.G. Camus

秆高30～50cm，直径2～3mm，节间长7～12cm，节间绿色，常被稀疏白粉，后脱落，节下具2~3mm宽的白粉环。箨鞘绿色，短于节间，贴生短毛，基部白色柔毛尤密，边缘具纤毛；箨耳微或无，鞘口具白色繸毛3~6根，长3~8mm。具叶小枝顶生2（3）叶；叶片卵状披针形，长5~13cm，宽1~2.5cm，两面均具细毛，嫩叶纯黄色，具绿色条纹，老后变为绿色，边缘近全缘或有极不明显的微锯齿，具细毛。

原产于日本。安吉、杭州市区和临安有引种栽培。

可作园林绿化彩叶地被、色块，或作山石盆景栽培供观赏。

图9-171 菲黄竹

8 东笆竹属 Sasaella Makino

灌木状或地被状竹类。地下茎复轴型。秆直立，节间细长，节稍隆起。秆芽1，贴秆。每节1分枝，直立，与主秆近等粗或稍细，或有时可多枚。箨鞘宿存；箨耳及繸毛缺失或有时微弱；箨舌低矮；箨片直立。小枝具数叶，叶片披针形，小横脉明显。总状花序，小穗含6~11小花，小穗轴节间被密毛；颖片2；鳞被3；雄蕊6；花柱1，柱头3，羽毛状。颖果。笋期为春末夏初。

约12种，主产于日本，朝鲜半岛也有1种。我国有引种栽培1种；浙江也有。

金刚竹
Sasaella kongosanensis (Makino) S.Y. Lin

秆高1.2~2m，直径4~6mm，节间圆筒形或在其有分枝之节间下部一侧微扁平，节和节间被白粉和小刺毛，节下方的白粉环明显；秆环隆起，高于箨环。箨鞘背部无毛或具脱落性小刺毛和白粉；箨耳微突起，边缘有少数繸毛；箨舌平截或稍弓起，高约1mm；箨片椭圆状卵形至椭圆状披针形，绿色，常外翻。秆每节1分枝或有时中部以上3~7分枝。每小枝通常生5~7叶，叶鞘

背部被毛或无毛,鞘口具流苏状通直的或波状弯曲的继毛;叶片披针形或椭圆状披针形,长16～22cm,宽3～4cm,边缘有细锯齿,两面无毛。笋期为4月中下旬至5月。

原产于日本。长兴、安吉、杭州市区和临安等地有引种栽培变种黄条金刚竹'Aureostriaus'(图9-172),其与金刚竹的区别在于其竹叶叶片开初全为绿色,不久即显数条纵的黄色条纹。

为园林观赏彩叶地被竹种,园林景观应用较为广泛。

图9-172　黄条金刚竹

⑨ 箬竹属 Indocalamus Nakai

灌木状竹类。地下茎复轴型。秆直立,节间细长,圆筒形,无沟槽。秆箨宿存;箨鞘质厚而脆;箨片披针形至狭三角形,直立或开展。每节1分枝(秆上部分枝可较多),直径与主秆接近。叶片通常为大型,多呈长椭圆状披针形,小横脉明显。花序一次发生,通常由4～5(9)甚至更多小穗排成圆锥状,顶生。小穗含少数乃至多花;外稃具多脉,无毛,内稃短于外稃,具2脊;鳞被3;雄蕊3;柱头3,羽毛状。颖果长圆形。笋期4—6月。

30多种,分布于我国、菲律宾、马来西亚、印度。我国有20多种;浙江有7种。

分种检索表

1. 箨耳无或微弱。
　　2. 箨鞘与幼秆分离，其间中空 ·· **1. 泡箬竹 I. lacunosus**
　　2. 箨鞘紧贴幼秆。
　　　　3. 箨鞘不被疣基刺毛 ·· **2. 都昌箬竹 I. cordatus**
　　　　3. 箨鞘被疣基刺毛。
　　　　　　4. 叶片两面无毛，宽一般不超过3cm ························· **3. 胜利箬竹 I. victorialis**
　　　　　　4. 叶片下面有毛，宽在4cm以上。
　　　　　　　　5. 箨舌平截；叶片下面近基部有粗毛 ··················· **4. 阔叶箬竹 I. latifolius**
　　　　　　　　5. 箨舌弧形；叶片下面散生直立短细柔毛，沿中脉一边有1行毡毛 ······· **5. 箬竹 I. tessellatus**
1. 箨耳明显，镰刀形。
　　6. 箨鞘绿紫色，被褐色刺毛或无；繸毛长1～1.5cm；叶鞘无毛或幼时被棕色小刺毛 ·· **6. 箬叶竹 I. longiauritus**
　　6. 箨鞘黄绿色，被白粉；繸毛长4～5mm；叶鞘被白粉 ············ **7. 美丽箬竹 I. decorus**

1. 泡箬竹
Indocalamus lacunosus T.H. Wen

秆高1m，直径0.8mm，节平，幼秆节上有细毛，其余均无毛、无白粉。箨鞘与幼秆分离，其间中空，外面被直立的褐色细刺毛，近基部无毛；箨耳无；箨舌平截或略隆起，表面有糙毛，先端边缘光滑无毛；箨片宿存，质薄柔软，披针形，直立，无毛。末级小枝具5～7叶，叶鞘长7～8cm，无毛；叶柄长4mm；叶片长椭圆形至卵形，长15～30cm，宽3～5cm，基部钝圆，左右不对称，先端急尖呈尾状延伸，上面绿色，被疏毛，下面粉绿色，被均匀细柔毛，边缘锯齿形，侧脉8～10对。笋期5月。

产于龙游。生于溪沟边。分布于江西和福建。

秆可作筷子；叶可包粽子。

*Flora of China*将本种作阔叶箬竹的异名，但本种秆高、直径均小于阔叶箬竹；节光滑，箨鞘与幼秆分离，箨舌先端边缘光滑无毛。而阔叶箬竹的秆通常有微毛，尤其是秆节下方，且秆箨紧抱秆；舌先端有时具流苏状短繸毛。因此，本次修订保留该种。

2. 都昌箬竹（图9-173）
Indocalamus cordatus T.H. Wen et Y. Zou

秆高1～1.5m，直径0.6～0.8cm，节间长8～15cm，节下密被白色短柔毛。箨鞘宿存，革质，微被白粉，下面被白色短绒毛，边缘具脱落性缘毛；箨耳椭圆形，长1mm，边缘繸毛长2～3mm；箨舌短，平截形，高0.5mm；箨片直立，具短柔毛。小枝具3叶，叶鞘宿存，长10～12cm，被白粉和脱落性白色短柔毛；叶舌长约0.4mm，截形；叶耳卵形，边缘具繸毛；叶片椭圆形或矩圆状披针形，长12～25cm，宽3.2～4.5cm，纸质，通常基部呈心形或截形，左右不对称，两面近无毛。笋期4—5月。

产于富阳、遂昌。生于山脚溪沟边或疏林下。分布于江西。

图9-173　都昌箬竹

3. 胜利箬竹

Indocalamus victorialis Keng f.

秆高1～3m，直径5～8mm，节间最长达26cm，有纵肋，中空；秆环较隆起，箨环平坦。箨鞘远较节间为短，紧抱秆，被淡棕色伏贴疣基刺毛，边缘密生纤毛；箨耳无；箨舌高0.5～1mm，截形，背部具微毛；箨片细长，无毛，早落。秆每节1分枝，枝条贴生，唯秆上部稀可分枝3或4，枝与秆之腋间具先出叶。小枝具1～4叶，叶鞘边缘的上部生有纤毛，长3～8mm，背部具脊；叶耳无；叶舌长约0.5mm，截形，背面被微毛；叶片宽披针形，长14～25cm，宽2.5～4cm，两面均无毛，次脉5～9对。笋期4月。

产于富阳、新昌等地。生于山坡路旁。分布于四川。

4. 阔叶箬竹（图9-174）

Indocalamus latifolius (Keng) McClure —— *Arundinaria latifolia* Keng —— *Sasamorpha migoi* Nakai

秆高可达2m，直径0.5～1.5cm，节间长5～22cm，被微毛，尤以节下方为甚；秆环略高，箨环平。箨鞘硬纸质或纸质，下部秆箨者紧抱秆，上部者则较疏松抱秆，背部常具棕色疣基小刺毛或白色细柔毛，边缘具棕色纤毛；箨耳无或稀可不明显，疏生粗糙短𮢶毛；箨舌截形，高0.5～2mm，先端无毛或有时具短𮢶毛而呈流苏状；箨片直立，线形或狭披针形。秆每节1分枝，唯秆上部稀可2或3分枝，枝直立或微上举。叶鞘无毛，先端稀具极少微毛，质厚，坚硬，叶耳无；叶舌截形，高1～3mm，先端无毛或稀具𮢶毛；叶片长圆状披针形，长10～45cm，宽

2～9cm，先端渐尖，下面多少生有微毛，次脉6～13对，叶缘生有小刺毛。笋期4—5月。

产于全省各地。生于山谷、山坡及路旁潮湿疏林下。分布于山东、江苏、安徽、福建、湖北、湖南、广东和四川等地。模式标本采自杭州灵隐。

秆可作笔杆或筷子；叶可包粽子，亦可制作船篷、笠帽等防雨用品。

图9-174　阔叶箬竹

5. 箬竹　米箬竹（图9-175）

Indocalamus tessellatus (Munro) Keng f. — *Pseudosasa longivaginata* H.R. Zhao et Y.L. Yang

秆高0.7～2m，直径4～7.5mm，节间最长达32cm，圆筒形，在分枝一侧的基部微扁；节较

图9-175　箬竹

平坦，秆环较箨环略隆起，节下方有红棕色贴秆的毛环。箨鞘长于节间，上部宽松抱秆，无毛，下部紧密抱秆，密被紫褐色伏贴疣基刺毛，具纵肋；箨耳无；箨舌厚膜质，截形，高1~2mm，背部有棕色伏贴微毛；箨片大小多变化，窄披针形。小枝具2~4叶，叶鞘紧密抱秆，有纵肋，背面无毛或被微毛；叶耳无；叶舌高1~4mm，截形；叶片在成长植株上稍下弯，宽披针形或长圆状披针形，长20~46cm，宽4~10.8cm，下面灰绿色，密被伏贴的短柔毛或无毛，沿中脉一侧有1行毡毛，次脉8~16对，叶缘有细锯齿。笋期4—5月。

产于湖州、杭州、衢州、金华和丽水。生于山涧溪沟边及山坡林下或林缘潮湿地。分布于湖南等地。

秆可作算盘杆、竹筷；叶可作茶篓衬垫，制作防雨用品，包粽子。

6. 箬叶竹　长耳箬竹　（图9-176）
Indocalamus longiauritus Hand.-Mazz.

秆高0.8~1.2m，直径3.5~8mm，节间长10~55cm，具白毛，节下方有淡棕带红色伏贴毛环。箨鞘厚革质，绿色带紫，基部具一圈棕色长硬毛，背部被褐色伏贴的疣基刺毛或无刺毛，偶有白色微毛；箨耳大，镰形，绿色带紫，有放射状的淡棕色繸毛，长1~1.5cm；箨舌高0.5~1mm，截形，边缘有长为0.3~3mm的流苏状繸毛或无繸毛；箨片长三角形至卵状披针形，

图9-176　箬叶竹

直立。分枝1，上部有时为1～3分枝，枝上举。叶鞘坚硬，无毛或幼时背部贴生棕色小刺毛，外缘生纤毛；叶耳镰形，边缘有棕色放射状伸展的繸毛；叶舌截形，高1～1.5mm，背部有微毛，边缘生粗硬繸毛；叶片大型，长10～35.5cm，宽1.5～6.5cm，下面无毛或有微毛，小横脉形成长方格。笋期4—5月。

产于富阳、武义、天台、庆元、泰顺等地。生于山涧溪沟边潮湿地。分布于江西、福建、河南、湖南、广东、广西、四川、贵州、云南等地。

用途与阔叶箬竹同。

7. 美丽箬竹 （图9-177）
Indocalamus decorus Q.H. Dai

秆高35～90cm，直径3～5mm，节间长7～22cm，新秆被白粉和伏贴微毛，节下方密生淡棕色或棕色伏贴微毛环。箨鞘短于节间，鲜时黄绿色，被白粉，干时为稻草色并带红色，基部具一圈深棕色刺毛，边缘生褐色纤毛；箨耳镰形，鞘口繸毛长4～5mm；箨舌极短，高约1mm，边缘具短微毛；箨片宽三角形，直立，抱秆，背面无毛，腹面的脉间生短粗毛，边缘具褐色微纤毛。每小枝具2～4叶，叶柄长5mm；叶鞘被白粉，边缘生纤毛；叶耳黄绿色，鞘口繸毛长3mm；叶舌截形，高1～2mm，背面粗糙，边缘具褐色或灰白色纤毛；叶片呈带状披针形，长15～35cm，宽3～5.5cm，两面均无毛或下面在近中脉处具短柔毛。笋期4月。

原产于广西。长兴、安吉、杭州市区、临安等地有引种栽培。

观赏用地被竹。

图9-177 美丽箬竹

10 刚竹属 Phyllostachys Siebold et Zucc.

乔木或灌木状竹类。地下茎为单轴型。秆散生，偶可复轴混生。秆的节间在分枝的一侧扁平或具浅纵沟。髓呈薄膜质。秆每节分枝2枚，常不等粗。花枝甚短，呈穗状至头状，多单独侧生于无叶或顶端具叶小枝的各节上，假小穗或假小穗丛具早落或迟落的佛焰苞状苞片2～7枚，小穗常含1～6花；鳞被3；雄蕊3；柱头3，羽毛状。颖果。笋期3—5月。

60余种，我国均产；少数种类分布于日本、印度、朝鲜半岛等，美洲及欧洲多国有引种。浙江有52种。

分种检索表

1. 秆中下部的箨鞘无斑点或偶具极稀疏的细小斑点；箨片直立；地下茎（竹鞭）的节间在横切面上具一圈环状的通气道；花序呈头状。
 2. 秆箨具发达或较发达的箨耳。
  3. 箨耳与箨片基部连接。
   4. 新秆仅在箨环上被一圈毛环，节间无毛。
    5. 箨耳极为发达呈抱茎状，繸毛稀疏或近无 ·············· 1.筱竹 P. nidularia
    5. 箨耳发达但不呈抱茎状，繸毛发达 ·············· 2.毛环水竹 P. aurita
   4. 新秆箨环上无一圈毛环，节间被毛 ·············· 3.紫竹 P. nigra
  3. 箨耳与箨片基部不相连接。
   6. 箨鞘具颜色条纹。
    7. 箨鞘密被白粉 ·············· 4.毛壳竹 P. hispida
    7. 箨鞘无白粉 ·············· 5.乌竹 P. varioauriculata
   6. 箨鞘不具颜色条纹 ·············· 6.蓉城竹 P. bissetii
 2. 秆箨不具箨耳或箨耳小而不明显。
  8. 箨鞘顶部及箨舌显著下凹 ·············· 7.红后竹 P. rubicunda
  8. 箨鞘顶部及箨舌平截或微凹或微突。
   9. 箨片基部宽明显窄于箨鞘顶部 ·············· 8.瓜水竹 P. longiciliata
   9. 箨片基部宽与箨鞘顶部宽近相等。
    10. 箨片强烈皱褶，箨鞘紫红色 ·············· 9.安吉金竹 P. parvifolia
    10. 箨片不皱褶或微皱褶，箨鞘不为紫红色。
     11. 箨鞘具淡白色纵条纹。
      12. 条纹在箨鞘顶部连成整片块状，箨片三角形至长三角形 ·············· 10.奉化水竹 P. funhuaensis
      12. 条纹在箨鞘顶部不连成整片块状，箨片披针形至长带形 ··· 11.芽竹 P. robustiramea
     11. 箨鞘不具淡白色纵条纹。
      13. 新秆不具白粉，箨鞘墨绿色 ·············· 12.乌芽竹 P. atrovaginata
      13. 新秆具白粉，箨鞘绿色。
       14. 箨鞘被白粉，具小箨耳 ·············· 13.水竹 P. heteroclada

14. 箨鞘不被白粉，无箨耳 ··· **14. 河竹 P. rivalis**
1. 秆中下部的箨鞘具斑点；箨片反转；地下茎（竹鞭）的节间在横切面上无环状的通气道；花序总状、圆锥状。
　15. 秆分枝以下节仅箨环隆起，秆环不明显，使节仅具1环。
　　16. 箨鞘密被刺毛；节间表面不呈猪皮状 ····································· **15. 毛竹 P. edulis**
　　16. 箨鞘不被毛；节间表面呈猪皮状 ··· **16. 金竹 P. sulphurea**
　15. 秆分枝以下节箨环、秆环均隆起，节具2环。
　　17. 秆箨具发达或较发达的箨耳。
　　　18. 箨片基部宽明显窄于箨鞘顶部，为其1/2～2/3。
　　　　19. 箨鞘斑点大而密集。
　　　　　20. 具2枚近等大的箨耳；箨片强烈皱褶。
　　　　　　21. 箨鞘具较密集小斑点；秆节稍隆起 ····························· **17. 甜笋竹 P. elegans**
　　　　　　21. 箨鞘具较密集大斑点或斑块；秆节强烈隆起 ··············· **18. 高节竹 P. prominens**
　　　　　20. 秆中部以上秆箨具2枚箨耳，常一大一小，秆下部的秆箨可无箨耳；箨片仅先端微皱褶
　　　　　　·· **19. 桂竹 P. bambusoides**
　　　　19. 箨鞘斑点小而稀疏。
　　　　　22. 箨鞘被白粉；箨片强烈皱曲；箨耳新鲜时绿色 ················ **20. 白哺鸡竹 P. dulcis**
　　　　　22. 箨鞘不被白粉；箨片上半部皱曲，下半部平直；箨耳新鲜时紫褐色至淡绿色 ··········
　　　　　　·· **21. 粉绿竹 P. viridi-glaucescens**
　　　18. 箨片基部宽与箨鞘顶部宽近相等。
　　　　23. 箨耳与箨片基部连接 ·· **22. 黄槽竹 P. aureosulcata**
　　　　23. 箨耳与箨片基部不相连接。
　　　　　24. 箨鞘不被毛。
　　　　　　25. 新秆被稀疏的倒向刺毛；箨耳常不对称 ····················· **23. 美竹 P. mannii**
　　　　　　25. 新秆无毛；箨耳对称。
　　　　　　　26. 箨鞘绿黄色，具密集斑点 ······································ **24. 云和哺鸡竹 P. yunhoensis**
　　　　　　　26. 箨鞘褐红色，具稀疏斑点 ······································ **25. 红壳雷竹 P. incarnata**
　　　　　24. 箨鞘被稀疏毛或脱落性毛。
　　　　　　27. 箨鞘鲜红色；箨舌发达，高3mm以上，弓状突起 ········ **26. 衢县红壳竹 P. rutila**
　　　　　　27. 箨鞘淡红褐色或灰绿色；箨舌较发达，长约2mm，先端截状。
　　　　　　　28. 箨鞘淡红褐色；箨舌先端具短纤毛；箨片皱褶 ········ **27. 灰水竹 P. platyglossa**
　　　　　　　28. 箨鞘灰绿色；箨舌先端具长糙毛；箨片有时先端皱褶 ···························
　　　　　　　　··· **28. 富阳乌哺鸡竹 P. nigella**
　　17. 秆箨无箨耳或具微弱的箨耳。
　　　29. 箨舌下延。
　　　　30. 箨片强烈皱褶；笋期4月中下旬 ······································ **29. 乌哺鸡竹 P. vivax**
　　　　30. 箨片不皱褶或仅先端皱褶；笋期3月至4月上中旬。
　　　　　31. 箨鞘被脱落性毛；箨舌先端具长达1cm的纤毛 ············ **30. 角竹 P. fimbriligula**
　　　　　31. 箨鞘不被毛；箨舌先端具短纤毛。

32. 新秆不具白粉，具稀疏毛 …………………………………………………… 31. 尖头青竹 P. acuta
32. 新秆密布白粉，无毛。
　　33. 节明显隆起；箨鞘斑点稀疏；箨片平直 ………………………………… 32. 石绿竹 P. arcana
　　33. 节较隆起；箨鞘斑点密集；箨片先端皱褶 …………………………… 33. 早竹 P. violascens
29. 箨舌不下延。
　　34. 新秆箨环上及箨鞘基部具一圈细毛环。
　　　　35. 箨鞘无斑点或稀疏斑点，黄绿色，边缘红色；新秆近无白粉 … 34. 红边竹 P. rubromarginata
　　　　35. 箨鞘具密集斑点，边缘不具红色；新秆有明显白粉。
　　　　　　36. 箨舌低矮，先端无尖突，具较长纤毛；箨片狭长 ……………… 35. 罗汉竹 P. aurea
　　　　　　36. 箨舌较耸起，先端中央有小尖突，具短纤毛；箨片较宽短 …… 36. 毛环竹 P. meyeri
　　34. 新秆箨环上及箨鞘基部不具一圈细毛环。
　　　　37. 新秆被毛。
　　　　　　38. 箨鞘不被毛，无繸毛 ………………………………………… 37. 东阳青皮竹 P. virella
　　　　　　38. 箨鞘被毛，具繸毛。
　　　　　　　　39. 箨鞘密生倒刺毛，具明显的淡紫色脉纹 ……………… 38. 毛壳花哺鸡竹 P. circumpilis
　　　　　　　　39. 下部箨鞘被毛，上部近无毛，无颜色脉纹 ……………… 39. 假毛竹 P. kwangsiensis
　　　　37. 新秆不被毛。
　　　　　　40. 新秆光亮无白粉。
　　　　　　　　41. 箨片强烈皱褶 ………………………………………………… 40. 花哺鸡竹 P. glabrata
　　　　　　　　41. 箨片不皱褶或仅先端皱褶 …………………………… 41. 天目早竹 P. tianmuensis
　　　　　　40. 新秆被白粉。
　　　　　　　　42. 箨鞘具明显的紫色脉纹和宽窄不等的绿白色纵条纹 ……… 42. 曲秆竹 P. flexuosa
　　　　　　　　42. 箨鞘不具脉纹。
　　　　　　　　　　43. 箨鞘初密被刺毛，具繸毛 …………………………… 43. 遂昌雷竹 P. primotina
　　　　　　　　　　43. 箨鞘不被毛，无繸毛。
　　　　　　　　　　　　44. 箨片皱褶。
　　　　　　　　　　　　　　45. 箨舌先端具长须毛 ………………………………… 44. 红哺鸡竹 P. iridescens
　　　　　　　　　　　　　　45. 箨舌先端具短纤毛。
　　　　　　　　　　　　　　　　46. 箨鞘密布斑点，暗褐色；箨舌宽短，高约1mm … 45. 嘉兴雷竹 P. compar
　　　　　　　　　　　　　　　　46. 箨鞘斑点较密，黄褐色；箨舌发达，高2.5～3.5mm …………
　　　　　　　　　　　　　　　　　　………………………………………………………… 46. 浙江甜竹 P. zhejiangensis
　　　　　　　　　　　　44. 箨片不皱褶。
　　　　　　　　　　　　　　47. 箨舌先端具长糙毛。
　　　　　　　　　　　　　　　　48. 箨舌先端弧形，拱突；笋期3月至4月上旬 ……… 47. 白壳竹 P. albidula
　　　　　　　　　　　　　　　　48. 箨舌先端截形或近截形；笋期4月中下旬至5月上旬。
　　　　　　　　　　　　　　　　　　49. 箨舌黄色，高5mm以上 …………………………… 48. 黄古竹 P. angusta
　　　　　　　　　　　　　　　　　　49. 箨舌紫红色或深紫色，高5mm以下 ……… 49. 台湾桂竹 P. makinoi
　　　　　　　　　　　　　　47. 箨舌先端具短纤毛。
　　　　　　　　　　　　　　　　50. 箨舌先端弧形 ……………………………………… 50. 早园竹 P. propinqua

50. 箨舌先端截形或近截形。

　　51. 新秆密被白粉；秆节明显隆起 ·· 51. 灰竹 **P. nuda**

　　51. 新秆薄被白粉；节较平 ·· 52. 淡竹 **P. glauca**

1. 篌竹　枪刀竹（图9-178）

Phyllostachys nidularia Munro

秆高达12m，直径达5cm，新秆密被白粉，节甚隆起，尤以节下白粉较多。箨鞘青绿色，近先端有白色放射状纵条纹，边缘密被紫色缘毛，背部无斑点，密被白粉或有时白粉较稀疏，下部连同箨环常生有密集淡棕色糙毛；箨耳特大，由箨片基部下延而成，三角状或先端弯曲呈镰状，抱秆，黄绿色或淡紫色，中部以上常皱曲，边缘或仅先端有稀疏繸毛或近无繸毛；箨舌高1~1.5mm，淡紫色或淡紫褐色，先端微弧形或截形，密生短纤毛或近无；箨片宽三角形至三角形，直立，不皱曲，无毛。小枝初具2~4叶，不久脱落，仅小枝顶端存留1叶，稀2叶，叶明显下倾；叶耳及鞘口繸毛微弱或缺失；叶舌极短；叶片长4~11.5cm，宽1~2.1cm，先端明显反钩，无毛或仅下面基部略具毛。笋期为4月中旬。

产于安吉、富阳、临安等地。多生于荒野及山坡灌丛中。分布于江苏、安徽、湖北、湖南和四川等地，为四川盆地、鄂西、大别山区和苏浙皖毗邻地区最常见的野生竹种

图9-178　篌竹

图9-179　光箨篌竹

图9-180 绿秆黄槽白夹竹

图9-181 黄秆绿槽白夹竹

图9-182 金黄白夹竹

图9-183 蝶竹

之一。

竹材秆壁较薄，质地较脆，细秆可作绿篱，称之为篱竹，粗秆劈篾编制虾笼尤佳，故称之为笼竹；秆还可整材用作瓜斗架或劈篾编制粗质日常器具，或编织凉席等。笋味鲜美，可供食用，但笋壳较难剥离，制作的笋干质白肉嫩，品质优于水竹笋干。

本种栽培或野生还有以下5个变型：①光箨篌竹 form. **glabro-vagina** (McClure) T.H. Wen（图9-179），秆较通直，幼秆和箨环无毛；秆箨箨鞘通常无毛；叶鞘脱落性，最后小枝通常仅具1叶。②绿秆黄槽白夹竹 form. **mirabilis** T.P. Yi et C.Q. Shen（图9-180），秆和枝条绿色，节间分枝一侧沟槽为黄色；箨鞘淡绿色，无条纹。③黄秆绿槽白夹竹 form. **speciosa** T.P. Yi et C.G. Chen（图

9-181），秆和枝条均为黄色，节间分枝一侧纵沟槽绿色；秆箨具黄色纵条纹，露地竹鞭节间黄色，在具芽一侧的沟槽为绿色。④金黄白夹竹 form. **sulfurea** T.P. Yi et C.G. Chen（图9-182），秆黄色，有时在基部节间有1~2绿色条纹；秆箨具黄色条纹；枝的节间背部有时具1绿色条纹；露地竹鞭节间黄色。⑤蝶竹 form. **vexillaris** T.H. Wen（图9-183），秆箨箨耳宽大，呈蝶翅状。

2. 毛环水竹 （图9-184）
Phyllostachys aurita J.L. Lu

秆高达3.5m，直径2.5cm左右，中部节间长22~31cm，新秆暗绿色，有薄蜡粉；秆环隆起，箨环具一圈密集锈褐色毛丛。笋黄绿色，略带紫晕；秆箨淡绿色，干后灰黄色，等长或稍长于节间，无斑点，微被白粉，中上部边缘具排列整齐的纤毛，底部被锈褐色毛丛；箨耳发达，镰刀形，由箨片基部延伸而成，有长肩毛；箨舌平截或稍弧形，褐色，边缘具长纤毛；箨片直立，绿色，微带紫色，宽三角形至窄三角形，有时呈舟形，基部与箨舌近等宽。每小枝具2~3叶，脱落，叶鞘被脱落性纤毛；叶耳小或无，具紫褐色长毛，老后脱落；叶片带状披针形，长6~13cm，宽0.8~1.5cm，上面无毛，下面被稀疏柔毛，基部尤密。笋期4月中下旬。

原产于广东、广西和贵州，为华南地区常见的刚竹属竹种。安吉有引种栽培。

笋味不佳，一般不食用；秆不宜劈篾，可整材使用。

图9-184　毛环水竹

3. 紫竹 黑竹 （图9-185）

Phyllostachys nigra (Lodd. ex Lindl.) Munro

秆高4～10m，直径2～5cm，新秆绿色，密被白粉和柔毛，当年秋冬即逐渐呈现黑色斑点，次年全秆变为紫黑色而易识别。箨鞘淡红褐色，无斑点或近先端有极微小紫色斑点或偶有褐色斑块，密生褐色刚毛，边缘具纤毛；箨耳发达，紫黑色，边缘具红褐色粗长弯曲的繸毛；箨舌高2～4mm，紫色，弧形，先端具粗长纤毛；箨片绿色，三角形，直立，皱褶。小枝具2～3叶，鞘口具数根直伸的粗繸毛；叶耳不明显或无；叶舌高1mm；叶片质地薄，长4～10cm，宽1～1.3cm，

图9-185　紫竹

下面基部有柔毛。笋期4月中旬。

产于全省各地，通常为栽培。广泛分布或引种栽培于黄河流域以南各地，北可至北京、大连。美国、日本及欧洲、东南亚等地有引种栽培。

著名观赏竹种，庭园常有栽植；因秆材较坚韧，颜色特殊，可供制作钓竿、手杖、帐竿、乐器、小型家具及工艺品等；笋味不佳，罕见食用。

3a. 毛金竹（变种）（图9-186）
var. **henonis** (Mitford) Stapf ex Rendle

与紫竹的区别在于其新秆深绿色，老秆绿色或灰绿色，不为紫黑色，较粗大，高可达15m以上，直径可达9cm，秆壁厚，可达5mm；秆箨箨鞘顶端罕有紫褐色细小斑点（即使干后也如此）；叶片质地较厚。

产于丽水及安吉、德清、余姚、天台、苍南、泰顺等地。多生于山地，对生境要求不严，常可形成成片纯林；房前屋后习见栽培。广泛分布于黄河流域以南各地。

图9-186　毛金竹

为我国重要经济竹种之一。秆材坚韧，可供建筑、农具柄等使用，也可劈篾编制各种竹器；竹青经加工后制作"竹沥"和"竹茹"，入药可作清凉剂；笋有辛辣味，鲜食味不佳，经漂煮后方可食用，也偶见制作笋干，但节部呈黑色，品质较差。

3b. 胡麻竹　三年紫（变种）
var. **punctata** Bean

与紫竹的区别在于其秆型较粗大，高可达9m，直径可达8cm；当年新秆深绿色，至次年春季才从基部数节开始出现芝麻状淡紫色小点，以后逐渐向上面的节间扩散，并且颜色也逐渐加深，至第3年秋季整个竹秆才变成由细点斑组成的淡紫黑色，有蜡粉，无光泽；叶片质地稍厚。

原产于安徽，安徽广德东亭有大面积栽培。安吉也有栽培。

用途同紫竹，但竹材工艺和观赏价值均不及紫竹。

4. 毛壳竹 大毛毛竹 米竹 (图9-187)

Phyllostachys hispida S.C. Li, S.H. Wu et S.Y. Chen

秆高3～3.5m，直径1.1～2cm，表面有不规则细纵沟，新秆有毛，箨环下白粉圈明显；秆环隆起，高于箨环。箨鞘暗绿紫色，先端有乳白色或淡紫色的放射状纵条纹，被灰白色密集小刚毛和白粉，边缘有纤毛，秆下部箨鞘先端有稀疏棕色小斑点；箨耳紫色，通常着生在秆上部的箨鞘上，镰刀形或微弱发育，或仅一侧发育，耳缘与鞘口着生数根弯曲继毛；箨舌截形或微呈弧形，暗紫色，边缘有流苏状紫色至白色纤毛；箨片直立，狭三角形至披针形，基部略窄于箨鞘顶宽，绿紫色。叶耳微弱发育，有数根脱落性继毛；叶舌黄绿色；叶片长5～11cm，宽0.9～1.1cm，下面基部微被毛。笋期4月中旬。

产于安吉、富阳。多在山丘岗地或低山山脚野生。分布于安徽南部、江苏南部等地。模式标本采自杭州植物园。

笋味尚可，供食用；秆型小，节隆起较高，篾性不佳，可作绿篱。

图9-187 毛壳竹

5. 乌竹 (图9-188)

Phyllostachys varioauriculata S.C. Li et S.H. Wu

秆高3～4m，直径2～3cm，中部节间长20～30cm，新秆有雾状白粉，无毛；秆环、箨环均隆起，带紫色，秆环较高，箨环下有白粉圈。笋箨密被易脱落的白色倒刺毛，秆箨纸质，红褐色，有黄白色纵条纹，无斑点，干后呈稻秆色；下部秆箨箨耳不明显或有小箨耳，上部箨耳发达，呈窄镰刀状，先端有紫色长继毛；箨舌中部隆起，呈弧形，高2～3mm，深紫褐色，先端有白色短纤毛；箨片带状披针形，笋期微皱褶，后平直，多贴秆而生，不反曲，基部窄于箨舌，约为箨舌宽的2/3。每小枝具1～2叶，鞘口有紫色继毛，易脱落；叶舌黄绿色；叶片带状披针形，长7～14cm，宽1.5～2.1cm，下面基部微被毛。笋期4月下旬至5月上旬。

原产于安徽、江苏。安吉竹博园有引种栽培。

笋味一般，可食用；秆节隆起较高，秆壁较厚，篾性不佳。

图9-188　乌竹

6. 蓉城竹　白夹竹　（图9-189）
Phyllostachys bissetii McClure

秆高3～6m，直径1～3cm，中部节间可长达33cm，完全无毛或下面节间通常在上部散生有稀疏极短的直立小刺毛，有稀疏白粉；秆环和箨环近等高，中度隆起。箨鞘背面无毛或秆下部的箨仅初期有时有短柔毛及边缘有纤毛，绿色，通常带淡紫色，无斑点，先端截形；箨耳通常甚发育，有时仅1枚发育，卵形或矩圆形或宽镰形，边缘生有硬而粗糙呈放射状排列的继毛；箨舌短，带淡紫色，先端微拱突，边缘多少有些不整齐，具有淡白色流苏状纤毛；秆基部的箨箨片近狭三角形，上部的逐渐变成带状披针形，先端舟形，下部的贴秆，稀反折，上部的多少开展。一些叶鞘有叶耳，叶耳边缘具放射状的流苏状继毛；叶舌中度发育；叶片披针形或矩圆状披针形，下面呈微弱的粗糙。

原产于四川。安吉、杭州市区、富阳、临安和武义等地有引种栽培。

笋味一般，可食用；秆可制作手柄、竹器；其篾性也佳，可劈篾供编制竹席和生活器具。

图 9-189　蓉城竹

7. 红后竹　安吉水胖竹　华东水竹　（图 9-190）

Phyllostachys rubicunda T.H. Wen — *P. concava* T.H. Wen, Z.H. Yu et Z.P. Wang — *P. retusa* T.H. Wen

秆高 5～9m，直径 2.7～4.5cm，新秆无毛，无白粉或有微量白粉，光滑

图 9-190　红后竹

或较光滑；秆环略高于较平的箨环或与其同高，节下被厚白粉。箨鞘淡绿色，有紫色纵条纹，被少量白粉或在解箨时有块状白粉，边缘有稀疏的白色或水红色相间的纤毛，先端凹下；箨耳无或上部箨鞘有不明显的箨耳，无繸毛；箨舌宽短，高1～1.5mm，中部凹下，绿色，边缘有白色和水红色相间长而密的纤毛；箨片三角形至窄三角形或披针形，淡绿色，先端淡紫色。第10～11节间开始分枝，枝与秆所成角度为40°～50°。小枝具3～4叶，叶鞘光滑或仅在边缘有纤毛；无叶耳，有鞘口繸毛；叶舌不伸出；叶片厚革质，长3.6～12.5cm，宽0.6～2.2cm。笋期5月中下旬。

产于安吉、富阳、庆元等地。通常生于水边或山洼低地，也有栽培。分布于江苏（南部）、安徽（东南部）和福建（东北部）等。模式标本采自安吉。

笋味稍淡，供鲜食，但品质不及水竹笋；秆篾性不佳，可整材使用。

8. 瓜水竹 （图9-191）
Phyllostachys longiciliata G.H. Lai

秆高4～5.5m，直径1～1.8cm，分枝以上常曲折或全秆呈膝曲状；节间长26～37cm，密生白色短倒毛或近无毛；节中度至甚隆起，节内长4～6mm，新秆节下有明显的白粉环。箨鞘绿色或淡绿色，无斑点，有紫色脉纹，顶端有时还染有紫色，边缘生有灰白色长纤毛，背面有稀疏白粉，仅秆基部2～3个箨背面生有稀疏易脱落的灰白色小刚毛；箨耳和鞘口繸毛缺失或略有一点箨耳的痕迹；箨舌高2～3mm，先端弧形，有长纤毛；箨片狭三角形至狭披针形，基部明显窄于箨舌，紫绿色，平直，直立矛状。小枝具2～4叶，叶鞘背部密生短柔毛，边缘无纤毛；叶耳不明显或无，鞘口两肩有数根黄绿色直伸的粗繸毛；叶舌长约0.5mm，不伸出；叶片阔带状披针形，长8～18cm，宽1.5～2.6cm，基部近无毛或仅在中脉上略有毛。笋期4月下旬。

浙江特有，产于安吉及杭州市区。通常生于溪流两侧或山谷洼地。

笋味一般，可食用；秆纤细曲折，无甚大用。

图9-191　瓜水竹

9. 安吉金竹 （图9-192）

Phyllostachys parvifolia C.D. Chu et H.Y. Chou

秆高8m，直径5cm，中部最长节间24cm，新秆绿色，有紫色细纹，密被白粉；秆环微隆起，下部数节箨环较秆环为高。箨鞘淡褐色或淡紫红色，脉纹淡黄褐色或箨鞘上部脉纹黄白色，无斑点，无毛，边缘有整齐的白色缘毛；箨舌淡紫红色，与箨片基部近等宽，先端弧形，有细齿，密生短纤毛；下部秆箨无箨耳和鞘口繸毛，或有少数鞘口繸毛，上部秆箨箨片基部延伸成小箨耳，有少数短的繸毛或无；箨片三角形或三角状披针形，绿色，边缘或上部带紫红色，中等皱褶，直立。小枝具2叶，稀1叶；叶耳不明显，有少数直立的鞘口繸毛；叶舌背部有粗毛；叶片小，长3.5~6.2cm，宽0.7~1.2cm，下面仅基部有毛。笋期5月上旬。

产于安吉、余姚等地。常生于河漫滩、平畈丘岗地区，房前屋后也有栽培。分布于安徽。模式标本采自安吉。

为笋期较晚的重要笋用竹种之一，笋味鲜美，可供食用；秆整材使用，也可劈篾供编织用。

图9-192　安吉金竹

10. 奉化水竹　鳗竹　（图9-193）

Phyllostachys funhuaensis (X.G. Wang et Z.M. Lu) N.X. Ma et G.H. Lai — *P. heteroclada* Oliv. form. *funhuaensis* X.G. Wang et Z.M. Lu

秆高2～7m，直径2～6cm，新秆无毛，节下有明显的粉环，有稀疏白粉或几无白粉，节明显隆起；秆环高于箨环。箨鞘绿色或淡绿色，无毛，近先端有密集的白色放射状条纹，并染有紫红色，无斑点，边缘有淡棕色纤毛，稍有或近无白粉；箨耳几不发育或极小，为箨片基部延伸而成，卵状、条状或不规整，带紫色，边缘几无或稍生淡棕色弯曲的短继毛；箨舌宽短，高1～1.5mm，淡紫色或黄褐色，先端截形，有密集的淡绿色稍长的纤毛；箨片三角形至长三角形，直立舟状，绿色并带紫红色，有明显的紫色条纹，不皱曲。小枝具（1）2～3叶；叶耳不明显，鞘口继毛短；叶舌不伸出；叶片长5.5～14cm，宽1～1.8cm，仅基部有稀疏短柔毛。笋期5月初。

浙江特有，产于安吉、富阳、嵊州、奉化和金华市区。山麓、溪沟边有野生或栽培。模式标本采自奉化楼岩乡仉家村。

为浙东重要的笋用竹种之一，笋味鲜美，产量高；秆篾性不佳，可整材使用。

图9-193　奉化水竹

11. 芽竹 燕子竹 （图9-194）

Phyllostachys robustiramea S.Y. Chen et C.Y. Yao —— *P. erecta* T.H. Wen

秆高4~9m，直径2~5cm，新秆紫绿色被白粉，光滑无毛，箨环下有不清晰白粉环。箨鞘质较薄，淡绿紫色至绿紫色，上部箨鞘先端有乳白淡紫色放射状纵条纹，有稀疏短毛，基部箨鞘被白粉，边缘淡绿色有稀疏短纤毛；箨耳于上部箨鞘稍发育，下部箨鞘则不发育，但都有数根淡绿色繸毛；箨舌淡绿色，截形或微弧形，高2~3mm，先端有长而密集且参差不齐的淡绿色纤毛；箨片直立微皱，披针形至带形，淡紫色至淡绿色。第3~7节开始分枝，主枝特别粗壮，枝秆成50°~60°。每小枝具3叶，绿色；叶耳发达，具淡绿褐色至淡黄色繸毛，长4~6mm；叶片长6.2~11.8cm，宽1.1~1.4cm。笋期4月中下旬。

图9-194 芽竹

浙江特有，产于长兴、安吉及杭州近郊等地，系栽培，由于面积不大，加之近年陆续开花衰败死亡，目前已较罕见。模式标本采自杭州植物园。

笋味鲜美，可供食用；秆可作农具柄或劈篾供编织用。

12. 乌芽竹 （图9-195）

Phyllostachys atrovaginata C.S. Chao et H.Y. Chou

秆高7~8m，直径3~5cm，中部节间长29~31cm，新秆绿色，无毛，无明显的白粉；秆环与箨环均中度隆起。笋墨绿色，微带紫黑色。箨鞘墨绿色，下部有时带紫红色，箨边缘带黄褐色，有多数紫黑色脉纹（林内部分箨鞘深绿色，有紫色脉纹），无斑点，无毛或被疏毛；无箨耳和鞘口繸毛，有时偶有疏生的鞘口繸毛；箨舌宽短，绿褐色，先端截形或微有小缺裂，近无毛；箨片宽三角形至宽披针形，基部与箨舌等宽，墨绿色，边缘紫红色，微皱曲。分枝较短，斜上伸展。每小枝具2~3叶，叶鞘无毛；叶耳、鞘口繸毛不明显；叶舌背面密被细毛，有时基部被长粗毛；叶片长5.5~13cm，宽0.9~1.6cm，下面近基部及叶柄有毛。笋期4月底至5月初。

产于杭州市区、安吉、德清、余姚等地，多在房前屋后栽培，但并不普遍。分布于江苏南部。模式标本采自杭州古荡。

笋可食用，但味道一般；秆材篾性较好，宜于劈篾供编织用。

图9-195 乌芽竹

13. 水竹 烟竹 水胖竹 黎子竹 （图9-196）

Phyllostachys heteroclada Oliv. —— *P. congesta* Rendle —— *P. stimulosa* H.R. Zhao et A.T. Liu

秆高3～6m，直径1～4cm，节内宽约6mm，新秆有密集的雾状白粉及少量的细块状白粉，无毛或疏生白色小刚毛；节较平，两环近等高。箨鞘绿色无斑点，具白粉，有时有紫色纵条纹，尤以秆下部者为甚，两边带褐黄色，无毛或有时秆下部的箨有极稀疏的白色短刚毛，边缘具整齐的灰色纤毛；箨耳小型但明显可见，通常由箨片基部延伸而成，淡紫色，边缘有数根淡紫色䍁毛；箨舌宽短，先端平截或微拱，具白色短纤毛，有时杂生少量紫红色长纤毛；箨片窄三角形至披针形，不皱曲，绿色，边缘紫色，直立，舟状。小枝常具2叶；无叶耳，具短䍁毛；叶舌短，截形；叶片长5.5～12.5cm，宽1～1.8cm，下面基部具灰白色柔毛。笋期4月中下旬。

全省各地常见，野生或栽培。多生于河流小溪两岸及山谷洼地中，也常在樵后山场或疏林下大片分布。分布于秦岭-淮河以南各地，为长江流域及其以南最常见的竹种。

笋壳薄肉厚，味道鲜美可口，可供鲜食或制作笋干；秆材韧性好，节间长，节平坦，篾性甚佳，可劈篾编织凉席及其他精细竹器和工艺品。

图9-196 水竹

本种在浙江有2变型：①实心竹form. **solida** (S.L. Chen) Z.P. Wang et Z.H. Yu（图9-197），秆实心或近于实心，有时下部1~3个节间极为短缩而呈算盘珠状；②黑水竹 form. **denigrata** (T.P. Yi et H.R. Qi) T.P. Yi et H.R. Qi，当年生秆绿色，以后逐渐变成紫黑色，地下茎有时也为紫黑色，小花外稃更带紫红色。

图9-197 实心竹

14. 河竹 （图9-198）

Phyllostachys rivalis H.R. Zhao et A.T. Liu

秆高约4m，直径1.5~2cm，新秆褐紫色或黄绿色，有不甚明显的紫色条纹，具白粉及白色短柔毛；秆环隆起高于箨环，嫩时紫色，箨环最初疏生白色纤毛。箨鞘厚纸质，棕紫色，背部常有褐色小斑点及不甚显著的紫色条纹，边缘有淡棕色纤毛；无箨耳及鞘口繸毛，或仅有少数柔弱的鞘口繸毛；箨舌截形或微凹，长0.8~1mm，边缘有长达2mm的淡棕色密纤毛；箨片狭三角形至带状三角形，直立，绿色，边缘紫色。小枝具(2) 3~5 (7)叶，叶鞘紫色，被白毛，上部尤密；叶耳无，鞘口繸毛直立，早落，基部紫色，上部淡黄色；叶舌低，截形，紫红色；叶片小型，长4.6~7.2cm，宽0.6~1.1cm，下面密生白色伏贴细柔毛。笋期5月初。

产于浙江南部。溪流两边或荒野习见。分布于福建和广东。

笋味尚可，可供食用；秆作篱笆，也可用作帐竿和瓜豆架等。

图 9-198　河竹

15. 毛竹　楠竹　孟宗竹（图 9-199）

Phyllostachys edulis (Carriere) J. Houz. — *P. pubescens* Mazel ex J. Houz. — *P. heterocycla* (Carriere) Mitford var. *pubescens* (Mazel ex J. Houz.) Ohwi

大型竹，秆高达20m以上，直径18cm，节间短，秆壁厚，新秆密被白粉和细柔毛（粗秆节间可无毛或近无毛），节下白粉环明显；分枝以下仅箨环微隆起，秆环不明显，箨环被一圈脱落性毛。箨鞘密生棕褐色毛及黑褐色斑点，边缘生有密集的棕褐色毛；箨耳小，䍁毛发达屈曲；箨舌宽短，高约2mm，弓形，先端撕裂状，具密集的纤毛，两侧下延；箨片绿色，平直，长三角形至披针形。小枝具2～6叶；叶耳不明显；叶舌长1～3mm；叶片相对较细小而薄，长4～11cm，宽0.5～1.2cm，下面基部有毛。笋期3月下旬至4月。

产于全省各地。通常生于海拔1000m以下的山地或缓坡，最高可达海拔1500m，常组成大面积纯林，也有与杉树、松树等针叶树和枫树、檫树、苦槠等阔叶树混交。分布于秦岭-淮河以南各地，我国台湾也有分布，黄河流域一些地方有引种栽培。

为经济价值和生态价值最高的国产竹种。秋冬未出土之笋谓之冬笋，鲜美可口，可鲜食，春季出土之笋称为春笋，除鲜食外，也是加工水煮笋、调味笋和即食笋的主要原料；另将鞭梢嫩段作为鞭笋，亦供鲜食。秆材可生产集成材、复合材料、竹纤维、竹碳等；竹叶和竹汁可提取黄酮类化合物和多酚类物质，广泛用于建筑、家具、装饰装潢、造纸、纺织、食品、精细化工等行业;其枝叶茂密,地下系统发达,也是优良的生态和观赏树种。

毛竹在浙江还有多个变型,且多为栽培观赏:①蝶毛竹 form. **abbreviata** G.H. Lai,秆中下部一部分连续的节间畸形短缩,并有凹陷,节多少歪斜不平,但上下节并不相连,或有时略在一侧相连但另一侧并不鼓胀呈龟甲状,而略呈蝴蝶结形。②绿槽毛竹 form. **bicolor** (Nakai) G.H. Lai,秆主要为黄色,但节间分枝一侧纵沟槽为绿色,并且在沟槽之外还有少数绿色细纵条纹;部分叶片绿色有淡黄色细纵条纹。③金丝毛竹 form. **gracilis** (Hsiung) Chao et Renv.(图9-200),竹秆始终矮小,高仅7~8m,直径3~4cm,秆壁较厚。④黄皮毛竹 form. **holochrysa** (Muroi et K. Kasahara) Ohrnb.,幼秆和枝鲜黄色,有光泽,有时还带有紫红色晕斑;2年生秆和枝金黄色,3年以上生秆和枝暗黄色,仅极少数节间偶有1~2绿色细纵条纹;部分叶片有淡白色纵条纹;秆箨箨鞘及斑块颜色均较淡。⑤黄

图9-199 毛竹

图 9-200 金丝毛竹

图 9-201 黄皮花毛竹

图 9-202 黄槽毛竹

图 9-203 圣音竹

皮花毛竹 form. **huamozhu** (T.H. Wen) Chao et Renv.（图9-201），秆与主枝的节间黄色，而间以绿色纵条纹。⑥黄槽毛竹 form. **luteosulcata** (T.H. Wen) Chao et Renv.（图9-202），节间沟槽黄色，此外均同毛竹，模式标本采自安吉。⑦花龟竹 form. **mira** P.X. Zhang, G.H. Lai et X.Q. Hua，其竹秆下部一段的节交互歪斜，上下节在一侧相连，而在另一侧节间偏肿呈龟甲状，且秆和枝有宽窄不等的黄绿相间的纵条纹，分枝一侧纵沟槽绿色；部分叶片有少量淡黄色细纵条纹；地下茎在土壤中呈黄色，出土见光后逐渐出现绿色条纹，模式标本采自安吉。⑧绿皮花毛竹 form. **nabeshimana** (Muroi) Chao et Renv.，秆主要为绿色，但节间有宽窄不等的淡黄色或淡黄绿色细纵条纹。除这一显著特征外，另尚能以叶片绿色无淡黄色细纵条纹区别于黄皮花毛竹。⑨强竹 form. **obliquinoda** (Z.P. Wang et N.X. Ma) Ohrnb.，秆通常较细小，相邻的节交互歪斜，节间正常，模式标本采自安吉。⑩厚皮毛竹 form. **pachyloen** (G.Y. Yang et al.) Y.L. Ding ex G.H. Lai，秆略呈四方形或椭圆形，秆壁厚，基部壁厚3～4cm，胸高处厚2.5cm，中部厚1.4～1.8cm，上部近实心，分枝以下节隆起较高，有时节间有明显的纵肋，鲜材沉水。⑪斑毛竹 form. **porphyrosticta** G.H. Lai et al.，新秆绿色，无斑点，但自当年秋季开始秆节间逐渐出现紫色斑点，以后不断加密并可连接成紫斑，但并不覆盖整个节间，模式标本采自杭州。⑫安吉紫毛竹 form. **purpureoculmis** P.X. Zhang, G.H. Lai et H.F. Zhang，新竹长成后从竹秆基部开始逐渐出现芝麻状淡紫褐色斑点，以后逐渐加深加密，约10年后竹秆（尤其是中下部）几乎全部变为紫色，模式标本采自安吉竹博园。⑬孝丰紫筋毛竹 form. **purpureosulcata** P.X. Zhang, G.H. Lai et H.F. Zhang，新秆绿色，以后竹秆及小枝节间分枝一侧纵沟槽逐渐变为紫黑色，且节间其他部位尚有紫色和淡黄色纵条纹，模式标本采自安吉。⑭圣音竹 form. **tubaeformis** (S.Y. Wang) Ohrnb.（图9-203），竹秆向基部逐渐膨大呈喇叭状，同时其节间也逐渐缩短。⑮佛肚毛竹 form. **ventricosa** (Z.P. Wang et N.X. Ma) Ohrnb.（图9-204），秆基中部约有10个以上的节间在中部膨大如佛肚状，但节并不交互歪斜，模式标本采自安吉竹博园。⑯龟甲竹 'Kikko-chiku'（图9-205），秆基部数节或中下部10余节节部连续交互歪斜，上下节在一侧相连，而另一侧则鼓胀呈龟甲状，其余节间正常，但一级分枝明显较长（与同等粗度的毛竹相比）。

图9-204　佛肚毛竹

图9-205　龟甲竹

16. 金竹 黄皮刚竹 （图9-206）

Phyllostachys sulphurea (Carriere) Riviere et C. Riviere — *P. faberi* Rendle — *P. chlorina* T.H. Wen — *P. villosa* T.H. Wen — *P. viridis* (R.A.Young) McClre form. *aurata* T.H. Wen

秆高6~10m，直径4~8cm，秆及枝呈金黄色，节间在10倍放大镜下可见猪皮状小凹穴（尤以节下明显），有的秆节间（非沟槽处）具1~2条甚狭长的纵绿条纹；分枝以下的节仅具箨环，秆环不明显，箨环下有一圈残缺的绿色环。箨鞘呈黄色并具绿纵纹及不规则的淡棕色斑点，无

图9-206 金竹

毛；无箨耳及鞘口䍁毛（细秆的箨鞘上可具明显的箨耳及䍁毛，斑点稀疏或近无）；箨舌显著，初呈黄绿色，后变为淡褐色，先端平截或微弧形，边缘具粗须毛；箨片细长呈带状，其基部宽为箨舌的2/3，反转下垂，平直或微皱，绿色，边缘橘黄或橘红色。小枝具2～3叶；叶耳及䍁毛发达；叶片长6～16cm，宽1～1.5cm，下面基部有毛。笋期5月上中旬，可持续到9月仍有少量发笋。

产于全省各地。栽培或成片野生竹林。分布于安徽南部和江西西北部，国内中部和东部一些城市有引种栽培。

著名观赏竹，秆金黄色，叶秋冬季也呈淡绿黄色，观赏价值甚高，丛植或片植尤佳。

16a. 刚竹（变种）（图9-207）
var. **viridis** R.A. Young — *P. viridis* (R.A. Young) McClure

与金竹的区别在于其秆型更粗大，秆绿色，节间无其他颜色的纵条纹；秆箨箨鞘颜色及斑块颜色均较深；叶片绿色，也无其他颜色的纵条纹。

图9-207 刚竹

产于全省各地。多生于山坡的中上部或在河漫滩地生长，形成大面积纯林。分布于黄河流域和长江流域及福建、台湾。

笋期晚且持续时间长，水稍煮并漂后味道尚可，是江南重要的夏秋季食用笋，唯产量不高；秆坚硬，韧性好，是制作农具柄的优良材料。

金竹在浙江还有3个变型：①黄槽刚竹 form. **houzeauana** (C.D. Chu et C.S. Chao) C.S. Chao et Renv.（图9-208），秆绿色，节间分枝一侧纵沟槽黄色或淡黄色；叶片绿色，也无其他颜色的条纹。②黄皮绿筋刚竹 form. **robertii** C.S. Chao et Renv.，刚解箨时的新秆呈黄绿色，被有较多的白粉，后逐渐变成金黄色。③绿槽刚竹 form. **viridisulcata** (P.X. Zhang) P.X. Zhang（图9-209），秆黄色，节间分枝一侧纵沟槽绿色，秆下部的少数节间还有一些绿色细纵条纹，模式标本采自安吉。

图9-208 黄槽刚竹

图9-209 绿槽刚竹

17. 甜笋竹 （图9-210）

Phyllostachys elegans McClure

秆高4～9m，直径可达5cm，新秆密被白粉，完全无毛，有细密的纵肋。箨鞘淡棕紫色，具较密的褐色小斑点和明显的白粉，背面无毛或有时在两侧被稀疏而直立的刚毛，脉上微带紫色并且背面全部具有分散的淡褐色小斑或结合成直线；具较发达的镰形箨耳，有时有1枚不完全发育，边缘着生弯曲的长继毛；箨舌先端稍拱突，比较狭，高约2mm，边缘波状，着生粗纤毛；箨片狭长带形，强烈皱曲和反折。叶鞘常具叶耳及继毛；叶舌伸出，紫色；叶片通常长10cm，宽1.7cm，下面密生柔毛。

原产于江苏南部、安徽、湖南、广东和海南等地。安吉、富阳、临安、庆元等地有引种栽培。

为重要的笋用竹种，笋产量高，味鲜美，可供鲜食；秆可整材使用。

图9-210 甜笋竹

18. 高节竹 洋毛竹 钢鞭哺鸡竹 （图9-211）

Phyllostachys prominens W.Y. Xiong

秆高10m，直径达7cm，新秆深绿色，无白粉，后呈绿色，节间缢缩；秆环强烈隆起，箨环也隆起。箨鞘淡褐黄色，或略带淡红色，边缘褐色，斑点密生，近顶部尤密，呈黑褐色，中下部较分散，疏生白毛，下部箨鞘斑点呈块状，黑褐色；箨耳甚发达，矩圆形或镰状，紫色或带绿色，鞘口繸毛较短；箨舌发达，紫黑色，先端波状，疏生长纤毛；箨片带状披针形，橘红色或绿色而有橘黄色边缘，强烈皱褶，反曲（小秆箨鞘黄色，斑点相对较少，箨片绿色而有黄色边带）。每小枝具2~3叶，叶鞘边缘有白毛；初有叶耳和长繸毛，后脱落；叶舌隆起，黄绿色；叶片长8.5~18cm，宽1.3~2.2cm，下面仅基部被白毛。笋期4月下旬至5月中旬。

产于安吉、德清、富阳、临安、余杭、余姚、天台、泰顺等地，多栽培于房前屋后。分布于安徽南部和江西（浮梁）。模式标本采自杭州植物园。

笋味鲜美，可供鲜食，也是加工水煮笋和即食笋的优良原料；秆节甚隆起，不易劈篾，宜整材使用，多作柄材或搭设棚架用。

图9-211 高节竹

19. 桂竹 五月季竹 麦黄竹（图9-212）
Phyllostachys bambusoides Siebold et Zucc.

秆高7~13m，直径3~10cm，新秆绿色，无毛，无白粉或仅节下略有白粉。箨鞘黄褐色，其中上部密生紫褐色斑点与斑块，中下部较稀疏，被稀疏白粉并生有淡黄色易落的灰白色小刚毛；箨耳通常较发达，镰形或窄镰形，两箨耳常大小不等或在小秆和下部的箨常无箨耳或有时仅具1枚，常为黄绿色或带紫色，边缘紫红色，生有发达的放射状黄绿色弯曲的繸毛；箨舌褐色，先端微弧形，边缘具纤毛；箨片带状，中部绿色，向外为淡紫红色带黄色，最外为鲜黄色，秆下部者微皱曲，上部者平直，外翻。小枝具3~5叶；叶耳及繸毛发达；叶舌淡紫色；叶片长4~15cm，宽1~2.5cm，仅下面基部被毛。笋期5月。

产于安吉、富阳、临安、余姚、天台、遂昌、莲都、庆元、苍南等地，常在山坡形成成片纯林。分布于黄河流域及其以南各地，从东南沿海至西南横断山脉以东均有野生竹林。

笋略带涩味，可供食用；重要的材用竹种，秆体粗大，竹材坚韧，篾性亦好，作船篙、晒衣竿、农具柄等用，也是制作竹剑等工艺品的优质原料，并可劈篾编织竹席、竹垫和器具等。

桂竹因其竹秆颜色的不同而有多个变型，在浙江均有栽培。①金明竹 form. **castillonis** (Mitford) Muroi（图9-213），秆主要为黄色，节间分枝一侧纵沟槽绿色，并在纵沟槽之外还偶有1~2绿色细纵条纹，部分叶片也有少数淡黄色细纵条纹。②对花竹 form. **duihuazhu** C.J. Wu，秆绿色，节间分枝一侧纵沟槽中有紫褐色斑点或不规则条斑，其余无此斑。③斑竹 form. **lacrima-deae** Keng

图9-212 桂竹

图 9-213　金明竹

图 9-214　斑竹

图 9-215　黄槽斑竹

图 9-216　寿竹

f. et T.H. Wen（图9-214），秆绿色，有紫褐色或淡褐色斑点或斑块。④黄槽斑竹 form. **mixta** Z.P. Wang et N.X. Ma（图9-215），秆具斑点，并具黄色沟槽。⑤寿竹 form. **shouzhu** T.P. Yi—*P. pinyanensis* T.H. Wen（图9-216），秆径可达13cm，新秆微被白粉，秆环较平，节间较长，中部的一般在35～40cm，最长可达50cm，秆箨箨鞘无毛，通常无箨耳和鞘口繸毛。

20. 白哺鸡竹（图9-217）

Phyllostachys dulcis McClure

秆高7～11m，直径4～6cm，初时完全无毛，有白粉，节间长达25.5cm，通常有淡白色或浅黄色细条纹；节稍隆起，粉环狭窄，被厚层白粉。箨鞘背面生有较密集易落的灰白色小刚毛，有稀疏的块状白粉，新鲜时有稍宽的淡白色或浅黄色条纹和淡褐色稀疏斑点；箨耳卵形或狭短圆形，外延，密生柔毛，鞘口繸毛甚发育，箨耳和鞘口繸毛初时绿色；箨舌短，背面粗糙，先端宽弧形，边缘稍有细纤毛；箨片狭三角形或带形，强烈皱曲，通常上举，稀反折，腹面基部有刚毛。小枝通常具2～3叶，叶鞘初无毛或近无毛；叶耳和鞘口繸毛多变，常不发育，有时甚发育；叶舌显著伸出；叶片长9～14cm，宽1.5～2.5cm，通常至少在基部有柔毛。

产于绍兴、长兴、安吉、德清、余杭、萧山、富阳、临安、天台和泰顺等地，大多为栽培。分布于江苏南部和安徽东南部。模式标本采自美国栽培植株（1907年F.N. Meyer引自余杭塘栖）。

优质笋用竹种，笋体壳薄肉嫩，味道鲜美，可供鲜食；秆材篾性差，可整材使用。

图9-217 白哺鸡竹

21. 粉绿竹 （图9-218）
Phyllostachys viridi-glaucescens (Carriere) Riviere et C. Riviere

秆高约8m，直径4～5cm，新秆节部带紫色，节间无毛，密被白粉；节中度隆起，秆环略高

图9-218 粉绿竹

于箨环。箨鞘淡紫褐色或淡黄绿带褐色，有暗褐色稀疏或中等密度的小斑点，有时近顶端较密而呈较大的斑块，被黄色刚毛；箨耳长，狭镰形，紫褐色至淡绿色，边缘具长达2cm的繸毛；箨舌狭，强烈隆起，紫褐色、褐色或近先端淡褐色，先端呈弓形，两侧下延，略有缺刻，生白色短纤毛；箨片带状，中间黄绿色，边缘橘黄色（细秆的箨常为绿褐色，边缘淡绿黄色或淡黄色），上半部皱曲或后期近平直，外翻。小枝具1～3叶，叶鞘有白色短柔毛；叶耳不明显，有易脱落的繸毛；叶舌强烈伸出，边缘有缺裂；叶片长9.5～13.5cm，宽1.2～1.8cm，下面基部有柔毛。笋期4月下旬。

产于安吉、富阳、宁波等地，野生或栽培。分布于江苏和江西。

笋味鲜美，可供食用；整秆可作柄材。

22. 黄槽竹 （图9-219）

Phyllostachys aureosulcata McClure

秆高达8m，直径达3cm，新秆多少有厚白粉或倒生糙毛，沟槽部位黄色或绿黄色，其余之处绿色；节微隆起，上下均有粉环。箨鞘颜色多变，淡白色、黄色、淡紫红色和绿色，初时具厚而疏松的白粉，无毛或秆基部之箨在基部偶有倒向糙毛；箨耳有时在同一秆上多变，在基部常不发育，其余则甚发育，镰形或卵形，通常由箨片基部下延而成，有时与箨片基部分离，淡紫色，多少皱曲，鞘口繸毛稀少或较多，或当箨耳缺失时不发育；箨舌高3～4mm，先端甚拱突，边缘波状，具极细的纤毛和粗糙的流苏状粗纤毛；箨片狭三角形，不皱曲。小枝具3～5叶；叶耳和鞘口繸毛多变；叶舌长达1.5mm；叶片长约15.5cm，宽约1.9cm，下面基部密被柔毛或硬毛。

分布于河北、江苏。安吉、德清、临安、杭州市区及富阳等地有引种栽培。

笋味一般，可食用。秆无大用，主要栽培供观赏。

图9-219 黄槽竹

图 9-220　黄秆京竹

黄槽竹因其竹秆颜色的不同而有多个变型，浙江均有引种栽培。①黄秆京竹 form. **aureocaulis** Z.P. Wang et N.X. Ma（图9-220），秆全部为硫黄色，或基部1或2个节间有绿线条；叶片有时也有淡黄色细纵条纹，模式标本采自安吉竹博园。②金条竹 form. **flavostriata** S.J. Zhao，秆绿色，节间分枝一侧纵沟槽亦为绿色，沟槽之外的其余部位有许多宽窄不等的黄色纵条纹；叶片偶有淡黄色纵条纹。③京竹 form. **pekinensis** J.L. Lu（图9-221），全秆始终绿色，无彩色条纹。④金镶玉竹 form. **spectabilis** C.D. Chu et C.S. Chao（图9-222），秆金黄色，纵沟槽绿色。⑤花叶京竹 form. **vittata** X.Y. Zeng，秆绿色，无其他颜色的条纹；叶绿色，但有白色或黄色细纵条纹。

图 9-221　京竹

图 9-222　金镶玉竹

23. 美竹 硬壳竹 （图9-223）

Phyllostachys mannii Gamble — *P. decora* McClure — *P. helva* T.H. Wen

秆高达7m，直径达3cm，秆箨脱落后节和节间上部具稀疏极短而粗糙的倒向刺毛，后变无毛，初时无或微有白粉，后在节上有密集的白粉；秆环及箨环中度且近等高的隆起，箨环无毛。箨鞘背面无毛无白粉，无斑点或具有稀疏的淡褐色小斑点，且有深绿色、淡绿色和白色的纵条纹，有时几乎完全呈白色，沿脉带紫色；箨耳1~2个或缺失，多变，狭镰形，淡褐色，无继毛或少数淡褐色继毛；箨舌初带紫色，极宽而较短，先端截形或微呈波状或微拱突，边缘有白色纤毛或淡褐色粗糙而粗壮的流苏状刚毛；箨片宽披针形至带状。叶鞘有微弱的叶耳或退化，鞘口继毛少且易落；叶舌几不伸出，初带紫色；叶片下面微粗糙。笋期4月。

产于安吉、富阳、临安、天台、泰顺等地。常生于河溪边及山坡地或栽培。分布于黄河流域至长江流域，向西直到西藏的南部，野生或栽培。

笋味略苦，可食用，细笋也可制作笋干；为重要的材篾用竹种之一，秆的节间长，易劈篾，篾性甚好，供编织篮、席等用品，也可整材使用。

图9-223 美竹

24. 云和哺鸡竹 乌龟笋竹 （图9-224）

Phyllostachys yunhoensis S.Y. Chen et C.Y. Yao

秆高5~6m，直径3~4cm，中部节间长一般13~14cm，新秆绿色，被白粉，老秆色较淡，被淡灰色粉；秆环与箨环稍隆起，同高，节内长2mm，箨环下具狭白粉圈。箨鞘暗绿色至棕黄色，密被酱色细点与斑，先端尤密，光滑无毛，微被白粉；箨耳绿色，镰刀形或卵形，脱落性，耳缘密被紫色长继毛；箨舌微弧形，呈浅驼峰状，紫色，先端有紫色长纤毛；箨片带状，外翻，笋幼时呈绿紫色，长高后中间绿色，两侧边缘橘黄色。每小枝具2~3叶，通常为2叶；无叶耳和鞘口继毛；叶舌膜质，高1.5mm；叶片披针形，长9.5~14cm，宽1.6~1.9cm，侧脉4~5对，一般5对。笋期4月中旬。

浙江特有，产于丽水各地，多为栽培。模式标本采自云和县城附近。

笋味鲜美，可供鲜食；秆篾性不佳，可整材使用。

图9-224　云和哺鸡竹

25. 红壳雷竹 （图9-225）
Phyllostachys incarnata T.H. Wen

秆高5m，直径3cm，幼秆被白粉，节下尤甚，无毛，老秆仅节下有白粉环；秆环甚为隆肿，高度为箨环2倍以上，箨环不明显。秆箨全部无毛，具稀疏褐色斑点，中下部者淡肉红色，至先端渐变为淡绿色；中、下部的秆箨均具箨耳，近基部的秆箨箨耳尤为发达，箨耳紫褐色，镰刀状至卵状，边缘具屈曲的紫褐色繸毛；箨舌高2mm，近截形，中部有尖峰，先端边缘撕裂并具细纤毛；箨片浅灰绿色，反转，长三角形至锥状，先端渐尖，不皱褶。小枝具4～5叶；叶耳发达或缺如，卵状，边缘繸毛放射状；叶舌半圆状，先端有数根粗毛直立；叶片披针形，长7～10cm，宽1～1.4cm，下面被细柔毛。笋期较早而且笋期持续时间较长，可从3月上中旬至5月中下旬。

浙江特有，产于莲都、遂昌、松阳等地，多为房前屋后栽培。模式标本采自遂昌大柘镇永安。

笋期持续时间较长，笋味尚可，产量高，是良好的笋用竹种；竹材通直，但壁较薄，篾性不佳，可整材使用；笋色鲜艳，秆挺直，枝叶浓密，可供栽培观赏。

图 9-225　红壳雷竹

26. 衢县红壳竹　红壳竹　（图 9-226）
Phyllostachys rutila T.H. Wen

秆高达 11m，直径 3~5cm，新秆初被白粉，无毛；节隆起，秆环肿胀。箨鞘新鲜时鲜红色，具褐色斑点与纵脉，接近箨鞘顶部特别密集，呈云烟状，中下部斑点渐稀疏，外面被疏毛，边缘光滑无毛；箨耳通常极为发达，有时微弱，长椭圆状至卵状，边缘有屈曲开展繸毛，长达 2cm；箨舌紫色，先端呈弓状突起，有缺裂，高 5~6mm，两边略为下延，先端边缘有粗纤毛；箨片绿色，后变紫色，狭披针形，通常皱褶或平直。小枝具 1~2 叶；无叶耳与繸毛；叶舌长 1~1.5mm，先端截状或卵状；叶片长 10~13cm，宽 1.5~2cm。

图 9-226　衢县红壳竹

产于衢州及安吉、德清、富阳等地，多为栽培。分布于江苏。模式标本采自衢州衢江区。

浙江西部重要的笋材两用竹种之一；笋味较好，产量高，供鲜食；秆可整材使用。

27. 灰水竹 （图9-227）
Phyllostachys platyglossa Z.P. Wang et Z.H. Yu

秆高约8m，直径约3.5cm，新秆深绿色带紫色，解箨后被白粉；秆环微隆起约与箨环同高。幼笋淡红褐色，被粉，有时有白色条纹。箨鞘厚纸质，被疏粉，淡红褐色带淡绿色，有稀疏至中度褐色小斑点和稀疏小刺毛，箨边紫色，具灰白色纤毛；箨耳卵形至镰刀形，紫色，上有紫色长继毛；箨舌宽短，截形至弧形，紫色，边缘有淡紫色纤毛；箨片带状，绿紫色至绿色，外翻，皱曲。小枝具2叶；鞘口有少数继毛；叶舌很短，截形；叶片长7～14cm，宽1.2～2.2cm。笋期3月下旬至4月初。

产于安吉，系栽培。分布于江苏南部、安徽东南部。模式标本采自安吉三官乡。

为重要的笋材两用竹种之一。笋味较好，产量高，可供鲜食或制作笋干；秆篾性甚好，可编制各类器具，也可整材用作农具柄、帐竿等。

图9-227 灰水竹

28. 富阳乌哺鸡竹 哺鸡竹 （图9-228）
Phyllostachys nigella T.H. Wen

秆高达7m，直径4cm；秆环中度隆起，箨环与秆环同高，节下有白粉环。箨鞘新鲜时呈棕色至灰绿色，密布云烟状云斑，至上部尤密，甚少空隙，疏生脱落性细柔毛；箨耳新鲜时呈紫黑色，左右不匀称，有时仅具1箨耳，卵状，表面粗糙，边缘有长繸毛；箨舌紫黑色，高2mm，先端截形，边缘有细睫毛；箨片淡紫色，边缘黄色，背面有绒毛，通常反转而不皱褶，或有时有皱褶。小枝具4～6叶，叶鞘表面具细柔毛，边缘有睫毛，鞘口有发达的繸毛；叶耳发达，呈镰刀状，边缘有星状四射的繸毛，繸毛长12mm；叶舌卵状；叶片长10～15cm，宽1.3～1.9cm，下面密被厚绒毛。

浙江特有，产于富阳，系栽培，安吉、临安有引种。模式标本采自富阳东洲三合。

笋味鲜美，供鲜食；秆可用作柄材，其篾性亦佳，可供编制器具。

图9-228　富阳乌哺鸡竹

29. 乌哺鸡竹　（图9-229）
Phyllostachys vivax McClure

秆高达12m，直径达7cm，完全无毛，新秆被厚层白粉；节突隆起，粉环稍宽。箨鞘矩圆形，背面和边缘完全无毛，初有白粉，具密集的淡褐色斑点；箨耳和鞘口繸毛（除幼年竹丛外）不发育；箨舌极短，甚弧形，两侧下延，边缘有细纤毛或近无毛；箨片狭三角形或近带形，凹槽状甚皱曲。小枝具2～4叶，叶鞘无毛，边缘有细纤毛；叶耳在顶端的鞘上通常不发育，其余微发育或中度发育；鞘口繸毛在上部之鞘上通常少而平伏，在下部之鞘上通常多而呈放射状；叶舌短，先端弧形，不久破裂，边缘波状稍有细纤毛；叶片长15～19cm，宽2.3～2.8cm，下面向基部沿中

一八四　禾本科 Poaceae

图 9-229　乌哺鸡竹

图 9-230　黄秆乌哺鸡竹

图 9-231　黄纹竹

图 9-232　绿纹竹

脉有柔毛。

产于安吉、德清、萧山、富阳、新昌、余姚、莲都、遂昌、松阳等地，多系栽培。分布于江苏、安徽和河南。模式标本采自美国栽培植株（1907年F.N.Meyer引自余杭塘栖）。

优良笋用竹种，笋味美、产量高；秆篾性差，可整材使用。

乌哺鸡竹在浙江还有3个变型，均为栽培。①黄秆乌哺鸡竹 form. **aureocaulis** N.X. Ma（图9-230），秆黄色，极少数节间在分枝一侧外有1～2条绿色细纵条纹；部分叶片有少数淡黄色细纵条纹；模式标本采自安吉竹博园。②黄纹竹 form. **huangwenzhu** J.L. Lu（图9-231），秆绿色，但节间分枝一侧纵沟槽黄色，或纵沟槽内有黄色纵条纹。③绿纹竹 form. **viridivittata** P.X. Zhang et G.H. Lai（图9-232），秆黄色，节间分枝一侧纵沟槽绿色，纵沟槽之外还有少数绿色细纵条纹；部分叶片有少数淡黄色细纵条纹，模式标本采自安吉。

30. 角竹 （图9-233）

Phyllostachys fimbriligula T.H. Wen

秆高9m，直径达5cm，节间长20～25cm，绿色无毛；节甚隆起，两环近同高，无毛，节下具白粉环。箨鞘初绿色带红褐，被酱色斑点与脱落性疏毛，边缘秃净无毛；先端收缩无箨耳；箨舌山峰状突起，两边下延，有时略呈弓状，先端边缘具流苏状屈曲长达1cm之纤毛；箨片直立，狭带状，不皱褶。每小枝具3～4叶，叶鞘长35mm，无毛，有纵脉隆起；叶耳卵状，边缘有继毛呈放射状开展，长13mm；叶舌高约1mm，卵状，边缘具纤毛；叶片披针状，长8～15cm，宽1～1.8cm，上面绿色无毛，下面灰绿，被细柔毛，侧脉4～5对，两面均现小横脉。

浙江特有，产于安吉、德清、富阳、上虞、余姚、金华市区、天台、泰顺等地，农家栽培，20世纪90年代中期普遍开花，后多得以恢复成林。模式标本采自上虞长塘镇罗村。

著名高产笋用竹种，但笋味一般，适宜加工成水煮笋罐头；秆篾性不佳，可整材使用。

图9-233 角竹

31. 尖头青竹 （图9-234）
Phyllostachys acuta C.D. Chu et C.S. Chao

秆高6~9m，直径4~7cm，中部节间长20~25cm，新秆无白粉；节紫色，秆环微隆起。箨鞘绿色，光滑，无白粉，疏生易脱落的刚毛或近于无毛，斑点在中部密集，呈深褐色，上部和下部斑点较分散；无箨耳和鞘口䍁毛；箨舌隆起，紫绿色，先端波状，有白色短纤毛，两侧多少下延；箨片带状，外面暗绿紫色，边缘黄色，里面绿色，平直下垂。小枝具3~5叶，叶鞘初被细毛，后脱落，上部边缘有缘毛；叶耳半圆形，鞘口䍁毛宿存，长5~10mm；叶舌隆起；叶片带状披针形或披针形，长9~17cm，宽1~2.2cm，下面被细短毛，沿叶脉毛较密。笋期4月。

产于杭州郊区、富阳等地，系栽培。分布于江苏、福建。模式标本采自杭州古荡。

重要的笋用竹种之一，笋味好，产量高；秆篾性不佳，可整材使用。

图9-234 尖头青竹

32. 石绿竹 三月竹 （图9-235）
Phyllostachys arcana McClure

秆高4~7m，直径1~3cm；节甚隆起。箨鞘通常有稀疏褐色斑点，被厚层白粉，秆上部的箨有时几无斑点；箨耳和鞘口䍁毛不发育；箨舌先端强烈弧形，在上部的箨甚耸起，边缘波状，有极脆的细纤毛，两侧下延；箨片开展，多少呈槽形、波状，在基部的箨上短，通常近心形或披针形，有时甚反折，上面的披针状线形，开展，无毛。小枝具2~3叶，叶鞘（除上面有柔毛之外）无毛或近无毛；叶耳和鞘口䍁毛不发育；叶舌甚伸出，先端弧形，边缘近无毛或略有细毛；叶柄上面向基部通常有微柔毛，此外全部无毛；叶片长约15cm，宽约2cm，两面无毛（在细秆或老秆有时下面有小刚毛）。笋期3月下旬至4月上中旬。

产于安吉、江山等地。多生于山坡上部，可形成小面积纯林，也可在山区河岸两侧连片分布。分布于黄河流域和长江流域及以南各地。

笋壳薄肉厚，味道鲜美，可供鲜食，也是制作笋干的优质原料；秆节鼓，篾性差，但材质坚硬，作瓜豆架和塑料大棚支架尤佳。

石绿竹在浙江还有1个变型：黄槽石绿竹 form. **luteosulcata** C.D. Chu et C.S. Chao，秆主要为绿色，但节间分枝一侧纵沟槽黄色。

图9-235 石绿竹

33. 早竹 雷竹 早哺鸡竹 （图9-236）

Phyllostachys violascens (Carrière) Rivière et C. Rivière —— *P. praecox* C.D. Chu et C.S. Chao

秆高6~11m，直径3~8cm，节间短而均匀，长多不及20cm；新秆节带紫色，密被细块状

图 9-236 早竹

白粉，节下有白粉环，无毛，基部节间常具紫色晕斑和淡绿黄色的纵条纹；老秆灰绿色或黄绿色，有褐色、淡褐色或黄褐色纵条纹。箨鞘褐绿色或淡黑褐色，被白粉，无毛，密被褐斑，顶部尤密；箨耳及鞘口䍁毛不发育；箨舌先端拱突，具短须毛，中上部箨的箨舌两侧明显下延；箨片长矛形至带形，绿色，秆中下部的强烈皱褶，上部者近平直，反转。小枝具2～4叶；叶耳及䍁毛较发达；叶舌淡紫红色伸出；叶片长8～14cm，宽1～2cm，下面被短柔毛。笋期为3月下旬至4月上旬或更早，故谓之早竹。

图 9-237 黄条早竹

产于全省各地，尤以浙西北的临安、安吉面积最大。在长期的栽培过程中，产生了许多优良品种，有笋期极早者，还有笋味更佳者等。分布于安徽东南部，一些省份有引种并有成片种植。

著名笋用竹种，笋期早，味鲜美，产量高，适于加工，也适于覆盖并提前出笋，可供鲜食或制作笋干，经济效益颇佳；秆材壁薄性脆，仅可作瓜豆架或拖把柄等。

早竹在浙江还有2个变型，均为栽培。①黄条早竹 form. **notata**（S.Y. Chen et C.Y. Yao）G.H. Lai（图9-237），秆主要为绿色，但节间分枝一侧纵沟槽黄色，模式标本采自德清。②花秆早竹 form. **viridisulcata**（P.X. Zhang et W.X. Huang）G.H. Lai（图9-238），秆与枝条沟槽部位绿色，节间金黄色并间有少量绿色纵条纹，笋箨有少量黄色纵条纹，模式标本采自安吉。

图9-238　花秆早竹

34. 红边竹　囡儿子竹　（图9-239）
Phyllostachys rubromarginata McClure

秆高4～8m，直径2～3cm，节间相对很细长，在粗的竹秆上可长达40cm，无白粉，脱箨后逐渐被一层薄蜡粉，细秆上无毛，粗秆上稀疏散生倒向小刚毛，节平。箨鞘淡绿色带淡紫红色，通常多少具条纹或背面杂有红色，边缘紫红色，无斑点或在大笋上具稀疏小斑点，基部被一圈白色短毛；无箨耳，仅具几根易脱落的繸毛；箨舌短，微凹或平截，先端通常多少有些歪斜，紫红色，边缘具细长须毛，背部生有红色粗糙的刚毛；箨片绿色，边缘及顶端紫红色，平直，矛形至长披针形。小枝具1～2叶；叶耳不发达，具放射状繸毛；叶舌紫红色，边缘生纤毛；叶片长10～17cm，宽1.2～2.2cm，下面有稀疏柔毛至无毛。

产于安吉、余姚、武义、莲都、遂昌、龙泉、庆元、青田等地。常生于山坡下部灌丛中或溪沟边。分布于安徽、福建、江西、河南、湖南、广东和广西等地。

笋味尚可，可供食用；秆通直，节平，篾性甚佳，可编制各种精细竹器。

一八四　禾本科 Poaceae

图 9-239　红边竹

35. 罗汉竹　人面竹（图 9-240）
Phyllostachys aurea Carriere ex Rivière et C. Rivière

秆高 3～8m，直径 2～3cm，部分秆的基部或中部以下数节极为短缩而呈不对称肿胀、短缩，或节间于节下有长约1cm的一段明显膨大；新秆被白粉，节下白粉较多；箨环和箨鞘基部均有一圈白色纤毛。箨鞘淡紫色至黄绿色，被稀疏褐斑，两边呈焦枯状；无箨耳及繸毛；箨舌极短，平截或微突，高约1mm，边缘具长纤毛；箨片带状，边缘枯黄色，下部的常皱褶，上部的平直反转下垂，基部宽明显窄于箨鞘顶部宽。小枝具3~5叶，叶鞘无毛；无叶耳，无繸毛或稀疏具毛；叶片长6~12cm，宽1~1.8cm。笋期5月上中旬。

产于全省各地。庭园栽培，在山区也有少量自然分布，多生于山坡中下部。分布于黄河以南各地，欧美各国都有引种。

竹秆畸形多姿，为著名观赏竹种。秆可作手杖、伞柄、钓鱼竿等；笋味鲜美，可供食用。

罗汉竹在浙江还有2个变型，均为栽培。①黄槽罗汉竹 form. **flavescens-inversa**（H. de Lehaie）Muroi（图9-241），秆绿色，节间分枝一侧纵沟槽黄色，极少数叶片有黄色细纵条纹。②绿槽罗汉竹 form. **koi** G.H. Lai，秆主要为黄色，节间分枝一侧纵沟槽绿色，部分叶片有乳白色或黄色细纵条纹，模式标本采自临安（浙江农林大学）。

图9-240　罗汉竹

图9-241　黄槽罗汉竹

36. 毛环竹 浙江淡竹 淡红竹（图9-242）
Phyllostachys meyeri McClure

秆高6～11m，直径3～7cm，新秆无毛，被中度白粉，刚解箨时箨环上有一圈细短的白纤毛。箨鞘淡紫红色，薄被蜡粉，具较密的褐色斑点或斑块，上部两侧常呈焦枯状，最基部具极窄一圈短细毛，箨鞘顶端狭窄；无箨耳及鞘口繸毛；箨舌较弱，先端平截或微突，边缘具短纤毛；箨片长矛形至带形，反转微皱，淡绿色，边缘为橘黄色或橘红色。小枝具3～5叶；叶耳和繸毛变化较大，细秆上可发育甚好；叶舌明显伸出；叶片长16cm，宽2.9cm，下面基部密生柔毛。笋期为4月下旬至5月上中旬。

产于湖州、杭州及余姚、天台、龙泉、庆元、苍南、泰顺等地。多生于河流两岸或山坡，组成大面积纯林。分布于陕西南部、河南和长江流域及以南各地。模式标本采自美国栽培植株（1907年F.N. Meyer引自余杭塘栖）。

笋味淡，并稍有涩味，可食；秆易作海船帆篷的横档和伞骨，也是工艺用"白竹"的重要原材料，篾性甚佳，可编制各种器具。

图9-242　毛环竹

37. 东阳青皮竹 （图9-243）

Phyllostachys virella T.H. Wen

秆高6m，直径5cm，幼秆无白粉，被细柔毛，老秆节内与节下具白粉；秆环隆起具脊，比箨环高。箨鞘初时呈灰绿色，上部边缘染有紫色，无毛，边缘秃净，基部的箨鞘内面新鲜时带紫红色，大秆的箨鞘具稀疏均匀小斑点，小秆箨鞘斑点较少或近无斑；箨耳均缺如；箨舌深紫色，高1mm，宽13mm，先端截状，有直立长纤毛，长5mm，紫色，纤毛表面有微毛；箨片带状至三角形，直立，略有皱褶，绿色，边缘紫色。小枝具2~3叶，叶鞘边缘有纤毛；叶耳缺如，鞘口䍁毛3~5根直立；叶舌高1mm，先端截状，边缘有纤毛，长1~2mm；叶片长11~16cm，宽2~2.5cm，两面无毛。笋期为5月上中旬。

浙江特有，产于东阳、永康、武义和缙云。河漫滩或山谷洼地野生。模式标本采自东阳巍山镇朝阳沙滩。

笋味淡，可食用；秆篾性较好，可编制生活器具。

图9-243 东阳青皮竹

38. 毛壳花哺鸡竹

Phyllostachys circumpilis C.Y. Yao et S.Y. Chen

秆高5~7m，直径3~4.5cm，新秆深绿色；箨环上着生明显的细柔毛，二年生至三年生老秆箨环上的细柔毛尚留存。幼笋淡棕色至乳黄绿色，有深褐色的斑块和斑点。箨鞘淡乳黄绿色，有明显淡紫色脉纹和褐色斑点与斑块，密被灰白色倒生短刺毛，边缘有短纤毛；下部箨鞘无箨耳，中上部箨鞘有绿紫色箨耳和继毛；箨舌较短，平截至弧形，先端有密集流苏状、绿色至淡紫色纤毛，长达5mm；箨片外翻，带状披针形，皱曲，绿紫色，边缘乳黄带紫色。第10～16节开始分枝，枝与秆成60°～70°。小枝具2～3叶；叶耳发达，有长继毛；叶舌隆起；叶片长7.8～12cm，宽1.8～2cm。笋期为4月中下旬。

浙江特有，原浙江农业大学校园（现浙江大学华家池校区）和杭州植物园曾有栽培，1979年开花后死亡，最近经在杭州附近地区多次考察，均未发现活竹丛，是否已经灭绝，有待进一步调查证实。模式标本采自杭州植物园。

笋味甜鲜，可供食用；竹秆篾性较差，仅作一般用途。

39. 假毛竹 （图9-244）

Phyllostachys kwangsiensis W.Y. Hsiung et al.

秆高8～16m，直径4～10cm，节间长度较均匀，长25～35cm，新秆绿色，密被毛；箨环上下均有白粉环，分枝以下秆环平，老秆黄绿色或黄色。箨鞘褐紫色，长于节间，疏生深褐色小斑点，下部秆箨被紫褐色毛，上部秆近无毛；箨耳不明显，继毛发达，紫色；箨舌短，弧形，密生紫色长纤毛；箨片紫绿色，长披针形至带状，长达30cm。每节2分枝，1枚特大，1枚特小。每小枝具1～4叶，叶鞘灰绿色；继毛发达，脱落性；叶片带状披针形，长10～15cm，宽0.8～1.5cm，下面粉绿色，两面疏生柔毛。笋期4月。

原产于湖南、广东和广西，广西有较大面积分布。安吉、富阳、临安等地有引种栽培。

南方重要的材用竹种之一。笋味一般，可供食用；秆材坚韧细密，节间匀称，宜劈篾编制各种器具，整秆供建筑及家具用。

图9-244 假毛竹

40. 花哺鸡竹 （图9-245）

Phyllostachys glabrata S.Y. Chen et C.Y. Yao

秆高达6~7m，直径3~4cm，秆壁厚5mm，全秆40余节，最长节间长19cm，新秆深绿色无白粉，无毛略糙，二年生、三年生老秆灰绿色；箨环下无粉环，秆环平伏至隆起与箨环同高。笋红褐色至淡黄棕色；箨鞘较薄，淡红色至淡黄色稍带紫色，布满紫褐色小点并于箨鞘先端密集成云斑状，无粉，无毛，光滑；无箨耳和鞘口䍁毛；箨舌宽短，平截形至稍弧形，淡褐色，先端有短纤毛；箨片外翻皱褶，带状，紫绿色，两边紫红色至橘黄色。第12~18节开始分枝，枝与秆成50°~60°。每小枝具2~4叶，绿色，叶片较小，长8~11cm，宽1.2~2cm；叶耳绿色，有密集的绿色䍁毛；叶舌高2mm。笋期4月中下旬。

浙江特有，产于嘉兴、杭州及安吉、余姚、泰顺等地，均系栽培。模式标本采自杭州植物园。

笋产量高，味道尚佳，是浙江重要的笋用竹种之一；秆材脆，篾性不佳，可整材使用。

图9-245 花哺鸡竹

41. 天目早竹 （图9-246）

Phyllostachys tianmuensis Z.P. Wang et N.X. Ma

秆高达7m以上，直径3cm以上，幼秆亮绿色，光滑无毛，无白粉，老秆绿色；节较隆起，最初时带紫色，秆环与箨环同高。箨鞘无毛，微被白粉，浅红褐色，具小型褐色斑点，此斑点以箨鞘下部较密，上部次之，中部明显较稀疏，上部边缘红紫色，无纤毛；箨耳及鞘口䍁毛缺失；箨舌暗紫褐色，先端拱起或近于平截，边缘具短纤毛，背部有直立粗硬毛；箨片绿色，边缘黄色，长披针形至带状，外翻，先端或中部以上皱褶。分枝平展，每小枝具2或3叶；叶耳及鞘口䍁毛缺

图 9-246 天目早竹

失；叶舌稍发达，顶端弧形或近截形；叶片长椭圆状披针形，长15cm左右，宽2cm左右，下面具脱落性柔毛。笋期3月下旬至4月下旬。

产于安吉、富阳和临安，天目山区有大面积分布。多为栽培，也有野生，在海拔600~900m的高湿阴凉环境中生长表现尤佳。分布于安徽，黄山山区有大面积分布。模式标本采自安吉竹博园。

重要的笋材两用竹种之一，笋体细长，壳薄肉嫩，味道鲜美，可鲜食，适合制作笋干，是"天目笋干"的重要优质原料；秆篾性不佳，但可整材用于大棚支架、瓜豆架及小型柄材等。

42. 曲秆竹　甜竹（图9-247）
Phyllostachys flexuosa Riviere et C. Riviere

秆高4~7m，直径2~4cm，秆基部有时呈"之"字形曲折，节中度隆起，中部节间长达30cm或更长，有细纵肋；新秆微被白粉，节下白粉较多而呈蓝绿色，光滑无毛。箨鞘淡绿褐色或淡红褐色，具较密的紫褐色斑点，并常具紫色脉纹及宽窄不等的绿白色纵条纹，无毛，无白粉或稍有白粉；无箨耳及繸毛；箨舌狭而高，暗栗红色或黄绿色，先端截形或微弧形，多少有些歪斜，具深色粗长纤毛；箨片狭披针形或带状，绿色，边缘黄绿色，平直或上部略皱褶，外翻。小枝具2~3叶；无叶耳及繸毛；叶舌长1~2mm；叶片长8~12cm，宽1~2cm，下面基部具毛。笋期4月中旬。

产于安吉、富阳、临安、宁波市区、庆元等地，多为栽培。分布于河北、山西、陕西、江苏、安徽、河南和湖南。

笋味鲜美，可鲜食；秆韧性强，可劈篾供编制器具，也可整材使用。本种耐寒性强，适宜在我国北方地区种植。

图 9-247 曲秆竹

43. 遂昌雷竹 雷竹 （图 9-248）
Phyllostachys primotina T.H. Wen

秆高达9m，直径7cm，节间较短，丰满匀称，幼秆无毛，节下有白粉，老秆全部被白粉，呈白色；秆环轻度隆起，箨环无毛。箨鞘初时呈浅红色，具稀疏黑褐色细斑点，密被浅黄色刺毛，边缘有细毛密生；无箨耳，但鞘口两肩生有数根至10余根初时弯曲后近直立的淡黄绿色或棕色繸毛；箨舌棕色，十分隆起，两边下延，先端边缘具长12mm的流苏状直立纤毛；箨片反转皱褶，近基部内表面被细柔毛，两边具长纤毛。小枝具3～6叶，叶鞘表面被白色粗毛，边缘有纤毛；叶耳椭圆形，繸毛四射；叶舌高2mm，隆起，先端边缘具长3～4mm的纤毛；叶片9～17cm，宽1.4～2.2cm，下面具疏毛。笋期为2月下旬至4月。

图 9-248 遂昌雷竹

浙江特有，产于安吉、富阳、余姚、遂昌、龙泉、云和等地，系栽培。模式标本采自遂昌云峰镇光明。

笋可供食用，为高产优良笋用竹种之一；秆篾性不佳，可整材用于搭建棚架或制作农具柄。

44. 红哺鸡竹　红壳竹　红竹（图9-249）
Phyllostachys iridescens C.Y. Yao et S.Y. Chen

图9-249　红哺鸡竹

图9-250　花秆红竹

秆高8~12m，直径4~7cm，最粗可达10cm，秆基部节间常具淡黄色纵条纹，每节上半部被较厚白粉，下半部白粉较薄；秆环和箨环中度隆起。箨鞘紫红色，边缘及顶部颜色尤深，密被紫黑色斑点，光滑无毛，疏被白粉；无箨耳及繸毛；箨舌发达，紫黑色，先端弧形较隆起，边缘密生红褐色长须毛；箨片为颜色鲜艳的彩带状，边缘橘黄色，中间绿色、紫色，反转略皱褶。小枝具3~4叶；无叶耳，具稀疏脱落性繸毛；叶舌呈紫红色，中等发育；叶片较长，长9.5~17cm，宽1.2~2.1cm。笋期为4月上中旬。

产于湖州、杭州及余姚、天台、泰顺等地，系栽培。分布于江苏南部、安徽东南部，浙皖边界天目山区一带有大面积分布。模式标本采自杭州植物园。

重要的笋材两用竹种。笋味鲜美，宜鲜食，也是制作笋干和加工水煮笋的重要原料；秆通直，韧性佳，宜作船篙、晒衣竿、农具柄。

红哺鸡竹在浙江还有1个变型：花秆红竹 form. **heterochroma** P.X. Zhang（图9-250），新秆鲜黄色，有时中下部节间还染有红色晕斑；老秆黄色，节间分枝一侧纵沟槽绿色，少数节间还有1~2条绿色细纵条纹；部分叶片具黄白色细纵条纹。模式标本采自安吉良朋。

45. 嘉兴雷竹　乌桩头竹 （图9-251）
Phyllostachys compar W.Y. Zhang et N.X. Ma

秆高7~10m，直径5~8cm，节间长25~35cm，新秆绿色，具细纵脉纹，疏被白粉，节下粉较多；秆环中度隆起，稍高于箨环。秆箨箨鞘通常呈暗褐色带红色，有时呈绿褐色，被密集的黑紫褐色斑点和斑块，有白粉，光滑无毛，上部边缘有稀疏纤毛；箨耳和鞘口䍁毛缺失；箨舌宽短，高0.5~1mm，淡褐色，先端通常斜截形，有时稍呈弧形，但两侧均不下延，有白色短纤毛；箨片带状，绿紫色，中上部强烈皱褶，反折。分枝较高，开展。每小枝具3~4叶，叶鞘无毛；叶耳和鞘口䍁毛不发育，稀显著发育；叶舌伸出，长1~2mm，淡绿色，先端截形或斜截形；叶片带状披针形，长6~12cm，宽1.4~1.8cm，两面无毛，次脉4~5对。笋期3月末至4月中旬。

产于嘉兴及安吉、富阳等地，系栽培。上海各区亦有分布。模式标本采自安吉竹博园。

笋产量高，味道鲜美，为优良笋用竹种；秆壁较薄，可作一般材用。

图9-251　嘉兴雷竹

46. 浙江甜竹 （图9-252）
Phyllostachys zhejiangensis G.H. Lai

秆高7～9m，直径3～5cm，新秆节下或节间上半部有稀疏白粉，无毛；节微隆起至中度隆起，两环约等高。箨鞘黄褐色带绿色，边缘和顶部带褐色或淡褐色，背部被中等至较密的紫褐色斑点，上部尤密，无毛，被稀疏至中等密度均匀的白粉，有时中下部还有细块状白粉；箨耳和鞘口繸毛缺失；箨舌高2.5～3.5mm，褐色，先端截形或微弧形，具白色短纤毛；箨片披针形至带状披针形，褐绿色，有时还略带紫色，具淡黄绿色窄边，下半部近平直，上半部皱曲，外翻。

图9-252　浙江甜竹

小枝具3～4（5）叶，叶鞘光滑无毛；叶耳卵状突起，繸毛发达，放射状；叶舌伸出，先端弧形；叶片长11～18cm，宽2～2.9cm，基部有白色细柔毛。笋期4月下旬。

产于富阳，系栽培。安徽、江苏等地有引种栽培。模式标本采自安徽广德（1999年7月从浙江省林业科学研究院竹类植物园引种）。

笋产量高，味道鲜美，可鲜食或制作笋干；秆可整材使用或劈篾编制生活器具；枝叶繁茂浓绿，观赏效果甚佳，可用于造景或成片绿化。

47. 白壳竹 白壳笋 （图9-253）

Phyllostachys albidula N.X. Ma et W.Y. Zhang

秆高5~8m，直径2~4cm，新秆无毛，渐被白粉，节下有白粉环；节显著隆起，秆环高于箨环。箨鞘无毛，淡黄绿色或淡黄褐色至淡褐色，有时具不明显的淡绿色细脉纹，有稀疏的紫褐色斑点（粗秆或秆上部的箨常有较密集的紫褐色斑），边缘黄色至褐色，无缘毛；箨耳和鞘口繸毛缺失；箨舌甚发达，高3~7mm，深紫色，先端弧形或有拱突，具长1~3mm的紫色长纤毛（小秆或秆下部的箨箨舌常较矮小，先端仅有白色短纤毛）；箨片剑形或带状，绿色，边缘淡黄色，先端带紫色，平直，反折。小枝具4~5叶，叶鞘无毛；叶耳不发育，鞘口偶有1~2根繸毛；叶舌伸出，长2mm，紫色，先端微弧形；叶片长9~12cm，宽1.6~2cm，下面无毛。笋期为3月末至4月中旬。

浙江特有，产于富阳，系栽培，安吉竹博园等地有引种。模式标本采自安吉竹博园。

笋味鲜美，宜鲜食，也是制作笋干的优质原料。

图9-253　白壳竹

48. 黄古竹　黄姑竹　（图9-254）
Phyllostachys angusta McClure

秆高3~5m，直径1~3cm，新秆光亮无毛，后逐渐被稀薄白粉；节微隆起。箨鞘无毛，常有稀疏的褐斑，有密集的脉纹；箨耳和鞘口䍁毛不发育；箨舌高耸狭窄，背部有细的糙伏毛，先端截形或有时多少歪斜，边缘通常呈波状，秆下部之箨的箨舌边缘常有纤毛；箨片狭带状，平直，两面稍粗糙。小枝通常具3叶，稀4叶，叶鞘通常有小刚毛；叶耳和鞘口䍁毛通常发育较好；叶舌甚伸出，背部稍有小刚毛，先端弧形；叶片长约13cm，宽约1.8cm，下面通常基部有硬毛。

产于长兴、安吉、德清、余杭、武义、天台、泰顺等地。多为平缓地栽培，在山坡下部也能较好生长。分布于江苏、安徽。模式标本采自美国栽培植株（1907年F.N. Meyer引自余杭塘栖）。

重要的经济竹种。笋味淡，可供食用；秆节平，节间匀称，材质坚韧，篾性甚佳，是刚竹属中篾性最好的竹种之一，宜编制各类精细竹器或工艺品。

图9-254　黄古竹

49. 台湾桂竹　（图9-255）
Phyllostachys makinoi Hayata

秆高8~15m，直径3~7cm，秆表面具细微的小凹穴而呈猪皮状或有白色微点，新秆被薄而均匀的雾状白粉而呈粉绿色;箨环微隆起,秆环不明显。箨鞘在粗秆背面生有十分密集的紫褐色斑块或斑点,先端钝且突然呈截形,截形部分比箨片基部宽2倍;无箨耳和鞘口繸毛;箨舌紫红色或深紫色,先端截形或微拱形,具紫红色长纤毛;箨片带状,狭窄,先端长尖,外面有短柔毛。生叶小枝纤细,叶鞘近无毛,一侧破裂,有覆瓦状的纤毛,口部偏斜,密生硬毛;叶耳耳缘繸毛长6mm,粗糙,在口部两侧各着生有5~10根;叶片长10~12cm,宽约1.7cm,下面基部中脉上有硬毛;叶舌、叶耳及繸毛均带紫色。

产于丽水及安吉、富阳、临安、余姚、苍南等地。常生于山坡中下部灌木林中,亦有栽培。分布于安徽(金寨和皖南)、江西、福建、台湾,在福建和台湾等地有成片分布。

重要的经济竹种。笋味尚可,供鲜食,也是制作笋干的优质原料;秆材坚韧致密,可用于建筑、造纸及制作竹椅、竹帘、伞骨、竹剑、笛箫等。

台湾桂竹在浙江还有1个变型:黄条台湾桂竹 form. **wuyishanensis** S.S. You et H.L. Yu ex G.H. Lai,叶片绿色,有1~2条金黄色细纵条纹;秆箨箨鞘有淡黄色纵条纹。

图9-255 台湾桂竹

50. 早园竹 （图9-256）
Phyllostachys propinqua McClure

秆高达7m，直径达3.1cm，完全无毛，节间初近无白粉；箨环中度隆起，节的上下均有白粉环。箨鞘狭矩圆形，完全无毛，无或微被白粉；箨耳和鞘口繸毛不发育；箨舌先端多少甚弧形，边缘有细短纤毛；箨片狭窄，长披针形，平整或几不皱曲。小枝通常具3~4叶，叶鞘无毛；叶柄通常在上面向基部有小刚毛，其余处无毛；叶耳和鞘口繸毛多变，有时不发育，有时中度发育，有时在细的幼秆、发育不良竹株或老竹株上甚发育；叶舌甚伸出，背面有小刚毛，先端弧形，边缘波状微有细纤毛；叶片通常长13.5cm，宽1.6cm，下面通常向基部沿脉上有硬毛，有时邻近部位也有柔毛。笋期4月。

产于长兴、德清、富阳、余姚、天台、苍南、泰顺等地，野生或栽培。分布于北京以南地区，在北京也能正常生长发育，北方多栽培，长江流域多野生，也见栽培，是我国分布最广的竹种之一。

重要的笋材两用竹种。笋味较好，产量也高，可供鲜食和制作笋干；竹材通直，节较平，篾性好，可整材作柄材、晒衣竿等，也可劈篾编制各类器具。

早园竹在浙江还有1个变型：望江哺鸡竹，又名萧山早竹 form. **lanuginosa** T.H. Wen（图9-257），秆箨下半部为灰绿色，至上半部渐变为黄棕色并间有褐色纵条纹，顶段中部箨片十分皱褶。

图9-256 早园竹

图9-257 望江哺鸡竹

51. 灰竹 石竹 (图9-258)
Phyllostachys nuda McClure

图9-258 灰竹

秆高达5.5m，直径达3cm，完全无毛，节间初多少被有厚层白粉，尤以节下明显；节稍隆起。秆箨矩圆形，有稀疏白粉，无毛，至少秆基部的箨有淡褐色斑点，通常（至少上部）在脉间甚有突起而粗糙，散生有向上的钩状物；箨耳和鞘口繸毛不发育；箨舌高耸，背部粗糙，先端截形，边缘有纤毛；箨片近直立，稀反折，秆下部之箨片披针形，凹槽状，多少呈波状，秆上部的箨片线状披针形，稍平整，所有的两面和边缘有倒向糙毛。枝无毛，具3~4叶，末级小枝通常具2叶，叶鞘无毛或上部有倒刺毛；叶柄下面向基部有小刚毛；叶耳和鞘口繸毛不发育；叶舌长伸出，边缘初有细纤毛，后逐渐破碎；叶片长约15cm，宽约2.2cm，无毛。

产于安吉、德清、余杭、富阳、临安、苍南等地。多野生于海拔较高的地区，喜高湿阴凉的生境，在浙皖边界的龙王山和西天目山一带，有大面积的纯林或混生于落叶阔叶林中。分布于江苏、安徽、江西和湖南。模式标本采自美国栽培植株（1907年F.N. Meyer引自余杭塘栖）。

笋质优良，壳薄肉厚，俗称石笋，是加工天目笋干的主要原料之一，鲜食也佳；因节部甚突起，竹秆不易劈篾，但壁厚坚实，多作竹器具之脚，也作柄材使用，尤其适合作钩梢刀柄。

灰竹在浙江还有2个变型：①紫蒲头灰竹 form. **localis** Z.P. Wang et Z.H. Yu（图9-259），新秆基部数节有紫褐色斑块，甚至布满整个节间而呈紫褐色，模式标本采自安吉昆铜乡；②白叶灰竹 form. **varians** P.X. Zhang，新叶白色，带绿色条纹，后渐变为绿白色或浅绿色，模式标本采自安吉山川。

图9-259 紫蒲头灰竹

52. 淡竹　红壳淡竹 （图9-260）
Phyllostachys glauca McClure

秆高达10m，直径达4cm，长的节间达40cm，节间绿色，完全无毛，秆箨脱落后初有漂亮的白粉，无纵肋；秆环及箨环中度隆起，箨环无毛。箨鞘背面无毛，绿色，多少带淡紫色，具稀疏的淡褐色斑点（特别在其基部和先端），稀近无斑点；箨耳和鞘口繸毛不发育；箨舌淡褐色，宽而较短，先端截形或微波状，稀下凹（仅在最下部之箨上），边缘有纤毛，稀有微弱的流苏状纤毛（特别是在上面的秆箨上）；箨片披针形至带状披针形，在不是十分急尖的先端突然变狭，平直或微呈舟状。叶鞘通常无叶耳；叶舌甚发育，初时通常微带紫色；叶片下面初沿中脉有稀疏柔毛。

图9-260 淡竹

产于长兴、安吉、德清、富阳、余姚、天台、苍南、泰顺等地。野生或在房前屋后栽培。分布于我国除东北、西北及内蒙古外的南北各地，在黄河与长江之间的河流两岸常形成大面积纯林，最北已引种至辽宁葫芦岛市并获得成功，在北京等地越冬良好。

重要的材用竹种。笋味淡，可食用；秆通直、节平、韧性好，篾性甚佳，可整材用作农具柄等，也可劈篾编制各类器具。

52a. 变竹（变种）（图9-261）
var. **variabilis** J.L. Lu

新秆无或微被白粉，笋箨及分枝以下秆箨具纵长云雾状褐色条斑。

原产于河南博爱和沁阳。安吉、富阳、临安等地有引种栽培。

用途同淡竹。

淡竹在浙江有引种栽培1个变型：筠竹 form. **yunzhu** J.L. Lu（图9-262），新秆绿色，当年秋季以后逐渐出现不规则的紫褐色斑点或斑块。

图9-261 变竹

图9-262 筠竹

11 倭竹属 Shibataea Makino ex Nakai

小灌木状竹类。地下茎复轴型。秆直立，高通常仅1m左右，节间于分枝一侧甚扁平，故呈半圆筒形或几为棱形。秆箨早落；箨鞘纸质；箨片锥状。每节分枝3～5，无次级分枝；1～2叶生于分枝顶端，若分枝上2叶时，则下方叶的位置由于叶鞘较长而高于上方的叶，叶片小横脉清晰。花序续次发生，多枚小穗呈簇状着生于花枝各节上，穗轴各分枝基部外方托以大型佛焰苞；小穗含2～6花；颖片2～3；鳞被3；雄蕊3；花柱1，柱头3。果为颖果。笋期4—5月。

本属已知有7种，分布于我国和日本。我国7种均产；浙江有6种。

分种检索表

1. 叶片卵状披针形，长仅为宽的4倍左右或更小。
 2. 叶片下表面无毛。
  3. 箨鞘外面无毛 ·· 1.鹅毛竹 S. chinensis
  3. 箨鞘外面具毛。
   4. 箨鞘外面密被细柔毛；幼秆箨环有一圈毛环 ············ 2.江山倭竹 S. chiangshanensis
   4. 箨鞘外面疏生发亮褐色针状疣基刺毛；幼秆箨环无毛环 ············ 3.矮雷竹 S. strigosa
 2. 叶片下表面疏生短毛。
  5. 箨鞘外面无毛 ·· 4.芦花竹 S. hispida
  5. 箨鞘外面贴生短毛 ·· 5.倭竹 S. kumasasa
1. 叶片披针形，下面有细毛，叶片长为宽的6～10倍或更长 ············ 6.狭叶倭竹 S. lanceifolia

1. 鹅毛竹 （图9-263）
Shibataea chinensis Nakai

秆直立，高60～100cm，直径2～3mm，节间长仅7～15cm，几实心，无毛，淡绿色或稍带紫色；秆环甚隆起。箨鞘纸质，早落，背部无毛，无斑点，边缘生短纤毛；箨耳及鞘口均无繸毛；箨舌发达，高4mm左右；箨片小，锥状（秆下部箨的箨片仅为一小尖头）。每节分3～5枝，枝淡绿色并略带紫色，各枝与秆的腋间先出叶膜质，无毛，边缘生纤毛。每枝仅具1叶，偶有2叶，叶鞘厚纸质或近于薄革质，光滑无毛；叶耳及鞘口繸毛俱缺；外叶舌密被短毛；叶片纸质，幼时质薄，鲜绿色，成熟后变为厚纸质乃至稍呈革质，卵状披针形，长6～10cm，宽1～2.5cm，基部较宽且两侧不对称，先端渐尖，两面无毛，次脉5～8（9）对，小横脉明显，叶缘有小锯齿。花果未见。笋期5—6月。

产于德清、杭州市区、富阳、临安、婺城、武义和庆元等地。生于山坡、林缘或林下。分布于江苏、安徽、江西和福建等地。

可作园林绿化与观赏用。

图 9-263 鹅毛竹

2. 江山倭竹 （图9-264）
Shibataea chiangshanensis T.H. Wen

秆高约50cm，直径仅2~3mm，节间近半圆柱形，长7~12cm，初呈绿色，节下方具白粉，老秆的节间则为红棕色；秆环隆起。箨鞘背面淡红色，密被白色细柔毛，基部尤密，边缘有较长的白色纤毛；箨耳及鞘口无繸毛；箨舌短，平截；箨片紫红色，直立，锥状。每节具3枝，中间枝较粗壮，长2~2.5cm，两侧枝长仅为中间枝的一半，枝条均不具次级分枝。每枝仅具1叶；叶柄长8mm；叶片卵状至三角形，长6~8cm，宽1.1~2.3cm，近基部处最宽，叶基钝圆乃至近于截形，基部边缘常有微小的缺裂，先端急尖而具短尾，中部以上的叶缘具长锯齿，两面无毛，次脉7或8对，再次脉9条，小横脉呈方格状。花果未见。

浙江特有，产于江山。生于山坡、林缘。模式标本采自江山。

可作园林绿化与观赏用。

图 9-264 江山倭竹

3. 矮雷竹（图9-265）
Shibataea strigosa T.H. Wen

秆高50cm，直径2～3mm，节间长达13cm，秆在有枝的一侧节间为扁平，绿色无毛；秆环极为肿胀成脊，箨环无毛。箨鞘背面淡绿色，疏生脱落性带褐色而有光亮的针状刚毛，基部及边缘无毛，先端呈截形；无箨耳及繸毛；箨舌略呈圆弧形或截形，边缘有微纤毛；箨片锥状，直立，甚小。每节分3枝，主枝与侧枝近相等或略长。每枝仅具1叶；叶柄通常长3～4mm；叶片卵状披针形至椭圆形，长5～7cm，宽1.5～2cm，基部钝圆，先端急尖延伸，基部两侧不对称，一侧边缘有锯齿，两面无毛，次脉6～7对，再次脉7～9条，小横脉明显。

浙江特有，产于龙泉，安吉有栽培。模式标本采自龙泉。

可作园林绿化与观赏用。

图9-265 矮雷竹

4. 芦花竹（图9-266）

Shibataea hispida McClure

秆高约1m，直径1.5~4mm，光滑无毛，淡黄色而有光泽；秆环甚隆起，节内长2~4mm。箨鞘早落或迟落，背面棕色，先端渐尖；无箨耳及鞘口繸毛；箨片小型，钻状。每节分3或4枝，每枝共有2~4节，其节间长0.5~1cm，表面具稀疏之粗毛。每枝通常仅有1叶，叶鞘短，长仅1~2cm；叶柄长约4~8mm，无毛或于上面被极少量的短毛；叶舌短，外叶舌上缘具短纤毛；叶片卵状披针形，以在近基部处为最宽，长7~10cm，宽2~3(4)cm，先端突渐尖，基部近圆形，上面绿色，无毛，下面灰绿色，疏生短毛，次脉6~8对，再次脉约8条，小横脉清晰可见，叶缘具刺毛状坚硬之小锯齿。

原产于安徽南部。安吉、杭州有引种栽培。

可作园林绿化用。

图9-266 芦花竹

5. 倭竹（图9-267）

Shibataea kumasasa (Zoll. ex Steud.) Makino

秆高仅1m左右，直径3~4mm，节间光亮、无毛，秆壁厚而中空小；秆环明显肿胀，节内较长，可达3~5mm。箨鞘纸质，背面无斑点，背部贴生短毛，外侧边缘生长纤毛；无箨耳，无或极少有鞘口繸毛；箨舌高达3~4mm，具柔毛，顶端截形或突起，上缘生短纤毛；箨片小，斜披针形。每节具3~5(6)枝，枝条短，长仅0.5~1.5(3)cm，每枝有2~4(6)节；枝箨膜质，迟落或宿存；枝与秆的角度较开展。每枝仅具1叶，或稀可2叶；叶片形小，卵形或长卵形，长2.5~18cm，宽0.6~3.5cm，先端渐尖，上面深绿色，光滑无毛，下面苍绿色，具均匀的斜立短毛，次脉6~9对，再次脉7~9条，具长方形小方格脉。笋期5—6月。

一八四　禾本科 Poaceae

图 9-267　倭竹

原产于福建。安吉、杭州市区及临安有引种栽培。可作园林绿化与观赏用。

6. 狭叶倭竹 （图9-268）
Shibataea lanceifolia C.H. Hu

秆高0.4～1m，直径2～3mm，直立，中空小或近于实心，光滑无毛，节间长3～4cm。箨鞘纸质，早落，背面无毛，亦无斑点；无箨耳及鞘口繸毛；箨片细小，钻状，长3～6mm。每节分3～5枝，枝条短，长0.8～1.5cm，共有3～5节。每枝具1或2叶，叶鞘长约2mm；叶片披针形，长8～12cm，宽0.8～1.6cm，先端渐尖，尾状，基部楔形，略下延，上面绿色，

图 9-268　狭叶倭竹

无毛，下面淡绿色，在次脉上有较密的短毛，两面均可见清晰的小横脉，叶缘有小锯齿。花枝生于具叶枝下部之各节上，共2~4枝，花枝下方托以大型佛焰苞状的苞片，花丝细长，花药金黄色；子房长椭圆形，花柱1，柱头3，其上具茸毛。颖果细小，长卵形。笋期5—6月。

原产于福建。安吉、杭州市区有引种栽培。

可作园林绿化与观赏用。

12 井冈寒竹属 Gelidocalamus T.H. Wen

灌木状竹类。地下茎复轴型，秆混生。秆的节间圆筒形，无浅纵沟。秆箨宿存性；秆芽1，秆中部每节分枝多为7~12枚，簇生，纤细而短。小枝常仅具1叶。花序一次发生，常由多枚至数十枚小穗排成大型顶生圆锥花序；小穗含3~5花；颖片2；鳞被3；雄蕊3；柱头2，羽毛状，或仅1柱头。颖果球形。笋期9—10月。

10余种，我国特有，分布于浙江、江西、湖南、广西、贵州等地；浙江有1种。

红壳寒竹　小叶箬竹（图9-269）
Gelidocalamus rutilans T.H. Wen

秆高1m，直径3~6mm，新秆密被白色脱落性绵毛，无白粉，节下留有毛环。箨鞘初时呈淡

图9-269　红壳寒竹

红色，被淡棕色至棕褐色粗毛或无毛，边缘无毛，先端近截状或钝圆；无箨耳；箨舌高1mm，略呈弧状，边缘具短纤毛；箨片近锥状，长13～22mm，基部宽为箨舌的1/3。分枝3～8，纤细，近相等。小枝具1叶，叶鞘缺如或不明显，叶片长18～27cm，宽2.2～3cm，先端急尖延伸，有尖锐头，下面近基部有粗毛。

浙江特有，产于江山、遂昌。生于山坡下部疏林下，喜阴湿的环境。模式标本采自江山。

可用作观赏竹。

13 方竹属 Chimonobambusa Makino

小乔木或灌木状竹类。地下茎为复轴型，秆混生。秆中下部数节具刺状气根围成环状，节间圆筒形或粗的秆近方形；秆芽3，后成长为3主枝，更久后成多分枝。箨片极细小。假小穗细长，2～3枚小穗呈总状着生于花枝之节上，小穗含少数乃至多花；鳞被3；雄蕊3；柱头2，羽毛状。颖果为浆果状。笋期多为秋季。

20余种，分布于我国、日本、印度、越南、缅甸等地。我国有19种；浙江有6种。经调查，《浙江植物志》记载的毛方竹 C. armata (Gamble) Hsueh et T.P. Yi 在浙江没有分布或栽培，不再收录。

分种检索表

1. 箨鞘宿存；秆节间不被疣基小刺毛。
  2. 秆高通常3m以下，仅基部数节有刺状气根围成环状 ········· **1. 寒竹 C. marmorea**
  2. 秆高通常3m以上，秆分枝以下节有刺状气根围成环状 ········· **2. 刺黑竹 C. purpurea**
1. 箨鞘脱落性；秆节间被疣基小刺毛。
  3. 箨鞘长于节间 ········· **3. 毛环方竹 C. hirtinoda**
  3. 箨鞘短于节间。
    4. 末级小枝常仅具1叶 ········· **4. 合江方竹 C. hejiangensis**
    4. 末级小枝常具2叶及2叶以上。
      5. 箨鞘背面无灰白色斑点，小横脉紫色，呈明显的方格状 ········· **5. 方竹 C. quadrangularis**
      5. 箨鞘背面具灰白色斑点，小横脉不明显 ········· **6. 金佛山方竹 C. utilis**

1. 寒竹　刺竹（图9-270）
Chimonobambusa marmorea (Mitford) Makino

秆直立，高2～3m，直径0.5～1cm，节间长10～15cm，平滑无毛，幼时略带紫色；箨环初时具一圈棕褐色绒毛环，下部节有刺状气根。箨鞘宿存或迟落，质薄，长于节间，黄褐色，间有灰白色斑点，无毛或仅基部疏被小刺毛，边缘具易脱落纤毛；无箨耳；箨舌低矮，截形或略呈拱形；箨片微小，呈锥形，长0.1～0.3cm。每节分3枝，以后可成多枝。小枝具2～3叶，叶鞘鞘口繸毛白色；叶舌低矮；叶片窄披针形或带状披针形，长10～14cm，宽0.7～1cm，两面无毛。笋期9—10月。

原产于广西北部。安吉、杭州市区、富阳、临安和普陀等地有引种栽培。

笋可食，味道鲜美；为优良栽培观赏竹。为浙江省重点保护植物。

图9-270　寒竹

2. 刺黑竹　刺竹子　刺竹（图9-271）
Chimonobambusa purpurea Hsueh et T.P. Yi

秆高4～8m，直径1.5～5cm，新秆绿色，有的为紫色，节间基部具淡紫色纵条纹，节间光滑无毛，秆基部节间略呈四方形；秆中部以下各节上气生根刺发达，每节可多达24枚，箨环初时密被小刺毛。箨鞘长于节间，薄纸质，宿存或迟落，背面有稀疏棕色小刺毛，鞘基部的毛密集成环状，并具灰白色之小斑点；箨片微小，长仅0.1～0.3cm。小枝具2～4叶，叶鞘鞘口具易脱落繸毛数根；无叶耳；叶舌截形；叶片较大，长19cm，宽2cm，无毛或仅基部具柔毛，次脉4～6对。笋期9月下旬至10月。

原产于四川、陕西西部、湖北西部。安吉、杭州市区、富阳、临安等地有引种栽培。

笋可供食用；秆供造纸、制作各种柄具及搭楼棚用。

图9-271 刺黑竹

3. 毛环方竹（图9-272）

Chimonobambusa hirtinoda C.S. Chao et K.M. Lan

秆高5m左右，直径1.5~2.5cm，节间略呈四方形，长13~14cm，幼时被小刺毛，毛脱落后被疣基小刺毛；秆基部数节环生刺状气生根，箨环具箨鞘基部的残余物，密被一圈金褐色绒毛环。箨鞘长于节间，厚纸质，背面有稀疏棕色小刺毛，小横脉带紫色，边缘中上部有黄褐色纤毛；箨舌低矮；箨片锥状，长0.1~0.2cm。每节分3枝。小枝具2~3叶，叶鞘光滑无毛；叶耳不发达，鞘口具繸毛；叶舌低矮；叶片长圆状披针形，长8~16cm，宽1.2~1.5cm。

产于莲都。生于山丘沟谷地及山坡疏林下。分布于贵州都匀。

笋味鲜美，可鲜食或加工成笋干及罐头；竹姿优美，可栽培观赏。

图 9-272　毛环方竹

4. 合江方竹 （图 9-273）
Chimonobambusa hejiangensis C.D. Chu et C.S. Chao

秆高 5~7m，直径 2~3cm，节间圆筒形或略呈四方形，密被疣基小刺毛而粗糙；基部数节有刺状气根，围成环状。秆箨早落性，短于节间，贴生粗硬毛，基部尤密，呈毡状，鞘缘密生整齐纤毛；箨舌低矮，高约 1cm；箨片锥状，长 0.7~1.3cm。小枝仅具 1 叶，叶鞘愈合，不易剥离；叶片纸质，长圆状披针形，长 16cm，宽 1.5~2cm，小横脉甚清晰。笋期 9—11 月。

原产于四川（合江）、贵州（赤水、息烽）等地。莲都和松阳有引种栽培。

笋可食用；秆作一般材用。

图 9-273　合江方竹

5. 方竹 四方竹 四角竹 方苦竹（图9-274）
Chimonobambusa quadrangularis (Fenzi) Makino

秆高3~8m，直径1~4cm，基部节间长8~22cm；秆略呈方形，新秆密被向下的黄褐色小刺毛，毛落后仍留有疣基；秆环隆起，箨环初时具小刺毛，秆中部以下各节有刺状气根围成环状。箨鞘厚纸质至革质，短于节间，无毛或有时在中上部疏生小刺毛，边缘有纤毛，小横脉紫色，呈明显的方格状；箨耳及箨舌均不发达；箨片微小，呈锥形，长0.3~0.5cm。每节分枝初为3，后增多成簇生，枝环极为突起。叶鞘口繸毛直立易落；叶片薄纸质，长8~29cm，宽1~2.7cm，下面初具柔毛。笋期在秋季。

产于全省各地山区，平原地区也有引栽。生于山丘沟谷边或疏林下。分布于江西、福建、湖南、四川、广西等地。

秆可作手杖；秆壁虽厚，但较脆，不适于劈篾编织；笋味鲜美，为优良笋用竹；下方而上圆，为世界著名珍贵竹种，适合庭园点缀或盆栽。为浙江省重点保护植物。

图9-274 方竹

6. 金佛山方竹 （图9-275）

Chimonobambusa utilis (Keng) Keng f.

秆高5～10m，直径约3.5cm，节间圆筒形或略呈四方形，新秆初被白色刺毛，后变无毛；秆环隆起，箨环残留有箨鞘基部，秆中部以下各节有刺状气根围成环状。箨鞘厚纸质，矩形或长三角形，短于节间，黄褐色，间有灰白色斑点，无毛或仅基部具细微绒毛；无箨耳；箨舌低矮全缘，略呈拱形；箨片微小，三角状锥形，长0.4～0.7cm。秆芽呈卵形至圆锥形，各覆以鳞片，

图9-275　金佛山方竹

形如小笋。每节分3枝，近于水平开展。小枝具1～3叶，叶鞘无毛，鞘口䍁毛无或稀少；叶舌低矮；叶片窄披针形或带状披针形，质地较坚韧，长5～16cm，宽（1）2～2.5cm，两面无毛，小横脉明显，扁方格状。笋期9—11月。

原产于四川、贵州。安吉、杭州市区、富阳、临安等地有引种栽培。

笋可食用；秆作一般材用。

⑭ 筇竹属 Qiongzhuea Hsueh et T.P. Yi

中小型竹类。地下茎复轴型，秆混生。秆直立，秆环不隆起至极度隆起而成一圆脊，且在脊处有环痕。秆每节3芽，常分3枝，或有时在以后成多枝。花枝可一再分枝，形成圆锥状花序，各级分枝常与假小穗混生于同一节上，假小穗无柄。小穗含3～8小花；鳞被3；雄蕊3；花柱1，柱头2。果实呈坚果状，果皮厚革质。

已知有8种，均为我国特产，分布于湖北、四川、贵州、云南等地。浙江引种栽培1种。

柔毛筇竹 （图9-276）
Qiongzhuea puberula Hsueh et T.P. Yi

秆高4～5m，直径1.5～2.5cm，节间无白粉，新秆初被短柔毛；两环隆起，箨环初具细刚毛。箨鞘革质，迟落，背面及边缘被棕色刚毛，边缘尤密；无箨耳，鞘口䍁毛2或3根；箨舌截形或弧弯，高约1mm，无毛；箨片直立，三角形，长2～13mm，宽1～2mm，腹面基部常具短柔毛。秆每节分3（7）枝。小枝具2～4叶，叶鞘边缘密生纤毛；无叶耳，鞘口䍁毛3～5根；叶舌高约1mm，截形或拱形；叶片披针形，长

图9-276 柔毛筇竹

10～15cm，宽1.0～1.6cm，两面无毛。笋期10月。

特产于贵州（六枝）。安吉、杭州市区、富阳、临安等地有引种栽培。

可作观赏用竹。

15 业平竹属 Semiarundinaria Makino ex Nakai

灌木状或小乔木状，地下茎单轴散生或复轴混生。秆直立，节间圆筒形，分枝一侧下部较扁平。秆箨早落性，厚纸质，短于节间。秆中部每节分3枝，上部3～5。叶片披针形，具方格状小横脉，叶缘具细锯齿。花枝生于具叶枝条的下部各节，假小穗常单枚或2～3枚；小穗含（2）3～6（7）小花；鳞被3；雄蕊3，花丝分离，花药黄色，成熟后伸出花外；子房圆柱形或卵球形，花柱1，较长，柱头3。

约10种，产于我国和日本。我国有4种，主要分布在东部地区，以苏南山区丘陵地区最多；浙江有3种。

分种检索表

1. 中型竹种；叶片披针形，两面无毛或仅在下表面基部具柔毛。
   2. 箨耳不发达，缺失或甚小；花柱长约4mm ··· 1. 业平竹 S. fastuosa
   2. 箨耳发达，呈镰刀形；花柱长8～12mm ·· 2. 中华业平竹 S. sinica
1. 小型或中小型竹种；叶片长卵状披针形，上面绿色，无毛，下面灰绿色，有微毛 ·································
   ··· 3. 短穗竹 S. densiflora

1. 业平竹 （图9-277）
Semiarundinaria fastuosa (Mitford) Makino

中型竹种。地下茎单轴散生。秆高3～9m，直径1～4cm，新秆呈绿色，经年后变为紫褐色，节间呈圆筒形或在分枝一侧下部较扁平，长10～30cm；秆环隆起。箨鞘无毛，仅在基部具向下短柔毛，箨鞘向上变窄，顶端平截，无毛；箨耳不发达，缺失或甚小，呈半圆形，继毛几无；箨舌为截形，高1～1.5mm，先端具长约3mm的流苏状纤毛；箨片外翻，呈线状披针形。每节分3～8枝。每小枝具3～7（10）叶；叶片为窄披针形，长8～20cm，宽1.5～2.5cm，纸质，两面无毛或仅在下面基部具柔毛，先端渐尖，基部圆或广楔形，次脉6～8对，小横脉存在，叶缘具粗糙的小锯齿。

原产于江苏。安吉、杭州市区、富阳、临安等地有引种栽培。

可作观赏用竹。

图 9-277 业平竹

2. 中华业平竹 (图9-278)
Semiarundinaria sinica T.H. Wen

中型竹种。地下茎单轴散生。秆高达6m，直径4cm，节间在分枝一侧扁平，长15～27cm；秆环隆起。箨鞘背面被脱落性小刺毛；箨耳为镰刀形，淡紫棕色，横卧而先端伸出箨鞘两肩，边缘繸毛棕褐色，长约4mm；箨舌呈截形或弧状隆起，边缘无纤毛；箨片通常直立，呈锥状或狭披针形。秆每节上

图 9-278 中华业平竹

有枝条3枚,近等粗。小枝具3～5叶,叶鞘无毛;叶耳呈卵形或椭圆形,长3～4mm,繸毛白色;叶舌稍拱起,高约2mm;叶片为披针形,长9～16cm,宽1.4～2.2cm,无毛,次脉4～5对,小横脉明显,边缘具小锯齿。笋期5月。

产于富阳。生于山坡下空旷地。分布于江苏等地。

3. 短穗竹 （图9-279）
Semiarundinaria densiflora (Rendle) T.H. Wen — *Brachystachyum densiflorum* (Rendle) Keng

小型竹种。地下茎单轴散生。秆高2～6m,直径1～3cm,秆圆筒形或于分枝一侧有沟槽;秆箨隆起,节下具白粉。箨鞘早落,新鲜时绿色间有白色（或淡黄白色）放射状条纹,边缘具紫红色纤毛;箨耳发达,呈镰刀形,紫红色,平展,繸毛发达,放射状,紫红色;箨舌宽短,平截,褐棕色,边缘生极短的纤毛;箨片绿色带紫色,披针形或狭长披针形,向外斜举或水

图9-279　短穗竹

平展开。每节分3枝。末级小枝具2~5叶，叶鞘草黄色，质地坚硬，具纵肋和不明显的小横脉，边缘上部生短纤毛；叶舌截形；叶片长卵状披针形，上面绿色，无毛，下面灰绿色，有微毛；次脉6~7对。笋期4—6月。

产于湖州、杭州、金华、台州及遂昌、苍南、泰顺等地。生于低海拔的丘陵和向阳山坡。分布于江苏、安徽、湖北、广东等地。合模式标本采自湖州。

秆可作伞柄、钓鱼竿，也可劈篾编制家庭用具；笋略苦。

3a. 毛环短穗竹（变种）（图9-280）
var. **villosa** (S.L. Chen et C.Y. Yao) T.H. Wen

与短穗竹的主要区别在于箨鞘基部有一圈黄棕色的毛环。

浙江特有，产于杭州市区、富阳、庆元等地。生于低山上或平原路边。模式标本采自杭州植物园。

图9-280　毛环短穗竹

16 苦竹属 Pleioblastus Nakai

灌木状或小乔木状竹类。地下茎单轴型或复轴型。箨环木栓质隆起。秆每节上分3~7枝或更多。箨鞘背部基部常密被一圈茸毛，边缘具纤毛。圆锥花序具少数或多枚小穗，侧生或稀生于叶枝上；雄蕊3，花丝分离；花柱1，柱头（2）3，羽毛状。颖果长圆形。笋期5—6月。花期在春夏季。

共有50多种，分布于东亚地区。我国有34种；浙江有19种。

分种检索表

1. 秆型高大，通常高2m以上。
    2. 地面秆通常为密集的大竹丛 ··· 1.大明竹 **P. gramineus**
    2. 地面秆常散生或呈众多小竹丛。
        3. 叶片狭长披针形或线状披针形，宽1.5（1.8）cm。
            4. 秆箨无箨耳及鞘口繸毛。
                5. 箨鞘背面多少具暗棕色斑点；箨片直立 ································· 2.川竹 **P. simonii**
                5. 箨鞘背面无斑点；箨片先直立后外翻 ······························· 3.秋竹 **P. gozadakensis**
            4. 秆箨有明显的箨耳及繸毛；箨片起初直立后外翻 ·················· 4.硬头苦竹 **P. longifimbriatus**
        3. 叶片披针形，宽2～6cm。
            6. 箨鞘无显著的箨耳和鞘口繸毛，若有也极不明显，仅1至数根。
                7. 箨鞘多少有些光泽，其背面通常无毛无粉，亦无蜡质。
                    8. 箨鞘背面具紫色、棕色或褐色斑点，宛如涂油似的光亮。
                        9. 箨鞘基部具毛环 ·· 5.斑苦竹 **P. maculatus**
                        9. 箨鞘基部无毛环 ·· 6.烂头苦竹 **P. ovatoauritus**
                    8. 箨鞘背面通常无斑点，多少具光泽，不似涂油的光亮 ·················· 7.油苦竹 **P. oleosus**
                7. 箨鞘无光泽，多少有些被粉、被蜡质或在背面生微毛。
                    10. 箨舌边缘通常为截形，高1～2mm。
                        11. 秆高4～5m，幼秆无毛，但被白粉，致使老秆上多少残留斑块 ······ 8.苦竹 **P. amarus**
                        11. 秆高2m以内，秆幼时节间密被淡黄色细柔毛或在箨环下方密被一圈白色绢毛 ·······
                        ·· 9.尖子竹 **P. truncatus**
                    10. 箨舌边缘多少隆起呈拱形，高3～8mm。
                        12. 箨鞘厚纸质或薄革质，除边缘生纤毛外，背面无毛也无斑点；箨舌高约3mm ···········
                        ·· 10.高舌苦竹 **P. altiligulatus**
                        12. 箨鞘革质，背面被棕色或褐色疣基刺毛；箨舌高5～8mm ··· 11.绿苦竹 **P. incarnatus**
            6. 箨鞘有着发达的箨耳，并在箨耳边缘生有发达的繸毛。
                13. 箨鞘除在基部被毛外，背面一般无毛 ································· 12.衢县苦竹 **P. juxianensis**
                13. 箨鞘背面被刺毛或细毛。
                    14. 秆节间中空极小或近实心。
                        15. 幼秆被糙毛及纵向细肋；叶耳无 ··· 13.实心苦竹 **P. solidus**
                        15. 幼秆无毛，纵肋不显著；叶耳明显，繸毛发达 ········· 14.仙居苦竹 **P. hsienchuensis**
                    14. 秆有明显中空。
                        16. 箨片强烈皱褶 ·· 15.皱苦竹 **P. rugatus**
                        16. 箨片不为强烈皱褶 ·· 16.宜兴苦竹 **P. yixingensis**
1. 秆型矮小，通常高不及2m。
    17. 叶片常具黄色、白色或深绿色纵条纹；秆节下方被白粉。

18. 秆节间被毛；叶片绿色，具黄色、淡黄色或近白色纵条纹，两面被白色柔毛················
·· **17. 菲白竹 P. variegatus**
18. 秆节间无毛；叶片绿色或初时淡黄色，具白色、黄色或深绿色条纹，无毛或下面被灰白色柔毛·····
·· **18. 铺地竹 P. argenteastriatus**
17. 叶片绿色，无其他颜色的纵条纹；秆节下方无白粉·························· **19. 翠竹 P. pygmaeus**

1. 大明竹（图9-281）
Pleioblastus gramineus (Bean) Nakai

地下茎复轴型，因顶芽出土成秆者较多于延伸成鞭者，故地面竹秆通常成丛生长。秆高3~7m，直径1~3cm，节间长25~28cm，圆筒形，但在具分枝一侧基部有沟槽，幼时节下方具一圈白粉，秆壁厚2~4mm；箨环隆起，较厚，秆环隆起。箨鞘宿存，背面初时被淡棕色小刺毛，

图 9-281　大明竹

边缘生纤毛；箨片直立或开展，淡绿色，线形至宽线形。每节具枝条多枚，上举。小枝具3～10叶；叶耳无，新枝的鞘口各具数根长约7mm的繸毛；叶舌高2～3mm；叶片下垂，形态优美，长15～30cm，宽1～2cm，次脉5～6对，小横脉明显。笋期5月下旬。

原产于日本。安吉、杭州市区等地有引种栽培。

为著名的园林观赏竹种。

2. 川竹 （图9-282）
Pleioblastus simonii (Carriere) Nakai

秆散生，高3～5m，直径0.7～3cm，节间长15～20cm，圆筒形或在分枝一侧具沟槽，平滑无毛，秆壁厚2～2.5mm；髓絮状；秆环高于箨环，在下方幼时被白粉。箨鞘宿存，约为节间长的2/3，厚纸质，背面无斑点或多少具暗棕色斑点，基部具一圈淡褐色茸毛，边缘生短纤毛；箨耳和鞘口繸毛均缺失；箨舌高约1.5mm，截形或稍拱形；箨片直立，绿色，狭长披针形，两面均被微毛，边缘有细锯齿。每节分2～9枝，近直立，基部贴主秆，长约30cm，粗1.5～4mm。小枝具4～5叶；叶耳无，鞘口两肩各具少数繸毛；叶舌矮，截形或稍下凹，边缘具小纤毛；叶片带状披针形，长5～23cm，宽1～2.2cm，次脉4～8对，小横脉明显，组成长方形，边缘具小锯齿。笋期6月中旬。

原产于日本。安吉、杭州市区、富阳等地有引种栽培。

为著名的园林观赏竹种。

图9-282 川竹

3. 秋竹（图9-283）

Pleioblastus gozadakensis Nakai

秆高2~4m，直径约1cm，节间长18~20(26)cm，分枝一侧下部1/3有沟槽，幼秆草绿色，无毛无粉或被少量白粉，老秆绿黄色，清洁光亮；秆环肿胀高于箨环，箨环隆起，节内长2.5~3mm，幼秆箨环上有一圈淡棕色绒毛。箨鞘淡草绿色，为节间的2/3~3/4，稍光亮，除基部有一圈淡棕色脱落性绒毛外，其余均无毛；箨耳和鞘口繸毛缺如；箨舌微凹，淡绿色，高1~2mm；箨片绿色，披针形，开始直立后外翻成不对称开张。每节分枝开始为2~3枚，后渐至4~5枚，与主杆成45°角。每小枝着叶3~4枚，叶鞘无毛；叶耳缺如，有数根淡黄色脱落性繸毛；叶舌平截，先端破碎状，高约2mm；叶片披针形，长12~20cm，宽1.5~3cm，侧脉一般5~7对，叶缘一侧有细锯齿，另一侧或偶有。笋期5月初至6月上旬。

原产于日本。德清、杭州市区、武义等地有引种栽培。

为著名的园林观赏竹种。

图9-283 秋竹

4. 硬头苦竹（图9-284）

Pleioblastus longifimbriatus S.Y. Chen

秆高3~4m，直径约1.5cm，节间长29~42cm，圆筒形，但在分枝一侧基部微凹，幼时具紫色针状小点，密被白粉，秆壁厚约3mm；箨环宽圆环状隆起，秆环隆起，高于箨环。箨鞘常为绿色，宿存，长约为节间的1/2，背面被白粉，无毛或基部具脱落性毛环；箨耳深绿色，狭镰形，边缘繸毛紫色，放射状，长1~1.5cm；箨舌截形，高约1mm，背面有短绒毛；箨片外翻，淡绿色，披针形，长2.5~6cm，被微毛，边缘具小锯齿。每节分3~7枝，上举。小枝具4~5叶；

叶耳点状至椭圆状，边缘繸毛长达0.8~1cm；叶舌略拱形，高约1mm；叶片长9~14.5cm，宽1.4~1.8cm，次脉5~6对，边缘具细锯齿。笋期为5月下旬至6月底。

原产于广东。杭州市区有引种栽培。模式标本采自杭州。

为观赏竹种。

图9-284 硬头苦竹

5. 斑苦竹（图9-285）
Pleioblastus maculatus (McClure) C.D. Chu et C.S. Chao

秆高4~9（12）m，直径3~6cm，节间长30~40cm，圆筒形，但在分枝一侧基部微凹，幼时被厚白粉，节下方一圈白粉环更厚；箨环厚木栓质圆脊状隆起，初时密被黄褐色上向刺毛，秆环微隆起或隆起。箨鞘近革质，绿黄色或棕红色略带紫色，短于节间，背面有丰富的油脂而具显著光泽，常具棕色斑点，基部密被下向刺毛，边缘无纤毛；箨耳缺失或微小，具数根短而易脱落的繸毛；箨舌低矮，棕红色，边缘无纤毛；箨片反折而下垂，绿色带紫色，狭条状或线状披针形，近基部被微毛。每节分3~5枝，直立或上举。小枝具3~5叶；叶耳和鞘口繸毛缺失；叶舌截形，高1~2mm，背面被粗毛，边缘具短纤毛；叶片长10~20cm，宽1.5~2.5cm，下面被微毛，在基部较多。笋期4月下旬至6月。

产于安吉、德清、余杭、富阳、庆元等地。生于低山丘陵。分布于广西、四川、云南、陕西等地。

图 9-285 斑苦竹

6. 烂头苦竹 （图9-286）

Pleioblastus ovatoauritus T.H. Wen ex W.Y. Zhang

秆高6～7m，直径1～3cm，节间长30～45cm，新秆密被蜡质白粉和脱落性淡色毛，后变无毛；箨环具狭木栓质，节内宽4～6mm，节下白粉环明显。箨鞘黄绿色转黄褐色，革质，硬脆，先端长三角形，边缘具纤毛，背部具细褐色斑点，中下部有油亮光泽，基部无毛环；箨耳半月状，斜上举，繸毛放射状，长约1cm；箨舌白色，高2～5mm；箨片狭披针形至带形，两面具毛，基部宽约为鞘顶宽的1/2，反折。每节分(1)5～7枝，基部贴秆，上部开展，大小相若。末节小枝具2～4叶；叶舌高约2mm，先端平截，具白粉；叶片长圆状披针形，长20～25cm，宽2.5～3.2cm，下面具毛，尤以中脉处明显，侧脉5～7对。

浙江特有，产于安吉、富阳等地。生于低山丘陵。模式标本采自富阳。

笋味苦，需经处理后方可食用；嫩竹可造纸，老竹可作柄杆。

图9-286　烂头苦竹

7. 油苦竹 （图9-287）

Pleioblastus oleosus T.H. Wen

秆高3～5m，直径1～3cm，节间长18～20cm，圆筒形，但在分枝一侧下部具沟槽，幼时无白粉或被少量白粉，老秆光亮；箨环初时被淡棕色刺毛，秆环隆起，高于箨环。箨鞘淡绿色，稍光亮，短于节间，基部被一圈淡棕色刺毛；箨耳和鞘口繸毛存在或否；箨舌高1～2mm，淡绿色，边缘具短纤毛；箨片直立或外翻，绿色，披针形。每节分枝2～3枚，后增至4～5枚。小枝具3～4叶；叶耳和鞘口两肩繸毛缺失，或偶有2根短繸毛；叶舌微隆起，高约2mm，被微毛；叶片长12～20cm，宽1.3～2.2cm，下面常被微毛，次脉5～7对。

产于安吉、德清、富阳、遂昌、泰顺。生于低山丘陵地区。分布于福建、江西、云南。

篾性坚韧，可代替绳索用；秆可作篱笆或农作物引杆用。

图 9-287　油苦竹

8. 苦竹　(图 9-288)

Pleioblastus amarus (Keng) Keng f. — *Arundinaria amara* Keng — *A. varia* Keng

秆高 3～5m，直径 1.5～2cm，节间长 27～29cm，圆筒形，但在分枝一侧下半部微扁平，幼时被白粉，节下方一圈白粉环明显，秆壁厚约6mm；箨环厚木栓质隆起，初时密被紫褐色刺毛，秆环隆起，高于箨环。箨鞘革质，绿色，背面被白粉，无毛或被白色至棕紫色细刺毛，边缘密生金黄色纤毛；箨耳不明显或无，具数根直立短繸毛；箨舌截形，高1~2mm，边缘具短纤毛；箨片狭长披针形，开展，背面被不明显的短柔毛。每节分5~7枝，上举。小枝具3~4叶；叶耳和鞘口两肩繸毛缺失；叶舌紫红色，高约2mm；叶片长4~20cm，宽1.2~2.9cm，下面被白色绒毛，其毛在基部尤多，次脉4~8对，小横脉明显。笋期6月。

图9-288 苦竹

产于全省各地。广泛生于低海拔山坡。分布于江苏、安徽、福建、湖南、湖北、四川、贵州、云南等地。模式标本采自杭州。

本种篾性一般，当地用以编篮筐，秆材还能作伞柄或菜园的支架以及旗杆、帐竿等用。

8a. 杭州苦竹（变种）（图9-289）
var. **hangzhouensis** S.L. Chen et S.Y. Chen

与苦竹的主要区别在于新秆密被倒生白色糙毛，具紫色小点，呈紫绿色，节间长28～32cm；箨鞘绿色带紫色，有光泽，无白粉；无箨耳，箨片线状披针形。

产于杭州郊区、临安、富阳等地。生于低山坡或平原。模式标本采自杭州植物园。

图9-289 杭州苦竹

8b. 垂枝苦竹（变种）
var. **pendulifolius** S.Y. Chen

枝叶下垂；箨鞘背面无白粉；箨舌为稍凹的截形。

产于杭州郊区、临安、富阳等地。生于低山坡，庭园有引种栽植。模式标本采自杭州植物园。

8c. 光箨苦竹（变种）
var. **subglabratus** S.Y. Chen

箨鞘背面无毛，被很快脱落的薄白粉，仅箨鞘基部生有白色脱落性短纤毛；叶舌高3～4mm。

产于龙游。生于山坡路边。模式标本采自龙游溪口林场。

8d. 胖苦竹（变种）（图9-290）
var. **tubatus** T.H. Wen

箨鞘先端急尖，绿色有油亮光泽，质地较硬，无毛或基部近无毛；箨耳小，横卧于箨鞘两肩；箨片先端钝圆；秆材篾性较脆，可作区别。

产于临安和富阳。生于山坡或平原。模式标本采自富阳坑西。

图9-290 胖苦竹

9. 尖子竹 （图9-291）

Pleioblastus truncatus T.H. Wen

秆高达2m，直径0.8cm，节间长达36cm，幼时绿色，密被淡黄色细柔毛；箨环木栓质，被细柔毛，秆环略隆起。箨鞘迟落，革质，长度为节间的1/3～1/2，棕褐色至绿色，背面被白色绒毛，有时偶见棕褐色刺毛，先端平截状，边缘有时枯白；箨耳镰形或缺失；箨舌平截，边缘具粗短纤毛；箨片披针形，直立，先端渐尖，基部收缩，宽约为箨舌的1/3。每节分3～7枝。小枝具1～3叶；叶耳缺失或微弱，继毛1～3根，纤细，直立；叶片宽披针形，长10～22cm，宽1.5～3.2cm，无毛，两边不等宽，次脉7～8对，小横脉明显。

浙江特有，产于绍兴市区、奉化、象山。生于山坡下空旷地及路边。模式标本采自绍兴南池镇秦望村。

本种节间长、匀称，挺直坚韧，是制箭的好材料，有"东南之美者，有会稽之竹箭焉"的记载。

图9-291　尖子竹

10. 高舌苦竹（图9-292）

Pleioblastus altiligulatus S.L. Chen et S.Y. Chen

秆高2～5m，直径1.5cm，节间长约24cm，圆筒形，但在分枝一侧基部有微凹，幼时节间大部分和节上被白粉，节处的白粉尤厚，基部秆壁厚，近实心，上部秆壁较薄；箨环隆起，秆环稍高于箨环。箨鞘绿色，无毛，边缘生纤毛；箨耳无；箨舌先端呈笔架形，高达3mm，绿色稍带紫色，被白粉；箨片外翻并下垂，披针形，边缘与先端紫红色。每节分3～5枝。小枝具2～4叶；叶耳缺失；叶舌高约3mm；叶片长12～17cm，宽1.4～2.5cm，下面被短毛，基部和主脉被长毛，次脉5～7对。笋期4月下旬。

产于庆元。分布于福建、湖南。模式标本采自庆元。

图9-292　高舌苦竹

11. 绿苦竹 （图9-293）
Pleioblastus incarnatus S.L. Chen et G.Y. Sheng

秆高约3.5m，直径1.5cm，节间长可达35cm，圆筒形，但在分枝一侧的下半部有沟槽，幼时具倒向小刺毛和厚白粉，节处被厚白粉，老后变为黑灰色粉质；秆环高于箨环，稍突起。箨鞘绿色，上部边缘带肉红色，被厚白粉和稀疏的棕色刺毛；无箨耳和繸毛（少数可具1根直立的繸毛）；箨舌绿色带肉红色，截形或因突起而呈拱形，背部密被白粉；箨片绿色带紫色，带状，外翻。小枝3或4叶，叶鞘被开展或伏贴刺毛；叶耳不明显或为点状乃至椭圆状；叶舌截形或拱形，高1～2.5mm；叶片长9～17.5cm，宽1.4～2.5cm，基部宽楔形或钝圆形，次脉5～7对。笋期5月上旬。

产于江山。生于山坡路边。分布于福建。

图9-293 绿苦竹

12. 衢县苦竹 （图9-294）
Pleioblastus juxianensis T.H. Wen, C.Y. Yao et S.Y. Chen

秆高1.7～3m，直径1.3cm，节间长20～28cm，圆筒形，但在分枝一侧基部微凹，幼时微被白粉，箨环下方被厚白粉，近实心；箨环较隆起，被棕色短刺毛，秆环隆起或肿起而高于箨环。箨鞘绿色，宿存，背面被白粉，基部具一圈棕色短刺毛，边缘生纤毛；箨耳绿色，半月形，粗糙，边缘具繸毛；箨舌截形微凹，被白粉，边缘生短纤毛；箨片绿色，狭长披针形，两面被较密的细毛。每节分5枝。小枝具3～5叶；叶耳点状至椭圆状，粗糙，边缘具繸毛；叶舌拱形，被白粉，高约1.5mm；叶片长12～18cm，宽2.3～2.6cm，次脉6～7对，下面基部被较长的柔毛，边缘具细锯齿，小横脉清晰。笋期5月上旬。

浙江特有，产于衢江、龙游、遂昌。生于山坡。模式标本采自龙游溪口。

图9-294　衢县苦竹

13. 实心苦竹 （图9-295）
Pleioblastus solidus S.Y. Chen

秆高4～5m，直径1.5～2cm，节间长24cm，圆筒形，但在分枝一侧基部微凹，幼时具小刺毛，二年生节间被少量煤状粉质，节处的粉尤厚，具细密纵肋，近实心；箨环厚木栓质隆起，秆环隆起。箨鞘淡绿色，背面被白色细刺毛，微被白粉，基部及近边缘被稀疏短绒毛，边缘生纤

图9-295 实心苦竹

毛；箨耳镰形，具发达的淡棕色繸毛；箨舌截形，黄绿色；箨片外翻并下垂，线状披针形。每节分5~7枝。小枝具2~3叶；叶耳缺失，偶具1~3根长约5mm的直立繸毛；叶舌拱形；叶片长11~18cm，宽1.7~2.3cm，下面被细毛，次脉5~7对，小横脉明显。笋期6月。

产于云和。生于海拔800m以上的山地。分布于江苏。模式标本采自云和。

14. 仙居苦竹 （图9-296）

Pleioblastus hsienchuensis T.H. Wen

秆高达5m，直径2~3cm，节间中空较小，幼时节下方被白粉；箨环木栓质隆起，秆环隆起。箨鞘绿色，背面初时被极稀疏细刺毛，基部密生一圈刺毛，边缘无纤毛；箨耳镰形，长达7mm，宽1~2mm或更宽，边缘具长10~15mm的放射状繸毛；箨舌截形或笔架形；箨片外翻，带状，被微毛，边缘具有细锯齿。每节分3~4枝。小枝具3~4叶，叶鞘无毛或具微毛，被白粉；叶耳卵形或椭圆形，边缘具长达13mm的放射状繸毛；叶舌高约1mm，拱形，被白粉，边缘具细纤毛；叶片长7~16cm，宽1~2.5cm，下面无毛或仅基部被毛，次脉5~6对，小横脉明显。笋期6月。

浙江特有，产于三门、仙居、遂昌、永嘉。生于山坡或平原。模式标本采自仙居潜山。

图 9-296　仙居苦竹

15. 皱苦竹　实肚苦竹
Pleioblastus rugatus T.H. Wen et S.Y. Chen

秆高达5m，直径2～6cm，节间长约35cm，节下方有白粉环，秆壁较厚；箨环有白色细毛，秆环略隆起。箨鞘革质，较硬，背部被脱落性刺毛，基部有绵毛，先端急尖；箨耳镰形，开展，两面均粗糙，边缘具长约8mm的䍁毛；箨舌略呈弓状或近截形，先端边缘生有细毛；箨片长三角形，直立，强烈皱褶，背面被绢毛。叶舌高达2mm，卵状突起，有白粉；叶片长11～18cm，宽1.4～3cm，基部钝圆，次脉5～7对，脉间有细脉9条，具小横脉。

浙江特有，产于黄岩。生于山坡路边。模式标本采自黄岩小英山。

16. 宜兴苦竹（图9-297）
Pleioblastus yixingensis S.L. Chen et S.Y. Chen

秆高3～5m，直径1.2～2cm，节间长17～18cm，圆筒形，但在分枝一侧基部微凹，幼时黄绿色微带紫色，被厚白粉，秆壁厚约3mm；箨环稍隆起，秆环与箨环等高。箨鞘绿色或黄绿色，迟落，背面被厚白粉和紫色小刺毛，边缘生长纤毛，基部被不明显的纤毛；箨耳新月形，紫红色，边缘䍁毛长5～10mm；箨舌先端隆起或截形，高4～5mm，绿色稍带紫色，被厚白粉；箨片外翻，狭短条状或披针形，紫绿色，密被白粉，边缘有细齿。秆分枝习性弱，每节分3～5枝。小枝具4～5叶；叶耳存在，边缘具放射状䍁毛；叶舌隆起，高达3mm，被厚白粉；叶片长13.5～24cm，宽2～3cm，下面被短绒毛，基部和主脉被短纤毛，次脉6～8对。笋期5月初。

产于长兴、安吉、杭州市区及庆元。生于低山丘陵，杭州有栽培。分布于江苏、福建。模式标本采自杭州植物园，引自宜兴。

秆坚硬，作棚架、伞柄等用；笋不宜食用。

图9-297 宜兴苦竹

17. 菲白竹 （图9-298）

Pleioblastus variegatus (Siebold ex Miq.) Makino — *Sasa variegata* (Siebold ex Miq.) E.G. Camus — *Pseudosasa variegata* (Siebold ex Miq.) Nakai

秆高10～30cm，稀可达80cm，节间细而短小，圆筒形，直径1～2mm，光滑无毛；秆环较平坦或微有隆起。箨鞘宿存，无毛。秆不分枝或每节仅分1枝。小

图9-298 菲白竹

枝具4~7叶，叶鞘无毛，淡绿色，一侧边缘有明显纤毛，鞘口繸毛白色并不粗糙；叶片短小，披针形，长6~15cm，宽0.8~1.4cm，通常有黄色或浅黄色乃至近于白色的纵条纹，先端渐尖，基部宽楔形或近圆形，两面均具白色柔毛，尤以下面较密。笋期4—6月。

原产于日本。安吉、杭州市区、富阳等地有引种栽培。

竹叶具近于白色的纵条纹，绿化观赏甚佳。

18. 铺地竹 （图9-299）

Pleioblastus argenteastriatus (Regel) Nakai — *Bambusa argenteostriata* Regel — *Sasa argenteostriata* (Regel) E.G. Camus

地被竹种。秆高30~50cm，直径2~3mm，节间长约10cm，秆绿色无毛，节下具窄白粉环。箨鞘绿色，短于节间，基部具白色长纤毛，边缘具淡棕色纤毛；箨耳无。叶片卵状披针形，绿色，偶具黄色或白色纵条纹。笋期4—5月。

原产于日本。欧洲中部、新西兰和我国东南部有引种。安吉、德清、杭州市区、富阳等地有栽培。

用作地被绿化及栽培观赏。

图9-299 铺地竹

19. 翠竹 （图9-300）

Pleioblastus pygmaeus (Miq.) Nakai — *Sasa pygmaea* (Miq.) E.G. Camus

秆高20～40cm，直径1～2mm，秆节间无毛，节处密被毛。箨鞘无毛。叶密生，二列排列，叶鞘有细毛；叶耳不发达，鞘口继毛白色、平滑；叶片条状披针形，长4～7cm，宽0.7～1cm，基部近圆形，先端略突渐尖或渐尖，上面疏生短毛，下面常在一侧具细毛。

原产于日本。北京及以南地区广泛引种栽培，浙江各地也广为引种栽培。

用作地被绿化及栽培观赏。

图9-300 翠竹

存疑种

丽水苦竹

Pleioblastus maculosoides T.H. Wen

节略被白粉，节下方有细柔毛，箨环初被绒毛。箨鞘嫩时绿色，背部具棕褐色斑点与褐色疣基刺毛，边缘生棕色纤毛，略被白粉，先端收缩钝圆；箨耳缺或微弱，仅在箨鞘的两肩隆起，外面被褐色糙毛，边缘无继毛或偶见少数根继毛；箨舌高约8mm，近三角形，先端具白色细纤毛；箨片狭披针形至带状，外翻，腹面的基部生有棕色细毛，边缘内卷。秆每节分3～5枝。

模式标本采自丽水峰源。生于山坡下空旷地及路边。

经查阅丽水苦竹的原始文献及模式标本，与斑箨酸竹 *Acidosasa notata* (Z.P. Wang et G.H. Ye) S.S. You 应为同一种。赵奇僧教授早先也提出过此异议。因多次模式标本实地探查未发现，故暂作存疑处理。

⑰ 唐竹属 Sinobambusa Makino ex Nakai

乔木或灌木状竹类。地下茎单轴型或复轴型。节间通常较长，呈圆筒形，但在分枝一侧的下半部扁平，偶具沟槽。秆中部每节多为3分枝，有时可多至5～7枚，近等粗。花枝上部具叶或否，较纤细，可再次分枝而呈总状或圆锥状；假小穗常单生于花枝的各节或顶端；小穗较长，含小花可达50朵以上；鳞被（2）3；雄蕊3，有时2或4；花柱1，有时2或3；柱头2或3，羽毛状。颖果。笋期为春季至初夏。

约18种，主产于我国，越南也有，日本则是隋唐时代自我国引种栽培。我国有10种，主要分布于长江以南地区；浙江有7种。

分种检索表

1. 箨鞘近长圆形，先端虽略收缩，但仍较宽，背部无毛或具刺毛，其刺毛并不扎人；秆和枝两者在节下方不具猪皮状小凹纹。
    2. 箨耳无，或较小而不显著；箨舌紫色 ·· **1. 红舌唐竹 S. rubroligula**
    2. 箨耳较发达，甚至枝箨的箨耳也很显著。
        3. 幼秆和箨鞘两者均被厚白粉；箨片皱褶 ·· **2. 白皮唐竹 S. farinosa**
        3. 幼秆无粉或仅被很薄的白粉；箨片平整而不皱褶。
            4. 箨耳直立，并具短䍁毛；箨鞘背部无毛，但被白粉 ····················· **3. 胶南竹 S. seminuda**
            4. 箨耳斜举，生有粗长的䍁毛；箨鞘背部被小刺毛而无白粉。
                5. 幼秆无毛；节间于分枝一侧的下半部不具沟槽；箨鞘背面的基部生有短刺毛 ·· **4. 唐竹 S. tootsik**
                5. 幼秆被细柔毛，节间于分枝一侧的下半部具纵沟槽；箨鞘背面的基部生有细长的柔毛 ·· **5. 晾衫竹 S. intermedia**
1. 箨鞘近三角形，先端狭窄，背部通常被有扎人刺毛；秆的各节间在节下方通常具有猪皮状的细凹纹，但亦有些种无此凹纹。
    6. 秆的各节间在节下方无猪皮状的细凹纹，但具有明显的纵肋 ············· **6. 花箨唐竹 S. striata**
    6. 秆的各节间在节下方具猪皮状细凹纹，纵肋不明显或不甚明显 ········· **7. 尖头唐竹 S. urens**

1. 红舌唐竹
Sinobambusa rubroligula McClure

秆高2～4m，直径1cm，节间长27cm，在分枝一侧的中下部扁平，节下方具白粉环；箨环木栓质，呈环状隆起，初时具棕褐色刚毛，秆环肿胀，分枝以下各节的二环近等高。箨鞘背面绿色无毛；箨耳无，鞘口䍁毛不发达或有少数直立的䍁毛；箨舌紫色，背面粗糙或被糙毛，先端略呈拱形，具纤毛；箨片脱落性，披针形，先端渐尖，基部向内收窄，其宽为箨鞘顶宽的1/3，通常外翻，背面被绒毛，绿色，边缘与先端带紫色。小枝具5～7叶，叶鞘长5～6cm，光滑无毛或有直立的粗毛，边缘生细纤毛；新叶具叶耳，繸毛暗褐色，直立；叶舌高1～2mm，背面具粗毛，先端拱形；叶片披针形或椭圆状披针形，先端渐尖，基部钝圆，下面初具细柔毛，两边缘均有锯齿。笋期4—5月。

原产于广东、海南、广西等地。德清有引种栽培。

常种植于园林中，作为观赏植物。

图9-301　白皮唐竹

2. 白皮唐竹 （图9-301）
Sinobambusa farinosa (McClure) T.H. Wen

秆高7m，直径2～4cm，节间长40～60cm，幼秆被较厚白粉，老秆仅节下方有白粉环；箨环木栓质，秆环膨大。箨鞘长圆形，先端较宽广，革质，早落，背面灰绿色，初被厚白粉，后秃净；箨耳椭圆状至镰刀状，近直立，棕黑色，被糙毛，边缘生黄褐色粗繸毛；箨舌短，呈拱形，表面被糙毛，边缘完整，具细纤毛；箨片绿色，披针形至狭披针形，纸质。小枝具3～6叶，叶鞘长5～6cm，被黄棕色细柔毛，以后无毛，边缘具纤毛或无毛；叶耳近于无，鞘口繸毛淡黄色，坚硬直立；叶舌短，背部被糙毛；叶片薄纸质，披针形至长圆状披针形，先端渐尖，具粗糙锐尖头，基部钝圆或平截，近无毛或下面被微毛；叶柄短，无毛。笋期5月。

产于杭州市区、开化。生于山坡、林下或山谷中。分布于江西、福建、广东和广西等地。

3. 胶南竹
Sinobambusa seminuda T.H. Wen

秆高4～5m，直径1～2cm，节间长40cm，幼竹被薄白粉并具脱落性白色细柔毛，具纵肋，节下方有白粉环；箨环木栓质，初被细绒毛与茸毛，秆环隆起而具脊。箨鞘脱落性，边缘生白色纤毛，基部边缘密生有棕色长茸毛；箨耳发达，淡紫色，呈牛角状或镰刀状，直立或上举，表面有短糙毛；箨舌拱形，全缘，先端有细纤毛；箨片绿色，狭三角形至披针形，直立或外翻。小枝具5～6叶，叶鞘长40～45mm，边缘生棕色纤毛；叶耳通常不发达，或偶见较为发达者，卵状至镰刀状，边缘有粗繸毛少许；叶舌平截或卵形，被绒毛，边缘平滑或具粗毛；叶片披针形至阔披针形，先端渐尖，延伸成锐尖头，基部钝圆，两边具小锯齿，下面具白色细毛。笋期5—6月。

原产于福建、广西、云南等地。安吉、杭州市区有引种栽培。

笋苦，不堪食用；竹材易割裂，可供篾用；竹黄可供药用。

4. 唐竹 （图9-302）

Sinobambusa tootsik (Sieb.) Makino

秆高4～10m，直径2.5～5cm，节间长40～60cm或更长，幼秆深绿色，常略带紫色，无毛，被脱落性白粉，节下白粉环明显；秆环隆起，箨环木栓质隆起。秆箨早落，革质，初略带淡红棕色，基部紫红色，被棕褐色刺毛，近基部密生金黄色绒毛；箨耳及鞘口䍁毛发达；箨舌呈弓状突起，高约4mm，边缘平整，具短纤毛或无毛；箨片披针形或狭披针形，绿色，具明显的纵脉与小横脉，边缘具稀疏锯齿，先端渐尖，易脱落。每节通常有3分枝（有时分枝多达5～7枚），粗细相近，但中间一分枝远较其余两分枝为长。小枝通常具5～6叶，叶片呈披针形或狭披针形，薄纸质，上面绿色无毛，下面略带灰白色具微毛。笋期5—6月。

产于安吉、富阳、临安、苍南。生于山坡、林下或山谷中。分布于广东、广西、福建等地。越南北方也有，日本、美国檀香山与欧洲有引种栽培。

竹材较脆，但节间较长，常用作吹火管或搭棚架、筑篱笆等用；由于此竹生长茂盛、挺拔，姿态潇洒，通常可作庭园观赏用；笋苦，不堪食用。

图9-302　唐竹

4a. 满山爆竹（变种）（图9-303）
var. laeta (McClure) T.H. Wen

与唐竹的主要区别在于箨片通常呈紫色，叶耳与鞘口繸毛比较发达。

产于德清。分布于福建、广东等地。

此竹姿态潇洒挺拔，可作庭园观赏用。

唐竹在浙江还有1个变型：花叶唐竹 form. **albo-striata** Muroi（图9-304），叶绿色，具有许多宽窄不等的黄白色条纹；箨鞘新鲜时绿色，具黄白色纵条纹，箨鞘两边缘的条纹尤其宽大。

图9-303 满山爆竹

图9-304 花叶唐竹

5. 晾衫竹（图9-305）
Sinobambusa intermedia McClure

秆高4~8m，直径2~5cm，节间长50~60cm，新秆被白色柔毛，节下被白粉；秆环隆起，箨环木栓质，密被刺毛。秆箨脱落性或小植株偶有宿存。箨鞘绿色，先端略带紫色，被脱落性褐色刺毛，基部渐密，边缘具棕色纤毛；箨耳、繸毛极为发达，箨耳呈镰刀状，粗繸毛长达20mm，基部暗棕色、粗糙，密被粗毛；箨舌短，弓状突起，被糙毛，先端略呈锯齿状或具纤毛；箨片绿色，先端带紫色，呈狭披针形，直立或上举。小枝具2~4叶；叶耳不明显或缺失，鞘口繸毛稀少，直立；叶舌截状或弓状，全部被糙毛；叶片牛皮纸质，卵状披针形。笋期4—5月。

产于苍南。分布于福建、广东、广西、四川和云南等地。

竹材可作晾衣竿、帐竿及围篱等用；亦可作绿化竹种。

一八四　禾本科 Poaceae

图 9-305　晾衫竹

6. 花箨唐竹 （图 9-306）

Sinobambusa striata T.H. Wen

秆高 10 m，直径 5 cm，节间长 65 cm，幼秆节下被白粉，具直立脱落性短刚毛；箨环木栓质，

图 9-306　花箨唐竹

初时被粗毛。箨鞘革质，三角形，先端急尖，绿色并间有紫褐色宽条纹，被褐色短硬刺毛，毛脱后留有小珠状根点，边缘秃净，基部常无毛或有时具褐色粗毛；箨耳呈椭圆形，边缘细继毛四射；箨舌呈山峰状突起或弧形；箨片长三角形，绿色，边缘具紫色纤毛。小枝具2叶，叶鞘无毛；叶耳及继毛缺失；叶片披针形，长9~16cm，宽1.2~1.8cm，基部钝圆或渐尖，先端渐尖，具锐尖头，上面绿色无毛，下面粉绿色，被微毛或细柔毛，次脉4~6对，与小横脉构成网格。笋期5月。

原产于江西。安吉、富阳有引种栽培。

秆型高大通直，篾性坚韧，可编织凉席、箩筐，为优良的用材竹种。

7. 尖头唐竹 （图9-307）
Sinobambusa urens T.H. Wen

秆高7m，直径3cm，节间长50cm，节下具猪皮状凹孔与白粉环；秆环隆起具脊，箨环木栓质，初具棕褐色刚毛。箨鞘革质，早落性，长三角形，先端急尖而狭小，初被白粉，黄棕色，秆中、上部箨鞘仅基部有刚毛，下部箨鞘被向上刺毛，基部被棕褐色刚毛；箨耳长椭圆形至镰刀形，褐色，被细绒毛，边缘有长继毛；箨舌先端弓形，边缘有纤毛；箨片绿色，狭三角形至狭带状，有皱褶，直立或外翻，两边具锯齿。小枝具4~5叶，叶鞘光滑无毛，边缘秃净；叶耳发达，镰刀状，边缘具继毛；叶舌卵状突起，无毛，全缘；叶片披针形至阔披针形，质薄，基部渐尖或钝圆，无毛或上面具直立之短毛，先端渐尖并延伸为锐尖头，两边有锯齿。笋期5月。

产于平阳。生于山坡疏林下。分布于福建。

图9-307　尖头唐竹

18 巴山木竹属 Bashania Keng f. et T.P. Yi

小乔木状竹类。地下茎复轴混生,髓为薄膜质或粉末状。秆芽1,每节分枝初为3枚,后可增多。花序一次发生,总状花序短,常由9~15枚小穗排成圆锥状(稀总状),顶生;小穗含6~14花;颖片2;鳞被3;雄蕊3;花柱2或极短而不存在,柱头2或3,羽毛状。颖果或作浆果状。

4种,分布于湖北、四川、陕西、甘肃、云南等地;浙江引种栽培1种。

巴山木竹 木竹 法氏箭竹 秦岭箭竹 (图9-308)
Bashania fargesii (E.G. Camus) Keng f. et T.P. Yi —— *Arundinaria fargesii* E. G. Camus

秆高3~10m,直径2~5cm,中部节间长40~60cm,幼秆被白粉,秆壁较厚;箨环显著,初被棕色小刺毛。箨鞘迟落或宿存,革质,被棕色疣基刺毛,鞘口平截;无箨耳,具易脱落的䍁毛;箨舌高2~4mm,上缘作不规则齿裂;箨片披针形,直立,

图9-308 巴山木竹

平直或有波曲，腹面基部生易脱落的绒毛，整个箨片易自鞘上脱落。每节分枝初为3枚，后为多枚，主枝较明显。小枝具4～6（或1～3）叶，叶鞘被毛；无叶耳及继毛；叶舌高1.5～4mm，紫色；叶片有大小型，小的长10～20cm，宽1～2.5cm，大的长20～30cm，宽3～7.5cm，近鞘口处密被短毛。笋期4月下旬至5月。

原产于湖北、四川、陕西、甘肃等地。安吉、富阳、临安等地有引种栽培。

抗寒性强，秆适于制浆造纸；还广泛用于建筑，制作架杆、烤烟杆等。

19 大节竹属 Indosasa McCure

乔木或灌木状竹类。地下茎为单轴型，秆散生。秆环甚隆起或中度隆起，秆髓多少有些为屑状或海绵状，秆中部分枝通常3枚。花序续次发生，花序因反复分枝而呈圆锥状或总状，常由1～3枚假小穗簇生于花枝各节上；小穗含多花；颖片0至数枚；鳞被3；雄蕊6；花柱短，柱头3裂，羽毛状。颖果。笋期为春季至夏季初。

约16种，分布于我国和越南。浙江有2种。

1. 算盘竹
Indosasa glabrata C.D. Chu et C.S. Chao

秆高3m，直径2cm，无毛，仅节下方有白粉环，初时绿色，成熟后呈黄绿色，节间长20～30cm，秆髓圆环状；秆环和箨环十分隆起，节内长5～10mm。秆箨迟落，短于节间，棕绿色，无毛或极稀疏地散生着易脱落的白色粗毛，无斑点；箨耳和鞘口继毛不发育；箨舌微呈拱形，高1～2mm，近无毛；箨片绿色，三角状披针形。每节分枝3枚。每小枝具2～4叶；叶耳小或不明显，继毛直伸；叶片长约23cm，宽约4.2cm，下面有时疏被毛。笋期4月下旬。

产于云和。生于空旷山坡地或山顶。分布于广西南部山区。

笋可供食用；秆作围篱。

1a. 毛算盘竹　满山跑（变种）（图9-309）
var. albo-hispidula (Q.H. Dai et C.F. Huang) C.S. Chao et C.D. Chu

与算盘竹的区别在于其新秆密被白色粗毛，鞘口处有时具少数直立继毛。

原产于我国西南部低海拔山区，形成纯林或在林下生长。安吉、富阳有引种栽培。

秆作造纸原料或围篱。

一八四 禾本科 Poaceae

图 9-309 毛算盘竹

2. 倭形竹 （图 9-310）
Indosasa shibataeoides McClure

秆高 0.5～2m, 直径 0.5～0.8cm, 节间长 10～20cm, 幼秆微被白粉, 节下具窄白粉环; 下部秆正常, 秆环

图 9-310 倭形竹

平，箨环微隆起，中上部秆秆环突起并膝曲以致诸节间作强"之"字形曲折。秆箨早落，黄绿色转棕黄色，初具白粉，先端窄；箨耳由箨片基部延伸而成，微弱，具少数纤细的繸毛；箨舌高0.5～1mm，平截；箨片三角形，反转，鲜时为玫瑰色，腹面粗糙。每节分枝3枚，小枝短，亦"之"字形曲折。通常每枝具1～2叶，如为2叶时，下方叶因叶鞘较长，故伸在上方叶之上；叶片长圆状披针形，长5～15cm，宽1.5～3cm。笋期5月。

原产于广东罗浮山。安吉、富阳有引种栽培。

倭形竹中上部秆秆环突起并膝曲以致诸节间作强"之"字形曲折，笋期尤美，为观赏或盆栽之佳品。

本种植株矮小，节间长10～20cm，秆上部"之"字形曲折，易于和算盘竹区别。

20 酸竹属 Acidosasa C.D. Chu et C.S. Chao

乔木状竹类。地下茎单轴散生。秆的节间在分枝的一侧的下部扁平或具浅纵沟，秆中部每节分枝3枚。花序一次发生，2～5枚小穗排成圆锥状或总状，顶生；小穗具明显的小穗柄，含7～15花；颖片2～4；鳞被3；雄蕊6；花柱1，柱头3裂，羽毛状。

10余种，分布于江西、福建、湖南、浙江、广东、广西、云南等地；浙江有6种。

分种检索表

1. 箨鞘无箨耳及繸毛或箨耳及繸毛不明显。
    2. 幼秆节间无毛，被厚白粉；箨舌弧形 ·················· 1.斑箨酸竹 A. notata
    2. 幼秆节间密被白色细柔毛，仅节下具白粉环；箨舌先端状突起，两边下延 ·················· 2.井冈酸竹 A. anaurita
1. 箨鞘具明显箨耳及繸毛。
    3. 箨环幼时有刺毛；箨鞘基部密生一圈褐色毛 ·················· 3.粉酸竹 A. chienouensis
    3. 箨环幼时无刺毛；箨鞘基部无一圈褐色毛。
        4. 中大型竹，直径通常在4cm以上。
            5. 节间长多在40cm以下；箨鞘初绿色，边缘带紫色，无白粉 ·················· 4.黄甜竹 A. edulis
            5. 节间长多在40cm以上；箨鞘金黄色至淡红棕色，密被白粉 ·················· 5.橄榄竹 A. gigantea
        4. 中小型竹，直径通常在4cm以下 ·················· 6.福建酸竹 A. longiligula

1. 斑箨酸竹 （图9-311）

Acidosasa notata (Z.P. Wang et G.H. Ye) S.S. You — *Pseudosasa notata* Z.P. Wang et G.H. Ye — *Pleioblastus intermedius* S.L. Chen

秆高3～5m，直径1.5～2cm，节间最长达30cm，幼秆被厚白粉；箨环上具柔毛和木栓质

一八四　禾本科 Poaceae

残留物。箨鞘薄革质，草黄色，上部带紫色，被白粉和稀疏刺毛，疏生褐色小斑点，基部具一圈明显的柔毛与刺毛混生的毛环，边缘具易脱落的纤毛；箨耳小，半圆形，密被细柔毛，耳缘具数枚粗硬刚毛，有时箨耳缺如；箨舌弧形，高约2mm，有时背部具稀疏柔毛，边缘具短纤毛；箨片线状披针形，外翻，两面被稀疏柔毛。每节分3枝。每小枝具2或3叶，叶鞘无毛；无叶耳及继毛；叶舌发达，高约3.5mm；叶片长15～20cm，宽1.5～2.4cm，下面被短毛。笋期5月。

产于庆元、云和、景宁等地。生于山坡中下部。分布于福建、江西。

图 9-311　斑箨酸竹

2. 井冈酸竹（图9-312）

Acidosasa anaurita (T.H. Wen) W.Y. Zhang et N.X. Ma —— *Sinobambusa anaurita* T.H. We

秆高5m，直径2～2.5cm，节间长30cm，幼秆密被白色细柔毛，仅节下具白粉环；秆环隆起，箨环木栓质，初被早落性粗毛。箨鞘长三角形，先端山峰状，初为黄绿色，后转为红棕色，被向上褐色刺毛，基部密被褐色粗毛，边缘有脱落性纤毛；箨耳通常缺如，偶有1根短继毛直立；箨舌先端山峰状突起，两边下延，先端具细纤毛；箨片长三角形，直立，绿色带紫，被细柔毛，边缘粗糙或具锯齿，不皱褶。每节分3枝，粗细近相等。小枝具2～4叶，叶鞘长45mm，先端具白色柔毛；通常无叶耳；叶舌发达，高2mm，先端弧形突起或山峰状，表面被细柔毛；叶柄长3mm；叶片披针形或狭披针形，先端延伸而尖锐，下面被细柔毛，两边有锯齿。笋期4月底至5月中旬。

原产于江西井冈山等地。安吉、富阳、临安有引种栽培。

笋微苦；竹材较脆，通常供造纸用。

图9-312　井冈酸竹

3. 粉酸竹　建瓯大节竹　建瓯酸竹　（图9-313）
Acidosasa chienouensis (T.H. Wen) C.S. Chao et T.H. Wen

秆高5～13m，直径4～10cm，节间长30～48cm，无毛，具白粉；箨环幼时有刺毛。箨鞘早落，初绿色，背面被白粉和黄褐色脱落性疏硬毛，基部密生一圈褐色毛；箨耳较小，镰刀状开展，鞘口具放射状繸毛，长约5mm；箨舌隆起，拱形或突形，高2～3mm，边缘有短纤毛；箨片狭长披针形，长10～20cm，外展或外折，易脱落，两边具小锯齿。每节分3枝，秆上部节则分枝多。叶鞘无毛；叶耳不发达，繸毛早落；叶舌高1mm；叶片披针形，长8～13cm，宽0.8～1.8cm，无毛。笋期4—5月。

原产于福建、湖南。安吉、杭州市区有引种栽培。

图9-313 粉酸竹

4. 黄甜竹 黄间竹（图9-314）
Acidosasa edulis (T.H. Wen) T.H. Wen — *Sinobambusa edulis* T.H. Wen

秆高8~12m，直径达6cm，节间长25~40cm，秆绿色无毛；秆环隆起具脊，节下具白粉与猪皮状凹孔。箨鞘无斑点，密被褐色长刺毛，初为绿色，边缘带紫色，后转为棕色，边缘具纤毛；箨耳狭镰刀状伸出，表面被棕色绒毛，边缘有少数繸毛呈放射状开展，长约1.2cm；箨舌高3～4mm，中部隆起有尖锋，先端边缘具纤毛；箨片绿色，狭披针形，直立或反转，两面粗糙，近基部内表面有粗毛。每节分3枝，近相等，斜举。小枝具4～5叶，叶鞘无毛；无叶耳及繸毛；叶舌高2mm；叶片阔披针形至披针形，长11～18cm，宽1.7～2.8cm，下面基部有细毛。笋期5月。

原产于福建、江西。安吉、富阳、临安、龙泉、庆元等地有引种栽培。

笋味鲜美，并可加工成笋干，是夏季优良笋用竹种。

图 9-314　黄甜竹

5. 橄榄竹　江南竹（图9-315）

Acidosasa gigantea (T.H. Wen) Q.Z. Xie et W.Y. Zhang — *Sinobambusa gigantea* T.H. Wen — *Indocalamus gigantea* (T.H. Wen) T.H. Wen — *Indosasa gigantea* (T.H. Wen) T.H. Wen

秆高8～17m，直径达10cm，节间长约60cm，具猪皮状微小凹纹，被白粉，节下尤密，无毛；老秆黄绿色，新秆粉绿色；秆环隆起具脊，节内长约10mm。箨鞘革质，上部狭窄，鲜时金黄色至淡红棕色，密被白粉及紫褐色硬刺毛，边缘上半部具紫褐色纤毛；箨耳中等发达，卵状至镰刀状，直立继毛长达10mm；箨舌高3～5mm，中部有尖峰，先端具纤毛，基部与箨片之间有长达15mm之粗糙毛；箨片披针形至长三角形，长3～6cm，直立或反转，边缘有褐色倒生刺毛。每节分3枝，开展。小枝具3～4叶；无叶耳及继毛；叶片长披针形，长8～13cm，宽1.4～2cm，下面基部有柔毛。笋期5月。

原产于福建。安吉、富阳、临安、龙泉等地有引种栽培。模式标本采自龙泉。

笋味极苦，不堪食用；竹秆挺拔秀丽，作观赏或整秆材用均可。

图9-315　橄榄竹

6. 福建酸竹（图9-316）

Acidosasa longiligula (T.H. Wen) C.S. Chao et C.D. Chu

秆高3～6m，直径1.5～2cm，中部节间长20～25cm，无毛。箨鞘绿色，具紫色脉纹，疏生褐色小斑点，被易脱落的短刺毛，边缘具纤毛；箨耳小，长圆形，长约4mm，鞘口继毛发达，长

图9-316 福建酸竹

约7mm；箨舌显著隆起，高达6mm，背部有白粉，先端有白色纤毛；箨片绿色，披针形，外翻。秆中部每节分3枝。小枝具2～5（8）叶，叶鞘初被柔毛；叶耳和繸毛在幼时发达；叶舌明显隆起，高4～8mm，山峰状，背部密被细毛；叶片带状披针形，长11～20（30）cm，宽1～2.3（3）cm，无毛，叶缘的锯齿不明显。笋期4—5月。

产于龙泉、景宁。生于山坡中下部低灌丛或疏林地。分布于福建。

笋味甜，可供食用；秆可作瓜菜架等。

21 少穗竹属 Oligostachyum Z.P. Wang et G.H. Ye

乔木状竹类。地下茎单轴散生或复轴混生。秆的节间在分枝的一侧具浅纵沟或扁平部分可达中部及中部以上，秆中部每节分3枝。总状花序短，常仅具2～3（6）枚小穗，稀小穗10余枚排成圆锥花序；小穗含数枚至多枚花；颖片1～3（5）；鳞被3；雄蕊3～4（5）；花柱1或3，柱头3，稀2，羽毛状。

10余种，我国特有，分布于自福建武夷山及其以东，延至五岭山脉以南的广大地区；浙江有5种。《浙江植物志》记载浙江产赐竹 O. glabrescens (T.H. Wen) Keng f. et C.P. Wang，但笔者调查未见。

分种检索表

1. 具明显箨耳及繸毛。
  2. 秆环强烈隆起呈肿胀状态；新秆被白粉；笋期5月 ················ 1. 肿节少穗竹 O. oedogonatum
  2. 秆环不强烈隆起；新秆无白粉；笋期5—10月 ···················· 2. 四季竹 O. lubricum
1. 箨耳及繸毛无或不明显。
  3. 箨舌先端无毛 ·· 3. 云和少穗竹 O. lanceolatum
  3. 箨舌先端具纤毛。
    4. 箨鞘整个被浓白粉及较密的棕色平伏刺毛，无斑点 ············ 4. 少穗竹 O. sulcatum
    4. 箨鞘的中上部被白粉，基部的箨鞘具刺毛及纵长褐色斑点 ······ 5. 糙花少穗竹 O. scabriflorum

1. 肿节少穗竹　肿节苦竹　肿节竹　（图9-317）

Oligostachyum oedogonatum (Z.P. Wang et G.H. Ye) Q.F. Zheng et K.F. Huang — *Pleioblastus oedogonatum* Z.P. Wang et G.H. Ye — *Clavinodum oedogonatum* (Z.P. Wang et G.H. Ye) T.H. Wen

秆高5m，直径1~1.5cm，节间长约30cm，新秆暗绿色，被白粉，无毛，有散生的黑色细点，分枝一侧扁平达节间一半；秆环强烈隆起呈肿胀状态。箨鞘纸质，绿色带紫色，微被成丛的白粉，中下部鞘具较密之刺毛；箨耳小，狭镰刀形，易脱落，繸毛3~5根；箨舌高约3mm，近截形，边缘几无毛；箨片外翻，三角状披针形，暗紫色。每节分枝常5枚，或多至7枚，或少至3枚。每小枝具2~3叶，叶鞘无毛；叶耳狭镰形，暗紫色，繸毛数根；叶舌拱形；叶片条状披针形，长13~25cm，宽0.7~3.9cm，两面均无毛。笋期5月初。

产于安吉、

图9-317　肿节少穗竹

德清、富阳、临安、遂昌、龙泉、庆元、青田等地，野生或栽培。多见于山坡中下部疏林地。分布于福建、江西。

叶形优美，秆节肿胀可作观赏竹用。

2. 四季竹 （图9-318）

Oligostachyum lubricum (T.H. Wen) Keng f. — *Semiarundinaria lubrica* T.H. Wen

秆高5m，直径1～2cm，节间长约30cm，幼秆无毛，无白粉，分枝的节间半圆筒形或扁平。箨鞘绿色，边缘染有紫色，疏生有白色至淡黄色脱落性刺毛，毛脱落后留有疣基，边缘具纤毛；箨耳紫色，卵状或偶见镰刀状，表面具柔毛，边缘具粗直䍁毛；箨舌紫色，截状，有紫色短纤毛；箨片绿色，阔披针形，基部收缩，先端渐尖，边缘具纤毛。每节分3枝，粗细近相等，扁平。小枝具3～4叶，叶鞘被细毛；叶耳紫色，䍁毛发达；叶舌紫色，截形或拱形；叶片线状披针形，长10～15cm，宽1.5～2.2cm，两面均无毛。笋期5—10月。

产于安吉、德清、富阳、临安、余姚、奉化、衢江、东阳、武义、缙云、苍南等地。生于山坡。分布于江西、福建。模式标本采自东阳。

笋可食用，是夏秋笋用竹；出笋期长，供栽培观赏。

图9-318　四季竹

3. 云和少穗竹

Oligostachyum lanceolatum G.H. Ye et Z.P. Wang

秆高约4.5m，直径2~3cm，节间长达26cm，幼秆初时为紫绿色，节下具白粉环，无毛。箨鞘早落，深绿色，具淡黄绿色脉纹，边缘无缘毛，顶部紫色，干后呈淡棕色，边缘暗灰色，背面中上部具褐色疣基刺毛，毛脱落后留有褐色疣基；箨耳及继毛缺如；箨舌紫色，拱形，无毛，边缘微波状；箨片狭披针形，深绿色，顶端微紫色，开展或反转，边缘具纤毛。每节分3枝，开展。小枝具2~3叶，叶鞘无毛；无叶耳及继毛；叶舌强烈伸出，高1.5~2.5mm；叶片长16cm，宽1.6cm。

浙江特有，产于云和、景宁。生于山坡中下部灌木丛或疏林下。模式标本采自云和。

4. 少穗竹　大黄苦　（图9-319）

Oligostachyum sulcatum Z.P. Wang et G.H. Ye — *Sinobambusa parvifolia* T.H. Wen et S.Y. Chen

秆高达12m，直径达6cm，节间最长达38cm，幼秆紫绿色，节下具明显白粉，老秆绿黄色；秆环略高于箨环。箨鞘革质，黄绿色，无斑点，被厚白粉和较密的棕色平伏刺毛，基部尤密，秆下部箨鞘边缘具硬纤毛；无箨耳和鞘口继毛；箨舌高约35mm，中部突起，边缘具纤毛；箨片直立或开展，绿色带紫色，三角状卵形或线状披针形，基部收缩。每节分3枝，开展。小枝具2~3叶，叶鞘无毛；无叶耳及继毛；叶舌高1.5mm，先端拱起，边缘具微纤毛；叶片线状披针形，长9~16cm，宽0.9~1.5cm，两面均无毛。笋期5月。

原产于福建。安吉、富阳、临安、天台、庆元等地有引种栽培。

竹篾可用于箍桶。

图9-319　少穗竹

5. 糙花少穗竹 小黄苦 糙花青篱竹 （图9-320）
Oligostachyum scabriflorum (McClure) Z.P. Wang et G.H. Ye —— *Semiarundinaria scabrifiorum* McClure —— *O. fujianense* C.P. Wang et G.H. Ye

秆高达7m，直径4cm，节间长达40cm或更长，新秆暗绿色具细小紫点，具柔毛或无毛，微被白粉，节下具明显白粉环。箨鞘淡绿色转枯草色，在中上部被白粉，为节间长度的1/2，基部鞘具刺毛及纵长褐色斑点，上部箨鞘刺毛及斑点渐无；箨耳及繸毛缺失；箨舌紫色，高2～5mm，中部隆起，先端具白色纤毛；箨片绿色或淡绿色，常带紫色，下部直立，上部者开展。每节分3枝，广开展。

小枝具1～3（5）叶，叶鞘无毛；无叶耳及繸毛；叶舌发达；叶片狭披针形，长15cm，宽1.9cm。笋期4月下旬至5月上旬。

原产于广东、广西、福建。安吉、富阳、临安有引种栽培。

用于绿化及观赏。

图9-320　糙花少穗竹

（二）禾亚科 Pooideae

秆草质，稀木质化。基生叶与秆生叶同形；叶片与叶鞘既无柄也无关节，不易脱落。花序由多数小穗组成，排成圆锥状、总状、穗状或指状等花序；小穗含1至数小花，基部常具2颖片，稀无颖片；小花下部具1外稃和1内稃；外稃背面中上部或先端有时延伸成或短或长的芒，芒直或膝曲；鳞被2，稀3；雄蕊3或6，稀2或1；心皮2，稀1或3，合生，子房上位，1室，具1胚珠，柱头2（3），羽毛状。果通常为颖果，稀为囊果。

约612属，9600多种，广泛分布于世界各地。我国有约192属，1260余种，全国各地均产；浙江有110属，233种，其中包括栽培27种。《浙江植物志》记载浙江曾引种栽培黑麦属 Secale L. 的黑麦 S. cereale L.，但现已多年未见，不再收录。

分属检索表

1. 小穗含1至多数小花，体型两侧压扁（某些属可例外），通常脱节于颖之上，并在各小花之间也逐节断落（亦有例外），顶生小花不存在或已退化，即其小穗轴延伸至最上方那朵小花的内稃之后呈细柄状或刚毛状（少数因其小穗仅含1成熟小花，其小穗轴顶端的那段游离节间业已退化，故不见其延伸，是为例外）。
   2. 小穗两性或单性（菰属），其中仅1小花可结实；颖较短小或极退化；外稃草质或硬纸质，具5脉或更多脉；颖果大都包裹在边缘彼此互相紧扣的2稃之内；鳞被3或2；雄蕊6或1～3；柱头1～3。多为水生（挺水或浮水）或湿生的草本。
      3. 小穗两性；外稃两侧压扁；颖片退化或呈2半月形残留于小穗柄顶端。
         4. 成熟花之下具2不孕花外稃；雄蕊6 ·· **1. 稻属 Oryza**
         4. 成熟花之下无不孕花外稃；雄蕊6或3。
            5. 湿生草本；叶片条状披针形，叶鞘不膨胀；外稃无柄状基盘，小穗自简短的小穗柄上脱落·· **2. 假稻属 Leersia**
            5. 浮水草本；叶片卵状披针形，叶鞘膨胀；外稃具呈柄状之基盘，成熟时小穗连同柄状基盘一并脱落 ·· **3. 水禾属 Hygroryza**
      3. 小穗单性；雌雄同株；雌小穗的外稃呈圆筒形 ·· **4. 菰属 Zizania**
   2. 小穗大都为两性，其中结实小花为1至多数；颖2或1，通常明显；成熟小花的稃片之边缘并不彼此紧扣，但亦有外稃紧裹其内稃和颖果者（例如针茅族的一些属）；内稃通常背部具2脊或亦可偶具多脉而无明显的2脊。
      6. 叶片较宽短，呈广披针形或卵形，具显著的小横脉；外稃具3～9脉，表面无毛或被疣基小刺毛；鳞片2，楔形；雄蕊2，花柱2。
         7. 花序直立；小穗披针形，不侧扁；不孕外稃顶端具刺状短芒········ **5. 淡竹叶属 Lophatherum**
         7. 花序下垂；小穗长圆形，明显侧扁；不孕外稃顶端不具刺状短芒··· **6. 小盼草属 Chasmanthium**
      6. 叶片通常呈狭长的条形，同时小横脉也不明显（个别属种可例外）。
         8. 成熟小花的外稃具5脉乃至多脉（有些属种的可少至3脉），如小穗仅含1小花时，可因外稃质地较厚硬而使纵脉不明显；叶舌一般为膜质，不具或稀可具少量的硬纤毛。

9. 花序为疏松或紧密的圆锥花序。
　　10. 小穗仅含 1 小花或 2 至多数小花，通常下部的能育，上部的能育或退化。
　　　　11. 小穗含 2 至多数小花。
　　　　　　12. 圆锥花序开展或紧缩；颖果先端无喙，成熟后不肿胀，被内外稃包裹或不包裹。
　　　　　　　　13. 第二颖通常较短于或几等长于第一小花；芒大都劲直稀反曲，但不扭转。
　　　　　　　　　　14. 外稃仅具 3～5 脉；叶鞘边缘不闭合。
　　　　　　　　　　　　15. 小穗紧密，簇生或覆瓦状排成穗形圆锥花序或在分枝先端聚集成团球形············
·· 12. 鸭茅属 Dactylis
　　　　　　　　　　　　15. 小穗排成开展或紧缩的圆锥花序。
　　　　　　　　　　　　　　16. 外稃多少具芒。
　　　　　　　　　　　　　　　　17. 多年生；雄蕊 3；圆锥花序疏松开展或紧密狭窄；外稃披针形，顶端或裂齿间
具芒或短芒至无芒·· 13. 羊茅属 Festuca
　　　　　　　　　　　　　　　　17. 一年生；雄蕊 1；圆锥花序紧缩成穗状；外稃窄披针形，先端渐尖成芒，芒多
少长于其稃体·· 14. 鼠茅属 Vulpia
　　　　　　　　　　　　　　16. 外稃无芒。
　　　　　　　　　　　　　　　　18. 一年生草本；外稃具 9 脉。
　　　　　　　　　　　　　　　　　　19. 小穗诸小花近于水平排列，宽与长近相等；外稃基部呈心状，舟形，基底
质厚突出，边缘宽膜质，扩展；叶鞘开放·············· 15. 凌风草属 Briza
　　　　　　　　　　　　　　　　　　19. 小穗诸小花向上伸展，长超过其宽；外稃基部非心形，背部圆形；叶鞘下
部闭合······································· 16. 假硬草属 Pseudosclerochloa
　　　　　　　　　　　　　　　　18. 多年生草本；外稃具 5 脉。
　　　　　　　　　　　　　　　　　　20. 外稃背部成脊，脉向先端汇合；基盘具绵毛；花柱存在；草甸草原植物··
·· 17. 早熟禾属 Poa
　　　　　　　　　　　　　　　　　　20. 外稃背部圆形无脊，脉明显平行；基盘无绵毛；花柱不存在；盐生植物··
·· 18. 碱茅属 Puccinellia
　　　　　　　　　　14. 外稃具 5～9 脉，稀可为 3 或多至 11 脉；叶鞘全部或下部闭合。
　　　　　　　　　　　　21. 内稃沿脊无毛或具短柔毛；子房先端常无毛。
　　　　　　　　　　　　　　22. 小穗上部含 1～3 退化小花，仅具外稃，且互相紧抱成球形或棒状············
·· 19. 臭草属 Melica
　　　　　　　　　　　　　　22. 小穗上部无退化小花，也不相互紧抱成球形或棒状······· 20. 甜茅属 Glyceria
　　　　　　　　　　　　21. 内稃沿脊具长或短的硬纤毛；子房先端具糙毛············ 21. 雀麦属 Bromus
　　　　　　　　13. 第二颖大都等长或较长于第一小花；芒膝曲扭转，大都自外稃背部或二裂齿间伸出。
　　　　　　　　　　23. 小穗含 2 小花，下部的小花为雄性，上部小花为两性 ··· 22. 燕麦草属 Arrhenatherum
　　　　　　　　　　23. 小穗含 2 至数小花，均为两性。
　　　　　　　　　　　　24. 外稃显著具芒（燕麦属有的种无芒），如为无芒时，则圆锥花序不紧缩成穗状。
　　　　　　　　　　　　　　25. 小穗长逾 1 cm，子房上部或全部被毛；颖果具腹沟，通常与稃体紧贴着。
　　　　　　　　　　　　　　　　26. 一年生；小穗下垂，两颖近于等长，具 7～11 脉············ 23. 燕麦属 Avena
　　　　　　　　　　　　　　　　26. 多年生；小穗直立或开展，两颖通常不等长，具 1～7 脉··················
··· 24. 异燕麦属 Helictotrichon

25. 小穗长不逾1cm；子房无毛；颖果无腹沟，与稃体相分离 ········ **25. 三毛草属 Trisetum**
24. 外稃无芒或顶端具小尖头；圆锥花序常紧缩成穗状 ············· **26. 落草属 Koeleria**
12. 圆锥花序极为开展松散；颖果先端具喙，成熟后肿胀使其内外稃张开而外露 ············
··· **27. 龙常草属 Diarrhena**
11. 小穗常含1小花。
  27. 外稃质较颖薄，常为膜质，具芒或无芒，芒由背部或顶端伸出；基盘常钝圆；内稃质地甚薄。
    28. 圆锥花序开展或紧缩，但不呈圆柱状。
      29. 小穗无柄，常呈圆形，覆瓦状排列于穗柄的一侧而后形成圆锥花序 ············
··· **28. 茵草属 Beckmannia**
      29. 小穗多少具柄，长形，排成开展或紧缩的圆锥花序。
        30. 颖不等长，短于小花，第二颖仅达外稃的中部或中部以下 ············
··· **29. 短颖草属 Brachyelytrum**
        30. 颖等长或几等长，与小花等长或较长，稀可较短。
          31. 小穗轴脱节于颖之上。
            32. 外稃的基盘无毛或仅具微毛 ········ **30. 剪股颖属 Agrostis**
            32. 外稃的基盘具较长的柔毛。
              33. 小穗轴不延伸于内稃之后，或稀有极短的延伸，常无毛或具疏柔毛；外稃透明膜质，明显短于颖 ············· **31. 拂子茅属 Calamagrostis**
              33. 小穗轴延伸于内稃之后，常具丝状柔毛；外稃草质或膜质，近等于或短于颖 ························· **32. 野青茅属 Deyeuxia**
          31. 小穗轴脱节于颖之下 ·············· **33. 棒头草属 Polypogon**
    28. 圆锥花序极紧密，呈圆柱状或矩圆状；柱头细长，开花时自小花顶端伸出。
      34. 小穗脱节于颖之下；两颖在下部边缘互相连合，顶端无芒尖；外稃的边缘在下部连合，背部具芒；内稃缺如 ················· **34. 看麦娘属 Alopecurus**
      34. 小穗脱节于颖之上；颖片边缘不连合，顶端具芒尖；外稃无芒，稍长于内稃，边缘不连合；具内稃 ······················ **35. 梯牧草属 Phleum**
  27. 外稃质厚，常较颖坚硬，常纵卷为圆桶形，芒从顶端伸出；基盘常尖锐稀钝圆；内稃与外稃同质。
    35. 外稃无芒，基盘短钝不显著，稃于成熟时变硬，平滑无毛，有光泽 ······ **36. 粟草属 Milium**
    35. 外稃具芒，基盘尖锐或钝圆。
      36. 外稃顶端完整无裂齿，稀有微裂。
        37. 外稃顶端具直伸、常易落的芒，背部具毛或无毛，有光泽，基部具钝圆的基盘 ········
··· **37. 落芒草属 Piptatherum**
        37. 外稃顶端具膝曲、扭转、宿存的芒，背部具条状或散生的细长毛，基部具长而尖锐的基盘 ··· **38. 针茅属 Stipa**
      36. 外稃顶端具2浅裂齿 ············· **39. 芨芨草属 Achnatherum**
10. 小穗由3小花组成，具1两性花位于（1）2不孕花之上。
  38. 小穗下部2朵不育小花的外稃退化为鳞片状，远较顶生花的外稃为短；雄蕊3；植株无芳香气味 ····
··· **40. 虉草属 Phalaris**

38. 小穗下部 2 朵不育小花的外稃不退化为鳞片状, 等长或长于顶生花的外稃; 雄蕊 2; 植株具芳香气味·· **41. 黄花茅属 Anthoxanthum**
9. 花序为穗状或总状花序。
　39. 总状花序, 两颖片均存在; 若花序近穗状, 则第一颖除顶生小穗外常不存在。
　　40. 小穗近无柄; 第一颖除顶生小穗外常不存在·················· **42. 黑麦草属 Lolium**
　　40. 小穗通常具短柄; 第一颖均存在······························· **43. 短柄草属 Brachypodium**
　39. 穗状花序; 两颖片都存在。
　　41. 小穗常含 1 小花, 常嵌生于穗轴凹穴中·················· **44. 假牛鞭草属 Parapholis**
　　41. 小穗常含 1 或数小花, 不嵌生于穗轴凹穴中。
　　　42. 小穗 2~3 生于穗轴各节, 背腹压扁。
　　　　43. 小穗孪生于穗轴各节, 均能发育; 颖不存在或微小·········· **45. 猬草属 Hystrix**
　　　　43. 3 小穗生于穗轴各节, 两侧的或中间的不育, 也有均能发育; 颖存在
　　　　　·· **46. 大麦属 Hordeum**
　　　42. 小穗单生于穗轴各节, 两侧压扁。
　　　　44. 小穗轴于各小花间断折; 颖和外稃之脉于顶端汇合; 外稃具基盘···············
　　　　　·· **47. 鹅观草属 Roegneria**
　　　　44. 小穗轴于各小花间不断折; 颖和外稃之脉于顶端不汇合; 外稃不具基盘··········
　　　　　·· **48. 小麦属 Triticum**
8. 成熟小花的外稃具 3~5 脉 (有些属种的可多至 9 脉), 或当小穗仅含 1 或 2 小花时, 亦可因外稃质地变厚硬, 而使其纵脉不明显; 叶舌边缘常具纤毛或完全以茸毛来代替叶舌。
　45. 小穗含 2 至数小花, 其体型圆或稍作两侧压扁; 小穗轴常生短柔毛。多为热带及亚热带潮湿环境下生长的高大草本。
　　46. 外稃或基盘具长丝状软毛, 或外稃边缘显著具柔毛。
　　　47. 小穗单性, 雌雄异株·· **7. 蒲苇属 Cortaderia**
　　　47. 小穗两性。
　　　　48. 外稃背面中部以下遍生丝状柔毛; 基盘短小, 两侧具毛············ **8. 芦竹属 Arundo**
　　　　48. 外稃背部无毛或仅边缘具睫毛, 基盘多少延长。
　　　　　49. 外稃无毛; 基盘延长, 密被丝状柔毛·························· **9. 芦苇属 Phragmites**
　　　　　49. 外稃接近边缘具睫毛; 基盘短柄状, 无毛或具短柔毛········ **10. 类芦属 Neyraudia**
　　46. 外稃无毛, 或仅基盘具远短于稃体的柔毛························· **11. 麦氏草属 Molinia**
　45. 小穗含 1 至多数小花, 通常为两侧压扁, 稀可背腹压扁, 极罕可体圆而不扁者, 若小穗无柄或近于无柄, 则小穗常交互排列于较宽扁的穗轴面一侧; 小穗轴一般无毛; 颖大都短小于其外稃。
　　50. 外稃具 7~9 脉或至多数脉·· **49. 獐毛属 Aeluropus**
　　50. 外稃具 1~5 脉。
　　　51. 小穗含 2 至数枚两性小花, 虽某些种类仅有 1 两性小花, 但尚伴有退化小花, 小穗不呈卵圆形。
　　　　52. 小穗无柄, 排列于穗轴一侧呈穗状花序, 数个穗状花序在秆顶排成指状。
　　　　　53. 穗状花序无顶生小穗, 即其穗轴延伸于顶生小穗之后成 1 小尖头; 外稃顶端具短芒····
　　　　　　·· **50. 龙爪茅属 Dactyloctenium**

53. 穗状花序具顶生小穗，即其穗轴不延伸；外稃顶端无芒 ················· **51. 䅟属 Eleusine**
　52. 小穗多少有柄，组成总状或圆锥花序。
　　54. 外稃具3脉，无毛或仅下部边缘具微纤毛，极两侧压扁，背部明显具脊，先端钝或尖至渐尖，通常无齿，基盘无毛 ················· **52. 画眉草属 Eragrostis**
　　54. 外稃具3～5脉，多少被毛，先端多少具齿而具芒，若为具3脉而无芒时，则稃体背部较圆而无明显的脊，基盘多少具毛。
　　　55. 小穗背部圆形；叶片枯老后易自叶鞘顶端着生处脱落 ········ **53. 隐子草属 Cleistogenes**
　　　55. 小穗背部圆形或稍两侧压扁，作2行紧密覆瓦状排列于穗轴一侧；叶片不易从叶鞘顶端着生处脱落，枯老后仍宿存其上。
　　　　56. 穗状花序多数，呈总状排列于延长的花序主轴上；外稃先端无芒 ················· **54. 千金子属 Leptochloa**
　　　　56. 穗状花序1枚，单生于秆顶；外稃先端具芒 ················· **55. 草沙蚕属 Tripogon**
51. 小穗仅含1两性小花，若含2两性小花时，则小穗为卵圆形。
　57. 小穗的两颖均发育正常，小穗不在花序上簇生。
　　58. 小穗通常具芒。
　　　59. 小穗通常排列于穗轴的一侧而成穗状或穗形总状花序，常由此花序再组成指状、总状或圆锥状花序。
　　　　60. 穗状花序呈总状排列于延长的主轴上 ················· **56. 米草属 Spartina**
　　　　60. 穗状花序呈指状排列或近指状排列于秆顶，有时单生。
　　　　　61. 外稃显著具芒 ················· **57. 虎尾草属 Chloris**
　　　　　61. 外稃无芒 ················· **58. 狗牙根属 Cynodon**
　　　59. 小穗不排列于穗轴的一侧 ················· **59. 三芒草属 Aristida**
　　58. 小穗无芒，通常组成紧缩或开展的圆锥花序。
　　　62. 叶舌长5mm以下；颖果成熟后不露出稃外。
　　　　63. 外稃具毛，通常具芒；颖果 ················· **60. 乱子草属 Muhlenbergia**
　　　　63. 外稃无毛也无芒，囊果 ················· **61. 鼠尾粟属 Sporobolus**
　　　62. 叶舌长5～15（25）mm；颖果成熟后露出稃外 ············· **62. 显子草属 Phaenosperma**
　57. 小穗的第一颖微小或退化不存在，小穗通常2～5枚在花序轴上簇生 ······ **63. 结缕草属 Zoysia**
1. 小穗含2小花，通常两性或下方1小花为不孕性（雄性或无性），甚至该小花可退化仅剩外稃，若小穗为单性则是雌雄同株或异株的草本，小穗体圆或背腹压扁，脱节于颖之下（野古草属、小丽草属、柳叶箬属等例外），小穗轴从不延伸至上部小花的内稃之后，因此小穗上方小花为真正的顶生花。
　64. 小穗两性，若为单性，则成熟小穗与不孕小穗同时混生于穗轴上。
　　65. 第二外稃多少呈软骨质而无芒，质较硬，厚于第一外稃及颖片；小穗不成对着生，无柄或具等长的柄。
　　　66. 小穗脱节于颖之下，通常含2小花，第一小花中性或雄性。
　　　　67. 花序中无不育小枝，且穗轴亦不延伸出顶生小穗之上。
　　　　　68. 小穗排列为开展或紧缩的圆锥花序。
　　　　　　69. 圆锥花序通常开展；第二颖基部不膨大成囊状。
　　　　　　　70. 小穗两侧压扁；第二外稃背部隆起呈驼背状 ······ **64. 弓果黍属 Cyrtococcum**

70. 小穗背腹压扁。
　　71. 第二外稃的基部两侧无附属物，也无凹痕 ·················· **65. 黍属 Panicum**
　　71. 第二外稃的基部两侧有附属物或凹痕 ················ **66. 距花黍属 Ichnanthus**
69. 圆锥花序通常紧缩成穗状；第二颖基部膨大成囊状 ············ **67. 囊颖草属 Sacciolepis**
68. 小穗排列于穗轴一侧而为穗状或穗形总状花序，此等花序可再作指状排列或排列在一延伸的主轴上。
　　72. 第二外稃在果实成熟时为骨质或革质，多少坚硬，通常具狭窄而内卷的边缘，故其内稃露出较多。
　　　　73. 颖或第一外稃顶端具芒，仅稗属内有些种例外，但其第二小花顶端游离。
　　　　　　74. 小穗自颖上生芒，而以第一颖的芒最长；叶片披针形，质较软并较薄 ··· **68. 求米草属 Oplismenus**
　　　　　　74. 小穗常自第一外稃上生芒或芒状小尖头；叶片条形；质较硬；第二小花顶端游离 ··· **69. 稗属 Echinochloa**
　　　　73. 颖及第一外稃均无芒；第二外稃紧包第二内稃，而第二小花顶端不游离。
　　　　　　75. 小穗卵形或卵状披针形，先端钝尖；第二外稃的背部为离轴性。
　　　　　　　　76. 第一颖存在，不与小穗轴愈合成环形或珠形的基盘 ···· **70. 臂形草属 Brachiaria**
　　　　　　　　76. 第一颖极退化，与小穗轴愈合成环形或珠形的基盘 ········ **71. 野黍属 Eriochloa**
　　　　　　75. 小穗椭圆形、卵形、倒卵形或近圆形，先端圆钝；第二外稃的背部为向轴性 ··· **72. 雀稗属 Paspalum**
　　72. 第二外稃在果实成熟时为膜质或软骨质而有弹性，通常具扁平质薄的边缘以覆盖其内稃，使后者露出较少。
　　　　77. 小穗在总状花序上多少密生成穗状，此等花序再沿一多少延伸的主轴作总状排列，成熟花的内稃顶端并不被覆盖 ····················· **73. 膜稃草属 Hymenachne**
　　　　77. 小穗在总状花序上均匀分布或稀疏排列，此等花序再作近指状排列，或有时散生于多少短缩的主轴上 ··· **74. 马唐属 Digitaria**
67. 花序中具有刚毛状不育小枝，或其穗轴延伸出顶生小穗之上而成1尖头或1刚毛。
　　78. 穗轴上端以及下方的某些小穗均托以1刚毛，或小穗着生于主轴上而各托以1至多数刚毛。
　　　　79. 刚毛彼此分离，不随小穗脱落，常宿存 ·················· **75. 狗尾草属 Setaria**
　　　　79. 刚毛互相连合以形成刺苞，或互相分离，但均与小穗同时脱落。
　　　　　　80. 刚毛互相分离，不形成刺苞状 ························ **76. 狼尾草属 Pennisetum**
　　　　　　80. 刚毛互相连合成刺苞状 ···························· **77. 蒺藜草属 Cenchrus**
　　78. 穗轴仅在顶生小穗之后延伸成1刚毛，如穗轴仅具1小穗，则小穗均托以1刚毛，穗轴含小穗1至数枚，成熟时整个脱落；水生或沼生草本 ············ **78. 伪针茅属 Pseudoraphis**
66. 小穗脱节于颖之上，若为颖之下，则仅含1小花，若含2小花，则第一小花两性，罕为雄性。
　　81. 小穗含1小花，自小穗柄关节处整个脱落 ················ **79. 稗荩属 Sphaerocaryum**
　　81. 小穗含2小花，脱节于颖之上。
　　　　82. 颖宿存，长约为小穗一半；第一小花两性，远大于第二小花而为革质 ··· **80. 小丽草属 Coelachne**
　　　　82. 颖迟缓脱落，等长或稍短于小穗；第一小花通常为雄性，很少两性，与第二小花同大或稍大于第二小花而质较薄 ································· **81. 柳叶箬属 Isachne**

65. 第二外稃透明膜质至坚纸质,具长短之芒至芒尖,若无芒,则第二外稃常为透明膜质;小穗成对着生,一具长柄,一具短柄或一具柄,另一无柄。
   83. 小穗轴脱节于两小花之间,第一颖多少短于第一小花;第二外稃不为透明膜质而较颖质地为厚 ········ **82. 野古草属 Arundinella**
   83. 小穗轴脱节于颖之下,颖片均长于稃片而较稃片质地为厚;第二外稃透明膜质,均较颖质地为薄,或退化成芒的基部。
      84. 小穗两侧压扁,单生于穗轴各节 ················· **83. 鬣茅属 Dimeria**
      84. 小穗背腹压扁,成对或稀3枚生于穗轴各节。
         85. 穗轴节间细弱,线形或呈三棱形或因顶端膨大而成卵球形;小穗大都具芒;有柄小穗与穗轴不愈合。
            86. 成对小穗均可成熟且大都同形且同性,如不同形或不同性,则小穗常近两侧压扁。
               87. 总状花序以多数作圆锥状排列而有延长的主轴。
                  88. 圆锥花序开展;小穗基盘具柔毛或丝状长柔毛。
                     89. 花序分枝自基部即着生小穗,具多数小穗对。
                        90. 穗轴延续不具关节,不逐节断落;小穗自柄上脱落 ··· **84. 芒属 Miscanthus**
                        90. 穗轴具关节,易或不易逐节断落;小穗连同穗轴节间一起脱落 ············ **85. 甘蔗属 Saccharum**
                     89. 花序分枝下部裸露,仅上部具1至数小穗对 ······ **86. 大油芒属 Spodiopogon**
                  88. 圆锥花序紧缩成穗状;小穗基盘具丝状长绵毛 ············ **87. 白茅属 Imperata**
               87. 总状花序单一或数枚作指状或近簇生于一短缩的主轴上。
                  91. 高大或中型草本;总状花序通常2至多数;无柄小穗的第一颖无宽广的顶端。
                     92. 秆下部匍匐;叶片披针形;第一颖无毛,背面有一显著的沟槽 ············ **88. 莠竹属 Microstegium**
                     92. 秆直立;叶片条形,第一颖具毛,背面无沟槽或微有沟槽。
                        93. 多年生较粗壮草本;小穗较大,长逾4mm;第二颖无芒 ············ **89. 金茅属 Eulalia**
                        93. 一年生细弱草本;小穗较小,长不逾3mm;第二颖具芒 ············ **90. 假金发草属 Pseudopogonatherum**
                  91. 矮小草本;总状花序单生;无柄小穗的第一颖通常有宽广而稍下凹的顶端 ············ **91. 金发草属 Pogonatherum**
            86. 成对小穗异形且异性;小穗常背腹压扁。
               94. 叶片披针形或卵状披针形,基部心形或圆形;总状花序呈指状排列或簇生于枝顶 ············ **92. 荩草属 Arthraxon**
               94. 叶片条形或条状披针形,基部楔状或圆形;总状花序排成圆锥状或穗状,稀单生。
                  95. 无柄小穗第一颖通常具宽广而呈平截或中凹的先端 ······ **93. 楔颖草属 Apocopis**
                  95. 无柄小穗的第一颖多少向顶端渐狭窄。
                     96. 总状花序常2枚贴生呈圆柱状,穗轴节间及小穗柄粗短呈三棱形 ············ **94. 鸭嘴草属 Ischaemum**
                     96. 总状花序不贴生呈圆柱状,穗轴节间及小穗柄纤细,不呈三棱形。

97. 无柄小穗的基盘钝，其第一颖背面常压扁，且在二脊间常有沟，沿二脊常具毛。
 98. 总状花序通常孪生或近指状排列，总状花序轴节间于上部不变粗。
  99. 叶片无香味；总状花序基部圆柱形，常全为异性对小穗所组成，即无柄者为能孕，有柄者不孕·· 95. 须芒草属 Andropogon
  99. 叶片有香味；总状花序下部具1至数对小穗为同性对，即无柄及有柄小穗均不孕········ ·· 96. 香茅属 Cymbopogon
 98. 总状花序通常单生于主秆或分枝顶端，总状花序轴节间于上部变粗················· ·· 97. 裂稃草属 Schizachyrium
97. 无柄小穗的第一颖背面圆。
 100. 无柄小穗的第二外稃薄膜质，条形或长圆形，通常2裂，由裂齿间伸出一芒，稀无芒。
  101. 总状花序排列呈圆锥状，有延伸的花序轴；总状花序轴节间无纵沟。
   102. 无柄小穗的第一颖明显背腹压扁·································· 98. 高粱属 Sorghum
   102. 无柄小穗的第一颖多少两侧压扁································· 99. 金须茅属 Chrysopogon
  101. 总状花序通常排列呈指状，若排列为圆锥状，则总状花序轴节间及小穗柄的中央有半透明的纵沟。
   103. 总状花序常排列呈指状，每一总状花序常具无柄小穗在8枚以上·················· ·· 100. 孔颖草属 Bothriochloa
   103. 总状花序常排列呈圆锥状，每一总状花序常具无柄小穗1～7枚················· ·· 101. 细柄草属 Capillipedium
 100. 无柄小穗的第二外稃退化呈棒状而质厚，由其上延伸成芒。
  104. 总状花序基部的同性对小穗不排成总苞状·················· 102. 黄茅属 Heteropogon
  104. 总状花序基部2对同性对小穗排成总苞状···················· 103. 菅属 Themeda
85. 穗轴节间常粗肥，通常圆筒形；小穗均无芒；有柄小穗的小穗柄与穗轴分离至完全愈合以形成容纳无柄小穗的腔穴。
 105. 总状花序排成伞房状兼指状，稀因退化而单生，成对小穗同形，有时有柄小穗多少退化或为两侧压扁··· 104. 束尾草属 Phacelurus
 105. 总状花序单生或生于成束腋生的分枝顶端；成对小穗大多异形。
  106. 有柄小穗发育良好，与无柄小穗略为同形；总状花序轴坚韧不易逐节断落············· ·· 105. 牛鞭草属 Hemarthria
  106. 有柄小穗多少退化；总状花序轴易逐节断落。
   107. 总状花序呈圆柱形；无柄小穗嵌陷于肥厚穗形总状花序轴的各凹穴中············· ·· 106. 筒轴茅属 Rottboellia
   107. 总状花序有背腹之分或压扁；无柄小穗并不嵌入总状花序轴中。
    108. 无柄小穗扁平，第一颖表面无蜂窝状花纹·········· 107. 蜈蚣草属 Eremochloa
    108. 无柄小穗几呈球形，第一颖表面有蜂窝状花纹······ 108. 球穗草属 Hackelochloa
64. 小穗为单性，雌雄小穗分别位于不同的花序上或在同一花序的相异部分。
 109. 雄小穗与雌小穗位于同一花序上；通常雄小穗位于总状花序中上部，雌小穗则位于其下部········ ··· 109. 薏苡属 Coix
 109. 雄小穗与雌小穗分别形成不同的花序；雄小穗组成顶生圆锥花序，雌小穗组成腋生的为鞘状苞片所包藏的雌花序·· 110. 玉蜀黍属 Zea

1 稻属 Oryza L.

一年生或多年生草本。秆直立，丛生。叶片条形，扁平。圆锥花序疏松开展，常下垂；小穗含3小花，顶生1两性小花，侧生2不育小花，退化仅存外稃位于两性花之下；颖退化，仅在小穗柄顶端呈2个半月形的痕迹；两性花外稃硬纸质，具5脉，顶端具长芒或无芒；内稃与外稃同质，具3脉，侧脉接近边缘而为外稃的两边脉所紧握；鳞被2；雄蕊6；柱头2，帚刷状，自小穗两侧伸出。颖果长圆形，平滑。

24种，分布于亚洲、非洲、大洋洲、中美洲和南美洲温暖地区。我国有5种，其中栽培2种；浙江有1种。

稻 水稻（图9-321）
Oryza sativa L. — *O. sativa* var. *glutinosa* Matsum.

一年生草本。秆直立，丛生。叶鞘松弛，无毛；叶舌披针形，长

图9-321 稻

0.8~2.5cm，两侧基部下延与叶鞘边缘连合，具抱茎的叶耳，后脱落；叶片扁平，长30~60cm，宽约1cm，粗糙。圆锥花序疏展，分枝多，棱粗糙，成熟期向下弯垂；小穗两侧压扁，长圆形至椭圆形，长0.8~1cm；退化外稃2，锥刺状，长2~4mm；两性花外稃质厚，具5脉，遍布细毛，具芒或无芒；内稃与外稃同质，具3脉；雄蕊6，花药长2~3mm。颖果长5~8.5mm，宽2~3mm，厚1.5~2.2mm。

稻栽培起源于我国长江中下游地区，全省各地广泛栽培。常种植于水田中，旱地偶见栽培。全世界亚热带和温带地区广泛栽培，主要包括籼稻、粳稻和糯稻3类，每类品种极多。

稻为人类最早的栽培谷物之一，是人类主要粮食作物，除供食用外，还可制淀粉、酿酒等；米糠是价值很高的饲料，也可制糖、榨油等；稻秆可饲养家畜或造纸等；谷芽可供药用。

❷ 假稻属 Leersia Sol. ex Sw.

多年生水生或湿生草本。通常具匍匐茎。秆下部伏卧地面或漂浮水面，上部直立或倾斜。叶鞘多短于其节间；叶片扁平，长条状披针形。圆锥花序顶生；小穗两性，侧扁，含1小花，无芒，成熟后自小穗柄的顶端脱落；两颖完全退化；外稃舟状，硬纸质，具5脉，脊上生硬纤毛，边脉接近边缘而紧扣内稃边脉；内稃与外稃同质，具3脉，脊上具纤毛；鳞被2；雄蕊6，或2~3。颖果长圆形，压扁。

约20种，分布于全球热带至温带地区。我国有4种；浙江有3种。

分种检索表

1. 雄蕊6；圆锥花序长8~12cm，花序分枝一般不具小枝；分枝基部着生小穗 ········ **1.假稻 L. japonica**
1. 雄蕊2~3；圆锥花序长10~25cm，花序分枝多具小枝，分枝下部常裸露。
  2. 秆劲直，甚粗糙；叶鞘中常具隐藏花序和小穗，小穗长约5mm；花药长2~3mm ································ **2.蓉草 L. oryzoides**
  2. 秆柔弱，微粗糙；叶鞘内无隐藏花序和小穗，小穗长6~8mm；花药长1~2mm ································ **3.秕壳草 L. sayanuka**

1. 假稻 （图9-322）
Leersia japonica Makino

多年生草本，高0.6~0.8m。秆下部伏卧地面，节上生多分枝的须根，上部向上斜升，节上密生倒毛。叶鞘短于节间，微粗糙；叶舌长1~3mm，基部两侧下延与叶鞘连合；叶片长条状披针形，长5~15cm，宽0.4~1cm，粗糙或下面平滑。圆锥花序长8~12cm，分枝平滑，直立或斜升，有角棱，稍压扁，基部着生小穗；小穗长5~6mm，带紫色；外稃具5脉，脊具刺毛，两侧无刺毛；内稃具3脉，中脉生刺毛；雄蕊6，花药长约3mm。花果期在夏秋季。

产于全省各地。生于池塘、水田、沟渠旁。分布于河北、江苏、安徽、河南、湖北、湖南、广西、四川、贵州、陕西、云南。日本、朝鲜半岛也有。

图9-322　假稻

2. 蓉草 （图9-323）

Leersia oryzoides (L.) Sw.

多年生草本，高1～1.2m。秆丛生，基部平卧，节上生根，上部劲直，甚粗糙。叶鞘被倒生刺；叶舌长1～2mm，基部两侧下延与叶鞘连合；叶片长条状披针形，长5～15cm，宽0.6～1cm，粗糙。圆锥花序长15～20cm，分枝纤细，不分枝或下部分枝再分出小枝；小穗长约5mm；外稃具5脉，压扁，脊与边缘具硬纤毛，两侧多少具微刺毛；内稃较窄而具3脉，脊与边缘具刺纤毛；雄蕊3，花药长2～3mm。有时上部叶鞘中具隐藏花序，其小穗多不发育，花药长0.5mm。花果期8—10月。

产于常山（球川）、江山（廿八都）、遂昌（九龙山）、龙泉（泗源和凤阳山）。生于田边水沟或溪沟边湿地。分布于黑龙江、福建、湖南、新疆。北亚、中亚、西南亚（高加索）、北非、欧洲、北美洲也有，大洋洲有引种。

可作饲料。

图 9-323　蓉草

3. 秕壳草　（图 9-324）
Leersia sayanuka Ohwi

多年生草本，高 0.4～0.7m。秆丛生，柔弱，斜升，基部倾斜具鳞芽，节凹陷被倒生微毛。叶鞘无毛或具倒生微刺毛；叶舌长 1～2mm，基部两侧下延与叶鞘连合；叶片长条状披针形，长 6～20cm，宽 0.5～2cm。圆锥花序长达 25cm，幼时包藏于叶鞘内，分枝细，粗糙，互生，常再分出小枝和小穗；小穗柄粗糙或被微毛，顶端膨大；小穗长 6～8mm；外稃具 5 脉，压扁，脊与边缘的刺毛较长，

图 9-324　秕壳草

两侧具微刺毛；雄蕊2~3，花药长1~2mm。花果期9—11月。

产于宁波及杭州市区、临安、建德、嵊州、衢江、开化、义乌、武义、磐安、龙泉、庆元、景宁、乐清、泰顺。生于溪沟边缘。分布于山东、江苏、安徽、福建、湖北、广东、广西、贵州。日本、朝鲜半岛也有。

❸ 水禾属 Hygroryza Nees

多年生水生草本。叶鞘膨胀，内含气囊；叶片卵状披针形，开展，基部圆心形。圆锥花序疏散，分枝少，基部藏于叶鞘内；小穗披针形，侧扁具脊，含1两性花，具短柄，成熟时连同柄状基盘一同脱落；颖缺失；外稃厚纸质，具5脉，脉被纤毛，顶端延伸成细长直芒；内稃具3脉，脊具纤毛；鳞被2，披针形，具3脉；雄蕊6；花柱2。颖果圆柱状。

仅1种，分布于亚洲东南部和南部。我国及浙江也有。

水禾（图9-325）
Hygroryza aristata Nees

多年生漂浮草本。根状茎细长，漂浮于水面，节上生羽状须根。叶鞘膨胀，具横脉；叶舌膜质，长约0.5mm；叶片卵状披针形，长2.5~8cm，宽1~2cm，背面具小乳头状突起，正面有时具斑，顶端钝，基部圆形，具短柄。圆锥花序宽三角形，长4~8cm，具疏散分枝，基部藏于叶鞘内；小穗长约8mm，基部具长约1cm的柄状基盘；外稃长6~8mm，草质，具5脉，脉上被纤毛，脉间生短毛，顶端

图9-325 水禾

具长 1~2cm 的芒；内稃与外稃同质且等长，具 3 脉，中脉被纤毛，顶端尖；雄蕊 6，花药黄色。颖果圆柱状。花果期秋季。

产于桐乡、余杭、临安、诸暨、余姚、莲都、瓯海。生于水沟或池塘浅水处。分布于华东南部、华南及云南。亚洲东南部和南部也有。

全株可作饲料；也可用于水体绿化。

4 菰属 Zizania L.

一年生或多年生水生草本。有时具长匍匐根状茎。秆高大，粗壮，直立，节生柔毛。叶舌长，膜质；叶片扁平，长而宽。圆锥花序大型，雌雄同株；小穗单性，含 1 小花；雄性小穗侧扁，常位于花序下部分枝上，脱节于细弱小穗柄之上；颖退化；外稃膜质，具 5 脉；雄蕊 6；雌性小穗圆柱形，位于花序上部分枝上，脱节于小穗柄之上，其柄较粗壮，顶端杯状；颖退化；外稃厚纸质，具 5 脉，中脉顶端延伸成直芒；内稃狭披针形，具 3 脉。颖果圆柱形。

4 种，分布于东亚、北美洲。我国有 1 种，引种栽培 2 种；浙江有 1 种。

菰 茭白 （图 9-326）

Zizania latifolia (Griseb.) Turcz. ex Stapf —— *Z. caduciflora* (Turcz.) Hand.-Mazz.

多年生。具匍匐根状茎。须根粗壮。秆高大直立，具多数节，基部节上生不定根。叶鞘长于节间，肥厚，有小横脉；叶舌膜质，长约

图 9-326 菰

1.5cm；叶片扁平宽大，长50～90cm，宽1.5～3cm。圆锥花序，分枝多数，簇生，果期开展；雄性小穗侧扁，着生于花序下部分枝上，带紫色，外稃具5脉，顶端渐尖具小尖头，内稃具3脉，雄蕊6，花药长5～10mm；雌性小穗圆筒形，长1.5～2.5cm，着生于花序上部分枝上，外稃5脉，粗糙，芒长1.5～3cm，内稃具3脉。颖果圆柱形，长约1cm。花果期7—10月。

原产于东亚。俄罗斯、日本、朝鲜半岛、缅甸、印度东北部有分布，东南亚有栽培。分布于东北、华北、华东、华中、华南及四川、贵州、云南、陕西。全省各地均有栽培，常逸生。生于池塘、沼泽、沟渠、水田中。

嫩茎基部被真菌 *Ustilago esculenta* 寄生后变粗大肥嫩，称茭白，是美味的蔬菜；颖果称菰米，营养价值高；全草为优良饲料，也是固堤先锋植物。

5 淡竹叶属 Lophatherum Brongn.

多年生草本。须根中下部有膨大呈纺锤形的小块根。秆直立，平滑。叶片披针形，具明显小横脉。圆锥花序由数枚穗状花序所组成；小穗披针形，含数小花，第一小花两性，其他均为中性；小穗轴脱节于颖下；两颖不相等，具5～7脉；第一外稃硬纸质，具7～9脉，内稃较外稃窄小；不育外稃顶端具刺状短芒，内稃小或不存在；雄蕊2。颖果与稃片分离。

共2种，分布于亚洲热带和亚热带地区。我国有2种，分布于长江流域及以南各地；浙江2种均产。

1. 淡竹叶 （图9-327）
Lophatherum gracile Brongn.

多年生草本。须根中部有膨大呈纺锤形的小块根。秆直立，高40～80cm，具5～6节。叶片披针形，长6～20cm，宽1.5～2.5cm，具横脉。圆锥花序开展，长12～25cm，分枝细长，长5～12cm；小穗在花序分枝上排列稀疏，线状披针形，长7～12mm，宽1.5～2mm，花后横展；颖顶端钝，具5脉，第一颖长3～4.5mm，第二颖长4.5～5mm；第一外稃宽约3mm，具7脉，顶端具尖头，内稃较短；不育外稃向上渐狭小，顶端具长约1.5mm的刺状短芒。颖果长椭圆形。花果期7—10月。

产于全省各地。生于海拔1200m以下的山坡、山脊、山谷林下或灌草丛。分布于华东、华中、华南、西南。东亚、南亚、澳大利亚和太平洋岛屿也有。

全草和小块根可供药用，有清热泻火、除烦、利尿等功效。

Camus（1919）发表了变种 var. *hispidum* A. Camus，模式标本采自宁波，与淡竹叶的区别在于颖密被粗毛，基部无毛，不孕小花6～7。因笔者未见标本，其分类地位有待进一步研究。

图9-327 淡竹叶

2. 中华淡竹叶 （图9-328）
Lophatherum sinense Rendle

多年生草本。须根下部有膨大呈纺锤形的小块根。秆直立，高40~100cm，具6~7节。叶鞘长于其节间；叶舌短小，质硬；叶片披针形，长5~20cm，宽1.5~3cm，具横脉，基部收缩成柄。圆锥花序狭窄挺直，长15~25cm；分枝斜上直立，长2~8cm；小穗卵状披针形，在分枝上紧密排列，长7~9mm，宽2.5~3.5mm，着生于穗轴一侧；颖宽卵形，具5脉，长4~5mm；第一外稃长约6mm，宽达5mm，具7脉，顶端具长约1mm短芒，内稃较短；不育外稃互相密集包卷，顶端具短芒。颖果长椭圆形。花果期8—11月。

产于杭州及北仑、鄞州、奉化、宁海、开化、龙泉、景宁，《泰顺县维管束植物名录》有记载，但未见标本。生于海拔500m以下的山谷或山坡林下。分布于江苏、江西、湖南等地。日本、朝鲜半岛（南部）也有。

膨大的块根和叶均可作药用。

与淡竹叶的主要区别在于后者圆锥花序分枝细长，长5~12cm；小穗排列稀疏，线状披针形，宽1.5~2mm，花后横展；第一外稃较窄，宽不超过3mm。

图 9-328 中华淡竹叶

6 小盼草属 Chasmanthium Link

多年生草本。具根状茎。秆高35～150cm，单一或分枝。叶秆生；叶舌膜质；叶片扁平，具显著小横脉。圆锥花序开展或收缩；小穗轴脱落于颖上和各小花之间。小穗两侧压扁，含2至多花，下部1～4花不育；颖片2，近相等，短于小穗；外稃无毛，3～5脉，压扁成脊，脊上有锯齿或纤毛；内稃无毛，基部突起，具2脊，脊具翼；鳞片2，肉质；雄蕊1；子房无毛，花柱2，花时呈紫红色。颖果侧扁，褐色、红褐色或黑色。

约20种，分布于北温带地区和南美洲。我国引种3种；浙江有1种。

小盼草 宽叶林燕麦 （图9-329）
Chasmanthium latifolium (Michx.) Yates — *Uniola latifolia* Michx.

多年生草本，丛生。具根状茎。秆高0.8～1.2m，直径2～4mm，通常不分枝。叶鞘无毛；叶舌膜质，长0.7～1mm，边缘具毛；叶片扁平，长10～20cm，宽6～18mm，通常无毛。花序开展，长10～30cm，具下垂的分枝；小穗长2～5cm，宽1～2cm，两侧极压扁，含10～20小花，基部1～3小花不育；颖几等长，无毛，第一颖长4.2～9mm，5～7脉，第二颖7～9脉；能育小花的外稃长9～12.5mm，无毛，具7～15脉，内稃长4.6～7.7mm，无毛，基部一侧肿胀；花柱羽毛状，紫红色。颖果侧扁，长3～5mm，成熟时通常不裸露。花期5—6月，果期7—10月。

原产于北美洲，我国华东地区有引种。杭州、宁波等市区有栽培。

小穗形状奇特，悬垂于纤细的花序分枝上，具很高的观赏价值。用于花坛或花境配置，也可用于居家园艺庭园栽培或做成干燥花供观赏。

图9-329　小盼草

7 蒲苇属　Cortaderia Stapf

多年生高大草本。秆直立，丛生。叶片质地较硬，边缘具锋利的细锯齿。圆锥花序大型；雌雄异株，雄花序呈广金字塔形，雌花序较狭窄；小穗单性，含2～3小花；小穗轴无毛，脱节于颖上与诸小花之间；颖长于其下部小花，具1脉；外稃具3脉，顶端延伸成细弱长芒；内稃甚短于其外稃；雄蕊3。颖果与内外稃分离。

约27种，大多分布于南美洲，新西兰和新几内亚岛也有。我国引种1种，浙江也有。

蒲苇　（图9-330）

Cortaderia selloana (Schult. et Schult. f.) Asch. et Graebn.

多年生草本。秆高大粗壮，丛生，高2～3m。叶舌为一圈密生柔毛，毛长2～4mm；叶片质硬，狭窄，长达1～3m，边缘具细锯齿。圆锥花序大型稠密，长50～100cm，银白色至粉红色；雌雄异株，雄花序较宽大，雌花序较狭窄；小穗含2～3小花；颖质薄，细长，白色；外稃顶端延伸成长而细弱的芒；雄小穗无毛，含3雄蕊；雌小穗的稃体下部密生丝状长柔毛。颖果狭长圆形。花果期8—11月。

原产于南美洲。上海、台湾及南京等地有引种。全省城镇公园或路边绿地常见栽培，用于园林绿化与观赏。园艺品种有矮蒲苇和花叶蒲苇等。

图9-330　蒲苇

⑧ 芦竹属　Arundo L.

多年生高大草本。具匍匐根状茎。秆直立，粗壮。叶鞘平滑无毛；叶舌纸质，背面及边缘具毛；叶片宽大，条状披针形。圆锥花序大型，分枝密生，具多数小穗；小穗含2～7花，两侧压扁；小穗轴脱节于孕性花之下；两颖近相等，约与小穗等长或稍短；外稃厚纸质，背面中部以下被长柔毛，通常具3条主脉；内稃短小；雄蕊3。颖果较小，纺锤形。

共3种，分布于亚洲、欧洲（南部）至非洲（北部）。我国有2种，分布于长江以南各地；浙江有1种。

芦竹（图9-331）
Arundo donax L.

多年生草本。具发达根状茎。秆粗大直立，高2~4m，坚韧，常生分枝。叶鞘长于节间；叶舌平截，长约1.5mm；叶片扁平，长30~50cm，宽3~5cm，基部白色，抱茎。圆锥花序大型，长30~90cm，宽3~6cm，分枝稠密，斜升；小穗长12~14mm，含3~4小花；颖片近等长，长11~13mm；第一外稃长11~12.5mm，中脉延伸成1~2mm的短芒，背面中部以下密生长柔毛，毛长5~7mm，基盘长约0.5mm，两侧上部具短柔毛，第二外稃长约1cm；内稃长约为外稃的一半；雄蕊3。颖果细小，黑色。花果期9—11月。

产于全省平原和丘陵地区。生于海拔500m以下的河岸或溪沟边草丛。分布于江苏、福建、湖南、广东、海南、四川、贵州、云南、西藏等地。亚洲（东部、南部至西部）也有，欧洲南部、非洲、美洲、和大洋洲有引种。

秆可制管乐器中的簧片；茎是制优质纸浆的原料；幼嫩枝叶是牲畜的良好青饲料。

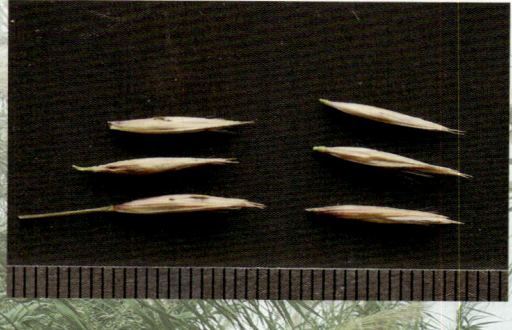

图9-331 芦竹

a. 花叶芦竹(变种)(图9-332)

var. **versicolor** (Mill.) Stokes

与芦竹的主要区别在于叶片上有黄白色宽窄不等的长条纹。

图9-332 花叶芦竹

原产于我国台湾,杭州、宁波及诸暨、普陀、磐安等地有栽培,包括金纹芦竹和银纹芦竹2个品种。用于园林绿化与观赏。

浙江南部(温岭、平阳、苍南)有1个类型,常生于山麓小溪边,花果期较迟,花序分枝开展,小穗较短,长8~10mm,仅含2~3小花,颖片较短,与小穗近等长,第一外稃较短,长8~9mm,与芦竹有明显区别,其分类地位有待进一步研究。

⑨ 芦苇属 Phragmites Adans.

多年生高大草本。叶片扁平。圆锥花序顶生;小穗含数花,第一小花为雄性或中性,其余为两性;小穗轴节间短而无毛,脱节于第一外稃和第二小花之间;颖长圆状披针形,不等长,具3~5脉,第一颖较小;第一外稃远大于颖,其余外稃自下而上逐渐变小,先端渐狭如芒,具3脉,无毛,基盘细长而具丝状长毛;内稃甚短于其外稃。颖果长圆状圆柱形。

共4或5种,分布于全球。我国有3种,分布于全国各地;浙江有3种。

分种检索表

1. 小穗较小,长6~10mm;外稃基盘具较短于稃体柔毛。
   2. 植株粗壮,秆高2~5m,不具地面匍匐茎 ··· **1.卡开芦 P. karka**
   2. 植株略细瘦,秆高1~1.5m,具发达的地面匍匐茎 ······························ **2.日本苇 P. japonicus**
1. 小穗较大,长12~16mm;外稃基盘两侧密生等长或长于其稃体柔毛 ················ **3.芦苇 P. australis**

1. 卡开芦 （图9-333）

Phragmites karka (Retz.) Trin. ex Steud.

多年生高大草本。具粗而长的根状茎。秆高2～5m，直径1.5～2.5cm，约具35节，中下部节间可长达35cm。叶鞘通常平滑，具横脉；叶舌长约1mm；叶片扁平宽广，长达50cm，顶端长渐尖成丝形。圆锥花序大型，具稠密分枝与小穗，长30～50cm，宽10～20cm；分枝多数轮生于主轴各节，基部分枝长10～30cm，斜升或开展，下部裸露；小穗柄长5mm，无毛；小穗长8～10mm，含4～6小花；颖窄椭圆形，具1～3脉，第一颖长约3mm，第二颖长约5mm；第一外稃长6～9mm，不孕，第二外稃长约8mm，向上渐小，上部渐尖呈芒状；基盘细长，疏生丝状柔毛，长为其稃体的1/2～2/3。花果期9—11月。

产于杭州市区、临安、桐庐、建德、宁海、象山、玉环、景宁、平阳、苍南、泰顺等地。生于低海拔的溪滩、河岸草丛及库尾滩地。分布于福建、台湾、广东、海南、广西、四川、云南等地。东南亚、南亚、非洲和澳大利亚（北部）、日本及太平洋岛屿也有。

图9-333 卡开芦

2. 日本苇 （图9-334）
Phragmites japonicus Steud.

多年生草本。具横走根状茎和发达的地面匍匐茎。秆高约1～1.5m，直径4～5mm，约有16节，最长节间长约15cm。叶鞘与其节间等长或稍长；叶舌膜质，长约0.5mm，边缘具短纤毛；叶片长约20cm，宽约2cm，顶端渐尖，边缘具锯齿状粗糙。圆锥花序长约20cm，宽5～8cm，主轴与花序以下秆的部分贴生柔毛；小穗柄长6～7mm，散生柔毛，基部具长约2mm的柔毛；小穗长约11mm，含3～4小花，带紫色，第一颖长5mm，顶端尖，第二颖长5.5mm；第一外稃长8mm，

第二外稃长9mm，先端渐尖成尖头，向上渐小，基盘下部1/3裸露，上部2/3生丝状柔毛，长为其稃体的3/4。花果期9—10月。

产于临安、淳安、鄞州、奉化、宁海、开化、浦江、龙泉、庆元、景宁等地。生于海拔50～1200m的山溪鹅卵石滩地或水库边草地。分布于东北等地。日本、朝鲜半岛及俄罗斯东部地区也有。

图9-334 日本苇

3. 芦苇 （图9-335）

Phragmites australis (Cav.) Trin. ex Steud.

多年生草本。具粗壮的根茎。秆高1~3m，直径5~10mm，节下具白粉。叶鞘圆筒形；叶舌极短，先端被一圈纤毛；叶片宽条形至狭披针形，长20~50cm，宽2~5cm，光滑或边缘粗糙。圆锥花序长20~40cm，微下垂，下部枝腋间具白色柔毛；小穗长12~16mm，通常含4~7花；颖具3脉，第一颖长3~7mm，第二颖长6~11mm；第一花常为雄性，外稃长8~15mm，内稃长3~4mm；第二外稃与第一外稃近等长，先端长渐尖，具长柔毛，内稃长约3.5mm，脊上粗糙。花果期8—11月。

产于全省各地。生于海拔1000m以下的海滩、河岸、池沼及洼地草丛。分布于全国各地。世界广泛分布。

为优良的固堤护坡植物；

图9-335 芦苇

图9-336 花叶芦苇

嫩茎叶可作饲料；秆可用于造纸或织帘；花序可作扫帚；根可供药用。

本省园林和公园可见园艺品种花叶芦苇（金叶芦苇）'Variegata'（图9-336），叶片上面有黄色纵条纹。栽培供观赏。

⑩ 类芦属 Neyraudia Hook. f.

多年生草本，有时秆略木质化。秆常具分枝。圆锥花序顶生，开展；小穗含3~9花，第一小花两性或中性，上部小花渐小，顶生者极退化；小穗轴无毛，脱节于颖之上或第一不育小花之上及诸小花之间；颖膜质，几相等，具1脉；外稃披针形，较长于颖，具3脉，中脉从先端2微齿间延伸成短芒，基盘具短柔毛；内稃狭而短于外稃；雄蕊3。颖果狭长。

共5种，分布于东半球热带和亚热带地区。我国有4种，分布于长江流域以南及西南地区；浙江有2种。

1. 山类芦 （图9-337）
Neyraudia montana Keng

多年生草本，密丛生。具根状茎。秆直立，草质，高40~80cm，直径2~3mm，基部宿存枯萎的叶鞘，具4~5节。叶鞘疏松包裹茎，短于节间，上部者光滑无毛，基生者密生棕色柔毛；叶舌密生柔毛，长约2mm；叶片内卷，长达60cm，宽5~7mm，光滑或上面具柔毛。圆锥花序长30~50cm，分枝向上斜升；小穗长7~10mm，含3~6小花，其第一小花为两性；颖长4~5mm，先端渐尖或呈锥状；外稃长5~6mm，近边缘处生较短的柔毛，先端具长1~2mm的短芒，基盘具长约2mm的柔毛；内稃略短于外稃。花果期8—11月。

图9-337 山类芦

产于全省丘陵与山地。生于海拔800m以下的岩石壁上或山坡疏林下。分布于安徽、江西、福建、湖北等地。

叶韧性佳，可用于制绳索。

杭州龙井至九溪有1号标本（吴长春1449），花序具密集的小穗，小穗长达11mm而有所不同。

2. 类芦 （图9-338）
Neyraudia reynaudiana (Kunth) Keng ex Hitchc.

多年生灌木状草本。秆直立，木质化，高可达2m，直径3~8mm，节间被白粉。叶鞘紧密抱茎，沿颈部被柔毛；叶舌密生柔毛；叶片条形，长30~70cm，宽4~10mm，先端渐尖。圆锥花序长30~50cm，分枝开展下垂；小穗长

图9-338 类芦

7~10mm，含4~9花；颖无毛；第一小花中性，仅存无毛的外稃，外稃长4~5mm，先端具向外反曲的短芒，边脉上具白色长柔毛，内稃短于外稃，透明膜质。花果期7—11月。

产于全省各地。生于海拔900m以下的丘陵和山区的山沟、溪流边或低山坡灌草丛。分布于华东、华中、华南、西南及甘肃等地。东南亚、南亚和日本也有。

可用于固堤，也可用于边坡绿化。

与山类芦的区别在于后者秆草质，基部具宿存枯萎的叶鞘，基生叶鞘密生棕色柔毛，小穗的第一小花为两性。

11 麦氏草属 Molinia Schrank

多年生草本。具匍匐根状茎。秆直立，节常聚集于基部。叶鞘闭合，顶端具柔毛；叶舌具白色柔毛；叶片条状披针形，扁平或稍内卷。顶生圆锥花序开展；分枝较长；小穗含2~5小花，两侧压扁或呈圆柱形；小穗轴脱节于颖之上及各小花之间；颖披针形，具1~3脉，远短于小穗；外稃厚纸质，具3脉；内稃稍短于外稃，具2脊；雄蕊3。

共2种，欧洲和东亚各有1种。我国有1种，分布于华东；浙江也产。

沼原草 拟麦氏草 （图9-339）
Molinia japonica Hack. — *M. hui* Pilg. — *Moliniopsis hui* (Pilg.) Keng

多年生草本。须根粗壮，直径约1mm。秆直立，疏丛生，高50~100cm，通常具2~3节并聚集于秆基。叶鞘多闭合，长于其节

图9-339 沼原草

间，基生叶鞘被绒毛；叶舌密生一圈白柔毛；叶片长30~50cm，宽6~12mm，中脉在下面隆起，有横脉，上面反转向下。圆锥花序开展，长15~25cm，分枝多枚簇生，斜上；小穗含3~5小花，长8~12mm；颖披针形，具3脉，第一颖长2~4mm，第二颖长3~5mm；外稃厚纸质，背部圆，具3脉，顶端短尖，无芒，基盘具长1~2mm的柔毛；内稃等长或稍短于外稃；雄蕊3。花果期7—10月。

产于临安、余姚、宁海、嵊泗开化、磐安、天台、仙居、黄岩、缙云、遂昌、松阳、龙泉、庆元、景宁、青田、瓯海、乐清、永嘉、文成、苍南、泰顺等地。生于海拔200~1800m的山坡、沟谷林下或山脊灌丛，常为中山地带黄山松林下草本层的优势种。分布于安徽、福建。日本、朝鲜半岛（南部）、俄罗斯（东部海岛）也有。

12 鸭茅属 Dactylis L.

多年生草本。圆锥花序开展或紧缩；小穗含2至数小花，两侧压扁，几无柄，紧密排列于圆锥花序分枝上端一侧；小穗轴无毛，脱节于颖之上及各小花之间；颖几相等，短于第一小花，具1~3脉，顶端尖或渐尖；外稃硬纸质，具5脉，顶端具短芒，脊粗糙或具纤毛；内稃短于外稃，脊具纤毛；雄蕊3。颖果长圆而略呈三角形。

单种属，分布于欧亚大陆温带地区和北非，世界各地广泛有引种。我国有分布；浙江也有。

鸭茅 （图9-340）
Dactylis glomerata L.

多年生草本。秆直立或基部膝曲，单生或少数丛生，高0.4~1.2m。叶鞘无毛，通常闭合达中部以上；叶舌薄膜质，长4~8mm，顶端撕裂；叶片扁平，长9~30cm，宽4~9mm。圆锥花序开展，长5~15cm，分枝单生或基部者稀可孪生，长5~15cm，伸展或斜升，1/2以下裸露；小穗多聚集于分枝上部，含2~5花，长5~9mm，绿色或稍带紫色；颖片披针形，先端渐尖，长4~6mm，边缘膜质，中脉稍突出成脊，脊粗糙或具纤毛；外稃背部粗糙或被微毛，脊具细刺毛或具稍长的纤

图9-340 鸭茅

毛，顶端具长约1mm的芒，第一外稃近等长于小穗；内稃狭窄，约等长于外稃，具2脊，脊具纤毛；花药长约2.5mm。花果期4—6月。

原产于欧亚大陆温带地区及我国西南、西北等地。河北、河南、山东和江苏有栽培或逸生。杭州市区、临安等地也有栽培。

本种春季发芽早，生长繁茂，至晚秋尚青绿，含丰富的脂肪、蛋白质，是一种优良的牧草。

13 羊茅属 Festuca L.

多年生草本。秆密丛生或疏丛生。叶片扁平、对折或纵卷；叶舌膜质或革质；叶鞘开裂或新生枝叶鞘闭合但不达顶部。圆锥花序开展或紧缩；小穗含2至多数小花；小穗轴脱节于颖之上或诸小花之间；第一颖较小，具1脉，第二颖具3脉；外稃背部圆形，草质兼硬纸质，具5脉；内稃等长于外稃；雄蕊3。颖果长圆形或线形，腹面具沟槽或凹陷。

约450种，分布于全球温带地区，延至热带高山。我国有55种，分布几遍全国；浙江连引种的有4种。偶见栽培的还有蓝羊茅 *F. glauca* Vill.。

本属植物许多为优良的草坪用草或牧草。

分种检索表

1. 植株较高大，高逾30cm；叶片扁平或对折，宽1mm以上；圆锥花序疏松开展。
   2. 叶片基部具披针形叶耳；颖片披针形，第一颖长3.5～6mm ·············· **1. 苇状羊茅 F. arundinacea**
   2. 叶片基部无叶耳；颖片卵圆形，第一颖长1～1.5mm。
      3. 小穗具芒；小穗长7～9mm ·············· **2. 小颖羊茅 F. parvigluma**
      3. 小穗无芒；小穗长4～5.5mm ·············· **3. 日本羊茅 F. japonica**
1. 植株矮小，高不超过20cm；叶片纵卷，宽不到1mm；圆锥花序狭窄呈穗状 ·············· **4. 羊茅 F. ovina**

1. 苇状羊茅 （图9-341）
Festuca arundinacea Schreb.

多年生草本。植株较粗壮，秆直立，高80～100cm，直径约3mm。叶鞘通常无毛；叶舌长0.5～1mm，平截；叶片扁平，边缘内卷，长15～50cm，宽4～8mm，基部具披针形且镰形弯曲的叶耳。圆锥花序疏松开展，长20～30cm，分枝下部1/3裸露，中、上部着生多数小穗；小穗绿色带紫色，成熟后呈麦秆黄色，长10～13mm，含4～5小花；颖片披针形，顶端尖或渐尖，边缘宽膜质，第一颖具1脉，长3.5～6mm，第二颖具3脉，长5～7mm；顶端无芒或具短尖，第一外稃长8～9mm；内稃稍短于外稃，两脊具纤毛。颖果长约3.5mm。花期5—8月。

原产于欧洲至我国新疆。亚洲、欧洲和北美洲温带地区广泛栽培或归化。东北、西北及内蒙古、江苏、江西、湖北、台湾、四川、云南等地有引种。全省各地普遍栽培，临安、定海、岱山、文成等地有逸生。

为优良的冬绿型草坪草，园林上也称作"高羊茅"。

图9-341　苇状羊茅

2. 小颖羊茅 （图9-342）
Festuca parvigluma Steud.

多年生草本。有细短根茎。秆较细弱，高30～60cm。叶鞘光滑，常短于节间；叶舌长0.5～1mm；叶片扁平，长10～30cm，宽2～5mm。圆锥花序疏松，长10～25cm，每节着生1～2分枝，分枝柔软下垂；小穗淡绿色，长7～9mm，含3～5小花；颖片卵圆形，背部平滑，边缘膜质，顶端尖或稍钝，第一颖长1～1.5mm，第二颖长2～3mm；第一外稃长6～7mm，先端具细弱的芒，芒长3～10mm；内稃近等长于外稃，脊平滑，顶端尖；子房顶端具短毛。花果期4—6月。

产于全省各地。生于海拔1500m以下的山坡林下或河边草丛。分布于江西、湖南、台湾、贵州、云南、西藏、陕西等地。日本、朝鲜半岛也有。

为优良的牧草。

图 9-342 小颖羊茅

3. 日本羊茅
Festuca japonica Makino

多年生草本。秆细弱，光滑，高30～75cm。叶鞘光滑，疏松裹茎，短于节间，顶生者长10～16cm；叶舌长约0.5mm；叶片扁平或呈折叠状，下面光滑无毛，上面粗糙或被细短毛，长7～15cm，宽1～3mm。圆锥花序开展，金字塔形，长7～15cm；分枝单一或孪生，平展或稍下倾，基部主枝长4.5～9cm，2/3或3/4以下裸露，顶端疏生1～3小穗；小穗淡绿色，长4～5.5mm，通常含2～3（4）小花；颖片卵圆形，边缘膜质，第一颖长1～1.5mm，具1脉，第二颖长1.5～2mm，具3脉；外稃背部平滑无毛，顶端无芒，第一外稃长3.5～4mm；内稃近等长于外稃；子房顶端具棕黄色毛。颖果长圆形，长约2.5mm。花果期6月。

产于安吉（龙王山）、临安（西天目山）。生于海拔1200～1500m的山坡林下。分布于安徽、湖北、台湾、四川、贵州、云南、陕西、甘肃等地。日本、朝鲜半岛也有。

4. 羊茅 （图9-343）

Festuca ovina L.

多年生矮小草本。秆密丛生，直立，高15～20cm，基部残存枯鞘。叶鞘开口几达基部，秆生者远长于其叶片；叶舌平截，具纤毛，长约0.2mm；叶片内卷成针状，质较软，长4～10cm，宽0.3～0.6mm。圆锥花序紧缩呈穗状，长2～5cm，宽4～6mm；分枝粗糙，基部主枝长1～2cm；小穗淡绿色或紫红色，长4～6mm，含3～5小花；颖片披针形，顶端尖或渐尖，第一颖具1脉，长1.5～2.5mm，第二颖具3脉，长2.5～3.5mm；外稃具5脉，顶端具芒，芒粗糙，长1～1.5mm，第一外稃长3～3.5mm；内稃近等长于外稃。花果期6—9月。

产于临安（清凉峰）、遂昌（白马山）。生于海拔1500m以上的山脊灌草丛。分布于西南、西北及吉林、内蒙古、安徽、台湾等地，江苏有栽培。亚洲（东部、北部、西南部）、欧洲、北美洲也有。

图9-343 羊茅

14 鼠茅属 Vulpia C.C. Gmel.

一年生草本。秆直立，纤细。叶片条形，常内卷。圆锥花序狭窄或紧缩成穗状；小穗含3～8小花，两侧压扁；第一颖宽卵形至宽披针形，短小，具1脉，第二颖窄披针形，与外稃近等长，具3脉；外稃狭披针形，膜质或薄革质，具（3）5脉，顶端延伸成芒；内稃稍短于外稃，具2脊，脊上具纤毛，顶端具2齿；雄蕊1（2）。颖果长圆形。

一八四　禾本科 Poaceae

共26种，分布于北半球温带、热带山地，南美洲也有少数种类。我国有1种；浙江也有。

鼠茅（图9-344）

Vulpia myuros (L.) C.C. Gmel. —— *Festuca myuros* L.

一年生草本。秆直立，细弱，高20～60cm，具3～4节。叶鞘疏松裹茎，短于或下部者长于节间，光滑无毛；叶舌平截，干膜质，长0.2～0.5mm；叶片长7～11cm，宽1～2mm，内卷。圆锥花序狭窄，基部通常为叶鞘所包裹或稍露出，长10～20cm，宽约1cm，分枝单生而偏于主轴一侧，扁平或具3棱；小穗长8～10mm，含4～5小花；第一颖微小，具1脉，第二颖狭窄，长3～4.5mm；第一外稃长约6mm，具5脉，先端延伸成细长而粗糙的芒，芒长13～18mm；雄蕊1。颖果红棕色，长约4mm。花果期5—6月。

产于舟山及杭州市区、建德、镇海、北仑、慈溪、余姚、象山、庆元、龙湾、洞头、乐清、瑞安、平阳等地。生于海拔500m以下的滨海沙滩、山脚草丛或池塘边荒地。分布于华东及台湾、西藏等地。欧亚大陆温带地区、非洲也有。

生长茂密整齐，常成单一群落，花后容易倒伏，有保持水土、抑制杂草的作用；也可作牧草。

图9-344　鼠茅

15 凌风草属 Briza L.

一年生或多年生草本。叶片扁平。圆锥花序顶生，开展；小穗宽，含少数至多数小花，小花紧密排成覆瓦状而向两侧水平伸展；小穗轴脱节于颖之上及诸小花之间；两颖几相等，均稍短于第一外稃，宽广，具3～5脉，纸质，边缘膜质；外稃具5至多脉，呈舟形，下部质厚而突出，边缘宽膜质而扩展，基部呈心形；内稃较短于外稃。

共21种，分布于亚洲温带地区、欧洲和南美洲。我国有3种；浙江有1种。此外，在杭州植物园少量栽培的还有大凌风草 B. maxima L.。

银鳞茅（图9-345）
Briza minor L.

一年生草本。秆直立，细弱，高20～30cm。叶鞘质薄柔软，疏松裹茎，平滑；叶舌薄膜质，先端尖，长约5mm；叶片质薄，扁平，上面和边缘微粗糙，下面光滑，与叶鞘无明显界限，长

图9-345　银鳞茅

4~12cm，宽4~10mm。圆锥花序开展，直立，长5~10cm，分枝细弱，向上伸展，多两歧或三歧分叉；小穗柄细弱，稍糙涩，长约14mm；小穗宽卵形，常淡绿色，长3~4mm，基部宽约4mm，含3~6小花；颖片较宽，长2~2.5mm，具3~5脉，顶端近圆形；第一外稃长约2mm，具宽膜质边缘，7~9脉；内稃稍短于外稃，卵形，背面具小鳞毛；花药长约0.4mm。颖果三角形。花果期5—6月。

原产于欧洲、非洲北部、亚洲西南部。江苏、福建、台湾、贵州等地有引种栽培或逸生。鄞州、余姚、象山、定海、普陀、岱山、嵊泗、路桥（白果岛）也有归化，杭州市区曾有栽培。生于山坡荒地、路边或地边草丛。

本种植物体中含生氰糖苷，有毒。

16 假硬草属 Pseudosclerochloa Tzvelev

一年生或二年生草本。秆丛生。叶鞘分裂；叶舌膜质；叶片条形，扁平或稍对折。圆锥花序由一侧着生小穗的总状花序组成，分枝坚硬，自基部着生小穗；小穗含2~7小花；小穗轴粗壮，脱节于颖之上与各小花之间；颖纸质，短于外稃，具1~3脉；外稃长圆形或卵形，具3~5脉，中部以上强烈翻转；内稃与外稃等长；雄蕊3。颖果有小而圆的脐。

共2种，1种产于欧洲西部，1种为我国特产；浙江有1种。

耿氏假硬草
Pseudosclerochloa kengiana (Ohwi) Tzvelev — *Sclerochloa kengiana* (Ohwi) Tzvelev

一年生草本。秆疏丛生，高20~30cm，直径约2mm，具3节，节部较肿胀。叶鞘下部闭合，长于其节间，顶生叶鞘长4~11cm；叶舌长2~3.5mm，顶端平截或具细齿裂；叶片条形，长5~14cm，宽3~4mm，扁平或对折。圆锥花序直立，坚硬，长8~12cm，宽1~3cm，紧缩而密集；分枝粗壮，直立开展，常一长一短孪生于各节，长者达3cm；小穗长4~5.5mm，含2~5小花，草绿色或淡褐色；颖卵状长圆形，顶端钝或尖，第一颖长约1.5mm，具1脉，第二颖长2~3mm，具3脉；外稃宽卵形，具5脉，中脉粗壮隆起成脊，第一外稃长约3mm；内稃长2~2.5mm。颖果纺锤形，长约1.5mm。花果期4—6月。

产于镇海、定海、普陀等地，仅见文献记载，未见标本。分布于江苏、安徽、江西、河南。

17 早熟禾属 Poa L.

一年生至多年生草本。秆疏丛生或密丛生。叶鞘开放，或下部闭合；叶舌膜质；叶片扁平、对折或内卷。圆锥花序开展或紧缩；小穗含2~8小花，上部小花不育或退化；小穗轴脱节于颖之上及诸小花之间；第一颖较短窄，具1脉或3脉，第二颖具3脉，均短于其外稃；外稃纸质或较厚，先端尖或稍钝，无芒，具5脉；雄蕊3。颖果长圆状纺锤形，与内外稃分离。

共500多种，分布于全球温带地区及热带和亚热带地区的山地。我国有81种，遍布全国；浙江有5种。

Flora of China 记载浙江还有尼泊尔早熟禾 *P. nepalensis* (Wall. ex Griseb.) Duthie、久内早熟禾 *P. hisauchii* Honda 分布。尼泊尔早熟禾、久内早熟禾和白顶早熟禾同属早熟禾亚属，三者共同特征是内稃脊上具柔毛，花药微小，长不逾1mm；与白顶早熟禾的区别是尼泊尔早熟禾内稃顶部具钩、叶舌背面光滑或粗糙，无毛；久内早熟禾花序分枝直立或锐角上升，长2～6cm，外稃被或疏或密的柔毛。检查了标本馆中收藏的大量标本，没有发现与尼泊尔早熟禾和久内早熟禾符合的标本，尽管中国科学研究院昆明植物研究标本馆有1份章绍尧5438（采自乐清）被鉴定为尼泊尔早熟禾，但保存于中国科学院植物研究所标本馆、厦门大学生物生命科学学院植物标本馆和杭州植物园植物标本馆的3份同号标本均被鉴定为白顶早熟禾，笔者查阅了保存于杭州植物园植物标本馆的章绍尧5438标本，与白顶早熟禾无异。

分种检索表

1. 一年生、二年生草本，植株较柔软而平滑；叶舌长不逾3mm；第一颖具1脉。
   2. 植株细长，高30～50cm；叶鞘闭合几达鞘口；外稃基盘具绵毛 ·········· **1. 白顶早熟禾 P. acroleuca**
   2. 植株低矮，高5～25cm；叶鞘闭合至中部上下；外稃基盘无绵毛。
      3. 花药长0.6～1mm，长大于宽；小穗轴节间较短，不外露 ·················· **2. 早熟禾 P. annua**
      3. 花药长0.2～0.5mm，长宽近相等；小穗轴节间较长，明显外露 ········ **3. 低矮早熟禾 P. infirma**
1. 多年生草本，植株较硬直而粗糙；叶舌长逾3mm；第一颖具3脉。
   4. 秆微粗糙；顶端叶鞘大部位于秆中部以上；花序分枝基部1/3裸露 ········ **4. 华东早熟禾 P. faberi**
   4. 秆甚粗糙；顶端叶鞘常位于秆中部以下；花序分枝基部即着生小穗 ··
   ··· **5. 硬质早熟禾 P. sphondylodes**

1. 白顶早熟禾（图9-346）
Poa acroleuca Steud.

一年生或二年生草本。秆直立或斜升，高30～50cm，具3～4节。叶鞘闭合，顶生叶鞘短于其叶片；叶舌膜质，长0.5～1mm，背面被柔毛；叶片质地柔软，长7～15cm，宽2～5mm。圆锥花序金字塔形，长10～20cm；分枝2～5枚着生于各节，细弱，开展，基部分枝长5～11cm，中部以下裸露；小穗卵圆形，长2.5～3.5mm，含2～4小花，灰绿色；颖片披针形，质薄，具狭膜质边缘，第一颖长1.5～2mm，具1脉，第二颖长2～2.5mm，具3脉；外稃长圆形，顶端钝，基盘具绵毛，第一外稃长2～3mm，具膜质边缘，脊和边脉中部以下具长柔毛；内稃较短于外稃，脊具细长柔毛。颖果纺锤形。花果期3—5月。

产于全省各地。生于海拔1200m以下的田边、路边、低山坡草丛或绿化带中。分布于华东、华中、华南、西南及山东、陕西等地。日本、朝鲜半岛也有。

全草可作牧草,也为农田杂草。

*Flora of China*记载浙江还有变种如昆早熟禾var. *ryukyuensis* Koba et Tateoka分布,区别在于外稃外面和中脉无毛或被疏柔毛。未见确切标本。

图9-346　白顶早熟禾

2. 早熟禾（图9-347）

Poa annua L.

一年生或二年生草本。秆高6~25cm。叶鞘稍压扁,中部以下闭合;叶舌长1~3mm,圆头;叶片扁平或对折,长4~12cm,宽2~4mm,顶端急尖呈船形。圆锥花序宽卵形,长3~7cm;分枝1~3枚着生于各节,开展;小穗卵形,长3~6mm,含3~5小花,绿色,小穗轴节间较短,不外露;颖质薄,具宽膜质边缘,顶端钝,第一颖披针形,长1.5~2mm,具1脉,第二颖长

2~3mm，具3脉；外稃卵圆形，顶端与边缘宽膜质，具明显的5脉，基盘无绵毛，第一外稃长约3mm；内稃与外稃近等长，两脊密生丝状毛；花药长0.6~1mm。颖果纺锤形，长约2mm。花果期3—6月。

产于全省各地。生于海拔1200m以下的平原和丘陵的田边、路旁草丛或庄稼地中。分布于全国各地。世界各地广泛分布。

全草可作牧草，也为农田杂草。

图9-347　早熟禾

3. 低矮早熟禾

Poa infirma Kunth

一年生或二年生草本。植株高5~10cm。叶鞘稍压扁，中部以下闭合；叶舌膜质，长1~3mm，圆头；叶片扁平或对折，长3~8cm，宽2~3mm，顶端急尖呈船形。圆锥花序宽卵形，长2～5cm；分枝1～3枚着生于各节，斜向上升；小穗卵形，长2.5～3mm，含3～5小花，绿色，小穗轴节间较长，明显外露；颖质薄，具宽膜质边缘，顶端钝，第一颖披针形，长约1.5mm，具1脉，第二颖长约2mm，具3脉；外稃卵圆形，顶端与边缘宽膜质，具明显的5脉，基盘无绵毛，第一外稃长2～2.5mm；内稃与外稃近等长，两脊密生丝状毛；花药长0.2～0.5mm，长宽近相等。花果期4—5月。

产于杭州（云栖）。生于茶园边草丛。分布于山西、福建、四川。世界各地广泛分布。

本种与早熟禾非常接近，虽然形态上有一定区别，但两者均是广泛分布种，形态变异较大，可能存在过渡，不容易鉴定。

4. 华东早熟禾 法氏早熟禾 （图9-348）
Poa faberi Rendle — *P. prolixior* Rendle

多年生草本。秆疏丛生，高30～60cm，具3～4节。叶鞘常具倒向粗糙毛，上部压扁成脊，顶生者长达14cm，稍长于其叶片；叶舌长3～8mm，先端尖；叶片长7～12cm，宽1.5～2.5mm，两面粗糙。圆锥花序较紧密，长10～12cm，宽约5cm；分枝3～5枚着生于各节，长2～6cm，粗糙；小穗绿色，长4～5mm，含4小花；颖片长3～3.5mm，具3脉，粗糙，先端锐尖；外稃长3～3.5mm，具5脉，间脉尚明显，脊和边脉下部具长柔毛，基盘具中量绵毛；内稃较短于外稃。花果期4—6月。

产于全省各地。生于海拔1000m以下的滩涂或山坡草丛中。分布于华中、西南及安徽、甘肃、新疆等地。

全草可作牧草。

图9-348 华东早熟禾

5. 硬质早熟禾 (图9-349)
Poa sphondylodes Trin.

图9-349 硬质早熟禾

多年生草本。秆密丛生，高30～60cm，具3～4节，顶节位于中部以下，上部长裸露，紧接花序以下糙涩。叶鞘顶生者长4～8cm，长于其叶片；叶舌长约4mm，先端尖；叶片长3～7cm，宽1mm，稍粗糙。圆锥花序紧缩而稠密，长3～10cm，宽约4cm；分枝长1～2cm，4～5枚着生于主轴各节，基部即着生小穗；小穗绿色，成熟后呈草黄色，长5～7mm，含4～6小花；颖具3脉，硬纸质，长2.5～3mm，第一颖稍短于第二颖；外稃坚纸质，具5脉，脊和边脉下部具长柔毛，基盘具中量绵毛，第一外稃长约3mm；内稃等长或稍长于外稃。颖果长约2mm，腹面有凹槽。花果期5—7月。

产于安吉、杭州市区、临安、建德、定海、普陀、开化、金华市区、义乌、天台、缙云、龙泉、景宁等地。生于海拔800m以下的山坡疏林或山顶灌草丛。分布于东北、华北及江苏、安徽、河南、台湾、四川等地。日本、朝鲜半岛、俄罗斯(东部)也有。

*Flora of China*记载浙江分布的是其变种瘦弱早熟禾var. *macerrima* Keng，与硬质早熟禾的区别在于叶舌长3～5mm，花序分枝上部1/2着生小穗，小穗长3.5～5(6)mm。其实两者存在过渡，没有明显的界线，本志不作划分。

18 碱茅属 Puccinellia Parl.

多年生草本。秆直立，丛生。叶舌膜质；叶片条形，内卷。圆锥花序开展或紧缩；小穗含2～8小花，两侧稍压扁或圆筒形；小穗轴脱节于颖之上与各小花之间；小花覆瓦状排成2列；颖纸质，不等长，均短于第一小花，第一颖较小，具1脉，第二颖具3脉；外稃纸质，有5脉；内稃等长或稍短于外稃；雄蕊3。颖果长圆形，与内稃、外稃分离。

约200种，分布于北半球温带、温寒带或热带的高山地区。我国有50种；浙江有1种。

碱茅（图9-350）
Puccinellia distans (Jacq.) Parl.

多年生草本。秆直立，丛生或基部偃卧，高20～30cm，具2～3节，常压扁。叶鞘长于节间，平滑无毛，顶生者长约10cm；叶舌长1～2mm，平截或齿裂；叶片条形，长2～10cm，宽1～2mm，扁平或对折。圆锥花序开展，长5～15cm，宽5～6cm，每节具2～6分枝；分枝细长，基部主枝长达8cm，下部裸露；小穗长4～6mm，含5～7小花；颖质薄，第一颖长1～1.5mm，具1脉，第二颖长1.5～2mm，具3脉；外稃具不明显5脉，顶端平截或钝圆，第一外稃长约2mm；内稃与外稃等长。颖果纺锤形，长约1.2mm。花果期5—6月。

产于温岭（盐场）。生于滨海盐碱地草丛。分布于东北、华北及江苏、河南、陕西、新疆等地。亚洲温带地区、欧洲、非洲西北部、北美洲也有。

为家畜喜食的牧草。

图9-350 碱茅

19 臭草属 Melica L.

多年生草本。叶鞘闭合。圆锥花序开展或紧缩；小穗含2至数小花，上部1或数小花为不孕性；小穗轴较粗壮，通常成熟后脱节于颖之上和孕性小花之间；小穗柄下部较细弱而弯曲，并自弯曲处折断与小穗一起脱落；颖质薄，通常具3～5脉或第一颖具1脉；外稃背部圆形，具7脉或更多的脉，无芒；内稃短于外稃，在上部小花中内稃或与外稃等长；雄蕊3。颖果倒卵形，具细长腹沟。

约90种，分布于全球温带和亚热带地区（大洋洲除外）。我国有23种，分布于东北、华东至西南；浙江有2种。

1. 大花臭草 （图9-351）
Melica grandiflora Koidz.

多年生草本。具细长根茎。秆较细弱，通常少数丛生，高25～70cm，直径1～1.5mm。叶鞘光滑或稍粗糙，上部者短于节间；叶舌短小，长约0.5mm；叶片质地较薄，扁平或干燥后卷折，长7～15cm，宽3～5mm，上面常被短柔毛。圆锥花序狭窄，常退化呈总状，具少数小穗，长3～12cm；小穗长7～10mm，含2孕性小花，不育外稃多枚，聚集呈棒状；颖膜质，宽而钝，第一颖长4～7mm，具3～5脉，第二颖长5～8mm，具5脉；外稃卵形，厚纸质，具7～9脉或在基部脉更多，第一外稃约与小穗等长；内稃宽椭圆形，短于外稃，背部及脊上具微细纤毛。花果期4—6月。

产于长兴、安吉、临安、诸暨、余姚（四明山）、金华市区、磐安、天台（华顶山）、仙居等地。生于海拔300～1300m的山坡、沟谷、山顶林下或林缘。分布于东北、华北及江苏、安徽、江西、河南、湖南等地。日本、朝鲜半岛也有。

安吉龙王山有1号标本（陈亮0479），其叶片细而短，花序分枝孪生，每分枝仅1小穗，有待进一步研究。

图9-351 大花臭草

2. 广序臭草 （图9-352）

Melica onoei Franch. et Sav.

多年生草本。秆少数丛生，高0.8～1.5m，直径2～3mm，具10余节。叶鞘闭合几达鞘口，紧密抱茎，长于节间；叶舌质硬，短小，长约0.5mm，先端平截；叶片长10～25cm，宽3～13mm，扁平或干燥后卷折，常转向一侧，两面均粗糙。圆锥花序开展呈金字塔形，长15～40cm，每节具2～3分枝；小穗柄细弱，先端弯曲被微毛；小穗长椭圆形，长5～8mm，有光泽，通常含2孕性小花，不育外稃狭小，通常仅1枚；颖薄膜质，第一颖长2～3mm，具1脉，第二颖长3～4.5mm，具3～5脉；外稃绿色，边缘和先端膜质，具隆起7脉，第一外稃长4.5～5.5mm；内稃等长或稍短于外稃。颖果纺锤形，长约3mm。花果期6—11月。

产于安吉（龙王山）、临安、桐庐、建德、淳安、余姚、宁海、衢江、开化、金华市区、磐安、临海、遂昌等地。生于海拔200～1500m的山坡、沟谷林下或灌草丛中。分布于华北、华东、华中、西南及台湾、陕西、甘肃、宁夏等。日本、朝鲜半岛、巴基斯坦也有。

与大花臭草的区别在于后者植株较细弱；圆锥花序狭窄，常退化呈总状；小穗较大，长7～10mm。

图9-352 广序臭草

20 甜茅属 Glyceria R. Br.

多年生草本。具匍匐根茎。秆直立，具全部或部分闭合的叶鞘。圆锥花序开展或紧缩；小穗含少数至多数小花；小穗轴脱节于颖之上及各小花之间；颖膜质或纸质兼膜质，常具1脉，均短于第一小花；外稃卵圆形至披针形，草质或兼革质，具5～9脉；内稃等长或稍长于外稃，具2脊；雄蕊2或3。颖果倒卵圆形或长圆形，与内稃、外稃分离或黏合。

约40种，分布于世界温带地区。我国有10种，分布于东北至西南；浙江有2种。

1. 甜茅（图9-353）

Glyceria acutiflora Torr. subsp. ***japonica*** (Steud.) T. Koyama et Kawano

多年生草本。秆质地柔软光滑，直立或斜升，高40~70cm。叶鞘闭合达中部以上；叶舌透明膜质，长4~7mm；叶片柔软扁平，长5~15cm，宽4~5mm，两面及边缘微粗糙。圆锥花序退化几呈总状，长15~30cm，每分枝着生2~3小穗；小穗条形，长2~3.5cm，含5~12小花；颖质薄，长圆形至披针形，具1脉，第一颖长2.5~4mm，第二颖长4~5mm；外稃草质，具7脉，第一外稃长7~9mm；内稃较长于外稃，顶端2裂，脊具狭翼；雄蕊3。颖果长圆形，长约3mm。花果期4—7月。

产于全省各地。生于海拔1100m以下的农田、小溪及沟边草丛。分布于华东、华中、西南。东亚和北美洲也有。

可作牧草，也为农田杂草。

图9-353 甜茅

2. 假鼠妇草（图9-354）

Glyceria leptolepis Ohwi

多年生草本。秆单生，直立或基部倾斜，坚硬，高1~1.2m，直径5~8mm，具13~16节。叶鞘长于或上部者短于节间，闭合几达鞘口；叶舌质较硬，长0.5~1mm，先端平截；叶片质较厚而硬，扁平或边缘内卷，长达30cm，宽5~10mm，具横脉。圆锥花序大型，开展，长15~25cm，每节具2或3分枝；小穗卵形或长圆形，多少两侧压扁，长6~8mm，宽2~3mm，含5~7小花，成熟后呈黄褐色；颖透明膜质，具1脉，第一颖卵形，长1.5~2mm，第二颖卵状长圆形，长2.5~3mm；第一外稃长3.5~4mm，具7脉；内稃等长或稍长于外稃，先端微凹，不具狭翼；雄蕊2。颖果红棕色，倒卵形，长约1.5mm。花果期7—9月。

产于安吉(龙王山)、临安、诸暨(东白山)、嵊州、磐安等地。生于海拔1000~1300 m的山坡林缘或路边沼泽地。分布于黑龙江、内蒙古、山东、安徽、江西、河南、湖北、台湾、陕西、甘肃等地。日本、朝鲜半岛、俄罗斯(东部)也有。

与甜茅的主要区别在于后者圆锥花序退化几呈总状,不开展;小穗条形,长2~3.5 cm,含5~12小花;内稃之脊具狭翼。

图9-354 假鼠妇草

21 雀麦属 Bromus L.

多年生或一年生草本。叶鞘通常闭合;叶片扁平。圆锥花序开展或紧缩;小穗含多数小花;小穗轴脱节于颖之上与各小花之间;颖较短或几等长于第一小花,先端尖乃至成芒,第一颖具1～5脉，第二颖具3～9脉；外稃背部圆形或具脊，具5～9脉，具芒，稀无芒，芒由外稃顶端或稍下处伸出；内稃狭窄，通常短于外稃；雄蕊3。颖果线状圆柱形。

约150种，分布于全世界温带地区，主产于北半球，热带高山也有。我国连同引种的有55种，主产于长江以北及西南地区；浙江有4种。《浙江植物志》记载杭州市区（华家池）有无芒雀麦 B. inermis Leyss. 栽培，但已多年不见栽培或逸生，不予收录。

本属植物是天然草地和人工牧场中有较高利用价值的牧草资源。

分种检索表

1. 外稃具芒，芒长超过5mm。
  2. 多年生草本；叶鞘闭合几达鞘口 ·················· **1. 疏花雀麦 B. remotiflorus**
  2. 一年生或二年生草本；叶鞘紧密抱茎但不闭合。
    3. 花序分枝细长，下垂；芒长不超过15mm ·················· **2. 雀麦 B. japonicus**
    3. 花序分枝粗短，直立；芒长逾20mm ·················· **3. 硬雀麦 B. rigidus**
1. 外稃无芒，仅具长不超过2mm的小尖头 ·················· **4. 扁穗雀麦 B. catharticus**

1. 疏花雀麦 （图9-355）
Bromus remotiflorus (Steud.) Ohwi

多年生草本。须根细弱。秆直立，高60～100cm，被细短毛，具6～7节，节上具柔毛。叶鞘闭合几达鞘口，通常被倒生柔毛；叶舌较硬，长约1mm；叶片质薄粗糙，长20～45cm，上面被柔毛。圆锥花序开展，长15～30cm，成熟时下垂，每节具2～4分枝；小穗长20～35mm，暗绿色，幼时呈圆筒形，成熟后略压扁，含5～10小花；颖狭披针形，顶端具短尖头，第一颖长

图9-355　疏花雀麦

4～7mm，具1脉，第二颖长8～10mm，具3脉；第一外稃披针形，具7脉，芒细直，生于外稃顶端，长5～10mm；内稃狭窄，短于外稃。颖果长8～10mm。花果期5—8月。

产于全省各地。生于海拔1300m以下的地边草丛、山坡灌草丛中或沟谷林缘。分布于华东、华中、西南及陕西、青海等。日本、朝鲜半岛也有。

2. 雀麦 （图9-356）
Bromus japonicus Thunb.

一年生或二年生草本。须根细而稠密。秆直立，丛生，高30～100cm。叶鞘紧密抱茎，被白色柔毛；叶舌透明膜质，先端有不规则的裂齿；叶片长5～30cm，两面具毛或有时下面变无毛。圆锥花序开展，长达30cm，每节具3～7细长下垂的分枝，每分枝近上部着生1～4个小穗；小穗幼时圆筒形，成熟后压扁，长10～35mm，含7～14小花；颖披针形，边缘膜质，第一颖长5～8mm，具3～5脉，第二颖长7～10mm，具7～9脉；第一外稃卵圆形，长8～11mm，具7～9脉，具长5～13mm的芒；内稃短于外稃。颖果压扁，长约7mm。花果期4—6月。

产于全省各地。生于海拔700m以下的荒地、田埂、河边或路边草丛中。分布于华北、华中、西南、西北及辽宁、江苏、安徽、江西、台湾等地。亚洲温带地区、欧洲也有，北美洲有引种。

可作牧草；岱山长涂见到颖片粉红色或连同部分甚至全部外稃红色的居群，具有较高观赏价值。

图9-356　雀麦

3. 硬雀麦 （图9-357）

Bromus rigidus Roth

一年生草本。秆直立，丛生，高20～70cm，花序以下被柔毛。叶鞘紧密抱茎，被开展的柔毛；叶舌长3～5mm；叶片长10～25cm，宽4～6mm，两面密生短毛。圆锥花序密集，直立，长10～25cm，分枝粗短，直立，具毛；小穗楔形，直立，长15～30mm，宽7～8mm，含5～7小花；小穗轴长约2mm；第一颖条状披针形，长15～20mm，具1脉，第二颖长20～25mm，具3脉；外稃窄披针形，长20～25mm，一侧宽1～1.5mm，具明显7脉，粗糙，芒长20～40mm，直伸；内稃长约15mm；雄蕊2，花药长1mm。颖果与内稃近等长且贴生。花果期4—7月。

原产于欧洲中部和西南部、非洲北部、亚洲西南部、地中海地区。江西（庐山）有逸生。本省普陀（千步沙）也有，生于海滨低山疏林下或草丛中。

图9-357　硬雀麦

4. 扁穗雀麦 （图9-358）

Bromus catharticus Vahl —— *B. unioloides* Kunth

多年生草本。须根发达。茎直立，丛生，粗大扁平，高达1m左右。叶鞘早期被柔毛，后渐脱落；叶舌膜质，长2～3mm，有细缺刻；叶片披针形，长40～50cm，宽6～8mm。圆锥花序开展疏松，长20cm，有的穗形较紧凑；小穗极压扁，长2～3cm，通常含6～12小花；颖披针形，脊上具

一八四　禾本科 Poaceae

图 9-358　扁穗雀麦

微刺毛，第一颖长约1cm，具7~9脉，第二颖较第一颖长，具9~11脉；外稃具9~11脉，顶端裂口处具小芒尖，内稃狭窄，较短小。颖果紧贴于内稃。花果期4—6月。

原产于南美洲，现广泛分布于世界各地。内蒙古、河北、江苏、台湾、贵州、云南等有归化。本省舟山及杭州市区、临安、玉环、庆元（百山祖）、龙湾、瑞安、平阳、苍南等也有归化。生于海拔300m以下（偶可达1100m）的河边、田边草丛或海边沙滩。

为优良的牧草。

22　燕麦草属　Arrhenatherum P. Beauv.

多年生草本。植株较粗壮高大。叶片扁平。圆锥花序狭窄，顶生；小穗含2小花，第一小花雄性，第二小花两性；小穗轴脱节于颖之上并延伸于顶生小花之后；颖较宽，质薄，边缘近于膜质，第一颖具1脉，第二颖长于第一颖而几与小穗相等，具3脉；外稃具5脉，基盘被毛，从第一外稃近基部处伸出1膝曲扭转的芒，其芒长于小穗，第二外稃近顶端具1细直短芒。

共7种，分布于亚洲西南部、欧洲和地中海地区。我国引种栽培1种，浙江也有。

燕麦草
Arrhenatherum elatius (L.) P. Beauv. ex J. Presl et C. Presl

多年生草本。秆高可达1.5m，直立或基部膝曲，具4~5节。叶鞘松弛，光滑无毛，短于或基部者长于节间；叶舌膜质，长约1mm，顶端钝或平截；叶片扁平，长12~25cm，宽3~9mm。圆锥花序疏松，长20~25cm，宽1~2.5cm，灰绿色或略带紫色，有光泽，分枝簇生，直立，基部主枝长7.5~11cm；小穗长7~9mm；第一颖长4~6mm，第二颖几与小穗等长；第一小花雄性，外稃先端微2裂，具7脉，基部的芒长为稃体的2倍，具3雄蕊，花药黄色，长约4mm；第二小花两性，外稃先端的芒长1~2mm，雌蕊顶端被毛。花果期6月。

原产于欧洲。我国有引种栽培，杭州也有。

可用于园林配置供观赏或作饲料。

图9-359　银边草

a. 球茎燕麦草（变种）
var. bulbosum (Willd.) Spenn.

与燕麦草的区别在于秆基部膨大成念珠状，直径6~10mm；节上具毛。

原产于欧洲。我国作园林植物栽培供观赏。杭州也有。

园林中栽培供观赏的品种还有银边草（丽蚌草）'Variegatum'（图9-359），叶片边缘白色。

23 燕麦属　Avena L.

一年生草本。秆直立或基部稍倾斜，常光滑无毛。圆锥花序开展；小穗下垂，含2至数小花；小穗轴具毛或无毛，脱节于颖之上和诸小花之间，栽培品种则在各小花之间不易断落；颖草质，长于下部小花，具7~11脉；外稃草质或近革质，具5~9脉，具芒或无芒，芒自稃体中部伸出，膝曲而具扭转的芒柱；雄蕊3；子房具毛。

约25种，主产于马达加斯加和亚洲西南部，延至欧洲和亚洲，世界各地有引种。我国有5种，分布于全国各地；浙江有1种。《浙江植物志》记载本省曾有燕麦 A. sativa L. 栽培，但已多年未见栽培，本志不予收录。

野燕麦 （图9-360）
Avena fatua L.

一年生草本。秆直立，高60~120cm，光滑，具2~4节。叶鞘光滑或基部具毛；叶舌透明，膜质，长1~5mm；叶片扁平，长10~30cm，宽5~12mm。圆锥花序开展，长10~25cm，分枝有棱角，粗糙；小穗长18~25mm，含2~3小花；小穗轴的节间易断落，通常密生硬毛；颖通常具9

脉，草质；外稃近革质，第一外稃长15～20mm，背面中部以下常具较硬的长毛，基盘密生短刺毛，芒自稃体中部稍下处伸出，膝曲，扭转，长2～4cm。花果期3—5月。

产于全省各地。生于海拔500m以下的农地或地边草丛。分布于华东、华中、华南、西南、西北及黑龙江、内蒙古、河北等地。欧洲、西亚和中亚也有，全世界温带地区有归化。

既是优良的牧草，也是农田常见的杂草。

图 9-360 野燕麦

a. 光稃野燕麦（变种）（图9-361）
var. **glabrata** Peterm.

与野燕麦的区别在于外稃背部光滑无毛。

图 9-361 光稃野燕麦

产于杭州市区、富阳、临安、桐庐、普陀、诸暨、开化、遂昌、龙泉、景宁、洞头、乐清、苍南等地。生境、分布和用途与野燕麦相同。

24 异燕麦属 Helictotrichon Bess. ex Schult. et Schult. f.

多年生草本。秆丛生，具匍匐茎。圆锥花序顶生，开展或紧缩，有光泽；小穗含3至数小花；小穗轴具毛，脱节于颖之上及各小花之间；颖不等长，短于小花，具1~3脉，边缘宽膜质；外稃成熟时下部厚纸质，上部薄膜质，背部圆形，具数脉，中部附近着生扭转而膝曲的芒，基盘钝而具毛；内稃具两脊，脊上具纤毛；雄蕊3；子房具毛。

约80种，遍布北温带地区，热带高山也有。我国有14种，分布于东北、华北、华东及云南、西藏等地；浙江有1种。

光花异燕麦 （图9-362）
Helictotrichon leianthum (Keng) Ohwi

多年生草本。须根细弱。秆直立，丛生，高50~80cm，具2~3节。叶鞘松弛，通常长于节间，具毛或无毛；叶舌膜质，先端平截，长约1mm；叶片直立或斜向上升，长8~20cm，宽3~6mm，两面具短柔毛或下面无毛，基部分蘖的新叶长达30cm。圆锥花序下垂，长15~18cm，分枝细弱，弯曲，孪生；小穗长10~13mm，含3~4小花，顶花不发育；颖光滑无毛，第一颖具1脉，长约4.6~5mm，第二颖具3脉，长6~7mm；第一外稃长9~10mm，具7脉，基盘被长约1mm之短毛，芒长15~20mm，从稃体上部2/5处伸出，扭转而膝曲；内稃狭窄，短于外稃，长6~7mm。花果期4—5月。

产于临安（天目山），杭州市区曾有栽培。生于海拔1000m左右的林缘石缝中。分布于山西、安徽、湖北、四川、贵州、云南、陕西、甘肃等地。

图9-362　光花异燕麦

25 三毛草属 Trisetum Pers.

多年生草本。秆丛生或单生。圆锥花序开展或紧缩；小穗两侧压扁，通常含2~5小花；小穗轴通常具纤毛，延伸于顶生小花内稃之后呈刺状或顶端具不育小花；颖草质兼膜质，第一颖较短，具1脉，第二颖较长，具1~3脉；外稃披针形，纸质而具膜质边缘，自背部1/2以上处生芒，先端常具2裂齿，裂齿延伸成芒刺；内稃透明膜质，等长或稍短于外稃，具2脊。

约70种，分布于世界除非洲以外的温带和热带山地。我国有12种，分布于东北、华东、西南、西北及台湾；浙江有2种。

1. 三毛草 （图9-363）
Trisetum bifidum (Thunb.) Ohwi

多年生草本。秆直立或基部膝曲，高30~80cm，光滑无毛，具2~4节。叶鞘松弛，通常短于节间，无毛；叶舌膜质，长1~2mm；叶片扁平，柔软，长5~18cm，宽3~7mm，通常无毛。圆锥花序长圆形，长10~20cm，分枝细而平滑；小穗长6~10mm，含2~3小花；小穗轴节间长1.5mm；颖不等长，第一颖长2~4mm，第二颖长4~7mm，具3脉；第一外稃长6~8mm，顶端2裂，裂齿延伸成芒刺，自先端以下约1mm处伸出芒，芒细弱，常向外反曲，长7~10mm；内稃长为外稃的1/2~2/3，背部拱曲呈弧形。花果期4—7月。

产于全省各地。生于海拔1300m以下的山坡灌草丛、地边草丛中或荒地上。分布于华东、华中、华南、西南及山东、陕西、甘肃等地。东亚、新几内亚岛也有。

可作牧草。

图9-363 三毛草

2. 湖北三毛草 (图9-364)

Trisetum henryi Rendle

多年生草本。秆直立，单生或少数丛生，高0.8~1.4m，直径2~4mm，具7~9节。叶鞘大多长于节间，下部叶鞘闭合至顶端；叶舌厚膜质，长1.5~2mm，具不整齐的裂齿；叶片扁平，长15~35cm，宽5~13mm。圆锥花序开展，较稠密，长10~20cm，宽3~6cm；小穗银褐色，有光泽，长5~7mm，含2~3小花；小穗轴节间长约1.7mm，被柔毛；颖不等长，第一颖长3~4mm，第二颖长4~6mm，具3脉；第一外稃长5~6mm，背部稍粗糙，顶端近全缘，具短尖，芒自先端以下约2mm处伸出，向外反曲，长5~6mm；内稃等长或略短于外稃，背部不拱曲呈弧形。花果期7—8月。

产于临安（天目山、大明山、龙塘山）。生于海拔800m以上的山坡疏林下或山顶灌草丛中。分布于山西、江苏、安徽、江西、河南、湖北、四川、陕西等地。

与三毛草的区别在于后者茎具2~4节，叶鞘大多短于节间，小穗较大，长6~10mm，内稃长约为外稃的1/2~2/3，背部拱曲呈弧形。

图9-364 湖北三毛草

26 落草属 Koeleria Pers.

多年生草本。秆密丛生。叶鞘在秆基部者闭合，秆上者纵向裂开；叶片扁平或纵卷。顶生穗状圆锥花序紧密不开展，分枝常较短；小穗含2～4两性小花；小穗轴被毛或无毛，脱节于颖以上；颖披针形或卵状长圆形，具1～3脉；外稃纸质，有光泽，具3～5脉，顶端尖或在近顶端处伸出1短芒；内稃与外稃几等长；雄蕊3；子房无毛。

约35种，分布于全球温带地区，热带高山也有。我国有4种，分布于东北至西北地区；浙江有1种。

落草 （图9-365）
Koeleria macrantha (Ledeb.) Schult. — *K. cristata* auct. non Pers.

多年生草本。秆直立，高25～50cm，紧接花序下方密被绒毛。基部残存叶鞘常常破裂呈纤维状；叶舌膜质，长0.5～2mm；叶片狭窄，内卷或扁平，长3～12cm，宽1～2mm。圆锥花序呈穗状，长4～10cm，主轴和分枝均被柔毛；小穗长4～5mm，含2～3小花；颖倒卵状长圆形，脊上粗糙，第一颖长2～3.5mm，第二颖长3～5mm；外稃披针形，具3脉，边缘膜质，无芒或具小尖头，第一外稃长4～4.5mm；内稃稍短于外稃，透明膜质，先端2裂。花果期5—6月。

产于镇海（城东）、定海、普陀、岱山、嵊泗、象山（松海岛），《泰顺县维管束植物名录》记载泰顺有产，但未见标本。生于滨海沙地或山坡灌草丛。分布于华北、西北及黑龙江、安徽、福建、河南、湖北、四川、西藏等地。欧亚大陆温带地区也有，澳大利亚有引种。

图9-365 落草

27 龙常草属 Diarrhena P. Beauv.

多年生草本。具短根状茎。秆直立。叶鞘被短毛；叶舌膜质；叶片条状披针形，基部渐窄或成柄状。顶生圆锥花序开展，具粗糙分枝；小穗含2~4小花，上部小花退化；小穗轴脱节于颖之上与各小花间；颖微小，远短于小穗；外稃厚纸质，具3脉，无脊，顶端钝，无芒，基盘无毛；内稃等长或略短于外稃；雄蕊2。颖果顶端具圆锥形的喙。

共4种，1种产于北美，3种产于东亚。我国有3种；浙江有1种。

日本龙常草（图9-366）

Diarrhena japonica Franch. et Sav.

图9-366 日本龙常草

多年生草本。具短根状茎。秆直立，高50~80cm，自根状茎上伸出，分蘖芽体为鳞状苞片所覆盖。叶鞘被短毛；叶舌长0.5~1mm，平截，厚膜质；叶片条状披针形，扁平，长20~30cm，宽8~15mm，散生短毛或粗糙，基部渐窄呈柄状。圆锥花序长10~20cm，开展，分枝细弱，单生或孪生，具少数小穗；小穗长3~3.5mm，含1~3小花，绿色；颖近膜质，长1~1.5mm；外稃披针状卵形，长约3mm，平滑无毛；内稃两脊平滑；花药长约1mm。颖果圆柱形，长2.5~3mm，顶端白色之喙明显外露，成熟时肿胀。花果期8—9月。

产于安吉(龙王山)、临安(西天目山、昌化)。生于海拔1100~1500m的针阔叶混交林下。分布于东北。日本、韩国(济州岛)、俄罗斯(东部)也有。

1937年赫景盛(K.S. Hao)以夏纬瑛1927年采自浙江天目山的 W.Y. Hsia no. 258 标本为模式发表了新种 D. sinica K.S. Hao,它与东亚其他种不同的是具有粗糙的叶耳、更尖的颖片和外稃更长的芒。在 Plants of World Online 中其被处理为龙常草 D. mandshurica Franch. et Sav. 的异名。因笔者未查找到 D. sinica 的模式标本和与 D. mandshurica 相符的标本,本志暂不收录。

28 茵草属 Beckmannia Host

一年生或二年生草本。圆锥花序狭窄,由多数贴生或斜生的短穗状花序组成;小穗近圆形,两侧压扁,几无柄,含1小花,稀为2花,成双行覆瓦状排列于穗轴一侧;小穗轴脱节于颖之下,不延伸于内稃之后;颖草质,半圆形,等长,具3脉;外稃披针形,稍露出于颖外,具5脉,先端尖或具小尖头;内稃稍短于外稃,有脊;雄蕊3。

共2种,分布于北半球的温带地区。我国有1种,南北各地均产;浙江也有。

茵草 (图9-367)
Beckmannia syzigachne (Steud.) Fernald

一年生或二年生草本。须根细软。秆直立,高15~60cm,具2~4节。叶鞘多长于节间,无毛;叶舌透明膜质,长3~8mm;叶片扁平,长

图9-367 茵草

10~20cm，宽4~8mm，粗糙或下面平滑。圆锥花序长10~30cm，分枝稀疏，直立或斜升；小穗灰绿色，倒卵圆形，长约3mm，含1小花，成双行覆瓦状排列于穗轴之一侧；颖背部灰绿色，有淡绿色横纹；外稃披针形，稍长于颖，具5脉，先端具小尖头；内稃稍短于外稃，具脊；雄蕊3。花期4—6月。

产于全省各地。生于海拔800m以下的水田、田边水沟或沼泽地中。分布于东北、西南及内蒙古、河北、江苏、甘肃、青海等地。亚洲温带地区、欧洲、北美洲也有。

全草可作饲料；也是农田常见杂草。

29 短颖草属 Brachyelytrum P. Beauv.

多年生草本。叶片狭披针形。圆锥花序狭窄；小穗线形，含1小花；小穗轴脱节于颖之上，延伸于内稃之后成一细长的刺毛；颖微小，第一颖常缺如，第二颖狭窄，常渐尖作芒状；外稃质较硬，具5脉，基部有偏斜之基盘，先端延伸成一细直长芒；内稃与外稃等长；雄蕊2。

3种，分布于亚洲东部和北美洲东部。我国有1种，分布于华东地区；浙江也有。

日本短颖草 （图9-368）
Brachyelytrum japonicum (Hack.) Matsum. ex Honda
— *B. erectum* (Schreb.) P. Beauv. var. *japonicum* Hack.

多年生草本。具短根状茎。秆疏丛生或单生，直立，高50~80cm，具6~7节。叶鞘通常短于节间，具微毛或无毛；叶舌膜

图9-368 日本短颖草

质，长3~5mm；叶片条状披针形，长8~15cm，宽5~10mm，边缘具纤毛，幼时两面疏生微毛。圆锥花序长10~15cm，分枝细弱，微粗糙；小穗线形，灰绿色；第一颖微小或缺如，第二颖长1~2.5mm，具1脉或基部微现3脉；外稃质极硬，长8~10mm，基盘被微毛，芒细直，长15~18mm，微粗糙。花果期6—7月。

产于安吉、余杭、临安、余姚、天台、龙泉、庆元、泰顺。生于海拔300~1550m的山坡或山谷林下或林缘。分布于江苏、安徽、江西、云南等地。日本、韩国（济州岛）也有。

30 剪股颖属 Agrostis L.

多年生瘦弱草本。叶片扁平或卷折。圆锥花序紧缩或开展；小穗含1小花；小穗轴脱节于颖之上，不延伸于小花之后；颖膜质或纸质，近等长，有时第一颖稍长，具1脉，先端尖或渐尖；外稃质较薄，短于颖，大多具不明显的5脉，基盘无毛或具微毛，先端钝，无芒或背面生芒；内稃多数微小而无脉，或较短于外稃而具2脉；雄蕊3。颖果长圆形。

约200种，分布于北半球温寒带和热带山地。我国约有25种，南北各地广泛分布；浙江有3种。

分种检索表

1. 圆锥花序狭窄，花时略开展，花后紧缩；内稃微小，长为外稃的1/3以下。
   2. 外稃无芒，基盘无毛·· **1. 剪股颖 A. clavata**
   2. 外稃具芒，基盘两侧具短毛·· **2. 台湾剪股颖 A. sozanensis**
1. 圆锥花序疏松开展；内稃显著，长为外稃的2/3或3/4·············· **3. 巨序剪股颖 A. gigantea**

1. 剪股颖 华北剪股颖 （图9-369）

Agrostis clavata Trin. — *A. matsumurae* Hack. ex Honda

多年生草本。具细的根状茎。秆丛生，柔弱，直立或倾斜，高30~40cm，通常具2~3节。叶鞘疏松抱茎，光滑无毛；叶舌透明膜质，长1~2.5mm，先端圆形或具细齿；叶片扁平，长3~10cm，分蘖叶片可较长，宽1~3mm，微粗糙，上面绿色或灰绿色。圆锥花序狭窄，花后开展，长5~15cm，宽1.5~5cm，分枝细长，每节2~5枚；小穗长约2mm；第一颖稍长于第二颖，平滑，脊上微粗糙，先端尖；外稃长约1.5mm，具明显的5脉，基盘无毛，先端钝，无芒；内稃卵形，长约0.3mm；花药微小，长0.3~0.4mm。花果期4—6月。

产于全省各地。生于海拔1200m以下的田边草丛或低山坡疏林下。分布于东北、华北、西南及安徽、福建、台湾、广东、陕西、甘肃等地。亚洲东部、北部和西南部和欧洲北部、美洲（阿拉斯加）也有。

为牛羊喜食的牧草。

图 9-369 剪股颖

2. 台湾剪股颖 （图 9-370）

Agrostis sozanensis Hayata —— *A. canina* L. var. *formosana* Hack.

多年生草本。具细的根状茎。秆丛生，直立或基部稍斜伸，高30～60cm，直径1～1.5mm，具3～5节。上部叶鞘短于节间，无毛；叶舌透明膜质，长2～5.5mm，先端平，常碎裂；叶片条形，扁平或先端内卷，长6～20cm，宽2～4mm，微粗糙。圆锥花序长椭圆形，花时稍开展，花后紧缩，基部常包于鞘内，长7～20cm，宽2～6cm，每节具2～4分枝，分枝纤细，上举，下部2/3裸露；小穗绿色，老后呈黄紫色，长2～2.5mm；颖近相等或第一颖稍长，脊上微粗糙，先端尖；外稃长1.5～1.8mm，具明显的5脉，基盘两侧具短毛，芒自背面近中部处伸出，细直或稍扭曲，长1～2mm，微粗糙；内稃长约0.5mm。花果期4—6月。

产于杭州市区、萧山、富阳、临安、建德、北仑、普陀、开化、缙云、遂昌、景宁、苍南、泰顺等地。生于海拔1100m以下的地边或山坡路边草丛中。分布于华东、西南及河北、河南、湖南、台湾、广东等地。

一八四　禾本科 Poaceae

图 9-370　台湾剪股颖

3. 巨序剪股颖（图 9-371）
Agrostis gigantea Roth

图 9-371　巨序剪股颖

多年生草本。具细长根状茎。秆丛生，直立或基部膝曲，高 30~60cm，具 3~5 节。叶鞘短于节间，无毛；叶舌透明膜质，长 2~5.5mm；叶片条形，长 15~25cm，宽 3~6mm，微粗糙。圆锥花序塔形，疏松开展，基部常包于鞘内，每节具 2~4 分枝，分枝纤细，通常自分枝基部即着生小穗；小穗绿色，老后呈黄紫色，长 2~2.5mm；颖近相等或第一颖稍长，具 1 脉，脊上微粗糙，先端尖；外稃长

1.5～2mm，具明显的5脉，基盘两侧具短毛，无芒；内稃长为外稃的2/3～3/4。花果期5—6月。

产于临安、开化、遂昌（大西坑）、云和、文成（石垟）。生于海拔500～800m的山脚灌草丛或溪边沙地。分布于东北、华北、西南、西北及江苏、江西、湖北等地。亚洲、欧洲、非洲北部也有。

存疑种

匍茎剪股颖
Agrostis stolonifera L.

楼炉焕等（1988）报道泰顺有产。与巨序剪股颖相似，区别在于植株低矮而细弱，高20～35cm，无根状茎而具匍枝；叶舌较短，长2～3.5mm；圆锥花序紧缩，长15cm以下。因未见标本暂作存疑处理。

31 拂子茅属 Calamagrostis Adans.

多年生粗壮草本。叶片条形，先端长渐尖。圆锥花序紧缩或开展；小穗线形，常含1小花，小穗轴脱节于颖之上；两颖近等长，锥状狭披针形，先端长渐尖，具1脉或第二颖有时具3脉；外稃透明膜质，短于颖片，先端有微齿或2裂，芒自顶端齿间或中部以上伸出，基盘密生长于稃体的丝状毛；内稃细小而短于外稃。

约200种，分布于北温带和热带山地。我国有34种，遍布全国各地；浙江有1种。

拂子茅 （图9-372）
Calamagrostis epigeios (L.) Roth —— *C. epigeios* var. *densiflora* Griseb.

多年生草本。具根状茎。秆直立，高50～100cm，直径2～3mm。叶鞘平滑或稍粗糙；叶舌膜质，长5～8mm，长圆形；叶片长15～30cm，宽5～12mm，扁平或边缘内卷。圆锥花序花时开展，花后紧缩，具间断，长15～30cm；小穗长5～7mm，淡绿色或带淡紫色；两颖近等长或第二颖稍短；外稃透明膜质，长约为颖的一半，顶端具2齿，基盘的柔毛几与颖等长，芒自稃体背面近中部伸出，长2～3mm；内稃长约为外稃的2/3，顶端细齿裂；雄蕊3，花药黄色。花果期6—9月。

产于全省各地。生于海拔1500m以下的沼泽、湿地、河岸沟渠旁或荒田中。分布于全国各地。欧亚大陆温带和亚热带地区也有。

为牲畜喜食的牧草；其根状茎发达，又耐水湿，是固定泥沙、保护河岸的良好材料。

一八四　禾本科 Poaceae

图9-372　拂子茅

32 野青茅属 Deyeuxia Clarion ex P. Beauv.

多年生草本。秆直立。圆锥花序紧缩或开展；小穗通常含1小花，稀含2小花；小穗轴脱节于颖之上，延伸于内稃之后而常被丝状柔毛；颖几等长或第一颖较长，具1~3脉，先端尖或渐尖；外稃草质或膜质，稍短于颖，具3~5脉，基盘两侧显著具毛，芒自稃体基部或中部以上伸出，稀无芒；内稃质薄，等长或短于外稃，具2脉。

约200种，分布于全球的温带以及热带高山。我国约有34种，南北各地均产，以西部和北部为多；浙江有4种。

分种检索表

1. 圆锥花序疏松开展；外稃基盘两侧的柔毛明显短于稃体。
   2. 不具或仅具短根状茎，秆丛生；外稃基盘两侧的毛长不到稃体的1/2。
      3. 外稃基盘两侧的毛长不到稃体的1/5；叶舌长1～2mm ················ **1. 疏花野青茅 D. effusiflora**
      3. 外稃基盘两侧的毛长为稃体的1/5～2/5；叶舌长4～13mm ··········· **2. 野青茅 D. pyramidalis**
   2. 具横走根状茎，秆散生；外稃基盘两侧的毛长达稃体的1/2或以上 ····· **3. 箱根野青茅 D. hakonensis**
1. 圆锥花序紧缩成疏穗状；外稃基盘两侧的柔毛与稃体等长或稍长 ············ **4. 密穗野青茅 D. conferta**

1. 疏花野青茅 疏穗野青茅 （图9-373）

Deyeuxia effusiflora Rendle — *D. arundinacea* (L.) P. Beauv. var. *laxiflora* (Rendle) P.C. Kuo et S.L. Lu

图9-373　疏花野青茅

多年生草本。秆丛生，高60～100cm，基部直径1～2mm，具3～4节，在花序下微粗糙。叶鞘无毛，上部者短于节间；叶舌长1～2mm，先端钝或齿裂；叶片扁平或基部折卷，长25～40cm，宽4～8mm，两面粗糙。圆锥花序开展，稀疏，长12～20cm，宽3～8cm，分枝粗糙，在中部以上分出小枝；小穗长4.5～5mm，第一颖稍长于第二颖；外稃长约3.5mm，基盘两侧的毛长不到稃体的1/5，芒膝曲，自外稃的近基部伸出，长约6mm。花果期8—11月。

除嘉兴未见外全省各地均产。生于海拔1200m以下的山坡疏林下或灌草丛中。分布于河南、四川、贵州、云南、陕西、甘肃、宁夏等地。

为优良的牧草。

2. 野青茅 (图9-374)

Deyeuxia pyramidalis (Host) Veldkamp — *D. henryi* Rendle — *D. hupehensis* Rendle — *D. arundinacea* (L.) P. Beauv. var. *borealis* (Rendle) P.C. Kuo et S.L. Lu — *D. arundinacea* var. *ciliata* (Honda) P.C. Kuo et S.L. Lu — *D. arundinacea* var. *ligulata* (Rendle) P.C. Kuo et S.L. Lu

多年生草本。具短根状茎。秆丛生，细瘦，高80～120cm，基部直径1.5～2mm，具3～4节。叶鞘光滑无毛，上部者短于节间；叶舌长4～13mm；叶片扁平或基部折卷，长25～45cm，宽5～10mm，两面粗糙。圆锥花序开展，较疏松，长10～20cm，宽3～9cm，分枝粗糙，在中部以上分出小枝；小穗长4～5mm，第

图9-374　野青茅

一颖稍长于第二颖,边缘具纤毛;外稃长4~4.5mm,基盘两侧的毛长为稃体的1/5~2/5,芒膝曲,自外稃的近基部伸出,长约6mm。花果期9—11月。

除嘉兴未见外全省各地均产。生于海拔1500m以下的山坡疏林下或灌草丛中。分布于全国各地。日本、朝鲜半岛、俄罗斯、巴基斯坦及欧洲也有。

为优良的牧草。

3. 箱根野青茅 （图9-375）
Deyeuxia hakonensis (Franch. et Sav.) Keng

多年生草本。具横走根状茎。秆散生,直立,平滑无毛,高30~60cm。叶鞘短于节间,无毛或脉间具倒生而易落的毛,边缘及鞘口常疏生柔毛;叶舌干膜质,长约1mm,钝圆或平截;叶片条形,扁平或边缘内卷,长10~25cm,宽3~6mm,上面被微柔毛,下面无毛。圆锥花序疏松,长6~15cm,宽3~5cm,分枝常孪生,下部常裸露;小穗长4~5mm;颖片披针形,先端稍钝,两颖近等长或第二颖稍短,第一颖具1或2脉,第二颖具3脉,仅中脉粗糙;外稃长3~4mm,基盘两侧的柔毛长为稃体的1/2~2/3,芒自稃体基部伸出,细直,长2~4mm;内稃近等长于或微短于外稃。花期7—10月。

图9-375 箱根野青茅

产于临安、淳安、缙云、遂昌、龙泉、庆元、景宁、文成等地。生于海拔200~1850m的山坡灌草丛中或山顶矮林下。分布于河北、安徽、江西、湖北、广东、四川、贵州等地。日本和俄罗斯(东部)也有。

4. 密穗野青茅
Deyeuxia conferta Keng

多年生草本。秆丛生，高30~80cm，基部直径1.5~2mm，具2~3节。叶鞘上部者短于节间，边缘具纤毛；叶舌膜质，长约2mm；叶片内卷或扁平，长15~30cm，宽4~6mm，上面无毛，下面被柔毛。圆锥花序紧缩成疏穗状（基部略被叶鞘包住），长8~12cm，宽1.3~3cm，分枝2或3枚簇生，长1~3cm，与花序轴均具短糙毛；小穗长4.5~5mm，第一颖与小穗等长，具1脉，第二颖略短，具3脉，两颖中脉具小糙毛；外稃长约3.5mm，基盘两侧的毛与稃体等长或稍长，芒细直，自外稃的近基部伸出，长约2.5mm；内稃长2.5mm；雄蕊3，花药长1.2~1.5mm。花果期7—9月。

产于缙云（大洋山）。生于海拔约1000m的山谷旷地。分布于内蒙古、陕西、甘肃、青海等地。为浙江分布新记录种。

笔者仅见1号标本（丁陈森、楼炉焕 00740），与文献记载相比，植株较矮小，叶片和花序也较短，花序分枝基部裸露，叶片下面被柔毛，花序轴和分枝具小糙毛。因标本有限，暂定此种，其确切分类地位有待进一步研究。

33 棒头草属 Polypogon Desf.

一年生草本。秆直立或基部膝曲。叶片扁平。圆锥花序穗状或金字塔形；小穗含1小花，两侧压扁；小穗柄有关节，自关节处脱落；颖近于相等，具1脉，粗糙，先端常2浅裂，芒细直，自裂齿间伸出；外稃膜质，光滑，长约为小穗的一半，通常具1易落之短芒；内稃较小，透明膜质，具2脉；雄蕊1~3。颖果与外稃等长，连同稃体一齐脱落。

共25种，分布于全世界的暖温带和热带山地。我国有6种，除东北外全国均有分布；浙江有2种。

1. 棒头草 （图9-376）
Polypogon fugax Nees ex Steud.

一年生草本。秆丛生，高20~65cm。叶鞘光滑无毛；叶舌膜质，长3~8mm；叶片长5~15cm，宽3~5mm。圆锥花序长4~15cm，花时分枝开展而使花序较疏松，花后收拢成穗状，具缺刻或有间断；小穗长约2.5mm，灰绿色或部分带紫色；颖长圆形，疏被短纤毛，先端2浅裂，芒细直，从裂口处伸出，长1~3mm；外稃光滑，长约1mm，先端具微齿，中脉延伸成长约2mm而易脱落的芒；雄蕊3。颖果椭圆形，一面扁平，长约1mm。花果期4—6月。

产于全省各地。生于海拔800m以下的路边荒地、河岸湿地或田边潮湿处中。分布于华东、华南、西南及山西、山东、河南、湖北、陕西、新疆等地。亚洲温带和亚热带地区也有。

图9-376 棒头草

2. 长芒棒头草 （图9-377）

Polypogon monspeliensis (L.) Desf.

一年生草本。秆直立或基部膝曲，高8～60cm。叶鞘松弛抱茎，粗糙；叶舌膜质，长2～8mm，2深裂或呈不规则撕裂状；叶片长5～13cm，宽4～8mm。圆锥花序长5～10cm，花时分枝开展而使花序较疏松，花后收拢成穗状，不间断；小穗淡灰绿色，成熟后枯黄色，长2～2.5mm；颖倒卵状长圆形，先端2浅裂，从裂口处伸出长达5mm的芒；外稃光滑无毛，长1～1.2mm，先端具微齿，中脉延伸成约与稃体等长而易脱落的细芒；雄蕊3。颖果倒卵状长圆形，长约1mm。花果期4—6月。

图9-377 长芒棒头草

一八四　禾本科 Poaceae

产于杭州市区、临安、宁波市区、余姚、定海、普陀、岱山、龙泉、乐清、瑞安、平阳、泰顺等地，《浙江植物志》记载产于全省各地，但其实并不常见。生于海拔200m以下的路边荒地或田边湿地中。分布于华北、华东、西南、西北及河南、台湾、广东等地。亚洲（温带至亚热带）、欧洲、非洲（北部、南部）也有。

与棒头草的主要区别在于后者叶鞘光滑；圆锥花序具缺刻或有间断；颖之芒长1～3mm。

34 看麦娘属 Alopecurus L.

一年生或多年生草本。秆丛生或单生。叶片扁平，柔软。圆锥花序紧缩呈穗状圆柱形；小穗两侧压扁，含1小花；小穗轴脱节于颖之下；颖几等长，具3脉，两颖边缘基部通常合生；外稃膜质，较薄，具不明显的5脉，中部以下着生芒，下部边缘合生；内稃常缺；雄蕊3；子房光滑。

40～50种，分布于北半球的温带、寒带地区和南美洲。我国有8种，分布于全国各地；浙江有2种。

1. 看麦娘 （图9-378）
Alopecurus aequalis Sobol.

一年生或二年生草本。须根细弱。秆细弱光滑，高15～30cm，通常具3～5节，节部常膝曲。叶鞘疏松抱茎，短于节

图9-378　看麦娘

间,其内常有分枝;叶舌膜质,长2~5mm;叶片薄而柔软,长4~10cm,宽2~6mm。圆锥花序圆柱形,长3~7cm,宽3~5mm;小穗长2~3mm;颖膜质,脊上生细纤毛,两颖边缘基部合生;外稃膜质,先端钝头,等长或稍长于颖,芒至稃体下部1/4处伸出,长2~3mm,隐藏或稍伸出颖外;花药橙黄色,长0.5~0.8mm。花果期3—6月。

产于全省各地。生于海拔1000m以下的水田、田边水沟或沼泽地中。分布于华北、华东、西南及黑龙江、河南、湖北、台湾、广东、陕西、新疆等地。亚洲(东部、北部、中部和西南部)、欧洲、北美洲也有。

为牛羊喜食的牧草;也是农田常见杂草。

2. 日本看麦娘 (图9-379)

Alopecurus japonicus Steud.

图9-379 日本看麦娘

一年生或二年生草本。秆多数丛生,直立或基部膝曲,高20~50cm,具3~4节。叶鞘疏松抱茎,其内常有分枝;叶舌薄膜质，长2～5mm；叶片质柔软，长5～12cm，宽3～7mm，上面粗糙，下面光滑无毛。圆锥花序圆柱形，长5～10cm，宽5～10mm；小穗长5～7mm；颖脊上具纤毛；外稃略长于颖，厚膜质，下部边缘合生，芒自稃体近基部伸出，长8～12mm，远伸出颖外，中部稍膝曲。花果期3—6月。

产于长兴、杭州、临安、诸暨、遂昌、龙泉、庆元、景宁、温州市区、乐清、永嘉、瑞安、平阳等地。生于海拔700m以下的路边或田边草丛中。分布于河南、江苏、安徽、福建、湖北、广东、四川、贵州、云南、陕西等地。日本、朝鲜半岛也有。

与看麦娘的区别在于后者圆锥花序和小穗均较小；外稃的芒较短，隐藏或稍伸出颖外。

35 梯牧草属 Phleum L.

一年生或多年生草本。常具根状茎。秆直立，丛生或单生。圆锥花序紧缩呈穗状；小穗两侧压扁，几无柄，含1小花；小穗轴脱节于颖之上；颖相等，宿存或迟落，具3脉，主脉成脊，顶端具短芒或尖头；外稃质薄，短于颖，具3～7脉，先端钝，无芒；内稃稍短于外稃，脊上具微纤毛；雄蕊3。

约16种，分布于北半球温带地区，在美洲沿山脉延至智利。我国有4种，分布于东北至西南、西北，台湾亦产；浙江有1种。

鬼蜡烛（图9-380）
Phleum paniculatum Huds.

一年生草本。须根细弱柔软。秆细弱，直立丛生，基部常膝曲，高10～40cm，具3～5节。叶鞘短于节间；叶舌薄膜质，长2～4mm，两侧下延与鞘口边缘相结合；叶片扁平，长5～15cm，宽2～6mm。圆锥花序紧缩成穗状圆柱形，长2～8cm，宽4～8mm；小穗楔状倒卵形；颖长2～3mm，脉间具深沟，脊上无毛或具硬纤毛，先端具长约0.5mm的尖头；外稃卵形，长1.5～2mm，贴生短毛；内稃几与外稃等长；雄蕊3，花药长约0.8mm。

图9-380 鬼蜡烛

颖果长约1mm。花果期5—6月。

产于安吉、余杭、临安、建德、诸暨、鄞州、奉化、慈溪、宁海、象山、定海及温州（具体产地不详）。生于低海拔的田边湿地或沟谷草丛中。分布于山西、江苏、安徽、河南、湖北、四川、陕西、甘肃、新疆等地。欧亚大陆温带地区也有。

36 粟草属 Milium L.

多年生草本。叶片质薄而扁平。圆锥花序疏散；小穗背腹压扁，含1小花；小穗轴脱节于颖之上；颖草质，几等长，具3脉，宿存；外稃软骨质，略短于颖，光滑无毛，脉不明显，边缘内卷，基盘短而钝，先端无芒；雄蕊3；雌蕊具分离的花柱。颖果形如黍之谷粒。

约5种，分布于北温带地区。我国有1种；浙江也有。

粟草 （图9-381）
Milium effusum L.

多年生草本。秆质地较软，高0.7~1.5m，光滑无毛，具3~5节。叶鞘上部者短于节间，光滑无毛；叶舌透明膜质，长2~10mm；叶片条状披针形，长5~15cm，宽3~10mm，边缘微粗糙，常反卷。圆锥花序成熟时开展，长10~20cm，宽5~8cm，分枝细弱，光滑或微粗糙；小穗椭圆形，灰绿色，长3~4mm；颖草质带膜质，光滑或微粗糙；外稃幼时与颖同

图9-381 粟草

质，成熟时变为软骨质，长约3mm，具光泽；内稃与外稃同质同长。颖果长约1mm。花果期5—6月。

产于安吉（孝丰）、临安（天目山）、天台（华顶山）。生于海拔800～1500m的山顶坡地林下或灌草丛中。分布于东北、华北、华中、西南、西北及江苏、安徽、江西、台湾等地。北温带地区也有。

植株质地柔软，可作牧草；亦为编织材料；谷粒也可作饲料。

37 落芒草属 Piptatherum P. Beauv.

多年生草本。秆丛生。叶片扁平或内卷，条形至刚毛状。圆锥花序开展或狭窄；小穗含1小花，两性；小穗轴脱节于颖之上；颖几等长，草质或膜质，通常长于小花，3～7脉；外稃质地硬，背腹压扁，果期革质，多被贴生柔毛，顶端具细长的芒，早落（稀宿存）；内稃扁平，同质，边缘被外稃所包；鳞被3；雄蕊3，花药顶端常具髯毛。

约30种，分布于欧洲、中亚至我国，北美洲也有。我国有9种；浙江有1种。

钝颖落芒草 （图9-382）

Piptatherum kuoi S.M. Phillips et Z.L. Wu — *Oryzopsis obtusa* Stapf ex Oliv.

多年生草本。具粗短的根状茎。秆直立，丛生，高约1m，具2～3节。叶鞘无毛，多短于节间或基部者长于节间；叶舌质较硬，长1～3mm，先端钝圆或平截；叶片质较硬，扁平或内卷，长10～25cm，宽5～12mm，先端长渐尖而呈针状。圆锥花序劲直，

图9-382 钝颖落芒草

狭窄呈线形，长15～25cm，分枝向上直伸紧贴主轴，孪生，基部分枝具2～6个小穗；颖宿存，近相等或第一颖稍短，草质，长4～5mm，宽3.5～4mm，具5～7脉，脉间具小横脉；外稃质坚硬，褐色或黑棕色，具光泽而无毛，长4～5mm，具5脉，侧脉不达先端于裂齿处汇合，芒自顶端伸出，长10～17mm，弯曲，易落。颖果椭圆状球形，长约3mm。花果期4—6月。

产于建德、仙居（神仙居）、遂昌、云和等地。生于海拔500m左右的山坡或山顶灌草丛中。分布于华中、西南及台湾、广东、陕西等地。日本也有。

38 针茅属 Stipa L.

多年生草本。秆密丛生。叶舌同形或异形；叶片常内卷如线。圆锥花序开展或狭窄，伸出鞘外或基部为叶鞘所包被；小穗含1小花，两性，脱节于颖之上；颖近等长或第一颖稍长，膜质或纸质，具3～5脉；外稃细长圆柱形，紧密包卷内稃，常具5脉，芒一回或两回膝曲，芒柱扭转，芒基与外稃顶端连接处具关节；内稃等长或稍短于外稃。颖果细圆柱状，具纵长腹沟。

约100种，分布于欧亚大陆的温带和亚热带地区，在干旱草原区尤多。我国有23种，主产于西部；浙江有1种。《浙江种子植物检索鉴定手册》记载浙江有长芒草 S. bungeana Trin. ex Bunge 分布，但未见标本，暂不收录。

本属多数种类在抽穗前和落果以后是草原地区的优良牧草。不同种及其地理分布还可作为草原分类的依据。

细茎针茅　墨西哥羽毛草　（图9-383）
Stipa tenuissima Trin.

多年生草本，高30～70cm。秆密集丛生，细弱柔软，2～4节，无毛。叶鞘除边缘微粗糙外光滑无毛；叶舌纸质，长0.5～2.5mm，无毛；叶片直或稍弯曲，细长如丝状，长可达50cm，宽不

图9-383　细茎针茅

逾0.5mm。圆锥花序紧缩，长15～25cm，柔软下垂，基部常隐藏于叶鞘中，分枝纤细，2～3枚簇生，顶端着生少数小穗；小穗狭披针形，长5～10mm；颖片狭披针形，膜质，第一颖长8～10mm，第二颖长5～7mm，具3脉，常带紫色；外稃具不明显5脉，绿色或淡紫色，具长5～9mm丝状的芒，芒下部略扭曲；内稃短于外稃，无芒；鳞片2，薄而透明；雄蕊3，通常伸出。颖果椭球形，稍扁，长2～2.5mm。花期6—9月。

原产于美洲。世界各地有引种，新西兰和澳大利亚等有归化。华东、华中等地有引种。海宁、杭州市区、宁波市区等地有栽培。有学者将本种归于美洲针茅属，学名为 *Nassella tenuissima* (Trin.) Barkworth。

形态优美，花序深秋变黄色，极具观赏性，用于园林景观配植。

39 芨芨草属 Achnatherum P. Beauv.

多年生草本。秆丛生或单生。圆锥花序狭窄或开展；小穗披针形至卵状披针形，含1小花；小穗脱节于颖之上；两颖近等长或稍不等长，宿存，膜质或兼草质，先端尖或渐尖，稀为钝圆；外稃短于颖，细圆柱形，厚纸质，成熟后略变硬，基盘钝或尖锐，具髯毛，先端具2微齿，芒自齿间伸出，膝曲，基部与稃体连接处无关节；内稃具2脉，脉间具毛，成熟后背部多少裸露；鳞被3；雄蕊3；柱头2。

约50种，分布于欧亚大陆温寒带、北美和非洲北部。我国有18种；浙江有2种。

1. 大叶直芒草 （图9-384）

Achnatherum coreanum (Honda) Ohwi —— *Orthoraphium grandifolium* (Keng) Keng ex P. C. Kuo

多年生草本。具短根茎。秆直立，单生或少数丛生，高70～100cm，直径2～3mm，具7～8节。叶鞘通常长于节间或中部者稍短；叶舌质硬，长0.5～2mm；叶片扁平，长10～35cm，宽10～18mm，先端渐尖，基部狭窄，粗糙。圆锥花序狭窄，直立，长15～35cm，分枝单生或孪生，贴向主轴；小穗披针形，灰绿色或深绿色；颖几等长，长11～15mm，具7～9脉，脉间有横纹，先端渐尖；外稃质硬，成熟后呈褐色，长10～12mm，背部贴生稀疏短毛，具不明显的5脉，先端两侧于芒基部延伸为2具短毛的裂片，芒长20～35mm，劲直；内稃具不明显2脉；花药长约7mm，顶端无毛。颖果椭圆状圆柱形，长7～8mm。花果期8—10月。

产于安吉、临安、北仑、余姚、宁海、衢江、浦江、庆元等地。生于海拔350～950m的山坡或山谷林下。分布于河北、江苏、安徽、江西、湖北、陕西等地。日本和朝鲜半岛也有。

图 9-384　大叶直芒草

2. 京芒草（图9-385）

Achnatherum pekinense (Hance) Ohwi — *A. extremiorientale* (H. Hara) Keng

多年生草本。秆直立，少数丛生，高0.6~1.5（2）m，光滑，具3~4节，基部常宿存枯萎的叶鞘，并具鳞芽。叶鞘光滑无毛；叶舌较硬，平截，具裂齿，长1~1.5mm；叶片扁平或边缘稍内卷，长20~50（70）cm，宽6~10（13）mm，上面微粗糙，灰绿色，下面光滑无毛，边缘粗糙。圆锥花序开展，长15~40cm，分枝细弱，每节簇生2~4枚；小穗草绿色，长8~13mm；颖几等长或第一颖稍长，膜质，狭披针形，具3脉；外稃长6～7mm，背部遍生柔毛，具3脉，脉于顶端汇合，基盘长约0.8mm，芒长2～2.5cm，一回或二回膝曲，中部以下扭转；内稃几等长或略短于外稃；花药黄色，长约6mm，顶端生毫毛。花果期8—9月。

产于安吉（龙王山）、临安（西天目山）、桐庐（青塘岗）、衢江（灰坪）等地。生于海拔1500m以下的山坡林缘或沟谷林下。分布于东北、华北及安徽、云南、陕西、宁夏、甘肃等地。日本、朝鲜半岛和俄罗斯东部也有。

图9-385 京芒草

张芬耀等（2016）报道浙江有远东茋茋草 A. extremiorientale（采自衢江灰坪），植株较大，高可达2m，叶片长30～70cm，圆锥花序长30～40cm；小穗较小，长8～10mm，外稃芒一回膝曲。但其仍在京芒草形态的变异范围之内，赞同 Flora of China 的意见将其合并。

与大叶直芒草的区别在于后者叶片较宽，宽10～18mm，花序分枝单生或孪生，贴向主轴，芒劲直不膝曲。

40 虉草属 Phalaris L.

一年生或多年生草本。圆锥花序紧缩成穗状；小穗两侧压扁，含3小花，顶生的1花为两性，侧生的2花为中性，有时侧生的中性花仅存1朵；小穗轴脱节于颖之上；颖草质，等长，披针形，具3脉，主脉成脊，脊上常有翼；中性花通常退化仅存线形或鳞片状的外稃；两性花的外稃软骨质，短于颖，具明显5脉；内稃与外稃同质。

约18种，分布于全球的温带地区，以地中海地区和西半球温带地区较为集中。我国有4种，分布于东北、西北至华东；浙江有1种。

虉草（图9-386）

Phalaris arundinacea L.

多年生草本。具根状茎。秆直立，通常单生，稀少数丛生，高0.75～1.5m，具6～8节。叶鞘无毛；叶舌薄膜质，长2～3.5mm；叶片扁平，绿色，长15～30cm，宽5～15mm，幼嫩时微粗糙。

圆锥花序紧密，狭窄，长10~15cm，分枝直向上升，具棱角，密生小穗；小穗长4~5mm，无毛或有微毛；颖之脊上粗糙，上部具极狭之翼；中性花的外稃退化呈线形，长约1mm，具柔毛；两性花外稃宽披针形，长3~4mm，上部具柔毛；内稃披针形，具不明显2脉，具1脊，脊两旁疏生柔毛。花果期5—6月。

产于湖州市区（吴兴）、安吉、杭州市区、富阳、临安（天目山）、建德、淳安、诸暨、北仑、鄞州、奉化、慈溪、余姚、开化、庆元、瓯海、文成等地。生于海拔600m以下的田边、溪边湿地。分布于东北、华北、华中、西北及江苏、安徽、江西、台湾、四川、云南等地。北半球温带地区均有。

图9-386 䅟草

a. 花叶虉草 丝带草 （图9-387）

var. picta L.

叶片绿色而有白色条纹间于其中，柔软而似丝带。

杭州市区、临安、诸暨、宁波市区、慈溪、普陀等地园林有栽培，供观赏。

图9-387　花叶虉草

㊶ 黄花茅属 Anthoxanthum L.

多年生草本。具香气。圆锥花序卵形或金字塔形；小穗两侧压扁，黄褐色，有光泽，含3小花，顶生的1花为两性，侧生的2花为雄性；小穗轴脱节于颖之上，但不于小花间折断，3小花一同脱落；颖薄膜质，具1~5脉，先端尖；雄花含3雄蕊，外稃多少变硬，边缘具纤毛；两性花含2雄蕊，外稃无芒或具短尖头，上部多少具柔毛；内稃质较薄，具1或2脉。

约50种，分布于全球的寒温带和热带高山地区。我国有10种；浙江有2种。

1. 光稃香草

Anthoxanthum glabrum (Trin.) Veldkamp — *Hierochloe glabra* Trin.

多年生草本。具根茎。秆直立，高15~30cm，上部常裸露。叶鞘密生微毛；叶舌透明膜质，长2~4mm；叶片扁平，披针形，长10~15cm，宽2~4mm。圆锥花序卵形，长3~5cm；小穗黄褐色，有光泽，长约3mm；颖几等长或第一颖稍短，具1~3脉；雄花的外稃等长或较长于颖片，边缘具纤毛；两性花外稃长2~2.5mm，上部被短毛，先端无芒。花果期4—6月。

产于临安（东天目山分经台）。生于山坡荒地。分布于东北、华北及江苏、安徽、云南、青海、新疆等地。俄罗斯、蒙古和哈萨克斯坦也有。

仅见1957年采集的1号标本，近年去原地调查未见。

2. 黄花茅 （图9-388）
Anthoxanthum odoratum L.

多年生。具细弱的根茎。秆丛生，细弱，高30～50cm。叶鞘常疏生细毛，短于或下部者长于节间；叶片两面疏生柔毛或下面较少毛。圆锥花序呈穗状，成熟后呈金黄色，长4～7cm，宽约1cm；小穗柄长1～2mm，具短柔毛；小穗长7～9mm；颖膜质，下部具柔毛或点状粗糙，第一颖具1脉，长约4mm，第二颖具3脉，与小穗等长；两不孕花长约3mm，被黄褐色毛，第一外稃中部稍上具长约3mm的直芒，第二外稃近基部具1膝曲的芒，其芒柱长约3mm，芒针长约4mm；孕花长约2mm，外稃光滑；雄蕊2，花药长约3.5mm。花果期5—6月。

原产于欧洲至蒙古及非洲西北部。归化于亚洲、美洲、大洋洲及非洲南部。江西（庐山）、台湾有逸生。临安（昌化千顷塘）也有。

图9-388　黄花茅

与光稃香草的区别在于后者圆锥花序卵形，长3～5cm，小穗较小，长约3mm，不孕花的外稃无芒。

㊷ 黑麦草属　Lolium L.

多年生草本。叶片扁平。穗状花序顶生；小穗单生，无柄，两侧压扁，以其背面对向连续而不逐节断落之穗轴，含数小花至多数小花；小穗轴脱节于颖之上和各小花之间；第一颖除在顶生小穗外均退化，第二颖位于背轴一侧，具5～9脉；外稃背部圆形，具5脉，无芒或有芒；内稃稍短于外稃；雄蕊3。颖果腹部凹陷，与内稃黏合，不易脱落。

约8种，分布于欧亚大陆温带地区，主产于地中海地区，世界其他地区广泛引种或归化。我国连引种的有6种；浙江引种或归化4种。

分种检索表

1. 颖片短小，短于其小穗；颖果成熟后不肿胀，长超过宽的3倍。
  2. 多年生草本；外稃无芒 ·· **1. 黑麦草 L. perenne**
  2. 一年生、二年生草本；外稃具芒。
    3. 小穗含10～15小花，侧生于穗轴上 ······································ **2. 多花黑麦草 L. multiflorum**
    3. 小穗含5～10小花，多少嵌陷于穗轴中 ································· **3. 硬直黑麦草 L. rigidum**
1. 颖片宽大，与小穗近等长；颖果成熟后肿胀，长不超过宽的3倍 ················· **4. 毒麦 L. temulentum**

1. 黑麦草 （图9-389）
Lolium perenne L.

多年生草本。秆多数丛生，基部常倾卧，具柔毛，高40～50cm，具3～4节。叶鞘疏松，常短于节间；叶舌短小；叶片质地柔软，扁平，长10～20cm，宽3～6mm，无毛或上面具微毛。穗

图9-389 黑麦草

状花序顶生，长10~20cm，宽5~7mm，穗轴节间长5~15mm，下部者长达2cm以上；小穗长1~1.5cm，宽3~7mm，含7~11小花；颖短于小穗，通常长于第一小花，具5~7脉，边缘狭膜质；外稃披针形，基部具明显的基盘，无芒，偶具长不逾2mm的短芒；内稃稍短于外稃或与之等长，脊上具短纤毛。花果期4—5月。

原产于欧洲、中亚、西亚和北非。世界各地广泛引种。全国各地有栽培。全省各地有栽培，临安、磐安、洞头、永嘉、泰顺等地有归化。生于路边草丛。

为优良的牧草，作牲畜的饲料和鱼的饵料。

2. 多花黑麦草 （图9-390）
Lolium multiflorum Lam.

一年生或二年生草本。须根密集。秆成疏丛，直立，高80~120cm。叶鞘较疏松；叶舌较小

图9-390　多花黑麦草

或不明显；叶片长10～30cm，宽3～5mm。穗状花序长15～25cm，宽5～8mm，小穗以背面对向穗轴，长1～1.8cm，含10～15小花；颖质较硬，具5～7脉，长5～8mm；外稃质较薄，具5脉，第一外稃长6mm，芒细弱，长约5mm；内稃与外稃等长。花果期4—6月。

原产于欧洲、西亚和北非。世界各地有引种。自台湾、安徽、福建至云南、新疆有引种。全省各地有栽培，长兴、定海、普陀、嵊泗、岱山、瓯海、文成、苍南等地有归化。生于海拔1100m以下的地边草丛中。

可作牲畜的饲料和鱼的饵料。

3. 硬直黑麦草 （图9-391）
Lolium rigidum Gaudin

一年生草本。秆直立丛生或基部膝曲，高20～60cm，较粗壮，平滑无毛。叶片长5～20cm，宽3～6mm，上面与边缘微粗糙，下面平滑，基部具有长达3mm的叶耳。穗状花序长5～20cm；穗轴质硬，略曲折；小穗长10～15mm，含5～10小花，多少嵌陷于穗轴中；颖片长8～12mm，长约为小穗的一半，具5～7脉，先端钝；外稃长圆形至长圆状披针形，长5～8mm，无毛或微粗糙，顶端钝尖或啮蚀状，成熟时不肿胀，具长3～6mm的芒。花果期4—6月。

原产于欧洲、地中海地区至我国甘肃、河南。杭州市区、临安、建德、奉化、定海、开化、金华市区、磐安、临海、鹿城（藤桥）、文成（石垟）等地有归化。生于海拔800m以下的地边或路边草丛中。

图9-391 硬直黑麦草

4. 毒麦
Lolium temulentum L.

一年生草本。秆疏丛生，高0.4～1.2m，具3～5节，无毛。叶鞘长于节间，疏松；叶舌长1～2mm；叶片扁平，质地较薄，长10～25mm，宽4～10mm。穗状花序长10～15cm，宽1～1.5cm；穗轴增厚，质硬，节间长5～10mm；小穗长8～10mm，宽3～8mm，含4～10小花；颖较宽大，与其小穗近等长，质地硬，宽约2mm，有5～9脉；外稃长5～8mm，椭圆形至卵形，成熟时肿胀，具5脉，芒近外稃顶端伸出，长1～2cm，粗糙；内稃约等长于外稃。颖果长4～7mm，为其宽的2～3倍。花果期6—7月。

原产于欧洲。东北、华北、华东、华中、西南、西北及广东、广西等地有归化。岱山也曾有发现，生于麦田中。

颖果中具有形成毒麦碱的菌丝存在，会产生麻醉性毒素，危害人畜。属检疫性杂草。

4a. 田野黑麦草
var. **arvense** (With.) Lilj. — *L. arvense* With.

与毒麦的区别在于其外稃无芒或具细弱的芒，芒长0～3mm。

原产于欧洲。欧洲及俄罗斯等地有归化。黑龙江、河北、河南、江苏、安徽、江西、湖南、贵州、云南、陕西、甘肃、青海、新疆有归化。岱山也有归化，生于麦田中。

43 短柄草属 Brachypodium P. Beauv.

多年生草本。圆锥花序退化或呈穗形总状花序，有时仅具1顶生小穗；小穗具短柄，略呈圆柱形或稍两侧压扁，含3至多数小花；小穗轴脱节于颖之上和各小花之间；颖不等长，长圆形至披针形，具3至数脉；外稃长圆形至披针形，具5～11脉，先端延伸成直芒或短尖头；内稃等长或稍短于外稃，先端通常平截或微凹，脊上具硬纤毛；雄蕊3，花药线形；子房顶端具短绒毛。颖果线形或细圆柱形，具腹沟，成熟后多少附着于内稃。

约16种，分布于欧亚大陆温带地区、非洲山地和美洲（墨西哥至玻利维亚）。我国有5种，大多产自东北至西南地区；浙江有1种。

短柄草 （图9-392）
Brachypodium sylvaticum (Huds.) P. Beauv.

多年生草本。秆直立，高60～80cm，具5～7节，节上常被微毛。叶鞘通常具毛；叶舌厚膜质，长0.5～2mm；叶片长10～35cm，宽3～10mm，通常两面具毛或下面无毛。穗形总状花序长10～20cm，直立或弯垂；小穗长18～30mm，含8～12小花；小穗柄长1～2mm；颖披针形，被毛或下部无毛，第一颖长6～10mm，具5～7脉，第二颖长10～14mm，具7～9脉；第一外稃长11～14mm，背部贴生短毛，具7脉，基盘具微毛，芒细弱，长5～14mm；内稃短于外稃，先端钝圆，脊上具纤毛；花药长3～4mm。花果期7—9月。

产于临安、建德、淳安、余姚、普陀、平阳等地。生于海拔1500 m以下的林下或沟谷林缘草丛中。分布于西南、西北及辽宁、江苏、安徽、台湾等地；亚洲大部、欧洲和非洲北部也有。

图9-392　短柄草

a. 小颖短柄草（变种）（图9-393）
var. **breviglume** Keng

与短柄草的主要区别在于其植株具根状茎，成片生长；小穗较短小，长1.5～2cm，含6～10小花，花后斜展或横生；第一颖微小，长3～4mm，具3～5脉；花药长约2mm。

图9-393　小颖短柄草

产于龙泉（凤阳山）、庆元（百山祖）、泰顺。生于海拔1500～1700m的山谷林下或林缘草丛中。分布于四川、贵州、云南、西藏（东部）。

本变种在 Flora of China 中被归并于短柄草，但从浙江的标本来看，两者区别明显，暂定此名，其确切的分类地位有待进一步研究。

44 假牛鞭草属 Parapholis C.E. Hubb.

一年生草本。叶片条形。穗状花序圆柱形；小穗含1小花，单独嵌生于圆柱形而逐节断落的穗轴中，成熟后与其穗轴节间一同脱落；颖片2，生于小穗正前方，恰如1枚而对分为2，具3～7脉，先端锐尖；外稃短于颖片，具1明显中脉，而为两侧压扁，以其一侧贴向穗轴而另一侧贴向颖片；内稃略短于外稃，以其背部贴向颖片。颖果先端具萎缩的附属物。

共6种，分布于亚洲（中部、西南部）、地中海地区、沿欧洲大西洋海岸往北至波罗的海。我国引种或归化1种，分布于华东。

假牛鞭草 （图9-394）
Parapholis incurva (L.) C.E. Hubb.

一年生草本，植株呈铺散状。秆圆柱形或具棱角，高5～20cm，具2～6节，自基部分枝，节部常膝曲。叶鞘光滑，短于节间；叶舌膜质，长0.5～1mm；叶片条形，扁平或折叠，长2.5～12cm，宽约1.5mm。穗状花序圆柱形，稍压扁，长4～10cm，多呈镰刀状弯曲，单独1枚生于主秆或分枝之顶端，因分枝短缩，呈3～5枚簇生于鞘内；小穗长6～8mm；颖革质，具3～5脉；外稃披针形，具1明显中脉；内稃略短于外稃，两侧内折成窄矩形，顶端浅裂，具2脉；雄蕊3。颖果长圆形，黄褐色。花期4—6月。

原产于土库曼斯坦、亚洲西南部、非洲北部和欧洲。非洲南部、美洲和澳大利亚有引种。江苏、

图9-394 假牛鞭草

福建和浙江有归化，见于定海、普陀、岱山、嵊泗、乐清、洞头、瑞安、平阳、苍南等地。生于海拔100m以下的海边沙滩上或路边草丛中。

45 猬草属 Hystrix Moench

多年生草本。穗状花序细长，顶生；穗轴延续而无关节；小穗孪生，其腹面对向穗轴，含1~3小花；小穗轴脱节于颖之上，延伸于内稃之后成一细柄；颖退化或缺如；外稃披针形，具5~7脉，顶端延伸成长芒；内稃具2脊，脊上生纤毛；雄蕊3。颖果狭长，顶端具短柔毛，腹面有浅沟，成熟后与内外稃黏合而不易分离。

约10种，分布于亚洲及北美洲的暖温带地区，新西兰也有。我国有4种，分布于东北至西南；浙江有1种。

猬草 （图9-395）
Hystrix duthiei (Stapf ex Hook. f.) Bor

多年生草本。秆疏丛生，直立或斜升，高60~80cm，具4~5节。叶鞘光滑或下部者被毛；叶舌长约1mm，顶端平截；叶片长10~20cm，宽6~15mm，上面具毛，中脉在下面微突起。穗状花序弯垂，长10~15cm；穗轴节间长5~7mm，下部者长达10mm，被白色柔毛；小穗孪生，其腹面对向穗轴，含1小花而具延伸的长3~4mm的小穗轴；颖退化殆尽，稀可呈芒状；外稃披针形，长9~11mm，具5脉，贴生小刺毛，芒长15~25mm，基盘钝圆而被柔毛；内稃稍短于外稃，脊上疏生纤毛。花果期5—7月。

产于安吉（孝丰）、杭州（飞来峰）、临安、淳安（磨心尖）、余姚（四明山）、宁海、泰顺（乌岩岭）。生于海拔150~1100m的山坡林下或林缘草丛中。分布于华中、西南及安徽、陕西等地。尼泊尔、印度北部也有。

图9-395 猬草

46 大麦属 Hordeum L.

一年生、二年生或多年生草本。叶片扁平。穗状花序顶生；穗轴逐节断落（栽培者除外），每节着生3（稀2）枚小穗；小穗背腹压扁，含1（稀2）小花，中间小穗发育完全，两侧发育完全或为雄花，或退化仅存一锥状的外稃，但在栽培的种类中，两侧的小穗大都均正常发育。颖果腹面有纵沟或凹陷，成熟后与内外稃黏合而不易分离，或在某些栽培品种中易分离。

约30种，分布于温带或亚热带山地。我国连同引种栽培的有10种，南北均产；浙江栽培2种。

1. 大麦 （图9-396）

Hordeum vulgare L.

二年生草本。秆直立，高50~100 cm，光滑。叶鞘疏松裹茎，顶端两侧有较大之叶耳；叶舌膜质，长1~2 mm；叶片扁平，微粗糙或下面光滑。穗状花序粗壮，长3~8 cm，每节着生3枚无柄小穗；小穗通常全部发育，长1~1.5 cm；颖芒状或条状披针形，

图9-396 大麦

微有短柔毛，先端常延伸成长5～15 mm的芒；外稃背部无毛，具5脉，先端延伸成长芒，芒长8～13 cm，甚粗糙；内稃与外稃等长。颖果成熟后与内外稃黏合而不易脱落。花果期4—5月。

原产于欧洲，栽培于全球温带和热带高山。我国各地普遍栽培。全省各地也常见栽培。

颖果作饲料用，亦可用于制啤酒和麦芽糖。

2. 二棱大麦 （图9-397）

Hordeum distichon L. — *H. vulgare* L. var. *distichon* (L.) Alef.

二年生草本。秆高60～80 cm，具5～6节，平滑无毛。叶鞘短于节间；叶耳弯月形，环包于茎；叶舌膜质，长约1.5 mm；叶片长15～20 cm，宽6～7 mm。穗状花序长5～10 cm，宽7～8 mm；穗轴节间长2～3 mm，扁平，两侧棱具细毛，成熟时坚韧不断落；中间小穗无柄，可育，其颖长约5 mm，具长约5 mm的细芒，外稃长约10 mm，芒长达15 cm；两侧小穗具短柄，不育，具长约2 mm的小穗柄；颖长约5 mm，宽约0.5 mm，具长约5 mm的细芒，不育外稃长约8 mm；颖果扁平，长约10 mm。花期4—5月，果期5—6月。

原产于欧洲，温带地区广泛栽培。安徽、福建、河北、河南、青海、西藏有种植。浙江也有。

颖果用作制啤酒或作饲料。有些品种则是两侧小穗发育而中间的不育，称"四棱大麦"。

与大麦的主要区别在于后者穗状花序每节3小穗均无柄且全部发育。

图9-397 二棱大麦

47 鹅观草属 Roegneria K. Koch

多年生草本。无根状茎。秆通常丛生。叶片扁平或内卷。穗状花序顶生，直立或弯垂；穗轴不逐节断落，每节具1小穗，顶生小穗发育正常；小穗稍两侧压扁，无柄或几无柄，含2~10余小花；小穗轴脱节于颖之上；颖披针形或长圆状披针形，先端无芒或具芒，通常具3~9脉；外稃背部圆形而无脊，先端具芒或无芒；雄蕊3。颖果顶端具茸毛。

约120种，大多分布于北半球温寒带地区。我国约有70种，分布于全国各地，以北方为多；浙江有2种。

本属有时被并入披碱草属 *Elymus* L.（如 *Flora of China*），但本属植物小穗单生于穗轴各节，而非如披碱草属植物小穗2至数枚生于穗轴各节，所以本志仍采用广泛使用的鹅观草属。

1. 纤毛鹅观草 （图9-398）
Roegneria ciliaris (Trin. ex Bunge) Nevski

多年生草本。秆直立，高50~90cm，具3~5节，无毛。叶鞘无毛；叶舌干膜质；叶片扁平，长10~25cm，宽4~10mm，两面均无毛，边缘粗糙。穗状花序直立或稍下

图9-398 纤毛鹅观草

垂，长10～20cm；小穗长15～20mm，含7～10小花；颖长圆状披针形，先端常具小尖头，两侧或一侧有齿，具隆起的5～7脉，边缘及脉上具纤毛，第一颖长5～7mm，第二颖长6～8mm；外稃长圆状披针形，背部被粗毛或短刺毛，边缘具长而硬的纤毛，第一外稃长8～9mm，芒向外弯曲，长1.5～2.5cm；内稃长约为外稃的2/3，倒卵状椭圆形，先端钝圆；雄蕊3。花果期5—6月。

产于杭州市区、临安、建德、象山、定海、仙居、苍南等地。生于地边、路边草丛中或山坡荒地上。分布于全国各地。东亚、东北亚也有。

1a. 细叶鹅观草 竖立鹅观草 （图9-399）
var. **hackliana** (Honda) L.B. Cai — *R. japonensis* (Honda) Keng

与纤毛鹅观草的区别在于其颖边缘不具纤毛；外稃背部粗糙，稀可具短毛，边缘具短纤毛。花果期5—6月。

产于全省各地。生于海拔1200m以下的地边、河边、路边旷地上或山坡草丛中。分布于华北、华东、西南及黑龙江、河南、湖北、陕西等地。日本、朝鲜半岛也有。

为优良的牧草。

《中国植物志》记载浙江还有变种短芒纤毛草var. *submutica* (Honda) Keng分布，与纤毛鹅观草的主要区别在于外稃先端仅具1～3mm的小尖头。但区别甚微且不稳定，本志不予划分。

图9-399 细叶鹅观草

2. 鹅观草 （图9-400）
Roegneria kamoji (Ohwi) Keng et S.L. Chen — *R. tsukushiensis* (Honda) B.Rong Lu, C. Yen et J.L. Yang var. *transiens* (Hack.) B.Rong Lu, C. Yen et J.L. Yang

多年生草本。秆直立或基部倾斜，高30～100cm。叶鞘长于节间或上部者较短，外侧边缘常

图9-400 鹅观草

具纤毛；叶舌纸质；叶片扁平，长5～30cm，宽3～15mm。穗状花序长10～20cm，下垂；穗轴边缘粗糙或具小纤毛；小穗长15～20mm，含3～10小花；颖卵状披针形或长圆状披针形，边缘膜质，先端渐尖至具短芒，具3～5脉，诸脉彼此疏离，第一颖长4～7mm，第二颖长5～10mm；第一外稃披针形，长7～11mm，背部光滑无毛或微粗糙，具宽膜质边缘，芒劲直或上部稍有曲折，长2～4cm；内稃与外稃近等长，先端尖，脊上显著具翼。花果期4—6月。

产于全省各地。生于海拔1200m以下的地边、河边、路边旷地上或山脚草丛中。分布于华北、西南及黑龙江、安徽、福建、河南、湖北、广西、陕西、青海、新疆等地。东亚、东北亚也有。

为优良的牧草。

本种与纤毛鹅观草的区别在于后者叶鞘无毛，外稃背部被粗毛或短刺毛，边缘具纤毛，内稃倒卵状椭圆形，长约为外稃的2/3，先端钝圆。

存疑种

东瀛鹅观草
Roegneria mayebarana (Honda) Ohwi ex Keng et S.L. Chen

《浙江植物志》记载浙江有分布，与鹅观草的区别在于其颖有隆起的5～7脉，脉彼此密接，外稃有狭膜质边缘，内稃的2条脊无翼。但在标本鉴定实践中发现，这些区别性状存在过渡和交叉，难以区别两种，暂作存疑处理。*Flora of China* 认为这是一个杂交种，仅产于日本，而中国的是山东披碱草 *Elymus shandongensis* B. Salomon—*Roegneria shandongensis* (B. Salomon) J.L. Yang et al.。

48 小麦属 Triticum L.

一年生或二年生草本。秆通常直立。叶鞘自近基部开裂。穗状花序直立，顶生；穗轴在普通栽培的种类中延续；小穗无柄而单生，两侧压扁，侧面与穗轴相对，含3～9小花，上部花常不发育；颖革质，多少具膜质边缘，背部具脊，顶端常具短尖头；外稃背部扁圆或多少具脊，顶端具芒或无芒，不具基盘；内稃边缘内折。颖果卵形或长圆状圆柱形，顶端具毛，腹面具深纵沟，成熟后与内外稃分离。

约25种，分布于全球温带和热带高山。我国有4种，南北各地普遍栽培；浙江常见栽培1种。

小麦 普通小麦 （图9-401）
Triticum aestivum L.

二年生草本。秆高可达1m以上，通常具6～7节。叶鞘通常短于节间；叶舌膜质，短小，长1～2mm；叶片条状披针形，长10～24cm，宽0.5～1.5cm，通常无毛。穗状花序长5～10cm，宽约1cm；穗轴节间长2～4mm；小穗长10～15mm，含3～9小花，上部花常不结实；小穗轴节间长1～2mm；颖背部具锐利的脊，具5～9脉，先端具短而突出的尖头；外稃厚纸质，具5～9脉，顶端具芒与否、芒长短因品种而异；内稃与外稃等长，脊上具狭翼，翼缘生微细纤毛。颖果卵形或长圆状圆柱形。花果期4—6月。

原产于亚洲西部。世界各地广泛栽培。我国及全省各地普遍栽培，品种很多。

颖果可磨制面粉，是世界三大谷物之一，面粉除供人类食用外，还可用来生产淀粉、酒精、面筋等，加工成的副产品均为牲畜的优质饲料；也供药用，成熟的麦粒具养心安神、除烦等功效，未成熟的麦粒称"浮小麦"，具益气、除热、止汗作用；秆可用于编织工艺品。

图 9-401 小麦

49 獐毛属 Aeluropus Trin.

多年生低矮草本,多分枝。叶片坚硬,常卷折呈针状。圆锥花序常紧密呈穗状或头状;小穗卵状披针形,含4至多数小花,无柄或几乎无柄,成2行排列于穗轴的一侧;小穗轴脱节于颖之上及各小花之间；颖略不相等，革质，边缘干膜质，短于第一小花；外稃卵形，具7~11脉；内稃几等长于外稃；雄蕊3，花药线形。颖果卵形至长圆形。

约10种，分布于欧亚大陆及非洲东北部。我国有4种；浙江有1种。

獐毛
Aeluropus sinensis (Debeaux) Tzvelev

多年生草本。通常有匍匐枝。秆高15~35cm，直径1.5~2mm，具多节，节上多少具柔毛。叶鞘通常长于节间，鞘口常具柔毛，其余部分常无毛或近基部具柔毛；叶舌平截，长约0.5mm；叶片通常扁平，无毛，长3~6cm，宽3~6mm。圆锥花序穗形，其上分枝密接而重叠，长2~5cm，宽0.5~1.5cm；小穗长4~6mm，含4~6小花；颖及外稃均无毛，第一颖长约2mm，第二颖长约3mm；第一外稃长约3.5mm。果期11—12月。

产于北仑。生于沿海盐碱地。分布于华北及辽宁、江苏、宁夏、甘肃、新疆等地。

为沿海一带优良的固沙植物。

50 龙爪茅属 Dactyloctenium Willd.

一年生或多年生草本。秆直立或匍匐。穗状花序短而粗，2至数枚指状排列于秆顶；小穗无柄，两侧压扁，着生于窄而扁平的穗轴一侧；脱节于颖上或各小花之间；第一颖较小，宿存，第二颖顶端尖锐或具小尖头，脱落；外稃具3脉；内稃较短，具2脊，脊上有翼；雄蕊3。囊果椭圆形或球形，果皮薄而易分离。种子近球形，表面具皱纹。

共13种，广泛分布于东半球的温暖地区，以非洲至印度为多。我国有1种；浙江也产。

龙爪茅（图9-402）
Dactyloctenium aegyptium (L.) Willd.

一年生草本。秆直立，高15~60cm。叶鞘松弛，边缘被柔毛；叶舌膜质，长1~2mm；叶片扁平，长5~18cm，宽2~6mm。穗状花序2~7个指状排列于秆顶，长1~4cm，宽3~6mm；小穗长3~4mm，含3小花；第一颖沿脊龙骨状突起，上具短硬纤毛，第二颖顶端具短芒，芒长1~2mm；外稃中脉成脊，第一外稃长约3mm；内稃近等长于外稃，其顶端2裂，背部具2脊，背缘有翼。囊果球状，长约1mm。花果期8—11月。

产于奉化、象山、普陀、莲都、鹿城、洞头、永嘉、瑞安、平阳（南麂）。生于海拔300m以下的农地或滨海沙滩或滩涂草丛中。分布于福建、台湾、广东、海南、贵州、四川、云南等地。东半球的热带和亚热带地区也有，欧洲、大洋洲和美洲有引种。

图9-402 龙爪茅

51 䅟属 Eleusine Gaertn.

一年生或多年生草本。秆丛生或具匍匐茎；叶片平展或卷折。穗状花序较粗壮，常数枚指状或近指状排列于秆顶；小穗无柄，两侧压扁，无芒；小穗轴脱节于颖上或小花之间；颖不等长，颖和外稃背部都具强压扁的脊；外稃顶端尖，具3~5脉，2侧脉极靠近中脉；内稃较外稃短，具2脊；雄蕊3。果为囊果，果皮膜质或透明膜质，疏松包裹种子。

共9种，分布于全球热带和亚热带地区，主产于非洲东部和东北部。我国有2种，分布于南北各地；浙江有2种。

1. 䅟子 龙爪稷（图9-403）

Eleusine coracana (L.) Gaertn.

一年生草本。秆直立，高60~90cm，直径4~8mm。叶鞘光滑；叶舌短，密生长1~2mm的

一八四　禾本科 Poaceae

图 9-403　穄子

柔毛；叶片扁平，长20～40cm，宽5～9mm，上面有时被疏柔毛，下面光滑。穗状花序长3～9cm，较粗壮，2～9枚指状排列于秆顶，成熟时常弯曲呈鸡爪状；小穗长7～10mm，含5～6小花；颖披针形，脊上有翼，翼上粗糙，第一颖长约3mm，第二颖长约4mm；第一外稃长3～4mm；内稃短于外稃；花药长约1mm。种子圆球形，直径约1.5mm，有明显的皱纹。花果期9—10月。

原产于欧亚大陆，东半球的热带和亚热带地区广泛栽培。我国黄河以南各地均有栽培。杭州市区、临安、鄞州、余姚、天台、莲都、遂昌、龙泉、庆元、云和、平阳也有栽培，生长地区海拔可达800m。

2. 牛筋草 (图9-404)

Eleusine indica (L.) Gaertn.

一年生草本。根系极发达。秆丛生，高10~80cm。叶鞘两侧压扁而具脊；叶舌长约1mm；叶片条形，长10~15cm，宽3~5mm。穗状花序2~7枚指状着生于秆顶，很少单生，长3~10cm，宽3~5mm；小穗长4~7mm，宽2~3mm，含3~6小花；颖披针形，具脊，脊粗糙，第一颖长1.5~2mm，第二颖长2~3mm；第一外稃长3~4mm，卵形，膜质，具脊，脊上有狭翼；内稃短于外稃，具2脊，脊上具狭翼。种子卵形，长约1.5mm，具明显的波状皱纹。花果期7—11月。

产于全省各地。生于海拔1000m以下的田边草丛、路旁草丛中或荒地上。分布于华东、华中、华南、西南及黑龙江、河北、山东、陕西等地。世界热带和亚热带地区均有。

全株可作饲料，又为优良保土植物；全草也可供药用。

与穇子的区别在于后者穗状花序粗壮，成熟时弯曲呈鸡爪状，小穗长7~10mm，种子圆球形。

图9-404 牛筋草

52 画眉草属 Eragrostis Wolf

多年生或一年生草本。秆丛生。叶片条形。圆锥花序开展或紧缩；小穗两侧压扁，含少数至多数小花；小穗轴通常呈"之"字形，逐渐断落或不断落；颖不等长，通常短于第一小花，常具1脉；外稃无芒，先端尖或钝，具3条明显的脉或有时侧脉不明显；内稃具2脊，常作弓形弯曲，宿存或与外稃同时脱落；雄蕊2或3。颖果与稃分离，近圆球形。

约350种，分布于全球热带和亚热带地区。我国有32种，广泛分布于全国各地；浙江有9种。

分种检索表

1. 花序长度等于或超过植株的一半；小穗轴自上而下逐节脱落 ······ **1.乱草 E. japonica**
1. 花序长度不及植株的一半；小穗轴宿存，仅小花外稃自下而上逐个脱落。
  2. 一年生草本，秆较柔软。
    3. 叶鞘脉上、叶片边缘、小穗柄、颖和外稃的脊上均具腺体。
      4. 小穗较大，宽2～3.5mm；外稃长2～2.5mm ······ **2.大画眉草 E. cilianensis**
      4. 小穗较小，宽1.5～2mm；外稃长1.5～2mm ······ **3.小画眉草 E. minor**
    3. 叶鞘脉上、叶片边缘、小穗柄、颖和外稃的脊上均不具腺体。
      5. 花序较紧密；第一颖长1～1.2mm，具1脉；外稃侧脉较明显 ······ **4.秋画眉草 E. autumnalis**
      5. 花序较疏松开展；第一颖长0.5～1mm，通常无脉；外稃侧脉不明显 ······ **5.画眉草 E. pilosa**
  2. 多年生草本，秆略坚韧。
    6. 花序分枝短而坚硬，常自基部着生小穗 ······ **6.长画眉草 E. brownii**
    6. 花序分枝较长而细软，通常基部裸露不生小穗。
      7. 叶片狭窄，宽1～2mm，常内卷如线；小穗成熟后呈铅绿色 ······ **7.珠芽画眉草 E. cumingii**
      7. 叶片稍宽，宽2～6mm，通常扁平；小穗成熟后带紫色或紫黑色。
        8. 花序分枝和小穗柄具腺体 ······ **8.知风草 E. ferruginea**
        8. 花序分枝和小穗柄均不具腺体 ······ **9.宿根画眉草 E. perennans**

1. 乱草 （图9-405）

Eragrostis japonica (Thunb.) Trin.

一年生草本。秆丛生，直立或基部膝曲，高30～80cm，具3～4节。叶鞘疏松包裹茎，大多长于节间；叶舌干膜质，平截；叶片扁平或内卷，长8～26cm，宽3～5mm。圆锥花序长圆柱形，长超过植株的一半，宽2～6cm，分枝细弱，簇生或近轮生；小穗卵圆形，长1～2mm，成熟后呈紫色或褐色，含4～8小花；小穗轴自上而下逐节断落；颖近等长，卵圆形，先端钝，长0.5～0.8mm；外稃卵圆形，先端钝，长0.8～1mm；内稃与外稃近等长；雄蕊2。颖果红棕色，倒卵球形。花果期7—11月。

产于全省各地。生于海拔800m以下的田埂或田边湿地。分布于华东、华南及河南、湖北、贵州、云南等地。日本、东南亚和南亚也有。

可作牧草。

图9-405　乱草

2. 大画眉草　（图9-406）
Eragrostis cilianensis (All.) Vignolo ex Janch.

一年生草本。秆丛生，直立或自基部向外开展而上升，高30~90cm，节下常有一圈腺体。叶鞘短于节间，鞘口具柔毛；叶舌退化为一圈短毛；叶片扁平或内卷，长5~20cm，宽3~8mm，边缘通常有腺体。圆锥花序金字塔形或长圆柱形，长10~22cm，分枝粗壮，单生，小枝及小穗柄上均有黄色腺体；小穗铅绿色或淡绿色，长4~10mm，宽2~3.5mm，含5至多数小花；颖先端尖，近等长或第一颖稍短，长1.5~2mm，具1~3脉，沿脊有腺体；外稃长2~2.5mm，顶端稍钝，侧脉显著，脊上常有腺体；内稃长约为外稃的3/4，宿存，脊上具微细纤毛；花药长约0.5mm。颖果圆球形。花果期6—10月。

产于杭州市区、萧山、临安、桐庐、建德、普陀、义乌、天台、龙泉、洞头等地。生于海拔500m以下的农地或路边草丛中。分布于华北、西北及黑龙江、安徽、福建、河南、湖北、台湾、海南、贵州、云南等地。全球热带和亚热带地区均有。

图 9-406　大画眉草

3. 小画眉草
Eragrostis minor Host

一年生草本。秆直立或斜升，细弱，高20～60cm。叶鞘具有腺点，尤于主脉上较为显著，除鞘口具须毛外，其脉间以及边缘亦具稀疏的长柔毛；叶舌为一圈纤毛；叶片条形，扁平，长5～18cm，宽3～7mm，上面粗糙，下面主脉及边缘具腺体；圆锥花序开展，长6～16cm，分枝单生；小穗条状长圆形，深绿色或淡绿色，含4至多数小花，小穗柄具腺体；颖片锐尖，近于相等或第一颖稍短；外稃宽卵圆形，先端钝；内稃稍短于外稃，宿存。颖果近球形。花期7—10月。

产于杭州市区、临安、建德、普陀、开化、洞头、泰顺。生于海拔600m以下的地边草丛中。分布于黑龙江、内蒙古、河北、山东、安徽、福建、河南、湖北、台湾、贵州、云南、西藏、陕西、宁夏、青海、新疆等地。世界热带至温带地区均有。

本种分布很广，《浙江植物志》记载产于全省各地，但标本很少，野外也不常见。

4. 秋画眉草 （图9-407）
Eragrostis autumnalis Keng

一年生草本。秆单生或丛生，基部膝曲，高15～45cm，具3～4节。叶鞘压扁，无毛，鞘口具长柔毛，成熟后往往脱落；叶舌为一圈纤毛；叶片多内卷或对折，长6～15cm，宽2～3mm。

图9-407 秋画眉草

圆锥花序开展或紧缩，长6~15cm，宽3~5cm，分枝簇生、轮生或单生；小穗柄长1~5mm，紧贴小枝；小穗长3~5mm，宽约2mm，含3~10小花；颖披针形，具1脉，第一颖长约1.5mm，第二颖长约2mm；第一外稃长约2mm，具3脉，先端尖；内稃长约1.5mm，具2脊，脊上具纤毛；雄蕊3。颖果红褐色，椭圆形。花果期6—9月。

产于杭州市区、临安、开化、江山、缙云、龙泉、洞头（鹿西）、瑞安等地。生于海拔800m以下的山坡疏林下或沟谷旷地上。分布于河北、山东、江苏、安徽、江西、福建、河南、贵州等地。

浙江所见大多是多年生植物，与文献记载有所不同。

5. 画眉草 （图9-408）

Eragrostis pilosa (L.) P. Beauv.

一年生草本。秆直立或自基部斜升，高30~60cm。叶鞘多少压扁，鞘口具柔毛；叶舌退化为一圈纤毛；叶片扁平或内卷，长5~20cm，宽1.5~3mm，上面粗糙，下面光滑。圆锥花序长15~25cm，分枝腋间具长柔毛；小穗成熟后呈暗绿色或稍带紫黑色，长2~7mm，含3至10余朵小

图9-408 画眉草

花;颖先端钝或第二颖稍尖,第一颖长0.5~1mm,常无脉;第二颖长约1mm,具1脉;外稃侧脉不明显,第一外稃长1.5~2mm;内稃弓形弯曲,长约1.5mm,迟落或宿存,脊上粗糙至具短纤毛。颖果长圆形。花果期6—8月。

产于全省各地。生于海拔600m以下的路边山坡灌草丛中。分布几遍全国。亚洲东南部、欧洲南部、非洲、澳大利亚也有,美洲有引种。

5a. 无毛画眉草(变种)(图9-409)
var. **imberbis** Franch.

与画眉草的区别在于花序分枝腋间无长柔毛,内稃成熟时与外稃一起脱落。

产于杭州市区、临安、桐庐、建德、北仑、鄞州、奉化、象山、普陀、开化、江山、天台、缙云、遂昌、龙泉、庆元、瑞安、文成、泰顺等地。生于海拔800m以下的田边、田埂、路边草丛中或山坡旷地上。分布于东北、华北、华南和长江流域等地。日本也有。

*Flora of China*将本变种作为多秆画眉草 *E. multicaulis* Steud. 的异名,分布于我国台湾、云南等地,东南亚及日本、印度也有。本志同意《江苏植物志》中的观点,仍保留其变种地位。

图9-409 无毛画眉草

6. 长画眉草 （图9-410）

Eragrostis brownii (Kunth) Nees —— *E. zeylanica* Nees et Meyen

图9-410　长画眉草

多年生草本。秆纤细，丛生，直立或基部稍膝曲，高15~50cm，具3~5节。叶鞘短于节间或与节间近等长；叶舌膜质；叶片常集生于基部，条形，内卷或平展，长3~10cm，宽1~3mm。圆锥花序开展或紧缩，长4~20cm，宽2~6cm，分枝较粗短，常不再分枝，基部密生小穗；小穗长椭圆形，长4~15mm，含7至多数小花；颖卵状披针形，第一颖长约1.2mm，具1脉，第二颖长约1.8mm，具1脉或有时具3脉；外稃卵圆形，顶端锐尖，具3脉；内稃稍短于外稃；雄蕊3。颖果黄褐色，长约0.5mm。花果期9—11月。

产于杭州市区、普陀、玉环、洞头、永嘉、瑞安、苍南、泰顺等地。生于海拔600m以下的溪边草丛中。分布于安徽、福建、海南、云南等地。东南亚、南亚、澳大利亚和日本及太平洋岛屿也有。

7. 珠芽画眉草 （图9-411）

Eragrostis cumingii Steud. —— *E. bulbillifera* Steud.

多年生草本。叶鞘下部长于节间，上部则短于节间，鞘口具长柔毛；叶舌膜质或成束状毛；叶片纤细内卷，长5~20cm，宽1~2mm，上面近基部疏生长柔毛。圆锥花序开展，长8~30cm，宽4~8cm，每节1分枝，分枝疏，第一或第二回分枝上着生2~3小穗，分枝腋间无毛；小穗柄无腺点，长0.5~1.5cm；小穗长椭圆形，长5~13mm，含8~20余小花；颖披针形，具1脉成脊，第一颖长约1mm，第二颖长约1.3mm，有时具3脉；第一外稃广卵形，具3脉；内稃脊上或边缘均具纤毛。颖果长0.8~1mm，椭圆形。花果期7—11月。

产于全省各地。生于海拔600m以下的溪滩、田边或山地缓坡草丛中。分布于江苏、安徽、福建、湖北、台湾、广东、广西、贵州、云南等地。日本、东南亚和澳大利亚也有。

图 9-411　珠芽画眉草

8. 知风草 （图9-412）
Eragrostis ferruginea (Thunb.) P. Beauv.

多年生草本。秆丛生，直立或基部膝曲，高40～60cm。叶鞘两侧极压扁，鞘口两侧密生柔毛，脉上有腺体；叶舌退化成一圈短毛；叶片扁平或内卷，长30～40cm，宽3～6mm。圆锥花序开展，长20～30cm，基部常为顶生叶鞘所包，分枝单生或2～3个聚生，腋间无毛；小穗条状长圆形，紫色至紫黑色，长5～10mm，含5～12小花；小穗柄长4～10mm，在中间或中部以上具1腺体；颖卵状披针形，具1脉，第一颖长1.5～2.5mm，第

图 9-412　知风草

二颖长2.5~3mm；第一外稃长约3mm；内稃短于外稃。颖果长约1.5mm。花果期7—11月。

产于全省各地。生于海拔1500m以下的地边、路边旷地草丛中。分布于河北、山东、安徽、福建、河南、湖北、台湾、贵州、云南、西藏、陕西等地。东亚、东南亚和南亚也有。

本种为优良的牧草，也可用于边坡绿化和固堤或水土保持。

9. 宿根画眉草 （图9-413）
Eragrostis perennans Keng

多年生草本。具短根状茎。秆丛生，高0.5~0.8m。叶鞘密生糙毛，鞘口具长柔毛；叶舌长3~5mm；叶片长15~40cm，宽3~5mm，无毛或基部生毛。圆锥花序开展，长20~35cm，宽3~8cm，分枝单生（下部有时不止1个），长8~15cm，腋间具疏柔毛。小穗长5~18mm，宽2~3mm，含7~20小花，成熟时呈黄色带紫色；颖卵状披针形，先端渐尖，具1脉，第一颖长约1.6mm，第二颖长约2mm；外稃长圆状披针形，第一外稃长约2.5mm，具3脉；内稃长约2mm，脊上具纤毛，宿存。颖果棕褐色，椭圆形，长约0.8mm。花果期7—11月。

产于安吉、临安、淳安、象山、开化、温岭、玉环、龙泉、洞头、乐清、永嘉、瑞安、泰顺等地。生于海拔900m以下的山坡或路边灌草丛。分布于福建、广东、海南、广西、贵州、云南等地。东南亚也有。

图9-413　宿根画眉草

53 隐子草属 Cleistogenes Keng

多年生草本。秆常具多节。叶片与鞘口相接处有一横痕,易自此处脱落。圆锥花序狭窄或开展,常具少数分枝;小穗含1至数小花,两侧压扁,具短柄,脱节于颖之上及各小花之间;颖不等长,第一颖常具1脉或稀无脉,第二颖具3~5脉;外稃常具3~5脉,先端具细短芒或小尖头,基盘短钝,具短毛;内稃稍长于或短于外稃,具2脊;雄蕊3。

约13种,分布于欧洲南部至亚洲东部,以我国东北为分布中心。我国有10种,分布于亚热带和温带地区,主产于东北地区;浙江有2种。

1. 朝阳隐子草 朝阳青茅 (图9-414)
Cleistogenes hackelii (Honda) Honda

多年生草本。秆丛生,挺直,基部具鳞芽,高30~80cm。叶鞘常疏生疣基毛,鞘口具较长的柔毛;叶舌具长0.2~0.5mm的纤毛;叶片条状披针形,长3~10cm,宽2~6mm,扁平或内卷。圆锥花序开展,长4~10cm,分枝稀少,通常每节具1分枝,基部分枝长3~5cm;小穗长5~9mm,含2~4小花,极易于颖之上脱落;颖膜质,具1脉,第一颖长1~2mm,第二颖长2~3mm;外稃边缘及先端带紫色,具5脉,边缘及基盘具短纤毛,第一外稃长4~5mm,先端芒长2~5mm;内稃与外稃近等长。花果期9—10月。

产于杭州及德清、镇海、余姚、奉化、普陀、开化、永康、磐安、天台、椒江、临海、三门、温岭、玉环、缙云、景宁、永嘉、洞头、瑞安、文成、平阳、泰顺等地。生于海拔700m以下的山坡林下或林缘灌草丛中。分布于华北、华东、西北及黑龙江、辽宁、河南、湖北、四川、贵州等地。日本和朝鲜半岛也有。

图9-414 朝阳隐子草

1a. 宽叶隐子草

var. **nakaii** (Keng) Ohwi

与朝阳隐子草的区别在于叶片宽可达8mm，小穗长可达10mm，外稃长5～6mm，芒长可达9mm。

产于杭州市区、萧山、临安。生于山坡岩石边林下。分布于东北、华北、华东及湖北、陕西、甘肃。朝鲜半岛也有。

2. 天目隐子草

Cleistogenes ramiflora Keng et C.P. Wang var. **tianmushanensis** F.Z. Li et C.K. Ni — *Kengia ramiflora* (Keng et C.P. Wang) H. Yu et N.X. Zhao var. *tianmushanensis* (F.Z. Li et C.K. Ni) H. Yu et N.X. Zhao

多年生草本。秆丛生，高25～35cm，直立或基部稍倾斜，基部具密集的枯叶鞘。叶鞘除鞘口具长柔毛外，余均无毛；叶舌纤毛状；叶片狭条形，扁平或内卷，长3～10cm，宽约2mm。圆锥花序狭窄，长4～4.5cm，宽1～1.5cm；小穗长7～9mm，含3～4小花；颖狭披针形，膜质，具1脉，第一颖长1.5～2mm，第二颖长3～4mm；外稃披针形，边缘及先端带紫色，第一外稃长5～6（7）mm，具5脉，先端无芒或具长0.5mm的短尖头；内稃稍短于外稃；花药黄色，长约2.5mm。花果期9月。

产于临安（西天目山）。模式标本采自临安西天目山。笔者未见标本。

与枝花隐子草 *C. ramiflora* 的区别在于后者叶舌短，平截，圆锥花序比较大，长5～9cm，宽2～5cm，颖较长，第一颖长2～4mm，第二颖长4～5mm，花药带紫色，长约3mm。与朝阳隐子草的区别在于后者外稃具长2～5mm的芒，秆基部无密集的枯叶鞘。

54 千金子属 Leptochloa P. Beauv.

一年生或多年生草本。叶片条形。圆锥花序由多数细弱穗形的总状花序组成；小穗含2至数小花，两侧压扁，无柄或具短柄，在穗轴的一侧成两行覆瓦状排列；小穗轴脱节于颖之上和各小花之间；颖不等长，具1脉，无芒，通常短于第一小花，偶第二颖可长于第一小花；外稃具3脉，先端尖或钝，通常无芒；内稃与外稃等长或较之稍短，具2脊。

共32种，分布于全球的热带地区和美洲、大洋洲的暖温带地区。我国有3种，除东北和华北外全国都有分布；浙江均有。

分种检索表

1.一年生；小穗长1～4mm，两侧压扁；外稃无芒。

2. 小穗含3～7小花，第二颖稍短于第一外稃 ··· 1. 千金子 L. chinensis
2. 小穗含2～4小花，第二颖长于第一外稃 ·· 2. 虮子草 L. panicea
1. 多年生；小穗长6～10mm，近圆柱形；外稃具短芒 ·· 3. 双稃草 L. fusca

1. 千金子（图9-415）
Leptochloa chinensis (L.) Nees

一年生草本。秆直立或下部膝曲，高30～90cm。叶鞘无毛，大多短于节间；叶舌膜质，常撕裂成小纤毛；叶片扁平或多少卷折，先端渐尖，长5～25cm，宽2～6mm。圆锥花序长10～30cm，分枝及主轴均微粗糙；小穗多带紫色，长2～4mm，含3～7小花；颖具1脉，脊上粗糙，第一颖较短而狭窄，长1～1.5mm，第二颖长1.2～1.8mm，稍短于第一外稃；外稃顶端钝，无毛或下部被微毛，第一外稃长1.5～2mm。颖果长圆球形。花果期7—11月。

产于全省各地。生于海拔800m以下的田边草丛、路边草丛或旱作地中。分布于华东、华中、华南、西南及山东、陕西等地。东南亚、南亚、非洲及日本也有。

全草可作牧草；也是农田常见杂草。

图9-415 千金子

2. 虮子草（图9-416）
Leptochloa panicea (Retz.) Ohwi

一年生草本。秆较细弱，高30～70cm。叶鞘除基部者外短于节间，疏生具疣基柔毛；叶舌膜质，常撕裂或不规则齿裂；叶片质薄，扁平，先端渐尖，长6～15cm，宽3～7mm。圆锥花序长10～30cm，分枝细弱，微粗糙；小穗灰绿色或带紫色，长1～2mm，含2～4小花；颖膜质，脊上

图9-416 虮子草

粗糙，第一颖较狭，长约1mm，第二颖长1.2~1.5mm，长于第一外稃；外稃顶端钝，脉上被微毛，第一外稃长约1mm。颖果圆球形。花果期6—10月。

产于桐乡、杭州市区、宁波市区、普陀、龙泉、苍南等地。生于荒地、地边草丛中或河边人工林下。分布于江苏、安徽、江西、福建、河南、湖北、台湾、广东、海南、四川、贵州、云南等地。东南亚、南亚、非洲、美洲及日本也有。

3. 双稃草 （图9-417）

Leptochloa fusca (L.) Kunth —— *Diplachne fusca* (L.) P. Beauv. ex Roem. et Schult.

多年生草本。秆直立或膝曲上升，高20~70cm，无毛。叶鞘疏松包住节间，且通常自基部节处以上与秆分离；叶舌透明膜质，长3~6mm；叶片常内卷，长5~22cm，宽1.5~3mm。圆锥花序长13～20cm，主轴与分枝均粗糙，分枝长4～8cm；小穗灰绿色，近圆柱形，长6～10mm，含5～10小花；颖膜质，具1脉，第一颖长2～3mm，第二颖长3～4mm；外稃背部多少圆形，先端全缘或常具2齿裂，具3脉，中脉从齿间延伸成长约1mm的短芒，基盘两侧具稀疏柔毛，第一外稃长4～5mm；内稃略短于外稃，先端近于平截，脊上部呈短纤毛状。颖果长约2mm。花果期6—8月。

产于海宁、杭州市区（江干）、玉环。生于海堤或河岸上。分布于辽宁、山东、河北、江苏、安徽、福建、河南、湖北、台湾、广东、海南、云南等地。自东南亚、南亚至非洲和澳大利亚也有。

茎叶可作家畜饲料。

图9-417　双稃草

55 草沙蚕属　Tripogon Roem. et Schult.

多年生草本。秆丛生，细弱。叶片细长，通常内卷。穗状花序单独顶生；小穗含少数至多数小花，成2行排列于纤细穗轴之一侧；小穗轴脱节于颖之上及各小花之间；颖具1脉，第一颖较小，通常紧贴穗轴之槽穴；外稃卵形，先端2～4裂，具3脉，常自裂片间延伸成芒，基盘具柔毛；内稃宽或狭窄，褶叠，与外稃等长或较之为短；雄蕊3。

约30种，主要分布于东半球的热带地区，美洲热带地区也有1种。我国有11种，分布于南北各地；浙江有3种。

分种检索表

1. 外稃之主芒长于稃体；小穗含3～8小花。
   2. 颖下常有小苞片而使小穗具3颖片；外稃主芒长5～8mm，侧芒长1～3mm ·················· **1. 线形草沙蚕 T. filiformis**
   2. 颖下不具小苞片；外稃主芒长4mm，侧芒长不超过1mm ·················· **2. 长芒草沙蚕 T. longearistatus**
1. 外稃之主芒短于稃体；小穗含3～5小花 ·················· **3. 中华草沙蚕 T. chinensis**

1. 线形草沙蚕 （图9-418）
Tripogon filiformis Nees ex Steud.

多年生草本。秆细弱，直立，高15～35cm。叶鞘无毛但鞘口常疏生须毛；叶舌甚短或近于缺；叶片长4.5～10cm，宽1～1.5mm，通常内卷。穗状花序长10～20cm，穗轴细弱；小穗铅绿色，排列疏松或有时2～3枚同生于一节，长8～13mm，含4～8小花；第一颖长2～3mm，其一侧常具小裂片，第二颖长4～5mm，自裂齿间伸出小尖头，第一颖下常有1小苞片而形成3颖；外稃3脉，均延伸成芒，主芒反曲，长5～8mm，侧芒长1～3mm，第一外稃长3～3.5mm；内稃略长或略短于外稃。花果期8—10月。

产于江山、仙居、莲都、遂昌、乐清、永嘉、瓯海、泰顺等地。生于海拔200～800m的山坡草地、岩石缝或山谷灌草丛中。分布于福建、河南、四川、贵州、云南、西藏、陕西等地。南亚也有。

图9-418 线形草沙蚕

2. 长芒草沙蚕
Tripogon longearistatus Hack. ex Honda

多年生草本。秆直立，丛生，高约30cm。叶舌短，呈纤毛状或近于缺；叶片质硬，内卷似细针状，长4~13cm，宽约1mm。穗状花序长10~15cm；小穗成熟时呈草黄色，长5~10mm，排列较疏松，含3~8小花；第一颖长2.5~3mm，上部贴向穗轴的一侧有时具缺刻，第二颖长4~4.5mm，先端具长约0.5mm的小尖头；外稃先端2裂，主脉延伸成芒，其芒向外反曲，长约4mm，侧脉延伸成长达1mm的小尖头，第一外稃长约3.5mm；内稃与外稃等长。花果期10—11月。

产于泰顺（龟湖、黄桥）。生于海拔200m左右的溪边岩石缝中。分布于江西、福建、湖南、广东、四川、贵州、云南、陕西、甘肃等地。日本、朝鲜半岛也有。

3. 中华草沙蚕
Tripogon chinensis (Franch.) Hack.

多年生丛生草本。须根纤细。秆直立，高12~28cm，细弱，无毛；叶鞘通常仅于鞘口处具白色长柔毛；叶舌膜质，长约0.5mm，具纤毛；叶片狭条形，常内卷成刺毛状，上面微粗糙且向基部疏生柔毛，下面平滑无毛，长6~15cm，宽0.6~1mm。穗状花序细弱，长6~12cm；穗轴三棱形，微扭曲，宽约0.5mm；小穗线状披针形，铅绿色，长5~7mm，含3~5小花；颖具宽而透明的膜质边缘，第一颖长2.5~2.8mm，第二颖长2.8~3.2mm；外稃质薄似膜质，先端2裂，具3脉，主脉延伸成短且直的芒，芒长1~2mm，侧脉可延伸成芒状小尖头，第一外稃长3~3.6mm，基盘被长约1mm的柔毛；内稃膜质，等长或稍短于外稃。花果期7—9月。

产于新昌（十九峰）、北仑（大榭岛七顶山）等地。生于海拔约180m的山坡草丛中。分布于东北、华北、西南、西北及江苏、安徽、湖北、台湾等地。俄罗斯（东部）、蒙古、菲律宾也有。为浙江分布新记录。

56 米草属 Spartina Schreb.

多年生草本。常有横走根状茎。叶片质硬。圆锥花序由2至多枚穗状花序组成；小穗单生，无柄，脱节于颖之下，含1小花，两侧压扁，覆瓦状排列于穗轴上；小穗轴不延伸至小花之后；颖具1脉，背部常具脊，第一颖常较短，第二颖具3脉且较外稃为长；外稃质稍硬，中脉在背面常突起成脊；内稃有时稍长于外稃，2脉距离较近，亦可成脊；无鳞被。

共17种，分布于美洲的东西海岸、欧洲和非洲的大西洋海岸。我国引种和归化的有2种；浙江有2种。

1. 互花米草 （图9-419）
Spartina alterniflora Loisel.

多年生草本。根状茎发达。秆直立，坚韧，高1～2.5m，直径在1cm以上。叶鞘大多长于节间；叶片披针形条状，长30～90cm，宽1.5～2cm，具盐腺，根吸收的盐分大都由盐腺排出体外，因而叶表面往往有白色粉状的盐霜出现。圆锥花序长20～45cm，具10～20枚穗形总状花序，每总状花序具16～24枚小穗；小穗侧扁，长约1cm，几无毛；花两性；雄蕊3；子房平滑，柱头2，呈白色羽毛状。颖果长0.8～1.5cm。花果期8—11月。

原产于北美洲的大西洋海岸。辽宁、河北、山东、江苏、福建、台湾、广东、广西等沿海地区有引种。宁波市区、慈溪、余姚、象山、定海、普陀、椒江、三门、温岭、玉环、龙湾、洞头、乐清、瑞安、平阳、苍南等沿海地区有栽培或归化。生于海边潮间带滩涂和河口沿岸滩涂。

具有良好的促淤和净化功能；但根状茎发达、扩展迅速，一旦暴发生长则难以清除。

图9-419　互花米草

2. 大米草 （图9-420）
Spartina anglica C.E. Hubb.

多年生草本。有肉质根状茎。秆直立，分蘖多而密聚成丛，高0.5～1.2m，直径3～5mm。叶鞘大多长于节间；叶舌长2～3cm，具白色纤毛；叶片条形，扁平或上卷，长11～30cm，宽7～10mm，两面无毛。圆锥花序由2～6（12）枚穗状花序组成，穗状花序长7～11cm，劲直而靠近主轴，先端常延伸成芒刺状；小穗长卵状披针形，长14～18mm，疏生短柔毛，

图9-420　大米草

成熟时整个脱落；第一颖草质，长6～7mm，先端长渐尖，具1脉，第二颖披针状长圆形，与小穗近等长，具1～3脉；外稃草质，长约10mm，具1脉；内稃膜质，长约11mm，具2脉。颖果圆柱形，长约10mm，光滑无毛。花果期8—10月。

原产于英国。我国北起辽宁，南至广东都曾有引种。镇海、宁海、定海、温岭、龙湾等地有栽培或逸生。生于潮水能经常到达的海滩沼泽中。

本种有较好的促淤、消浪、保滩、护堤等作用；秆叶可饲养牲畜，作绿肥或造纸原料等。但生长势不如互花米草旺盛，且作为外来种，对当地生态环境可能会造成不良影响。

与互花米草的主要区别在于后者植株较高大，秆高1～2.5m，叶片长30～90cm，宽1.5～2cm，小穗几无毛。

57 虎尾草属 Chloris Sw.

一年生或多年生草本。具匍匐茎或否。叶鞘常于背部具脊；叶片条形，扁平或对折。花序为少至多数穗状花序呈指状簇生于秆顶；小穗脱节于颖之上，含2～3小花；第一小花两性，上部其余诸小花退化不孕而互相包卷成球形；颖具1脉，第二颖长于第一颖；第一外稃中脉延伸成直芒；内稃约等长于外稃，脊上具短纤毛；不孕小花仅具外稃。颖果长圆柱形。

约55种，分布于全球热带和亚热带地区。我国有5种，分布几遍全国；浙江有2种。

1. 台湾虎尾草 （图9-421）

Chloris formosana (Honda) Keng ex B.S. Sun et Z.H. Hu

一年生草本。秆直立或基部伏卧，高20～70cm，光滑无毛。叶鞘两侧压扁，背部具脊，无毛；叶舌长0.5～1mm，无毛；叶片条形，长可达20cm，两面无毛或在近鞘口处偶具疏柔毛。穗状花序4～11枚，长3～8cm；小穗长2.5～3mm，含1孕性小花及2不孕小花；第一颖三角钻形，长1～2mm，具1脉，第二颖长椭圆状披针形，膜质，长2～3mm，先端常具2～3mm短芒或无芒；第一小花两性，与小穗近等长，外稃纸质，具3脉，芒长4～8mm，内稃倒长卵形，透明膜质，具2脉；第二、三小花不孕，均具芒，第二小花具内稃，第三小花无内稃。颖果纺锤形。花果期8—9月。

产于玉环（披山岛）、苍南（南关岛）。生于海边沙滩上或岩石缝草丛中。分布于福建、台湾、广东、海南等地。越南也有。

图9-421 台湾虎尾草

2. 虎尾草（图9-422）
Chloris virgata Sw.

图 9-422　虎尾草

一年生草本。秆直立或基部膝曲，高15～55cm，光滑无毛。叶鞘背部具脊，无毛；叶舌长约1mm；叶片条形，长5～20cm，宽3～6mm。穗状花序5～10枚，长2～5cm，指状着生于秆顶，常直立而并拢成毛刷状，成熟时常带紫色；小穗无柄，长约3mm，含1两性小花和1不孕小花；颖膜质，1脉，第一颖长约1.8mm，第二颖等长或略短于小穗，中脉延伸成长0.5～1mm的小尖头；第一小花两性，外稃纸质，两侧压扁，长近3mm，3脉，芒自背部顶端稍下方伸出，长5～15mm；内稃膜质，略短于外稃，具2脊；第二小花不孕，仅存外稃，长约1.5mm，芒长4～8mm，自背部边缘稍下方伸出。颖果纺锤形，淡黄色。花果期7—9月。

产于杭州市区（华家池）、宁海（强蛟）、象山（爵溪）等地。生于路边草丛或滨海岩石缝中。分布于东北、华北、西南、西北及江苏、河南。南亚、西南亚、太平洋岛屿、澳大利亚、非洲、美洲也有。

可作牲畜的牧草。

与台湾虎尾草的区别在于后者小穗含3小花，除颖外具3芒，芒长不超过8mm，第二小花具内稃。

58 狗牙根属 Cynodon Rich.

多年生草本。具根状茎及匍匐茎。穗状花序指状排列于秆顶；小穗两侧压扁，无柄，通常含1小花，稀2小花，成双行覆瓦状排列于穗轴之一侧；小穗轴脱节于颖之上，并延伸于内稃之后呈针芒状或在顶端具退化外稃；颖几相等或第二颖较长，具1脉；外稃草质兼膜质，具3脉，侧脉接近边缘；内稃几与外稃等长，具2脊；雄蕊3。颖果椭圆球形，侧扁。

约10种，分布于东半球热带和亚热带地区，尤以非洲为多，1种泛热带分布。我国有2种，分布于黄河以南；浙江有1种。

狗牙根（图9-423）
Cynodon dactylon (L.) Pers.

多年生草本。具横走的根状茎和细韧的须根。秆匍匐地面，长可达1m，直立部分高10～30cm。叶鞘具脊，无毛或疏生柔毛；叶舌短，具小纤毛；叶片狭披针形至条形，长1～6cm，宽1～3mm。穗状花序长1.5～5cm，3～6枚指状排列于茎顶；小穗灰绿色或带紫色，长2～2.5mm，含1小花；颖狭窄，两侧膜质，几等长或第二颖较长，长1.5～2mm；外稃草质兼膜质，与小穗同长，脊上有毛；内稃与外稃等长。花果期5—9月。

产于全省各地。生于海拔1000m以下的田边、路边旷地以及果园或绿化带中。分布于江苏、福建、湖北、台湾、广东、海南、四川、云南、陕西等地。世界的热带和亚热带地区均有。

为优良的牧草和草坪草；也是常见农田杂草。

图9-423 狗牙根

a. 双花狗牙根

var. **biflorus** Merino

与狗牙根的区别在于小穗较大,通常含2小花。

产于杭州市区、临安(昌化)、开化、龙泉、永嘉等地。生于海拔500m以下的溪边或路边草丛中。分布于江西、福建、台湾。

59 三芒草属 Aristida L.

一年生或多年生草本,丛生。叶鞘平滑或被毛。叶片通常纵卷,稀扁平。圆锥花序顶生,狭窄或开展;小穗两性,线形,含1小花;小穗轴倾斜,脱节于颖之上;颖片狭窄,膜质,具1~5脉,近等长或不等长;外稃圆筒形,成熟后质较硬,具3脉,包着内稃,顶端具3芒,芒粗糙或被柔毛,芒柱直立或扭转,基盘尖锐或较钝圆,具短毛;内稃质薄而短小,或甚退化;鳞被2,较大;雄蕊3。颖果圆柱形或长圆形。

约300种,广泛分布于世界热带和温带地区。我国有10种;浙江有1种。

黄草毛

Aristida cumingiana Trin. et Rupr.

一年生草本。秆细弱,高6~20cm,直立或基部膝曲状,具分枝。叶鞘松弛抱茎,短于节间;叶舌短小,不明显,具纤毛;叶片卷折如线形,长2.5~10cm,柔软,上面被毛,下面无毛。圆锥花序疏松,长5~10cm,分枝细弱,斜向上升,孪生或3枚簇生;小穗长3~3.5mm,绿色或紫色;颖片膜质,狭披针形,具1脉,两颖不等长,第一颖长2~2.5mm,第二颖长3~4mm;外稃长1.8~2mm,基盘微小而钝,芒粗糙,主芒长5~8mm,侧芒长为主芒的一半;内稃包藏于外稃内,长约0.3mm。花果期夏秋季。

原产于非洲、亚洲南部和澳大利亚北部。江苏、福建、湖南、广东、云南等地有归化。*Flora of China*和《浙江种子植物检索鉴定手册》记载浙江也有,但笔者未见标本。

60 乱子草属 Muhlenbergia Schreb.

多年生草本。常具根状茎。秆通常分枝。圆锥花序狭窄或开展;小穗细小,含1小花;小穗轴脱节于颖之上;颖宿存,质薄,近等长或第一颖较短,均短于外稃,无脉或具1脉;外稃近膜质,下部疏生柔毛,具3脉,先端尖或具2微齿,主脉延伸成细弱、劲直或稍弯曲的芒;内稃等长于外稃,具2脊;雄蕊2或3。颖果细长,圆柱形或稍压扁。

约155种，主产于北美西南部和墨西哥，分布于南、北美洲和亚洲东南部。我国连引种的有7种，分布于东北、华北、华中、华东和西南；浙江有4种。

分种检索表

1. 花序轴、分枝和小穗绿色或灰绿色。
    2. 圆锥花序每节簇生数枚分枝；颖顶端钝，长为小花的1/3～1/2 ················· 1. 乱子草 M. huegelii
    2. 圆锥花序每节单生或孪生分枝；颖顶端尖或渐尖，长为小花的1/2～2/3。
        3. 秆较细弱，直径约1mm；小穗长2～2.5mm ················· 2. 日本乱子草 M. japonica
        3. 秆略粗壮，直径2～3mm；小穗长约3mm ················· 3. 多枝乱子草 M. ramosa
1. 花序轴、分枝和小穗粉红色或淡紫色 ················· 4. 毛芒乱子草 M. capillaris

1. 乱子草（图9-424）

Muhlenbergia huegelii Trin.

多年生草本。具长而被鳞片的根状茎。秆直，质较硬，高可达100cm，基部直径1～2mm，有时带紫色，通常自基部数节生出1～2分枝，节下贴生白色微毛。叶鞘除顶端1～2节外，大都短于节间；叶舌膜质，长约1mm；叶片扁平，狭披针形，长4～10cm，宽5～7mm。圆锥花序开展，长10～25cm，每节簇生数枚细弱的分枝；小穗长2.5～3mm；小穗柄粗糙，大多短于小穗，与穗轴贴生；颖薄膜质，白色透明，无脉，先端钝，第一颖长1～1.2mm，第二颖长约1.5mm；外稃与小穗等长，具铅绿色斑纹，下部1/5具柔毛，芒纤细，长10～12mm。花果期8—9月。

产于临安（天目山）、开化（南华山）。生于海拔800～1000m的山坡林下或草丛中。分布于东北、华北、华东、西南、西北及河南、湖北、台湾等地。东亚、南亚及菲律宾、俄罗斯也有。

图9-424 乱子草

2. 日本乱子草 （图9-425）
Muhlenbergia japonica Steud.

多年生草本。具根状茎。秆基部横卧，节上生根，高20～50cm，基部直径1mm，无毛。叶鞘大多短于节间，光滑无毛；叶舌膜质，平截而呈纤毛状，长0.2～0.5mm；叶片狭披针形，长2～8cm，宽2～5mm，两面及边缘粗糙。圆锥花序狭窄，稍弯曲，长5～12cm，分枝单生，自基部即生小枝和小穗；小穗灰绿色带黑紫色，长2～2.5mm，披针形；小穗柄粗糙，大多短于小穗；颖质薄，具1脉，先端尖，第一颖长约1.5mm，第二颖长1.5～2mm；外稃具铅绿色斑纹，下部1/4具柔毛，芒长6～10mm，微粗糙。花果期9—10月。

产于安吉、杭州市区、临安、建德、淳安、奉化、开化、江山、武义、磐安、天台、缙云、遂昌、龙泉、庆元、景宁、永嘉、文成、泰顺。生于海拔1500m以下的沟谷或山坡草丛中。分布于黑龙江、河北、山东、安徽、福建、河南、湖北、四川、云南、贵州、陕西等地。日本也有。

以往文献常记载本种无匍匐根状茎，并将此特征作为检索性状，但据大量标本观察，其实是有根状茎的与多枝乱子草的主要区别在于秆的粗细和小穗长短。

图9-425　日本乱子草

3. 多枝乱子草 （图9-426）

Muhlenbergia ramosa (Hack. ex Matsum.) Makino

多年生草本。具长根状茎。秆高50~120cm，基部直径1~2.5mm，无毛。叶鞘大多短于节间，光滑无毛；叶舌膜质，平截而呈纤毛状，长0.2~0.5mm；叶片狭披针形，长5~12cm，宽3~6mm，两面及边缘粗糙。圆锥花序狭窄，稍弯曲，长10~18cm，分枝单生或孪生，自基部即生小枝和小穗；小穗灰绿色带紫色，长约3mm，披针形；小穗柄粗糙，大多短于小穗；颖质薄，具1脉，先端尖，第一颖长约1.5mm，第二颖长1.5~2mm；外稃具铅绿色斑纹，下部1/4具柔毛，芒长5~10mm，微粗糙。花果期7—11月。

产于安吉、临安、奉化、磐安、天台、遂昌、龙泉、庆元、永嘉、泰顺等地。生于海拔450~1400m的山坡、沟谷林下或路边湿地上。分布于华东、华中、西南及山东等地。日本也有。

图9-426 多枝乱子草

4. 毛芒乱子草 粉黛乱子草

Muhlenbergia capillaris Trin.

多年生草本。秆丛生，基部俯卧，上部直立，高可达90cm。叶片条形，长15~35cm，宽1.3~3.5mm，内卷，成熟时扁平，基部逐渐变狭，春夏季绿色，深秋变古铜色。圆锥花序开展或收缩，柔软，花序轴、分枝和小穗粉红色或淡紫色，长30~50cm，宽达25cm，分枝单生，纤细；小穗柄细长，毛发状，先端增粗，略粗糙；小穗狭披针形，长3~4mm，含1花，稀具2花；颖不等长，长于或短于外稃；外稃钝至渐尖，先端具芒，基部具柔毛，芒长6~8mm。颖果长圆形，棕褐色或褐色。花果期9—11月。

原产于美国和墨西哥。国内北京以南城市引种栽培的是其园艺品种粉黛乱子草'Regal Mist'（图9-427）。杭州市区、临安、宁波市区、玉环、乐清等地也有栽培。

作为景观植物,开花时,绿叶为底,粉紫色花序随风飘逸,远看如红色云雾。可片植成花海或组团栽培为花境。

图 9-427　粉黛乱子草

61 鼠尾粟属 Sporobolus R. Br.

一年生或多年生草本。叶片狭披针形或条形。圆锥花序紧缩或开展;小穗圆柱形或稍两侧压扁,含1小花;小穗轴脱节于颖之上;颖透明膜质,不等长,具1脉或第一颖无脉;外稃膜质,具1~3脉,无芒,与小穗等长;内稃与外稃等长,具2脉,成熟后易自脉间纵裂;雄蕊2或3。囊果椭球形至球形,侧扁,成熟后易从稃体间脱落,果皮与种子分离。

约160种,分布于全球热带、亚热带地区,延至温带地区,以美洲最多。我国有8种,分布于华东、华南至西南;浙江有4种。

分种检索表

1. 多年生;叶片条形,不具疣基毛。
    2. 第一颖微小,长0.5~1mm;叶片细长通常不内卷,长11~60cm ················ **1. 鼠尾粟 S. fertilis**
    2. 第一颖较大,长1.5~2.5mm;叶片细长内卷如针状,长3~10cm。
        3. 植株具根状茎;圆锥花序紧缩呈穗状,灰绿色,分枝贴生 ················ **2. 盐地鼠尾粟 S. virginicus**
        3. 植株不具根状茎;圆锥花序稍疏松,紫色,分枝略开展 ················ **3. 广州鼠尾粟 S. hancei**
1. 一年生;叶片狭披针形,上面和边缘疏被疣基毛 ················ **4. 毛鼠尾粟 S. pilifer**

1. 鼠尾粟 （图9-428）
Sporobolus fertilis (Steud.) Clayton

多年生草本。秆直立，质较坚硬，高40～80cm，基部直径2～4mm，平滑无毛。叶鞘无毛，稀边缘及鞘口可具短纤毛；叶舌纤毛状，长约0.2mm；叶片质较硬，通常不内卷，长11～60cm，宽2～4mm，平滑无毛或上部者基部疏生柔毛。圆锥花序紧缩，长20～45cm，宽0.5～1cm，分枝直立，密生小穗；小穗长约2mm；第一颖无脉，长0.5～1mm，先端钝或平截，第二颖卵圆形或卵状披针形，长1～1.5mm，先端尖或钝；外稃具1脉及不明显的2侧脉；雄蕊3，花药黄色。囊果成熟后呈红褐色，长圆状倒卵形，长1～1.2mm。花果期7—11月。

产于全省各地。生于海拔1200m以下的田边、山坡林缘、路边旷地草丛中。分布于华东、华中、华南、西南及山东、陕西、甘肃等地。东南亚、南亚及日本也有。

适应性强，可作边坡绿化或保持水土。

图9-428　鼠尾粟

2. 盐地鼠尾粟 （图9-429）
Sporobolus virginicus (L.) Kunth

多年生草本。具木质、被鳞片的根茎。秆质较硬，高15～40cm，直立或基部倾斜，光滑无毛，上部多分枝。叶鞘紧裹茎，仅鞘口处疏生短毛；叶舌甚短，纤毛状；叶片质较硬，新叶和下部者扁平，老叶和上部者内卷呈针状，长3～10cm，宽1～3mm。圆锥花序紧缩呈穗状，长3.5～10cm，宽4～10mm，分枝直立且贴生，下部即分出小枝；小穗披针形，排列较密，长2～3mm；颖质薄，具1脉，第一颖长约2.5mm，第二颖长2～2.5mm；外稃宽披针形，稍短于第

一八四　禾本科 Poaceae

图9-429　盐地鼠尾粟

二颖；内稃与外稃等长，具2脉；雄蕊3。颖果近球形，长约0.7mm。花果期6—9月。

产于宁波、舟山及平阳、苍南等地。生于海边盐渍地或沙滩草丛中。分布于福建、台湾、广东、海南等地。全世界热带、亚热带地区均有。

3. 广州鼠尾粟（图9-430）
Sporobolus hancei Rendle

图9-430　广州鼠尾粟

多年生草本。秆直立，丛生，高10～50cm，光滑无毛。叶鞘疏松裹茎，下部者长于节间，上部者短于节间；叶舌甚短，近于缺如，纤毛状；叶片狭窄，内卷如针，长3～10cm，顶生者极短，宽0.5～2mm。圆锥花序狭窄，稍疏松，长4～12cm，宽0.5～1cm，分枝近于轮生或孪生，直立或开展；小穗披针形，灰白色略带紫色，长2～2.5mm，贴生；两颖近等长，透明膜质，第一颖狭披针形，长为小穗的2/3～3/4，无脉，第二颖较宽，与小穗等长，具1脉；外稃等长于小穗，具1脉；内稃与外稃等长，较宽，具2脉，成熟后纵裂；雄蕊3，花药黄色。囊果红褐色，椭圆状圆球形，长约1.5mm。花期3—5月。

产于嵊泗（菜园泗礁）。生于山坡路边草丛中。分布于江苏、福建、台湾、广东、海南、广西等地。日本也有。

4. 毛鼠尾粟 (图9-431)

Sporobolus pilifer (Trin.) Kunth

一年生草本。秆丛生，高8～20cm。叶鞘被具疣基的长纤毛；叶舌常极短，纤毛状；叶片狭披针形或条形，长2～6cm，宽1～4mm，通常内卷。圆锥花序紧缩或开展，长2～7cm，宽3～6mm，每节具1至数分枝；小穗紫色，长2～3mm；颖透明膜质，不等长，第一颖长约为小穗的1/2，无脉，第二颖等长或稍短于外稃，具1脉；外稃膜质，具1脉，无芒，与小穗等长；内稃透明膜质，与外稃等长，具2脉，成熟后易自脉间纵裂；雄蕊3。囊果成熟后裸露，长约1.8mm，易从稃体间脱落。花果期7—10月。

产于舟山及临安（清凉峰）、磐安（大盘山）、临海（括苍山）、缙云（大洋山）、永嘉（四海山）。生于山坡荒地或路边草丛中，生长地区海拔可达1200m。分布于安徽、江西。东亚、东南亚、南亚、非洲也有。

图9-431 毛鼠尾粟

62 显子草属 Phaenosperma Munro ex Benth.

多年生草本。秆直立，较高大。圆锥花序顶生，开展；小穗含1小花，无芒，脱节于颖之下；颖膜质，卵状披针形，第一颖较小，具1～3脉，第二颖具3～5脉，两侧脉较短；外稃草质兼膜质，具3～5脉，与第二颖等长；内稃与外稃同质而稍短于外稃，具2脉；雄蕊3。颖果倒卵球形，具宿存的部分花柱，成熟时露出稃外。

仅1种，东亚特产。我国有；浙江也产。

显子草 （图9-432）

Phaenosperma globosum Munro ex Benth.

多年生草本。根较稀疏而硬。秆单生或少数丛生，高1～1.5m。叶鞘光滑，通常短于节间；叶舌质硬，长5～15mm，两侧下延；叶片宽条形，常翻转而使上面向下呈灰绿色，下面向上成深绿色，长20～40cm，宽1～3cm。圆锥花序长20～40cm，分枝在下部者多轮生，长5～10cm；小穗背腹压扁，长4～4.5mm；两颖不等长，第一颖长2～3mm，第二颖长约4mm，具3脉；外稃长约4.5mm，具3～5脉；内稃略短于或近等长于外稃。颖果倒卵球形，长约3mm，黑褐色，表面具皱纹，成熟后露出稃外。花果期5—7月。

产于全省各地。生于海拔1000m以下的沟谷、山坡疏林下或林缘灌草丛中。分布于江苏、安徽、江西、湖北、台湾、广西、四川、云南、西藏、陕西、甘肃等地。日本、朝鲜半岛、印度（东北部）也有。

图9-432　显子草

63 结缕草属 Zoysia Willd.

多年生矮小草本。具横生的根状茎。穗形总状花序单生秆顶；小穗单生于主轴上，覆瓦状排列或稍有距离，两侧压扁，以其一侧贴向主轴，通常仅含1两性小花，斜向脱节于小穗柄之上；第一颖微小或缺，第二颖硬纸质，成熟后革质，具短芒或无芒，两侧边缘在基部连合，全部包裹膜质之外稃及内稃；内稃微小或退化；雄蕊3。颖果与稃片离生。

共9种，分布于印度洋、太平洋和大洋洲沿岸的热带和亚热带地区，有数种作为草坪草引种至世界各地。我国有5种，分布于辽宁至华南沿海；浙江5种均有。

分种检索表

1. 花序基部伸出叶鞘外；小穗宽不超过1.5mm，在主轴上排列较不紧密。
    2. 叶片宽2～6mm；总状花序宽3～5mm。
        3. 小穗卵圆形，长2～3.5mm ·· 1. 结缕草 Z. japonica
        3. 小穗披针形，长4～5mm ··· 2. 中华结缕草 Z. sinica
    2. 叶片宽在2mm以内；总状花序宽在2.5mm以内。
        4. 植株具根状茎；叶片质地较坚硬，宽约2mm ····························· 3. 沟叶结缕草 Z. matrella
        4. 植株具匍匐茎；叶片质地较柔软，宽约1mm ····························· 4. 细叶结缕草 Z. pacifica
1. 花序基部为叶鞘所包；小穗宽约2mm，在主轴上排列较紧密 ·················· 5. 大穗结缕草 Z. macrostachya

1. 结缕草 （图9-433）
Zoysia japonica Steud.

多年生草本。具横走根状茎。秆直立，高8～15cm。叶鞘无毛，下部松弛而互相跨覆，上部者紧密抱茎；叶舌不明显，具白色柔毛；叶片上部常具柔毛，质地较硬，长2.5～8cm，宽3～6mm，通常扁平或稍卷折。总状花序长2～5cm，宽3～5mm；小穗卵圆形，长2～3.5mm，宽约1.2mm，常变为紫褐色；小穗柄长3～6mm，常弯曲；第二颖成熟后革质，两侧边缘在基部连合，全部包裹外稃及内稃；外稃长1.8～3mm，具1脉；内稃微小。

图9-433 结缕草

花果期4—6月。

产于德清、安吉、杭州市区、萧山、临安、北仑、开化、龙泉、永嘉、平阳（南麂）、泰顺等地。生于海拔500m以下的溪边河滩地、地边石隙或林缘草丛中。分布于辽宁、河北、山东、江苏、江西、台湾、广东等地。日本、朝鲜半岛也有。

本种可供绿化用，为优良的草坪草。

2. 中华结缕草 （图9-434）
Zoysia sinica Hance

多年生草本。具横走根茎。秆直立，高10～25cm，基部常具宿存枯萎的叶鞘。叶鞘无毛，长于或上部者短于节间，鞘口具长柔毛；叶舌短而不明显；叶片长可达10cm，宽2～4mm，无毛，质地稍坚硬，扁平或边缘内卷。总状花序穗形，长2～4cm，宽4～5mm，伸出叶鞘外，小穗排列稍疏；小穗披针形或卵状披针形，长4～5mm，宽1～1.5mm，具长约3mm的小穗柄；颖光滑无毛，侧脉不明显，中脉近顶端与颖分离，延伸成小芒尖；外稃膜质，长约3mm，具1明显的中脉。颖果长椭圆形，长约3mm。花果期5—8月。

产于杭州市区、临安、鄞州、奉化、象山、定海、普陀、开化、玉环、洞头、瑞安、苍南、泰顺等地。生于海拔100m以下的滨海沙滩上、山脚草丛或山坡石隙中。分布于辽宁、河北、山东、江苏、安徽、福建、台湾、广东、广西等地。日本、朝鲜半岛也有。

本种可供绿化用，为优良的草坪草。野生资源稀少，为国家二级重点保护植物。

图9-434 中华结缕草

3. 沟叶结缕草 （图9-435）
Zoysia matrella (L.) Merr. — *Z. tenuifolia* Thiele

图9-435　沟叶结缕草

节间短，每节具一至数个分枝。叶鞘长于节间，除鞘口具长柔毛外，余无毛；叶舌短而不明显，顶端撕裂为短柔毛；叶片质硬，内卷，上面具沟，无毛，长可达3cm，宽1～2mm。总状花序呈细柱形，长2～3cm；小穗柄长约1.5mm，紧贴穗轴，小穗卵状披针形，黄褐色或略带紫褐色，长2～3mm，宽约1mm；第一颖退化，第二颖革质，具3（5）脉，沿中脉两侧压扁；外稃膜质，长2～2.5mm，宽约1mm。颖果长卵形，棕褐色，长约1.5mm。花果期5—6月。

产于象山（爵溪）、洞头。生于海滨山坡草丛或石隙中。分布于台湾、广东、海南。日本（南部）、东南亚、南亚也有。

4. 细叶结缕草 （图9-436）
Zoysia pacifica (Goudsw.) M. Hotta et S. Kuroki

图9-436　细叶结缕草

多年生草本。具匍匐根状茎。秆纤细，高5～10cm。叶鞘无毛，紧密裹茎，鞘口具丝状长毛；叶舌膜质，长约0.3mm，顶端碎裂为纤毛状；叶片长2～6cm，宽约1mm，内卷。小穗狭窄，披针形，黄绿色，或有时略带紫色，长约3mm，宽约0.6mm；第一颖退化，第二颖革质，顶端及边缘膜质，具不明显的5脉；外稃与第二颖近等长，具1脉；内稃退化。颖果与稃体分离。花果期8—11月。

原产于太平洋岛屿、泰国、菲律宾、日本和我国台湾。世界各地普遍引种，我国东南部和南部常见栽培。全省各地也均有栽培。

本种具强大的根状茎，节间短而密，叶片光滑、密集、坚韧，抗践踏，耐修剪，是极好的运动场和草坪用草；具有很强的护坡、护堤功能，又是一种良好的水土保持植物。

5. 大穗结缕草 (图9-437)
Zoysia macrostachya Franch. et Sav.

多年生草本。具横走根状茎。秆高10～20cm，具多节，基部节上常残存枯萎的叶鞘；节间短，每节具1至数个分枝。叶鞘无毛，下部者松弛而互相跨覆，上部者紧密裹茎；叶舌不明显，鞘口具长柔毛；叶片条状披针形，质地较硬，常内卷，长1.5～4cm，宽1～4mm。总状花序紧缩呈穗状，基部常包藏于叶鞘内，长3～4cm，宽5～10mm；小穗黄褐色或略带紫褐色，长6～8mm，宽约2mm；第一颖退化，第二颖革质，长6～8mm，具不明显的7脉，中脉近顶端处与颖离生而成芒状小尖头；外稃膜质，具1脉，长约4mm；内稃退化。颖果卵状椭圆形，长约2mm。花果期4—6月。

产于普陀、岱山、象山等地。生于山坡或平地的沙质土壤或海滨沙地中。分布于山东、江苏、安徽、福建等地。日本、朝鲜半岛也有。

本种植株强健，耐盐碱，可用作保土、护堤、固沙或铺建草坪。

图9-437 大穗结缕草

64 弓果黍属 Cyrtococcum Stapf

一年生或多年生草本。秆下部平卧地面，节上生根，上部直立。叶片条状披针形至披针形。圆锥花序开展或紧缩；小穗两侧压扁，斜卵形或半卵形，成熟后整个脱落，含2小花，第一小花不孕，第二小花两性；颖片不等长，膜质或较厚，先端钝或尖，具3～5脉，第一颖较小，卵形，第二颖舟形；第一外稃与小穗等长，具5脉，内稃短小或缺；第二外稃在花后变硬，背部隆起呈驼背状，先端略呈喙状，边缘质硬，包卷同质而背部微突的内稃。

11种，主要分布于非洲和亚洲热带地区。我国有2种；浙江1种。

弓果黍 （图9-438）

Cyrtococcum patens (L.) A. Camus

一年生草本。秆较纤细，基部横卧地面，节上生根。叶鞘常短于节间，边缘及鞘口被疣基毛；叶舌膜质，长0.5～1mm；叶片条状披针形，长3～15cm，宽0.3～2cm，边缘稍粗糙，基部边缘具疣基纤毛，两面贴生短毛。圆锥花序开展，长5～15cm，分枝纤细；小穗柄长于小穗；小穗长1.5～1.8mm，两侧压扁，被细毛或无毛；颖片具3脉，第一颖卵形，长约为小穗的一半，第二颖舟形，长约为小穗的2/3；第一外稃与小穗等长，具5脉，先端钝，边缘具纤毛，第二外稃背部弓状隆起，顶端具鸡冠状小瘤体；雄蕊3。花果期9月至次年2月。

产于瑞安（寨寮溪）、平阳（南雁荡）、泰顺（龟湖）。生于林下阴湿地。分布于华南、西南及江西、福建、湖南。亚洲（东南部、南部）、太平洋岛屿也有。

图9-438　弓果黍

65 黍属　Panicum L.

一年生或多年生草本。圆锥花序顶生，分枝开展；小穗具柄，成熟时脱节于颖下或第一颖先落，背腹压扁，含2小花，第一小花雄性或中性，第二小花两性；颖草质或纸质，第一颖通常较小穗短而小，有的种基部包着小穗，第二颖等长于小穗，或略短于小穗；第一小花外稃与第二颖同形，内稃存在或退化，甚至缺；第二小花外稃硬纸质或革质，边缘包着同质内稃。

约500种，分布于全球热带和亚热带地区，少数达温带地区。我国有21种；浙江有6种。《浙江植物志》记载浙江曾零星栽培稷 *P. miliaceum* L.，但现已多年未见栽培，不再收录。

分种检索表

1. 一年生草本。
    2. 叶片条形或条状披针形；第二小花外稃光亮。
        3. 第一颖较少包裹小穗基部，第二颖与第一小花外稃均具5脉，被细毛 …… **1. 糠稷 P. bisulcatum**
        3. 第一颖包裹小穗基部，第二颖与第一小花外稃均具10脉或更多脉，无毛 …………………………………………………………………………………… **2. 细柄黍 P. sumatrense**
    2. 叶片卵形或卵状披针形；第二小花外稃具乳突 …………………… **3. 短叶黍 P. brevifolium**
1. 多年生草本。
    4. 植株较坚硬，具根状茎。
        5. 第一颖长约为小穗的1/4；小穗长约3mm …………………………… **4. 铺地黍 P. repens**
        5. 第一颖长为小穗的2/3~3/4；小穗长约5mm …………………… **5. 柳枝稷 P. virgatum**
    4. 植株较柔软，不具根状茎，秆基部俯卧地面；小穗长3.5~4mm …… **6. 洋野黍 P. dichotomiflorum**

1. 糠稷（图9-439）

Panicum bisulcatum Thunb.

一年生草本。秆直立或基部伏地，高0.5~1m，节上生根。叶鞘松弛，边缘被纤毛；叶舌膜质，长约0.5mm，顶端具纤毛；叶片质薄，狭条状披针形，长5~20cm，宽3~15mm，顶端渐尖，基部近圆形，几无毛或上面疏生柔毛。圆锥花序开展，长15~30cm，分枝纤细，斜举或平展，无毛；小穗稀疏着生于分枝上部，椭圆形，长2~3mm，绿色或有时带紫色，具细柄；第一颖近三角形，先端尖或稍钝，长约为小穗的1/2，具1~3脉，基部略包卷小穗，第二颖与第一外稃同形并且等长，均具5脉，顶端尖；第一小花内稃缺；第二小花外稃椭圆形，长约1.8mm，顶端尖，表面平滑光亮，成熟时呈黑褐色。花果期9—11月。

产于全省各地。生于农田、果园、水

图 9-439 糠稷

沟、路旁或山坡草丛中。分布于华东、华中、华南、西南及黑龙江、山东。日本、朝鲜半岛、菲律宾、印度和大洋洲也有。

可作饲料；也是果园、农田常见杂草。

2. 细柄黍 （图9-440）

Panicum sumatrense Roth ex Roem. et Schult. —— *P. psilopodium* Trin. —— *P. psilopodium* var. *epaleatum* Keng et S.L. Chen

图9-440 细柄黍

一年生草本。秆单生或少数丛生，直立或基部稍膝曲，高30～60cm。叶鞘松弛，无毛，压扁，下部者常长于节间；叶舌膜质，截形，长约1mm，顶端被纤毛；叶片条形，长8～15cm，宽0.4～0.6cm，质较柔软，顶端渐尖，基部圆钝，两面无毛。圆锥花序开展，长10～20cm，宽可达15cm，基部常为顶生叶鞘包裹；小穗卵状长圆形，长约3mm，顶端尖，无毛，有柄，顶端膨大，柄长于小穗；第一颖宽卵形，顶端尖，长约为小穗的1/3，具3～5脉，基部完全包裹小穗，第二颖长卵形，与小穗等长，顶端喙尖，具11～13脉；第一外稃与第二颖同形，近等长，具9～11脉，内稃薄膜质或缺失；第二外稃狭长圆形，革质，表面平滑，光亮，长约2.2mm。花果期7—10月。

产于临安、建德、柯城、北仑、鄞州、定海、普陀、椒江、遂昌。生于路旁或荒野。分布于台湾、贵州、云南和西藏。马来西亚、菲律宾、印度和斯里兰卡也有。

3. 短叶黍 （图9-441）
Panicum brevifolium L.

一年生草本。秆基部常伏卧地面，节上生根。叶鞘松弛，短于节间，被柔毛或边缘被纤毛；叶舌短小，膜质，顶端被纤毛；叶片卵形或卵状披针形，长2～6cm，宽1～2cm，顶端尖，基部心形抱秆，两面疏被粗毛，边缘粗糙或基部具疣基纤毛。圆锥花序开展，卵形，长5～15cm，主轴直立，常被柔毛，在分枝和小穗柄的着生处下具黄色腺点；小穗椭圆形，长1.5～2mm，具蜿蜒状的长柄；颖背部被疏刺毛，第一颖近膜质，长圆状披针形，稍短于小穗，具3脉，第二颖薄纸质，较宽，与小穗等长，背部突起，顶端喙尖，具5脉；第一小花外稃长圆形，与第二颖近等长，顶端喙尖，具5脉，内稃膜质，与外稃近等长；第二小花外稃卵圆形，长约1.2mm，顶端尖，具不明显的乳突。花果期5—12月。

产于瑞安、平阳。生于林下或林缘阴湿地。分布于江西、台湾、福建、广东、广西、贵州、云南。亚洲（东南部、南部）、非洲热带地区也有。

本种叶卵形或卵状披针形，小穗一面突起，第二小花外稃具乳突等特征，易与其他种区别。

图9-441 短叶黍

4. 铺地黍 （图9-442）
Panicum repens L.

多年生草本。根茎粗壮发达。秆质地坚硬，直立，下部常平卧，高50～100cm。叶鞘光滑，边缘具纤毛；叶舌短小，长约0.5mm，顶端被纤毛；叶片条形，质硬，长5～25cm，宽0.3～0.6cm，干时常内卷，呈锥形，上面被毛，下面光滑。圆锥花序开展，长5～20cm，分枝斜上，粗糙，具棱槽，下部裸露；小穗长圆形，长约3mm，无毛，顶端尖；第一颖长约为小穗的1/4，包卷小穗基部，顶端平截或圆钝，脉不明显，第二颖约与小穗近等长，顶端喙尖，具7～9脉；第一小花雄性，外稃与第二颖等长，雄蕊3；第二小花两性，长圆形，长约2mm，平滑、光亮，顶端尖。花果期5—10月。

图9-442 铺地黍

原产于欧洲。广泛分布于世界热带和亚热带地区。江西、福建、台湾、广东、海南、广西、四川、云南等地有归化。嘉兴、杭州、宁波、舟山、台州、温州的沿海县市区及青田、永嘉、文成等地有归化。生于海边、溪边、地边以及潮湿之处。

繁殖力特强，根系发达，可为高产牧草，但亦是难除杂草。

5. 柳枝稷（图9-443）
Panicum virgatum L.

多年生草本。根状茎具鳞片。秆直立，质地硬，高1～2m。叶鞘无毛，上部者短于节间；叶舌短小，长约0.5mm，顶端具纤毛；叶片条形，长20～40cm，宽约0.5cm，无毛或上面基部具长柔

图9-443 柳枝稷

毛。圆锥花序开展，长20～40cm，分枝粗糙，疏生小枝和小穗；小穗椭圆形，长约5mm，无毛，顶端尖；第一颖长为小穗的2/3～3/4，顶端尖，具5脉，第二颖与小穗等长，顶端喙尖，具7脉；第一外稃稍短于第二颖，但与之同形，具7脉，顶端喙尖，内稃较短；第二外稃长椭圆形，长约3mm，平滑光亮，顶端尖。花果期6—10月。

原产于北美。全世界普遍栽培用作牧草。我国也有引种。嘉善、杭州市区、宁波市区有栽培。

可作牧草；也可提炼乙醇燃料；还可用作园林绿植造景。

6. 洋野黍　水生黍　（图9-444）
Panicum dichotomiflorum Michx. — *P. paludosum* Roxb.

多年生草本。秆多分枝，高30～100cm，无毛。叶鞘圆筒状，平滑，有光泽；叶舌很短，顶端具长纤毛；叶片条状披针形，长5～35cm，宽0.7～2cm，上面粗糙，下面平滑。圆锥花序开展，长约30cm，主轴直立开展，次级分枝常紧缩，分枝粗糙，有棱；小穗卵状长椭圆形至披针状长椭圆形，顶端渐尖，长3.5～4mm，平滑；第一颖宽三角形，钝尖或圆钝，包围小穗基部，长为小穗的1/5～1/4，第二颖与小穗等长，具5～7脉；第一外稃与第二颖同形同大，内稃窄小或缺失；第二外稃长椭圆形，平滑且有光泽，具5脉，在成熟时较明显。花果期9—11月。

原产于北美。马来西亚、印度、美洲热带地区和一些温带地区国家有引种。台湾、福建、广东、广西、云南有归化。杭州市区、慈溪、瓯海有栽培或逸生。

图9-444　洋野黍

66 距花黍属 Ichnanthus P. Beauv.

一年生或多年生草本。秆伏地，下部分枝。叶片平展，条形至卵形，基部不对称。圆锥花序疏散或紧缩；每小穗含2小花，脱节于颖下或第二小花先落，单生或基部孪生，着生于花序单侧；小穗柄不等长；颖具3～7脉，近等长或第一颖较短；第一小花雄性或中性，外稃与第二颖相似，内稃膜质；第二小花两性，外稃革质，边缘包裹同质内稃，基部具附属体或缢痕。

约30种，主要分布于热带地区，以南美洲最多。我国1种；浙江也有。

大距花黍 （图9-445）

Ichnanthus pallens (Sw.) Munro ex Benth. var. **major** (Nees) Stieber —— *I. vicinus* (F.M. Bail.) Merr.

多年生草本。秆平卧地面，分枝上举，节上生根。叶鞘常短于节间，被毛或仅边缘具纤毛；叶舌膜质，顶部平截具纤毛；叶片卵状披针形至卵形，长3～8cm，宽1～2.5cm，顶端渐尖，基部斜心形，两面常被短柔毛或无毛，脉间有小横脉。圆锥花序顶生和腋生，长10～15cm，分枝上举，腋间具柔毛；小穗披针形，长3～5mm，无毛；颖革质，与小穗近等长，顶端尖，两颖间有明显的节相隔，第一颖具3脉，先端长渐尖，第二颖具5脉，渐尖，成熟后颖片开展；第一小花外稃草质，顶端略钝，具5脉，内稃椭圆形，膜质，狭小；第二小花

图9-445 大距花黍

外稃草质，长2～2.5mm，长圆形，顶端钝，基部两侧贴生膜质附属物，干枯时成两缢痕。花果期8—12月。

产于青田、瓯海、瑞安、平阳、苍南、泰顺。生于山谷林下潮湿处或河滩上。分布于江西、福建、湖南、台湾、广东、海南、广西、贵州、云南。亚洲东南部和南部、非洲西部、大洋洲、南美洲热带地区也有。

距花黍 *I. pallens* 小穗长2.5～4mm；颖片贴近花序主轴。分布于美洲，我国不产。

秆叶可作饲料。

67 囊颖草属 Sacciolepis Nash

一年生或多年生草本。秆直立或基部膝曲。叶片狭窄。圆锥花序紧缩呈圆柱状；小穗卵状披针形，略偏斜，含2小花，自膨大似盘状的小穗柄顶端脱落；颖不等长，第一颖较短，具透明膜质边缘，第二颖较宽，三角状卵形，背部圆突呈浅囊状，具7～11脉，脉粗壮；第一小花雄性或中性，外稃较第二颖狭，但等长，内稃狭，膜质透明；第二小花两性，外稃长圆形，厚纸质，边缘内卷，包裹着同质的内稃。

约30种，分布于热带和温带地区，多数产于非洲。我国有3种；浙江产1种。

囊颖草 （图9-446）
Sacciolepis indica (L.) Chase

一年生草本。秆直立或基部常膝曲，高20～70cm。叶鞘具棱脊，短于节间，无毛；叶舌膜质，顶端被短纤毛；叶片条形，长5～20cm，

图9-446 囊颖草

宽0.4～0.6cm，基部较窄。圆锥花序紧缩呈圆柱状，长3～15cm，主轴无毛，具棱；小穗卵状披针形，绿色或带紫色，长2.5～3mm，无毛或疏被微毛；第一颖长为小穗的1/3～2/3，常具3脉，基部包裹小穗，第二颖背部弓弯，基部囊状，等长于小穗，常具9脉；第一外稃等长于第二颖，通常9脉，第一内稃退化或短小；第二外稃平滑而光亮，长约为小穗的1/2，边缘包着同质的内稃。颖果椭圆形，长约0.8mm。花果期6—10月。

产于全省各地。生于水田边、路旁潮湿处、山坡荒地等处。分布于黑龙江、山东、安徽、江西、福建、河南、湖北、台湾、广东、海南、四川、贵州、云南。东南亚、南亚、非洲、大洋洲及日本也有。

68 求米草属 Oplismenus P. Beauv.

一年生或多年生草本。秆基部通常平卧地面，具分枝。叶片薄，扁平，卵形至披针形，稀条状披针形。圆锥花序狭窄，分枝或不分枝；小穗含2小花，卵圆形或卵状披针形，多少两侧压扁，近无柄，孪生、簇生，稀单生，着生于穗轴的一侧；颖近等长，第一颖具长芒，第二颖具短芒或无芒；第一小花中性，外稃等长于小穗，无芒或具小尖头，内稃存在或缺；第二小花两性，外稃纸质，后变坚硬，平滑光亮，顶端具微尖头，边缘质薄，内卷，包着同质的内稃。

5～9种，广泛分布于全世界热带和亚热带地区。我国有4种；浙江产2种。

1. 竹叶草 （图9-447）
Oplismenus compositus (L.) P. Beauv.

秆较纤细，基部平卧地面，节着地生根。叶鞘短于或上部者长于节间，近无毛或疏生毛；叶舌短小，膜质，顶端具纤毛；叶片披针形至卵状披针形，长3～8cm，宽0.5～2cm，基部多少抱茎而不对称，近无毛或边缘疏生纤毛，具横脉。圆锥花序长5～15cm，主轴无毛或疏生毛，分枝互生而疏离，长2～6cm；小穗孪生，稀上部者单生，长约3mm；颖草质，近等长，长约为小穗的

图9-447　竹叶草

1/2~2/3，边缘常被纤毛，第一颖先端芒长0.7~2cm，芒端具腺体，分泌黏液，第二颖顶端的芒长1~2mm；第一小花中性，外稃革质，与小穗等长，先端具芒尖，具7~9脉，内稃膜质，狭小或缺；第二小花外稃革质，平滑光亮，长约2.5mm，边缘内卷，包着同质的内稃。花果期9—11月。

产于景宁、鹿城、永嘉、瑞安、泰顺。生于疏林阴湿处。分布于华南、西南及江西、福建。东半球热带地区也有。

1a. 台湾竹叶草（变种）（图9-448）
var. **formosanus** (Honda) S.L. Chen et Y.X. Jin

小穗长3.5~4mm；第二颖的芒长达3mm；第二外稃顶端芒尖至具长约0.5mm的芒。

产于衢江（灰坪）、江山（仙霞岭）、景宁（沙湾）。生于疏林阴湿处。分布于台湾、广东、广西、贵州、四川、云南。

图9-448 台湾竹叶草

1b. 中间型竹叶草（变种）（图9-449）
var. **intermedius** (Honda) Ohwi

花序轴、穗轴、叶鞘和叶片密被长柔毛和长硬毛；第一颖芒长0.5~1cm。

产于永嘉、龙湾、瓯海、瑞安、平阳、苍南、泰顺。生于疏林下阴湿地。分布于台湾、广东、广西、四川、云南。日本、菲律宾也有。

图9-449 中间型竹叶草

2. 求米草 （图9-450）

Oplismenus undulatifolius (Ard.) P. Beauv.

秆较纤细，基部平卧地面，节处生根。叶鞘短于或上部者长于节间，密被疣基毛；叶舌膜质，短小，长约1mm；叶片披针形至卵状披针形，长2~8cm，宽0.5~1.8cm，皱缩不平，先端尖，基部略圆形而不对称，通常具细毛。圆锥花序长2~10cm，主轴密被疣基长刺毛，分枝短缩，有时下部的分枝延伸长达2cm；小穗卵圆形，被硬刺毛，长3~4mm，簇生于主轴或分枝的一侧，近顶端处孪生；颖草质，第一颖长约为小穗的1/2，具3~5脉，顶端具长0.5~1.5cm的硬直芒，芒端具腺体，分泌黏液，第二颖较第一颖长，顶端芒长2~5mm，具5脉；第一外稃草质，与小穗等长，具7~9脉，顶端芒长1~2mm，第一内稃常缺；第二外稃草质，长约3mm，平滑，结实时变硬，边缘包着同质的内稃。花果期7—11月。

产于全省各地。生于阴湿林下、林缘、山谷溪沟、石壁或山坡草丛中。分布于华北、华东、华中、华南、西南及陕西。北半球温带和亚热带地区均有。

与竹叶草的主要区别在于后者花序分枝长2~6cm；小穗孪生。

图9-450 求米草

2a. 双穗求米草(变种)(图9-451)

var. **binatus** S.L. Chen et Y.X. Jin

花序轴、叶鞘及叶片密被疣基毛或长刺毛；花序不分枝；小穗孪生于主轴上。

产于普陀、临海。生于疏林下阴湿处。分布于河北、江苏、安徽。

图9-451 双穗求米草

2b. 光叶求米草(变种)

var. **glaber** S.L. Chen et Y.X. Jin

除叶鞘边缘具毛外，其余均无毛；花序不分枝；小穗孪生于主轴上。

产于乐清。生于林下阴湿处。分布于山西、安徽、湖南、四川。

2c. 狭叶求米草(变种)(图9-452)

var. **imbecillis** (R. Br.) Hack.

叶鞘光滑无毛或边缘具纤毛；叶片狭披针形或线状披针形，长4～9cm，宽0.5～1cm，无毛或被微毛；花序轴及穗轴无毛；小穗通常具柔毛。

产于杭州市区、临安、余姚、衢江、常山、三门、临海、仙居、缙云、遂昌、龙泉、庆元、瑞安、文成、平阳。生于山坡、林下阴湿处。分布于江苏、安徽、江西、湖北、湖南、台湾、贵州、云南、陕西。日本也有。

图 9-452　狭叶求米草

2d. 日本求米草（变种）（图 9-453）
var. japonicus (Steud.) Koidz.

叶鞘无毛，仅边缘生纤毛；叶片阔披针形或狭卵状椭圆形，长 5~15cm，宽 1.2~3cm，无毛或粗糙，叶背常为紫红色；花序长达 15cm，主轴无毛；小穗近无毛。

产于杭州市区、临安、衢江、常山、江山、临海、遂昌、龙泉、庆元、瓯海、瑞安、文成、平阳、泰顺。生于林下草地阴湿处或石壁上。分布于华东及河北、山东、广东、广西、四川、云南、陕西。日本也有。

图 9-453　日本求米草

69 稗属 Echinochloa P. Beauv.

一年生或多年生草本。叶片条形。圆锥花序由穗形总状花序组成；小穗含2小花，背腹压扁，一面扁平，一面突起，单生或2或3个不规则地聚集于穗轴的一侧，近无柄；第一颖小，三角形，长为小穗的1/3~3/5，第二颖与小穗等长或稍短；第一小花中性或雄性，外稃革质或近革质，具芒或无芒，内稃膜质，稀缺失；第二小花两性，外稃成熟时变硬，顶端具极小尖头，平滑光亮，边缘厚而内抱同质的内稃，但内稃顶端外露。

约35种，分布于全世界热带和温带地区。我国有8种；浙江产4种。

分种检索表

1. 植株基部向外开展；第二外稃背部扁平，草质。
   2. 植株较矮小；花序分枝简单，不具小枝；小穗长不及3mm，无芒，成4行规则排列于花序分枝一侧 ··· **1. 光头稗 E. colona**
   2. 植株较高大；花序分枝通常具小枝；小穗长超过3mm，具芒或无芒，2至多行不规则聚集于花序分枝或小枝的一侧。
      3. 花序通常深紫色；小穗密集，芒长3~5cm ················· **2. 长芒稗 E. caudata**
      3. 花序绿色或紫红色；小穗中等密集，芒长0.5~1.5cm ················· **3. 稗 E. crusgalli**
1. 植株直立，基部不向外开展；第二外稃突起，革质，光亮 ················· **4. 硬稃稗 E. glabrescens**

1. 光头稗 （图9-454）
Echinochloa colona (L.) Link

一年生草本。秆细弱，直立，高10~60cm。叶鞘压扁具脊，无毛；叶舌缺；叶片扁平，条形，长3~20cm，无毛，边缘稍粗糙。圆锥花序狭窄，主轴具棱，通常无疣基长毛，棱边粗

图 9-454　光头稗

糙，花序分枝长1～2cm，不具小枝，排列稀疏；穗轴无疣基长毛或仅基部被1～2根疣基长毛；小穗卵圆形，长2～2.5mm，具小硬毛，无芒，较规则地成4行排列于穗轴的一侧；第一颖三角形，长约为小穗的1/2，具3脉，第二颖与第一外稃等长而同形，顶端具小尖头，具5～7脉；第一小花常中性，外稃具7脉，内稃膜质，稍短于外稃，脊上被短纤毛；第二小花外稃椭圆形，边缘内卷，包裹同质的内稃，但内稃顶端露出。花果期夏秋季。

产于全省各地。生于农田、路边荒地等较潮湿处。分布于华东、华中、华南、西南及河北、陕西、新疆等地。广泛分布于全世界的温暖地区。

可作青饲料；也是农田杂草。

2. 长芒稗 （图9-455）
Echinochloa caudata Roshev. — *E. crusgalli* (L.) P. Beauv. var. *caudata* (Roshev.) Kitag.

图9-455 长芒稗

一年生草本。秆丛生，高1～2m。叶鞘无毛或常具疣基毛，或仅具粗糙毛，或仅边缘具毛；叶舌缺；叶片条形，长10～40cm，宽1～2cm，两面无毛，边缘增厚而粗糙。圆锥花序稍下垂，长10～25cm，主轴粗糙，具棱，疏被疣基长毛，分枝密集，常再分小枝；小穗卵状椭圆形，常为紫色，长3～4mm，脉上具硬刺毛，有时疏生疣基毛；第一颖三角形，长为小穗的1/3～2/5，先端尖，具三脉，第二颖与小穗等长，顶端具短芒，具5脉；第一外稃草质，顶端芒长3～5cm，具5脉，脉上疏生刺毛，内稃膜质，先端具细毛，边缘具细睫毛；第二外稃革质，光亮，边缘包着同质的内稃。花果期6～10月。

产于全省各地。生于农田、沟渠、河边等潮湿处。分布于黑龙江、吉林、内蒙古、河北、山西、江苏、安徽、江西、河南、湖南、四川、贵州、云南、新疆等地。亚洲北部和东部也有。

可作青饲料；也是农田杂草。

3. 稗 (图9-456)

Echinochloa crusgalli (L.) P. Beauv. — *E. hispidula* (Retz.) Nees — *E. crusgalli* var. *hispidula* (Retz.) Honda

一年生草本。秆基部倾斜或膝曲，光滑无毛，高50～150 cm。叶鞘疏松裹秆，平滑无毛，下部者长于而上部者短于节间；叶舌缺；叶片扁平，条形，长10～40 cm，宽0.2～1.2 cm，无毛，边缘粗糙。圆锥花序主轴具棱，粗糙或具疣基长刺毛，分枝常再分小枝；穗轴粗糙或具疣基长刺毛；小穗长3～4 mm，具短柄或近无柄，密集在穗轴的一侧；第一颖长为小穗的1/3～1/2，具3～5脉，脉上具疣基毛，第二颖先端渐尖或具小尖头，具5脉，脉上具疣基毛；第一小花常中性，外稃草质，具7脉，脉上具疣基刺毛，顶端延伸成一粗壮的芒，芒长0.5～1.5 cm，内稃膜质，具2脊；第二小花外稃椭圆形，平滑光亮，成熟后变硬，顶端具小尖头，尖头上具1圈细毛，边缘内卷，包着同质的内稃，但内稃顶端露出。花果期6—11月。

产于全省各地。生于稻田、沟渠、池塘、河流等潮湿处。分布遍及全国。全世界亚热带和温带地区均有。

可作青饲料；也是农田常见杂草。

图9-456 稗

3a. 小旱稗(变种)(图9-457)
var. austrojaponensis Ohwi

图9-457 小旱稗

植株较矮小,高20~40cm;叶片宽2~5mm;圆锥花序较狭窄,分枝常贴向主轴;小穗长2.5~3mm,常带紫色,脉上被硬刺毛,无芒或具短芒。

产于莲都、文成。生于水沟边或潮湿草丛。分布于江苏、江西、湖南、台湾、广东、广西、贵州、云南等地。日本、菲律宾也有。

3b. 无芒稗(变种)(图9-458)
var. mitis (Pursh) Peterm.

图9-458 无芒稗

小穗卵状椭圆形,长约3mm,无芒或芒极短,芒长常不超过0.5mm,脉上被疣基硬毛。

产于全省各地。生于沟渠、水田或路边草丛中。分布遍及全国。全世界亚热带和温带地区均有。

3c. 西来稗(变种)(图9-459)
var. zelayensis (Kunth) Hitchc.

图9-459 西来稗

圆锥花序分枝上不再分枝;小穗顶端具小尖头而无芒,脉上无疣基毛,疏生硬刺毛。

产于全省各地。生于沟渠、田边或路边草丛。分布遍及全国。美洲也有。

4. 硬稃稗 （图9-460）
Echinochloa glabrescens Kossenko

秆直立或基部稍倾斜而展开，高50~120cm。叶鞘光滑无毛；叶舌缺；叶片扁平，条形，长10~30cm，宽0.6~1.2cm，两面无毛，先端渐尖，边缘变厚。圆锥花序狭窄，分枝长1~4cm，分枝上不具小枝；小穗长3~3.5mm，无芒或具芒；第一颖长为小穗的1/3~1/2，先端尖，具5脉，第二颖与小穗等长，具5脉，脉上具硬刺毛；第一小花中性，外稃革质，具5脉，脉上具疣基毛，内稃膜质；第二小花外稃革质，光滑，边缘包着同质的内稃。颖果阔椭球形。花果期夏秋季。

图9-460　硬稃稗

产于海宁。生于田边潮湿处。分布于江苏、台湾、广东、广西、四川、贵州、云南等地。亚洲东部和南部、非洲也有。

70 臂形草属　Brachiaria (Trin.) Griseb.

一年生或多年生草本。叶片平展。圆锥花序顶生，由2至数个总状花序组成；小穗背腹压扁，具短柄或近无柄，单生或孪生，交互成两行排列于穗轴一侧，含1或2小花，第一小花雄性或中性，第二小花两性；第一颖长约为小穗的一半，向轴而生，基部包卷小穗，第二颖与第一小花的外稃等长，同质同形；第二小花的外稃骨质，背部突起，背面离轴而生，单生小穗尤为明显，边缘稍内卷，包裹同质的内稃；鳞被2；花柱基分离。

约100种，主要分布于亚洲、欧洲、非洲热带和亚热带地区，非洲种类最多。我国有9种；浙江产1种。

毛臂形草 （图9-461）
Brachiaria villosa (Lam.) A. Camus

一年生草本。植株密被柔毛，秆基部倾斜。叶鞘被柔毛，尤以鞘口及边缘更密；叶舌小，具纤毛；叶片卵状披针形，长1~6cm，宽0.3~1cm，先端急尖，边缘呈波状皱褶，基部钝圆。圆锥花序由4~8枚总状花序组成，总状花序长1~3cm，主轴与穗轴密生柔毛；小穗卵形，长约2.5mm，常单生；小穗柄长不及1mm，具毛；第一颖长约为小穗的一半，具3脉，第二颖等长或略短于小穗，具5脉；第一小花中性，外稃与小穗等长，具5脉，内稃膜质；第二小花外稃革质，稍包裹同质的内稃。颖果椭球形，先端尖，具细横纹。花果期5—10月。

产于全省各地。生于果园、田野或山坡草地。分布于华东、华中、华南、西南及陕西、甘肃等地。亚洲（东部、东南部和南部）、非洲也有。

图9-461 毛臂形草

71 野黍属 Eriochloa Kunth

一年生或多年生草本。秆具分枝。叶片平展或卷合。圆锥花序顶生，由数枚总状花序组成；小穗单生或孪生，成两行覆瓦状排列于穗轴之一侧，含2小花，第一小花中性或雄性，第二小花两性；第一颖极退化，与第二颖下的穗轴愈合膨大形成环状或珠状的小穗基盘，第二颖与第一外稃等长于小穗，均近膜质；第二外稃革质，边缘稍内卷，包着同质而钝头的内稃。

约30种，分布于全球热带与温带地区，尤其是非洲和美洲热带地区种类丰富。我国有2种；浙江产1种。

野黍 （图9-462）

Eriochloa villosa (Thunb.) Kunth

一年生草本。秆直立或基部平卧，基部分枝，节具髭毛。叶鞘松弛抱茎，无毛或被毛；叶舌短小，具长约1mm的纤毛；叶片扁平，长5~25cm，宽0.5~1.5cm，正面具微毛，背面光滑，边缘粗糙。圆锥花序狭长，密生柔毛，由4~8枚总状花序组成，总状花序密生柔毛，常排列于主轴的一侧；小穗卵状披针形，长4.5~5mm；小穗柄极短，密生长柔毛；第二颖与第一外稃皆为膜质，等长于小穗，均被柔毛；第二外稃革质，稍短于小穗，先端钝，背面具细点状皱纹，边缘稍包裹同质的内稃。颖果卵球形。花果期6—11月。

产于全省各地。生于山坡、田野或河岸。分布于华东、西南及黑龙江、吉林、内蒙古、山东、河南、湖北、台湾、广东、陕西。俄罗斯（远东地区）、日本、朝鲜半岛、越南也有。

可作饲料；谷粒含淀粉，可食用。

图9-462　野黍

72 雀稗属 Paspalum L.

多年生草本。秆丛生，直立，或具匍匐茎和根状茎。叶片条形或狭披针形，扁平或卷折。穗形总状花序2至多枚呈指状或总状排列于茎顶或伸长主轴上；穗轴扁平，具狭窄或较宽的翼；小穗单生或孪生，几无柄或具短柄，2~4行排列于穗轴单侧，含2小花，第一小花雄性或中性，第二小花两性；第一颖常缺，稀存在，第二颖膜质或厚纸质；第一小花外稃与第二颖同形同质，内稃缺；第二小花外稃背部隆起，对向穗轴，成熟后变硬，近革质，顶端钝圆，边缘狭窄内卷，内稃背部外露甚多。

约330种，分布于全世界热带与温带地区，以美洲热带地区种类尤为丰富。我国有16种；浙江有7种。

分种检索表

1. 小穗边缘或顶端具丝状柔毛。
    2. 总状花序2枚,对生;植株具匍匐茎。
        3. 总状花序长6~12cm,穗轴柔软;小穗长约2mm,卵形 ·················· 1. 两耳草 P. conjugatum
        3. 总状花序长3~5cm,穗轴硬直;小穗长约3mm,倒卵状长圆形 ······· 2. 双穗雀稗 P. distichum
    2. 总状花序3~20枚,互生于伸长的穗轴上,大多不具匍匐茎。
        4. 总状花序10枚以下;小穗长3~4mm ························· 3. 毛花雀稗 P. dilatatum
        4. 总状花序10~20枚;小穗长2~3mm ·························· 4. 丝毛雀稗 P. urvillei
1. 小穗无毛或被微毛,但不具丝状柔毛。
    5. 小穗被微毛。
        6. 叶鞘、叶片通常无毛;小穗孪生,长约2mm,在穗轴上排成4行 ······ 5. 长叶雀稗 P. longifolium
        6. 叶鞘、叶片具柔毛;小穗单生,长约3mm,在穗轴上排成2~4行 ········ 6. 雀稗 P. thunbergii
    5. 小穗无毛 ··· 7. 鸭乸草 P. scrobiculatum

1. 两耳草 (图9-463)

Paspalum conjugatum P. J. Bergius

多年生草本。植株具匍匐茎。秆直立部分高20~60cm。叶鞘松弛具脊,无毛或上部边缘及鞘口具柔毛;叶舌极短;叶片条状披针形,长5~20cm,宽0.5~1cm,无毛或边缘具疣基柔毛。总状花序通常2,纤细,长6~12cm,穗轴宽约0.8mm,边缘有锯齿;小穗柄长约0.5mm;小穗卵形,长2mm,顶端突尖,覆瓦状排成两行;第二颖与第一外稃透明,第二颖边缘具长丝状柔毛;第二外稃卵形,质地硬,背面略隆起,包卷同质的内稃。颖果卵形,长约1.2mm。花果期5—9月。

图9-463 两耳草

原产于美洲热带地区。归化于热带和亚热带地区。河北、江苏、江西、福建、河南、湖南、台湾、广东、海南、广西、四川、贵州、云南和西藏等地有归化。莲都、松阳也有归化。生于河漫滩潮湿地。

可作饲料。

2. 双穗雀稗 （图9-464）
Paspalum distichum L.

多年生草本。匍匐茎粗壮，长达1m，直立部分高20～50cm，节上被柔毛。叶鞘短于节间，背部具脊，边缘或上部被柔毛；叶舌长2～3mm，无毛；叶片披针形，长5～15cm，宽0.3～0.7cm，无毛。总状花序通常2，长3～5cm；穗轴宽1.5～2mm；小穗单生，倒卵状长圆形，长约3mm，顶端尖，疏生微柔毛，成2行排列于穗轴一侧；第一颖退化或微小，第二颖贴生柔毛，具明显的中脉；第一小花外稃具3～5脉，通常无毛，顶端尖；第二小花外稃草质，与小穗等长，顶端尖，被毛。花果期5—9月。

产于全省各地。生于田边、溪沟或潮湿草地。分布于华东、华中、华南、西南及山东。广泛分布于全世界热带和温带地区。

可作饲料，为优良牧草；也是一种多年生杂草。

图9-464 双穗雀稗

3. 毛花雀稗 （图9-465）
Paspalum dilatatum Poir.

多年生草本。具短根状茎。秆丛生，直立或基部倾斜。叶鞘光滑，松弛抱秆；叶舌膜质，长1～5mm；叶片条状披针形，长10～40cm，宽0.5～1cm，中脉明显，无毛。总状花序3～6，长5～8cm，分枝腋间具长柔毛；小穗孪生，卵形，长3～4mm，成4行排列于穗轴的一侧；第二颖等长于小穗，具7～9脉，表面散生短毛，边缘具长纤毛；第一小花外稃相似于第二颖，但边缘不

图 9-465 毛花雀稗

具纤毛；第二外稃卵状圆形，长2～2.5mm。花果期5—7月。

原产于南美洲。全世界热带和温暖地区有归化。上海、湖北、福建、台湾、广东（香港）、广西、贵州、云南有归化。椒江（大陈岛及附近岛屿）也有。生于山坡、路旁草丛中。

4. 丝毛雀稗 （图9-466）
Paspalum urvillei Steud.

多年生大型草本。根状茎短。秆丛生，高50～150cm。叶鞘密被糙毛，鞘口具长柔毛；叶舌长3～5mm；叶片披针状条形，长15～30cm，宽0.5～1.5cm，无毛或基部生毛。总状花序10～20枚，长8～15cm，组成长20～40cm的大型总状圆锥花序；小穗卵形，顶端尖，长2～3mm，边缘密生丝状柔毛；第二颖与第一

图 9-466 丝毛雀稗

外稃同形且等长,具3脉,侧脉位于边缘;第二外稃椭圆形,革质,平滑。花果期5—10月。

原产于南美洲。全世界温暖地区有归化。福建、台湾、广东(香港)等地有归化。临海、温岭、鹿城、龙湾、瑞安、文成、平阳、苍南等地有归化。生于村旁路边、荒地和河漫滩草丛中。

5. 长叶雀稗 (图9-467)
Paspalum longifolium Roxb.

多年生草本。秆单生或丛生,粗壮直立,高80～120cm。叶鞘长于节间,背部具脊,边缘具疣基长柔毛;叶舌长1～2mm;叶片条状披针形,长20～50cm,宽0.5～1cm,无毛。总状花序4～9,长5～8cm,分枝腋间常具长柔毛;小穗孪生,宽倒卵形,长约2mm,成4行排列于穗轴一侧;第二颖与第一小花外稃近等长,被卷曲的细毛,具3脉,顶端稍尖;第二小花外稃倒卵形,黄绿色,后变硬。花果期7—10月。

图9-467 长叶雀稗

产于象山、普陀、岱山、开化、椒江、玉环、龙泉、庆元、洞头、永嘉、瑞安、文成、平阳、苍南、泰顺。生于山坡、路旁、林缘或溪沟边。分布于福建、台湾、广东、海南、广西、云南。亚洲（东部、东南部、南部）、大洋洲也有。

6. 雀稗 （图9-468）

Paspalum thunbergii Kunth ex Steud.

多年生草本。秆丛生，直立，高50～100cm，节被长柔毛。叶鞘松弛具脊，长于节间，被柔毛；叶舌膜质，长0.5～1.5mm；叶片条形，长10～25cm，宽0.5～0.8mm，两面密被柔毛。总状花序3～6，长5～10cm，分枝腋间具长柔毛；穗轴宽约1mm；小穗单生，椭圆状倒卵形，长约3mm，散生微柔毛，顶端圆或微突，成2～4行排列；第二颖与第一外稃等长，膜质，具3脉，边缘具明显微柔毛；第二外稃等长于小穗，革质，具光泽。花果期5—10月。

产于全省各地。生于山坡、路旁、荒野潮湿地。分布于华东、华中、华南、西南及山东、陕西。日本、朝鲜半岛、不丹、印度也有。

图9-468　雀稗

7. 鸭跖草
Paspalum scrobiculatum L.

多年生或一年生草本。秆直立或基部倾卧地面，高30～90cm。叶鞘大多无毛，长于节间或上部者短于节间，常压扁成脊；叶舌长0.5～1mm；叶片披针形或条状披针形，长10～20cm，宽0.4～1.2cm，通常无毛，边缘微粗糙，顶端渐尖，基部近圆形。总状花序2～5，长3～10cm，着生于长2～6cm的主轴上，直立或开展；穗轴宽1.5～2.5mm，边缘粗糙；小穗通常单生，圆形至宽椭圆形，长2.5～3mm，成2行排列于穗轴一侧；第一颖缺失，第二颖具7～13脉；第一小花外稃具7～9脉，膜质或有时变硬，边缘有横皱纹；第二小花外稃革质，暗褐色，等长于小穗。

分布于台湾、海南、广西和云南。东半球热带、亚热带地区均有。浙江不产。

7a. 南雀稗（变种）
var. **bispicatum** Hack. —— *P. commersonii* Lam.

多年生；叶片狭窄，宽0.2～0.6cm，通常具毛，稀无毛；小穗近圆形，长2～2.5mm；第二颖与第一外稃具5～7脉。花果期7—10月。

产于临海。生于海拔200m以下的丘陵山坡草地。分布于福建、广东、广西、江苏、四川、台湾、云南。东半球热带及亚热带地区均有。

7b. 圆果雀稗（变种）（图9-469）
var. **orbiculare** (G. Forst.) Hack. —— *P. orbiculare* G. Forst.

多年生；总状花序中部小穗通常孪生，宽倒卵形，长2～2.2mm；第二颖与第一外稃通常具3脉；第二外稃成熟后呈黄褐色。花果期6—11月。

产于全省各地。生于荒坡草地、路旁及田间。分布于华东、华南、西南及湖北。亚洲东南部、大洋洲也有。

图9-469　圆果雀稗

73 膜稃草属 Hymenachne P. Beauv.

多年生草本。具匍匐茎。植株中等大或较高大。叶片条形，扁平。圆锥花序顶生，紧缩呈穗状或较疏散；小穗披针形，背腹压扁，孪生或簇生于穗轴一侧之各节，具长短不一的短柄，含2小花，第一小花雄性或中性，第二小花两性；第一颖微小，第二颖与第一外稃近等长，草质；第二外稃膜质或薄纸质，稍内卷或扁平，覆盖同质的内稃；雄蕊3。

4种，分布于全球热带和亚热带地区。我国有3种；浙江有1种。

展穗膜稃草 （图9-470）
Hymenachne patens L. Liou

多年生沼生草本。秆下部匍匐，节处生根，直立部分高60cm，具4~5节。叶鞘短于节间，节部密生柔毛；叶舌长约0.5mm；叶片披针形条形，长10~20cm，宽5~10mm，先端渐尖，基部圆形抱茎，无毛。圆锥花序疏展，长13~20cm，宽约5cm，分枝长2~6cm；小穗孪生，稀3枚簇生，具长0.5~2mm的短柄，绿色或带褐色，长3.3~3.8mm，宽约1mm，顶端尖；第一颖长为小穗的1/3~1/2，具3脉，第二颖略短于小穗，草质，具5条隆起的脉，边缘膜质；第一小花中性，仅剩草质外稃，长约3.5mm；第二小花两性，外稃膜质，长2.5~3mm，包卷同质但较短的内稃；雄蕊3，花药淡黄色。花果期10—12月。

产于温州龙湾（天柱寺附近）。生于田边沟渠浅水中。分布于安徽、江西、福建。

本种外形接近野古草，但后者秆下部不匍匐，节处不生根，第一颖长超过小穗的1/2，第二颖与小穗近等长，第二外稃硬纸质而明显不同。

图9-470 展穗膜稃草

74 马唐属 Digitaria Haller

一年生或多年生草本。秆丛生，直立或基部横卧地面，节上生根。叶片条状披针形至条形，扁平。总状花序细弱，2至多枚呈指状排列于茎顶或着生于短缩的主轴上；小穗2～3枚着生于穗轴各节，小穗柄长短不等，下方一枚近无柄，互生于穗轴的一侧，穗轴扁平具翼或狭窄呈三棱状条形；第一颖短小或缺，第二颖披针形，草质，等长或短于同质的第一外稃；第一外稃与小穗等长或稍短，通常具柔毛或具多种毛被；第二外稃厚纸质或软骨质，顶端尖，背部隆起，边缘膜质扁平，覆盖同质的内稃。颖果长圆状椭球形。

约250种，分布于全世界热带和亚热带地区。我国有22种；浙江产5种。

分种检索表

1. 小穗2～3枚簇生，椭圆形，长1.5～2.2mm，为宽的1.5～2倍。
　　2. 小穗具棒毛，毛先端膨大 ·· 1. 止血马唐 **D. ischaemum**
　　2. 小穗具柔毛。
　　　　3. 多年生草本，具长匍匐茎；秆、叶鞘、叶片密生柔毛 ················ 2. 绒马唐 **D. mollicoma**
　　　　3. 一年生草本；秆及叶鞘无毛，叶片无毛或上面基部及鞘口生柔毛 ······ 3. 紫马唐 **D. violascens**
1. 小穗孪生，披针形，长3～3.5mm，为宽的3～4倍。
　　4. 叶片宽大；小穗披针形，长约为宽的3倍；第一外稃正面具5脉 ············ 4. 升马唐 **D. ciliaris**
　　4. 叶片短小；小穗窄披针形，长约为宽的4倍；第一外稃正面具3脉 ············ 5. 红尾翎 **D. radicosa**

1. 止血马唐 （图9-471）

Digitaria ischaemum (Schreb.) Muhl.

一年生草本。秆丛生，高10～40cm。叶鞘具脊，无毛或疏生柔毛，除基部者外均短于节间；

图9-471　止血马唐

叶舌膜质，长约0.6mm；叶片条状披针形，长5~10cm，宽0.1~0.5cm，顶端渐尖，基部近圆形，多少具长柔毛。总状花序2~4枚近指状排列于秆顶部；穗轴宽0.6~1.2mm；小穗椭圆形，2~3枚着生于各节，长约2mm，约为宽的2倍，具棒毛，毛先端膨大；第一颖缺，第二颖具3脉，等长或稍短于小穗；第一外稃具5脉，与小穗等长，脉间及边缘具细柱状棒毛或无毛；第二外稃成熟后紫褐色。花果期6—11月。

产于杭州市区、临安、定海、开化、遂昌、龙泉、庆元。生于田野、荒野或山坡潮湿处。分布于东北、华北、西北及江苏、安徽、福建、河南、台湾、四川、西藏。欧亚大陆温带地区广泛分布，北美洲温带地区有归化。

2. 绒马唐
Digitaria mollicoma (Kunth) Henrard

多年生草本。秆下部倾卧地面或具长匍匐茎，密生疣基柔毛，节具分枝，直立部分高20~50cm。叶鞘具脊，稍短于节间，密生疣基柔毛；叶舌长1~2mm，平截；叶片披针形至条状披针形，长2~6cm，宽0.3~0.5cm，边缘增厚，两面密生疣基柔毛，顶端渐尖。总状花序2~4枚呈伞房状，长3~6cm；穗轴具翼，宽约1mm，边缘粗糙；小穗椭圆形，常3枚着生于各节，顶端尖，长约2mm，约为宽的2倍；小穗柄具短毛，上部具少数较长糙毛，长柄长约2mm，短柄长约1mm；第一颖长约0.4mm，透明膜质，顶端平截，第二颖近等长或稍短于小穗，具3~5脉，边缘生柔毛，脉间多少贴生柔毛；第一外稃等长于小穗，5脉近等距，于先端汇合，脉间与边缘具柔毛，有时脉间毛少；第二外稃黄色至褐色，有细条纹。花果期8—10月。

产于普陀。生于滨海沙地中。分布于江西、台湾。马来西亚、印度尼西亚、菲律宾及太平洋岛屿也有。

3. 紫马唐 （图9-472）
Digitaria violascens Link

一年生草本。秆疏丛生，高20~70cm，无毛。叶鞘短于节间，无毛；叶舌膜质，长1~2mm；叶片条状披针形，长5~15cm，宽0.2~0.7cm，无毛或上面基部及鞘口具柔毛。总状花序4~7枚呈指状排列于茎顶；穗轴宽0.5~1mm；小穗椭圆形，2~3枚生于各节，长1.5~1.8mm，约为宽的1.5~2倍；第一颖缺，第二颖稍短于小穗，具3脉，脉间及边缘生柔毛；第一外稃与小穗等长，具5脉，脉间及边缘生柔毛或无毛；第二外稃与小穗近等长，顶端尖，有纵行颗粒状粗糙，紫褐色。花果期7—11月。

产于全省各地。生于山坡草地、荒野或路边草丛中。分布于华北、华东、华中、华南、西南及青海、新疆。东南亚、南亚及大洋洲、南美洲也有。

为优良牧草；也是农田常见杂草。

图9-472　紫马唐

4. 升马唐　纤毛马唐（图9-473）

Digitaria ciliaris (Retz.) Koeler

一年生草本。秆基部横卧地面，节处生根，具分枝，高30～90cm。叶鞘常短于节间，多少具柔毛；叶舌膜质，长约2mm；叶片条形或披针形，长5～20cm，宽0.3～1cm，上面散生柔毛，边缘稍厚，微粗糙。总状花序5～8枚呈指状排列于茎顶；穗轴宽约1mm；小穗披针形，孪生于穗轴一侧，长3～3.5mm，约为宽的3倍；第一颖小，三角形，第二颖披针形，长约为小穗的2/3，具3

脉、脉间及边缘生柔毛;第一外稃等长于小穗,具7脉,中脉两侧的脉间较宽而无毛,其他脉间贴生柔毛,边缘有时具长柔毛;第二外稃椭圆状披针形,革质,黄绿色或带铅色,等长于小穗。花果期5—10月。

产于全省各地。生于农作地、路旁、荒野或山坡草丛中。分布于全国各地。遍及全球的热带、亚热带地区,非洲较少。

为优良牧草;也是农田常见杂草。

图9-473 升马唐

4a. 毛马唐（变种）（图9-474）

var. **chrysoblephara** (Fig. et De Not.) R.R. Stewart — *D. chrysoblephara* Fig. et De Not.

第一外稃侧脉间及边缘成熟后具开展的长柔毛和疣基长刚毛。

产于全省各地。生于路旁、田野等潮湿处。分布于东北、华北、华东及河南、广东、海南、四川、陕西、甘肃等地。遍及世界亚热带和温带地区。

《中国植物志》和《浙江植物志》将其作为独立的种，但据笔者观察，升马唐第一外稃中脉两侧的脉间较宽而无毛，其他脉间贴生柔毛或无毛，边缘有时具长柔毛，有时存在部分小穗第一外稃侧脉间及边缘成熟后具开展的长柔毛和疣基长刚毛的现象，赞同 *Flora of China* 将其作为升马唐变种处理。

图9-474 毛马唐

5. 红尾翎 短叶马唐 （图9-475）

Digitaria radicosa (J. Presl) Miq.

一年生草本。秆基部匍匐，节上生根，具分枝，直立部分高30～50cm。叶鞘短于节间，无毛或散生柔毛；叶舌膜质，长约1mm；叶片披针形，较小，长2～6cm，宽3～7mm，下面及顶端微粗糙，无毛或贴生短毛，下部具少数疣基柔毛。总状花序2～4枚着生于长1～2cm的主轴上，穗轴具翼，无毛，边缘近平滑至微粗糙；小穗狭披针形，孪生于穗轴一侧，长约3mm，约为宽的4倍；第一颖小，三角形，长约0.2mm，第二颖长为小穗的1/3～2/3，具1～3脉，脉间与边缘具柔毛；第一外稃等长于小穗，具5～7脉，中脉与其两侧的脉间距离较宽，侧脉及边缘生柔毛；第二外稃黄色，厚纸质，有纵细条纹。花果期6—10月。

产于全省各地。生于路边、荒地潮湿草丛中。分布于安徽、福建、台湾、广东、海南、云南。

图 9-475 红尾翎

亚洲（东部、东南部和南部）、太平洋和印度洋岛屿及马达加斯加也有。

75 狗尾草属 Setaria P. Beauv.

一年生或多年生草本。秆直立或基部膝曲。圆锥花序紧缩呈圆柱形；小穗椭圆形或披针形，含1~2小花，全部或部分小穗下托以1至数枚宿存的刚毛；小穗轴脱节于极短且呈杯状的小穗柄上，并与宿存的刚毛分离；颖不等长，第一颖卵形至圆形，长为小穗的1/4~1/2，具3~5脉或无脉，第二颖短于或等长于第一外稃，具5~7脉；第一小花雄性或中性，外稃与第二颖同质，包裹纸质或膜质的内稃；第二小花两性，外稃革质，成熟时背部隆起，平滑或具横条状皱纹，包着同质的内稃。颖果椭圆状球形或卵状球形。

约130种，广泛分布于全球热带、亚热带及温带地区。我国有14种；浙江有8种。

分种检索表

1. 圆锥花序疏松呈塔形、圆锥形、长圆状披针形或条形；部分小穗和全部小穗下具1枚刚毛。
　　2. 叶片条形或条状披针形，扁平不具纵向皱褶，基部不窄缩成柄状。
　　　　3. 植株具横走根茎；第一小花中性 ··· **1. 莩草 S. chondrachne**
　　　　3. 植物无横走根茎；第一小花通常雄性 ·· **2. 西南莩草 S. forbesiana**
　　2. 叶片宽披针形，具明显纵向皱褶，基部窄缩成柄状。
　　　　4. 植株粗壮高大；叶鞘被粗疣基毛；叶片宽2~8cm；第二外稃皱纹不显著 ··· **3. 棕叶狗尾草 S. palmifolia**
　　　　4. 植株较细弱；叶鞘疏生疣基毛或短毛；叶片宽0.5~3cm；第二外稃皱纹显著 ··· **4. 皱叶狗尾草 S. plicata**

1. 圆锥花序紧缩成圆柱状;全部小穗下具数枚刚毛。
    5. 花序主轴上每小枝具1枚成熟小穗;第二颗长为小穗的一半 ················· 5.金色狗尾草 S. pumila
    5. 花序主轴上每个小枝通常具3枚以上成熟小穗;第二颗长为小穗的3/4或稍短于小穗。
        6. 谷粒成熟后与第一小花外稃分离而脱落;栽培植物 ····················· 6.小米 S. italica
        6. 谷粒成熟后与第一小花外稃一起脱落;野生植物。
            7. 小穗长2.5～3mm,先端尖;第二颗长约小穗的3/4;成熟后小穗肿胀 ···· 7.大狗尾草 S. faberi
            7. 小穗长2～2.5mm,先端钝;第二颗等长于小穗;成熟后小穗稍肿胀 ······· 8.狗尾草 S. viridis

1. 莩草 （图9-476）
Setaria chondrachne (Steud.) Honda

多年生草本。具横走根茎,根茎上的鳞片密生棕色毛。秆直立,高60～120cm,基部质地较硬,光滑。叶鞘边缘及鞘口具白色长纤毛;叶舌极短,长约0.5mm,具纤毛;叶片扁平,条状披针形或条形,长5～25cm,宽0.5～1.5cm,先端渐尖,基部圆形,两面无毛。圆锥花序长圆状披针形或条形,长10～20cm,主轴具棱,具短毛和极疏长柔毛,分枝斜向上举,下部的分枝长1.5～2.5cm;小穗椭圆形,顶端尖,长约3mm,常托以1枚刚毛,刚毛长4～10mm;第一颗卵形,长为小穗的1/3～1/2,具3～5脉,边缘膜质,第二颗长为小穗的3/4,顶端尖,具5～7脉;第一小花中性,外稃与小穗等长,顶端尖,具5脉,内稃薄膜质,狭窄,短于外稃;第二外稃等长于第一外稃,顶端呈喙状小尖头,平滑光亮。花果期8—11月。

产于杭州市区、临安、建德、宁海、泰顺。生于林下阴湿处。分布于江苏、安徽、江西、河南、湖北、湖南、广西、四川、贵州、云南。日本和朝鲜半岛也有。

图9-476 莩草

2. 西南莩草 （图9-477）

Setaria forbesiana (Nees ex Steud.) Hook. f.

图9-477　西南莩草

多年生草本。无横走根状茎。秆直立或基部膝曲，高60～170cm，基部直径2～4mm，光滑无毛。叶鞘无毛，边缘具长2～4mm的纤毛；叶舌短小，具长约3mm的纤毛；叶片条形或条状披针形，长10～40cm，宽0.4～2cm，扁平，先端渐尖，基部钝圆或狭窄，无毛。圆锥花序长10～30cm，宽1～4cm，直立或微下垂，主轴具棱，被微毛而粗糙或具疏长柔毛，分枝短或稍延长；小穗椭圆形或卵圆形，长约3mm，具1枚刚毛；第一颖宽卵形，长为小穗的1/3～1/2，边缘质较薄，具3～5脉，第二颖长为小穗的2/3～3/4，先端钝圆，具7～9脉；第一小花雄性或中性，外稃、内稃与小穗等长，外稃具3～5脉，内稃具2脉；第二外稃等长于第一外稃，革质，具细点状皱纹，成熟时背部极隆起，同质内稃先端具小硬尖头。花果期7—10月。

产于临安、淳安、遂昌（九龙山）、龙泉（凤阳山）等地。生于山谷溪边阴湿地及山坡草地上。分布于湖北、湖南、广东、广西、四川、贵州、云南、陕西、甘肃等地。缅甸、印度北部、尼泊尔、不丹也有。

3. 棕叶狗尾草 （图9-478）

Setaria palmifolia (J. Koenig) Stapf

多年生草本。秆直立，粗壮，高1～2m，直径3～7mm，基部

图9-478　棕叶狗尾草

可达1cm。叶鞘松弛，具粗疣基毛；叶舌长约1mm，具长2～3mm的纤毛；叶片纺锤状宽披针形，长20～60cm，宽2～8cm，具纵向深皱褶，先端渐尖，基部窄缩呈柄状，两面具疣基毛或无毛。圆锥花序疏松，主轴延伸甚长，具棱角，分枝排列疏松，长20～60cm；小穗卵状披针形，长3.5～4mm，部分小穗下托以1枚刚毛，刚毛长5～15mm；第一颖卵形，长为小穗的1/3～1/2，先端稍尖，具3～5脉，第二颖长为小穗的1/2～3/4或略短于小穗，先端尖，具5～7脉；第一小花雄性或中性，外稃与小穗等长或略长，具5脉，内稃膜质，长为外稃的2/3；第二小花两性，外稃具不甚明显的横皱纹，等长或稍短于第一外稃，先端具小而硬的尖头。颖果卵状披针形，成熟时往往不带着颖片脱落。花果期6—12月。

产于钱塘江以南区域。生于山坡或山谷林下阴湿处。分布于华东、华中、华南、西南。亚洲热带地区及非洲西部也有。

颖果可供食用；根可入药。

4. 皱叶狗尾草 （图9-479）
Setaria plicata (Lamk.) T. Cooke

多年生草本。秆直立或基部倾斜，高50～130cm，直径3～6mm，无毛或疏生毛。叶鞘具脊，疏生较细疣基毛或短毛，边缘及叶鞘边缘常具纤毛；叶舌边缘密生长1～2mm的纤毛；叶片椭圆状披针形或条状披针形，长

图9-479　皱叶狗尾草

10~40cm，宽0.5~3cm，具较浅的纵向皱褶，先端渐尖，基部渐狭呈柄状，两面或下面疏具疣基毛，或具极短毛而粗糙，或光滑无毛。圆锥花序狭长圆形，长15~30cm，分枝斜向上升，长1~10cm，主轴具棱角；小穗卵状披针形，长3~4mm，部分小穗下托以1枚刚毛，刚毛长1~2cm或有时不显著；第一颖宽卵形，顶端钝圆，边缘膜质，长为小穗的1/4~1/3，具3脉，第二颖长为小穗的1/2~3/4，先端钝或尖，具5~7脉；第一外稃与小穗等长或稍长，具5脉，内稃膜质，狭短或稍狭于外稃，具2脉；第二小花两性，外稃等长或稍短于第一外稃，具明显的横皱纹，顶端具短而硬的小尖头。花果期6—10月。

产于全省各地。生于山坡林下、路边、沟谷阴湿处。分布于华东、华中、华南、西南。日本、泰国、马来西亚和印度也有。

果实可供食用。

5. 金色狗尾草 （图9-480）
Setaria pumila (Poir.) Roem. et Schult.

一年生草本。秆直立或基部倾斜地面，节上生根，高20~90cm。叶鞘下部扁压具脊，上部圆形，光滑无毛，边缘光滑无毛；叶舌具一圈长约1mm的纤毛；叶片条状披针形或狭披针形，长5~40cm，宽0.2~1cm，先端长渐尖，基部钝圆，上面粗糙，下面光滑。圆锥花序紧密呈圆柱状，长3~15cm，直立，主轴具短细柔毛；小穗长约3mm，顶端尖，通常在一簇中仅具一个发育；刚毛多数，金黄色或带褐色；第一颖宽卵形，长为

图9-480　金色狗尾草

小穗的1/3～1/2，先端尖，具3脉，第二颖宽卵形，长为小穗的1/2，先端稍钝，具5～7脉；第一小花雄性或中性，外稃与小穗等长或微短，具5脉，内稃膜质，等长于外稃，具2脉；第二小花两性，外稃革质，等长于第一外稃，先端尖，成熟时背部极隆起，具明显横皱纹。花果期6—10月。

产于全省各地。生于山坡、路边或荒野。分布于我国南北各地。广泛分布于欧亚大陆的温暖地带。

为田间杂草，秆、叶可作牲畜饲料。

本种在《浙江植物志》中记载为 S. glauca (L.) Beauv.，是本种名称的误用。

6. 小米 粱 （图9-481）
Setaria italica (L.) P. Beauv. — *S. italica* var. *germanica* (Mill.) Schrad.

一年生栽培草本。秆粗壮，直立，高达1.5m。叶鞘松弛，无毛或密具疣基毛，边缘具纤毛；叶舌具一圈纤毛；叶片条状披针形，长10～45cm，宽0.5～3cm，先端尖，基部钝圆，上面粗糙，下面光滑。圆锥花序呈圆柱状，通常下垂，长10～40cm，主轴密生柔毛；小穗椭圆形或近圆球形，长2～3mm，顶端钝，黄色、橘红色或紫色；第一颖长为小穗的1/3～1/2，具3脉，第二颖长为小穗的3/4或稍短于小穗，

图9-481 小米

先端钝，具5~9脉；第一外稃与小穗等长，具5~7脉，内稃薄纸质，披针形，长为外稃的2/3；第二外稃卵圆形或圆球形，质坚硬，等长于第一外稃，平滑或具细点状皱纹，成熟后自第一外稃基部和颖分离脱落。花果期6—10月。

小米栽培起源于我国黄河流域，东北、华北和西北广泛栽培。欧亚大陆温带和热带地区也广为种植。全省各地零星栽培。

小米是我国北方主要粮食之一，谷粒供食用或酿酒或入药；秆叶可作牲畜优良饲料。

7. 大狗尾草 （图9-482）
Setaria faberi R.A.W. Herrm.

一年生草本。秆直立或基部膝曲，高50~120cm，直径达6mm，光滑无毛，通常具支柱根。叶鞘松弛，边缘常具细纤毛；叶舌膜质，具长1~2mm的纤毛；叶片条状披针形，长10~40cm，宽

图9-482 大狗尾草

0.5~2cm，无毛或上面具较细疣基毛，先端渐尖细长，基部钝圆或渐狭成柄状，边缘具细锯齿。圆锥花序紧缩成圆柱状，长5~20cm，下垂，主轴具长柔毛；小穗椭圆形，长2.5~3mm，顶端尖，下托以1~3枚较粗而直的刚毛，刚毛长5~15mm；第一颖宽卵形，长为小穗的1/3~1/2，顶端尖，具3脉，第二颖长为小穗的3/4或稍短于小穗，顶端尖，具5脉；第一外稃与小穗等长，具5脉，内稃膜质，狭小；第二外稃与第一外稃等长，具细横皱纹，顶端尖，成熟后背部极膨胀隆起。颖果椭圆形，顶端尖。花果期5—10月。

产于全省各地。生于路旁、田野、山坡或沟渠边。分布于东北、华东、华中、华南及山东、四川、贵州、云南。日本、朝鲜半岛也有，北美洲有引种。

秆、叶可作牲畜饲料；也是常见农田杂草。

本种与狗尾草 S. viridis 高大植株的类型近似，但以花序垂头，小穗长约3mm，第二颖长为小穗的1/2~2/3，第二颖顶端尖、较粗的横皱纹等特征可区别。

8. 狗尾草 （图9-483）
Setaria viridis (L.) P. Beauv.

一年生草本。秆直立或基部膝曲，高10~100cm，通常较细弱，基部直径3~7mm。叶鞘松弛，无毛或疏被柔毛；叶舌极短，边缘具长1~2mm的纤毛；叶片扁平，狭披针形或条状披针形，长4~30cm，宽

图9-483 狗尾草

0.2~1.5cm，先端渐尖，基部钝圆，通常无毛或疏被疣基毛。圆锥花序紧密呈圆柱状或基部稍疏离，长2~15cm，直立或稍弯垂，主轴被较长柔毛；小穗2~5枚簇生于主轴上或更多的小穗着生在短小枝上，椭圆形，先端钝，长2~2.5mm；刚毛多数，长4~12mm，粗糙，通常绿色或褐黄色到紫红色或紫色；第一颖卵形，长约为小穗的1/3，具3脉，第二颖与小穗等长，椭圆形，具5~7脉；第一外稃与小穗等长，具5~7脉，内稃短小狭窄；第二外稃椭圆形，顶端钝，具细点状皱纹，成熟时背部稍隆起。花果期5—10月。

产于全省各地。生于田野、路旁、山坡草地。分布于我国南北各地。广泛分布于世界各地。

可作饲料；秆叶也可入药；也是常见农田杂草。

8a. 厚穗狗尾草（亚种）（图9-484）

subsp. **pachystachys** (Franch. et Sav.) Masamune et Yanagih.

植株匍匐状丛生。秆基部多膝曲斜向上或直立。叶鞘松，基部叶鞘被较密疣基毛，边缘具长纤毛；叶舌为一圈纤毛；叶片条形至披针形，长1.5~5cm，宽0.2~0.5cm。圆锥花序卵形或椭圆形，顶端钝圆，长1~3cm；小穗长2~2.5mm，刚毛绿色、黄色或紫色。

产于台州和温州沿海岛屿。生于海边石缝或草丛中。分布于台湾、广东。日本和朝鲜半岛也有。为浙江分布新记录种。

图9-484 厚穗狗尾草

8b. 巨大狗尾草(亚种)（图9-485）

subsp. **pycnocoma** (Steud.) Tzvelev

植株粗壮高大，基部直径约7mm。叶片两面无毛。圆锥花序长7～24cm，宽1.5～2.5cm；小穗长2.5mm以上。其花序大，小穗密集，花序基部簇生小穗的小枝延伸而稍疏离等特征近似小米Setaria italica，但小米的小穗不连颖片脱落，第二外稃背部光亮无点状皱纹可以区别。

产于嵊泗、开化、玉环、洞头。生于山坡、路边、滩涂。分布于黑龙江、吉林、内蒙古、河北、山东、湖北、湖南、四川、贵州、陕西、甘肃、新疆。日本、俄罗斯及中亚、西南亚、欧洲中部与南部、北美洲也有。为浙江分布新记录种。

图9-485 巨大狗尾草

76 狼尾草属 Pennisetum Rich.

一年生或多年生草本。秆质坚硬。叶片条形，扁平或内卷。圆锥花序紧缩呈圆柱状；小穗单生或2～3聚生成簇，含2小花，其下围以总苞状刚毛，成熟时刚毛随同小穗一起脱落；颖不等长，第一颖质薄而微小，第二颖长于第一颖；第一小花雄性或中性，外稃与小穗等长或稍短；第二小花两性，外稃厚纸质或革质，等长或较短于第一外稃，边缘质薄而平坦，包着同质的内稃。颖果长圆形或椭圆形，背腹压扁。

约80种，主要分布于全球热带、亚热带地区。我国有11种；浙江有3种。临安（浙江农林大学）等地栽培有紫叶象草 P. purpureum Schumach. 'Red'，植株高大，形似甘蔗。

分种检索表

1. 秆丛生,高常不及1.5m,叶片长不及100cm；外稃与小穗近等长。
    2. 花序直立,绿色或紫色；第二颖具3~5脉；第一外稃7~11脉 ············ 1. 狼尾草 P. alopecuroides
    2. 花序常拱起,粉红色或深红色；第二颖1脉；第一外稃3脉 ············ 2. 绒毛狼尾草 P. setaceum
1. 秆单生,高可达3m,叶片长达100cm；外稃长约为小穗的一半 ····················· 3. 御谷 P. glaucum

1. 狼尾草 （图9-486）
Pennisetum alopecuroides (L.) Spreng.

多年生草本。秆直立,丛生,高30~120cm,花序以下密生柔毛。叶鞘光滑,两侧压扁具脊,基部者跨生；叶舌具长约2.5mm的纤毛；叶片条形,长10~50cm,宽3~8mm,通常内卷,先端长渐尖,基部生疣基毛。圆锥花序紧缩呈圆柱状,直立,长5~25cm,主轴密生柔毛；花梗长2~5mm；刚毛粗糙,淡绿色或紫色,长1.5~3cm；小穗通常单生,偶有双生,披针形,长

图9-486 狼尾草

5～8mm；第一颖微小或缺，第二颖卵状披针形，先端短尖，具3～5脉，长约为小穗的1/3～2/3；第一小花中性，外稃与小穗等长，具7～11脉；第二小花两性，外稃与小穗等长，披针形，具5脉，边缘包着同质的内稃。颖果长圆形，长约3.5mm。花果期6—12月。

产于全省各地。生于田野、山坡及路旁。我国南北各地均有分布。日本、朝鲜半岛、缅甸、马来西亚、印度尼西亚、菲律宾、印度东北部和大洋洲也有。

可作饲料；也是编织或造纸的原料；还可作固堤防沙植物和用于园林绿化造景。

2. 绒毛狼尾草 （图9-487）
Pennisetum setaceum (Forssk.) Chiov.

多年生草本。秆直立，丛生，高40～150cm，花序以下被短柔毛。叶鞘无毛，边缘具纤毛；叶舌长0.5～1.1mm；叶片长20～65cm，宽2～3.5mm，通常卷曲，粗糙，中脉明显增厚。圆锥花序长8～35cm，宽4～5cm，主轴被短柔毛，直立或拱起，粉红色至深红色；无花梗或花梗极短，长约0.1mm；刚毛粗糙，长2.6～3.5cm，具缘毛；小穗1～4枚簇生，长4.5～7mm；第一颖常缺或长0.3mm，无脉，第二颖长1.2～3.6mm，具1脉或无脉；第一小花通常雄性，外稃长4～6mm，渐尖，具3脉，中脉外露；第二小花两性，外稃长4.5～7mm，具5脉，中脉外露。花果期5—11月。

图9-487 绒毛狼尾草

原产于地中海。亚洲、美洲有引种栽培。华北、华东、华南及云南有引种。浙江各地用作城市公园花境植物。

可供观赏，景观效果佳，适应性强，深受园艺学家和园林设计师青睐。浙江栽培的园艺品种有紫叶狼尾草'Rubrum'。

3. 御谷 （图9-488）

Pennisetum glaucum (L.) R. Br. — *P. americanum* (L.) Leeke

一年生草本。秆粗壮直立，常单生，高达3m，在花序以下密生柔毛。叶鞘疏松光滑；叶舌连同纤毛长2~3mm；叶片扁平，长20~100cm，宽2~5cm，基部近心形，两面稍粗糙，边缘具细刺。圆锥花序紧密形似香蒲花序，长40~50cm，宽1.5~2.5cm，主轴粗壮，硬直，密生短柔毛；花序梗长2~5mm，密生柔毛；小穗倒卵形，长3.5~4.5mm，基部稍两侧压扁；刚毛短于小穗，粗糙或基部生柔毛；第一颖微小，长约1mm，第二颖长1.5~2mm，具3脉；第一小花雄性，外稃长约2.5mm，先端平截，边缘膜质，具纤毛，具5脉，内稃薄纸质，具细毛；第二小花两性，外稃长约3mm，先端钝圆，具纤毛，具5~7脉。颖果近球形或梨形，成熟时膨大外露，长约3mm。花果期9—10月。

原产于非洲。世界各地普遍栽培。我国东部和北部有引种。杭州市区、宁波市区、苍南有栽培，上虞有归化。生于农田、新围垦海塘堤坝草丛中。

可作饲料；谷粒供食用。浙江栽培的园艺品种有紫御谷'Purple Majesty'，用于观赏。

图9-488 御谷

77 蒺藜草属 Cenchrus L.

一年生或多年生草本。秆通常低矮，下部分枝较多。叶片扁平。穗形总状花序顶生；不育小枝形成的刚毛常部分愈合而形成球形刺苞，具短而粗的总梗，刺苞上的刚毛直立或弯

一八四　禾本科 Poaceae

曲，内含簇生小穗1至数个，成熟小穗与刺苞一起脱落，种子常在刺苞内萌发；小穗无柄，含2小花；颖不等长，第一颖短小或缺，第二颖通常短于小穗；第一小花雄性或中性，雄蕊3，外稃薄纸质至膜质，内稃发育良好；第二小花两性，外稃成熟时质地变硬，通常肿胀，顶端渐尖，边缘薄而扁平，包卷同质的内稃；鳞被退化；雄蕊3；花柱2，基部合生。颖果椭圆状扁球形。

23种，分布于热带和温带地区。我国有4种；浙江有1种。

蒺藜草（图9-489）
Cenchrus echinatus L.

一年生草本。秆基部膝曲或横卧，节上生根，下部各节常分枝。叶鞘松弛，压扁具脊，叶鞘背部具细密疣基毛，边缘被纤毛；叶舌短小，具纤毛；叶片条形，长5~30cm，宽0.4~1cm，上面近基部疏生柔毛或无毛。总状花序直立，长4~8cm，主轴具棱；刺苞圆球形，背部具细毛，边缘具长纤毛，顶端具倒向糙毛，基部具1圈刺毛，裂片直立或反曲；刺苞内具小穗2~4；小穗椭圆状披针形，长约6mm，含2小花；颖薄膜质，第一颖卵状披针形，长为小穗的1/3，具1脉，第二颖长约为小穗的2/3，具5脉；第一小花雄性或中性，外稃与小穗等长，具5脉，内稃长为外稃的2/3；第二小花两性，外稃具5脉，包卷同质的内稃，成熟时质地渐变硬。颖果椭圆状扁球形。花果期7—9月。

图9-489　蒺藜草

原产于美洲。江苏、福建、台湾、广东、海南、云南等地有归化。普陀（百步沙）也有归化。生于滨海沙滩草丛中。

78 伪针茅属　Pseudoraphis Griff.

多年生水生或沼生草本。叶舌膜质，无毛；叶片条形或披针形。圆锥花序顶生；穗轴纤细，延伸于顶生小穗之外成一纤细的刚毛；小穗披针形，含2小花，第一小花雄性，第二小花雌性，具极短的柄或近无柄，常1至数枚着生于穗轴上，小穗成熟后整个穗轴自主轴上脱落；第一颖微小，薄膜质，无脉，第二颖长超出其他部分，先端渐尖或具短尖，具5至多脉；第一外稃等长或稍短于第二颖，内稃透明膜质；第二外稃纸质或顶端膜质，与内稃均短于第二颖。颖果倒卵状椭圆形，成熟后露出稃外。

6种，分布于亚洲热带和温带地区，延伸至大洋洲。我国有3种；浙江产1种。

瘦瘠伪针茅 （图9-490）

Pseudoraphis sordida (Thwaites) S.M. Phillips et S.L. Chen —— *P. spinescens* (R. Br.) Vickery var. *depauperata* (Nees ex Hook. f.) Bor

多年生水生草本。秆高20~40cm，质地较软而压扁，基部常匍匐地面，节上生根。叶鞘长于节间，鞘口有2枚尖锐的叶耳；叶舌膜质，撕裂状；叶片条状披针形，长3~9cm，宽0.3~0.6cm。圆锥花序分枝粗糙，互生或少数簇生，上升或平展，具1~2枚小穗；小穗披针形，长4~7mm，小穗柄长约0.5mm，刚毛2或3倍长于小穗；第一颖微小，膜质，先端截形或圆形，第二颖纸质，披针形，与小穗等长，先端渐尖或具短尖头，具10余脉，脉上具刚毛；第一小花外稃略短于第二颖，具7脉，内稃薄膜质，长约为外稃的2/3，雄蕊3；第二小花外稃长圆状披针形，长约2mm，内外稃片均为厚纸质。颖果成熟后裸露花外。花果期7—8月。

产于南浔（东迁）、杭州（三墩）、磐安（安文）。生于浅水池塘。分布于山东、江苏、福建、湖北、湖南、云南。日本、朝鲜半岛、印度和斯里兰卡也有。

图9-490 瘦瘠伪针茅

79 稗荩属 Sphaerocaryum Nees ex Hook. f.

一年生草本。秆细弱。叶片心形。圆锥花序开展；小穗细小，卵圆形，含1小花，两性，自小穗柄关节处脱落；颖透明膜质，无毛，第一颖较短，无脉，第二颖等长或稍短于小穗，具1脉；外稃薄膜质，宽卵形，具1脉，背部具微毛；内稃与外稃同质等长；雄蕊3。颖果卵圆形，与内外稃分离。

仅1种，广泛分布于亚洲东南部及南部。我国有1种；浙江也有。

稗荩 （图9-491）
Sphaerocaryum malaccense (Trin.) Pilg.

一年生矮小草本。秆下部卧伏地面，节上生根，上部稍斜升，具多节，高10～30cm。叶鞘短于节间，被基部膨大的柔毛；叶舌短小，顶端被一圈长约1mm的纤毛；叶片心形，长1～1.5cm，宽0.6～1cm，基部抱茎，边缘粗糙，疏生纤毛。圆锥花序卵形，长2～3cm，秆上部的叶鞘内常具隐藏或稍外露的花序；小穗长约1mm；小穗柄中部具黄色腺点；第一颖长约为小穗的2/3，无脉，第二颖与小穗等长或稍短，具1脉；外稃与小穗等长，被细毛；内稃与外稃

图9-491 稗荩

同质且等长；雄蕊3，花药黄色；花柱2，柱头帚状。颖果卵圆形，棕褐色。花果期9—11月。

产于开化、江山、金华市区、武义、温岭、缙云、遂昌、庆元、景宁、温州市区、永嘉、瑞安、文成、平阳、苍南、泰顺。生于山谷、溪沟和河流岸边。分布于安徽、江西、福建、台湾、广东、广西、云南。越南、泰国、马来西亚、印度尼西亚、菲律宾、印度、斯里兰卡也有。

80 小丽草属 Coelachne R. Br.

一年生或多年生草本。秆常平卧。叶片平展。圆锥花序狭窄；小穗具柄，通常含2小花，均为两性，或第二小花为雌性，小穗脱节于颖之上；两颖几等长，长约为小穗的一半，膜质或草质，先端钝，具不明显的1~3（5）脉；外稃纸质或硬纸质，无脉，边缘稍内卷，内稃与外稃同质且等长，边缘亦内卷，背部有凹槽；雄蕊2或3；花柱2，分离，柱头帚状。颖果卵状椭球形。

11种，分布于亚洲、非洲和大洋洲的热带和亚热带地区。我国有2种；浙江产1种。

日本小丽草 （图9-492）
Coelachne japonica Hack.

一年生草本。秆纤细，基部分枝，伏卧地面或斜生，高6~20cm。节上具开展的短柔毛。叶鞘短，上部散生短毛，全缘或有极小的小齿；叶舌纤毛状；叶片柔软，披针形，长0.5~2.5cm，宽0.3~0.5cm，上面具短糙毛，下面无毛，先端短渐尖，基部稍圆形，上面具隆起的脉。圆锥花序顶生，长2~6.5cm，由10多枚小枝组成，分枝疏散，开展，小枝具1~4小穗；小穗长约3mm，

图9-492　日本小丽草

淡绿色或微带紫色；小穗柄长0.8～7mm；颖膜质，宿存，无龙骨状突起，先端钝圆，第一颖长约0.8mm，具3脉，第二颖长约1.3mm，具5脉；稃卵形，先端尖头，外稃长约2.2mm，具不明显1脉，基部和边缘有时具数根柔毛，干后脱落，内稃具2脉，背部凹陷，无毛，长约2mm。颖果褐色，卵球形，平滑具光泽，长约1mm。花果期8—10月。

产于庆元（双苗尖）、苍南（莒溪）、泰顺（司前、黄桥）。生于山谷溪边。日本本州和九州也有。

在《温州植物志》中本种曾被误定为小丽草 C. simpliciuscula (Wight et Arn. ex Steud.) Munro ex Benth.，但小丽草圆锥花序紧缩狭窄，小穗3～7生于短缩的分枝上，二者不同。

81 柳叶䅟属 Isachne R. Br.

一年生或多年生草本。叶片扁平。圆锥花序开展；小穗卵圆形或卵状球形，含2小花，均为两性，或第一小花为雄性，第二小花为雌性，无芒，两小花的节间甚短，常连同小花一起脱落；两颖片草质，近等长，具狭窄膜质边缘，迟缓脱落；两小花的内外稃均为革质，或第一小花的内外稃为草质，第二小花的内外稃为革质，无毛或被短毛。颖果椭球形或近球形，与稃体分离。

约90余种，分布于全球的热带和亚热带地区，主要分布于亚洲。我国有18种；浙江产6种。

分种检索表

1. 小穗的2小花异形异质；第一小花略长于第二小花。
  2. 多年生草本；秆高60cm；节上光滑无毛；叶片条状披针形，长3～11cm ……… **1.柳叶䅟 I. globosa**
  2. 一年生草本；秆高25cm；节上具毛；叶片卵状披针形，长1.5～3cm …… **2.矮小柳叶䅟 I. pulchella**
1. 小穗的2小花同形同质。
  3. 秆细弱，横卧地面，高通常不及30cm；叶片卵状披针形 ……………… **3.日本柳叶䅟 I. nipponensis**
  3. 秆直立或基部倾斜，高可达85cm；叶片披针形或宽披针形。
    4. 颖片先端尖或钝圆。
      5. 叶鞘无毛或下部者具疣基细毛；颖片背部中部以上具细小刺毛 ………… **4.浙江柳叶䅟 I. hoi**
      5. 叶鞘密生疣基刺毛；颖片背部具疣基刺毛 …………………………… **5.刺毛柳叶䅟 I. sylvestris**
    4. 颖片先端平截或微凹 ……………………………………………………… **6.平颖柳叶䅟 I. truncata**

1. 柳叶䅟 （图9-493）

Isachne globosa (Thunb.) Kuntze

多年生草本。秆直立或基部倾斜，节上生根，高30～60cm，节上无毛。叶鞘短于节间，一

图9-493　柳叶䅟

侧边缘的上部或全部具疣基毛；叶舌纤毛状；叶片条状披针形，长3～11cm，宽0.3～0.9cm，顶端渐尖，基部钝圆或微心形，两面粗糙，边缘较厚呈微波状。圆锥花序卵圆形，长3～11cm，分枝斜升或开展，每一分枝着生1～3枚小穗，分枝和小穗柄均具黄色腺斑；小穗椭圆状球形，长2～2.5mm，淡绿色或成熟后带紫褐色；两颖近等长，草质，具6～8脉，无毛，顶端钝或圆，边缘狭膜质；第一小花常为雄性，内外稃质地软；第二小花雌性，近球形，外稃边缘和背部常具微毛。颖果近球形。花果期5—10月。

　　产于全省各地。生于沟渠、水田或湿地。我国南北各地均有分布。亚洲（东部、东南部、南部）、大洋洲和太平洋岛屿也有。

2. 矮小柳叶䅟 二型柳叶䅟 （图9-494）

Isachne pulchella Roth ex Roem. et Schult. — *I. dispar* Trin.

一年生草本。秆细弱，伏卧地面，多分枝，节上生根，向上抽生花枝，高10~25cm，具多节，节上具细毛。叶鞘短于节间，无毛或具疣基毛，边缘及鞘口具纤毛；叶舌纤毛状；叶片卵状披针形，长1.5~3cm，宽0.3~1cm，边缘质变硬，波状皱褶，顶端尖，基部心形，叶脉明显。圆锥花序长2.5~5cm，花序分枝及小穗柄均无毛，具显著的淡黄色腺斑；小穗灰绿色或带紫色，长约1.5mm；颖与小穗等长或稍短，无毛或具微毛，第一颖较窄，具5脉，第二颖具5~7脉；第一小花雄性，椭圆形，内外稃草质，无毛；第二小花两性，有时为雌性，较第一小花短，顶端圆钝，内外稃草质，被细毛；两小花之间有长约0.3mm的小穗轴。颖果椭球形。花果期5—10月。

产于开化、龙泉、庆元、永嘉、瑞安、文成、平阳、苍南、泰顺。生于山坡潮湿草地或山谷溪边。分布于安徽、江西、福建、湖南、台湾、广东、广西、贵州、云南。孟加拉国、印度、马来西亚、尼泊尔、泰国、越南也有。

图9-494　矮小柳叶䅟

3. 日本柳叶䅟 （图9-495）
Isachne nipponensis Ohwi

图9-495　日本柳叶䅟

多年生草本。秆细柔，横卧地面，节上生根，高15～30cm，具多节，节上被细柔毛。叶鞘短于节间，无毛或具短毛，边缘及鞘口具纤毛；叶舌纤毛状，长约1mm；叶片卵状披针形，长1.5～4.5cm，宽0.7～1.5cm，顶端渐尖，基部钝圆，边缘稍增厚呈白色，微波状，具微小的细锯齿，两面具贴伏的疣基毛。圆锥花序卵圆形，开展，基部通常为叶鞘所包，裸露部分长2～6cm，分枝细弱，斜向上开展，与小穗柄均无腺斑，下部裸露，上部疏生小穗；小穗球状椭圆形，淡绿色，长约1.5mm；颖等长或略长于小穗，卵状椭圆形，具5～7脉，背部自中部以上具短毛；两小花同质同形，均可结实，椭圆形，长约1.3mm，内外稃均为革质，外稃被微毛。颖果半球形，长约0.8mm。花果期8—11月。

产于杭州市区、开化、江山、诸暨、武义、龙泉、景宁、永嘉、文成、平阳、泰顺。生于山坡、路旁或林下阴湿地。分布于江西、福建、湖南、台湾、广东、广西、四川、贵州。日本和朝鲜半岛也有。

3a. 江西柳叶䅟（变种）
var. kiangsiensis Keng f.

花序分枝及小穗柄均具明显的腺斑。

产于泰顺（黄桥）。生于海拔580m左右的山沟边草丛中。分布于江西、福建。

4. 浙江柳叶䅟 （图9-496）
Isachne hoi Keng f.

多年生草本。秆直立，基部膝曲，节处生根，高45～85cm。叶鞘短于节间，无毛或下部者具疣基细刺毛，边缘及鞘口具纤毛；叶舌纤毛状，长约2mm；叶片宽披针形，长5～14cm，宽

1～1.8cm，顶端渐尖，基部钝圆，两面具疣基微毛，粗糙，边缘略增厚，呈白色软骨质，密生细锯齿。圆锥花序极开展，长达25cm，宽10～15cm，分枝细弱，疏生小穗，主轴及分枝柄均具淡黄色腺斑；小穗椭圆形或倒卵形，长约2mm；颖近等长，淡绿色或略带紫色，具7～9脉，边缘宽膜质，背部中部以上被细小刺毛；小花淡黄色，第一小花两性，第二小花雌性。颖果椭球形，棕褐色。花果期9—11月。

产于临安、建德、江山、莲都、缙云、遂昌、龙泉、庆元、云和、景宁、泰顺。生于林下或山谷溪边阴湿处。分布于湖南、广东。模式标本采自临安西天目山。

图9-496　浙江柳叶䅟

5. 刺毛柳叶䅟

Isachne sylvestris Ridl. — *I. hirsuta* (Hook. f.) Keng f.

多年生草本。秆直立或倾斜，有时基部节上生根而伏卧，高35～65cm，具多节，节上具细毛。叶鞘短于节间，密生疣基刺毛；叶舌纤毛状，长约3mm；叶片披针形，长10～17cm，宽1～2.5cm，两面近无毛，粗糙，先端渐尖，基部钝圆。圆锥花序基部为叶鞘包裹，长约10cm，每节具1分枝，与小穗柄均无毛，具腺斑；小穗椭圆形，长约1.8mm；两颖近等长，具7～9脉，先端短尖，背部具疣基小刺毛；两小花同形同质，均为两性花，有时第一小花为雄性；稃片无毛，具3～5脉。颖果卵球形，长约1.5mm。花果期7—12月。

产于开化、景宁。生于山谷草地。分布于福建、广东。马来西亚、印度尼西亚、孟加拉国、印度也有。

6. 平颖柳叶箬　（图9-497）

Isachne truncata A. Camus

多年生草本。具短根状茎，须根粗韧。秆丛生，质地较坚硬，直立或基部倾斜，高30～80cm，具多节，节间短，节上具细茸毛。叶鞘长于节间或下部者短于节间，基部跨覆状排列，无毛或上半部疏生柔毛，边缘及鞘口具纤毛；叶舌纤毛状，长约2mm；叶片披针形，长3～9cm，宽0.5～1.2cm，顶端渐尖，基部略呈心形，两面被细毛，背面较密，稍粗糙，边缘增

图9-497　平颖柳叶箬

厚。圆锥花序开展，长8～20cm，每节具1～4分枝，互生或近轮生状，分枝及小穗柄无毛，具腺斑，下部裸露，上部疏生小穗；小穗柄长为小穗的2至数倍；小穗绿色或带紫色，倒卵形或近球形，长约2mm；颖等长于小穗，较宽阔，第一颖较第二颖略短，顶端平截状或微凹，通常具10脉，稀8～12脉，边缘近膜质，上半部疏生短毛或无毛；两小花同质同形，均为两性花；内外稃革质，均被细毛。颖果近球形。花果期8—10月。

产于临安、嵊泗、缙云、遂昌、龙泉、庆元、景宁、永嘉、瓯海、文成、苍南、泰顺。生于山坡草地或林缘。分布于江西、福建、广东、广西、四川、贵州、云南。越南也有。

82 野古草属 Arundinella Raddi

多年生或一年生草本。叶片扁平；叶舌膜质。圆锥花序开展或紧缩；小穗孪生，一具长柄，一具短柄，稀单生，含2小花，第一小花雄性或中性，第二小花两性；小穗轴脱节于两小花之间；颖草质至厚纸质，几等长或第一颖较短；第一外稃膜质至纸质，近等长于第一颖；第二外稃厚纸质，先端具芒或无芒；内稃为外稃所包；雄蕊3。颖果长卵形或长椭圆形。

约60种，分布于热带和亚热带地区，主产于亚洲。我国有20种，全国各地广泛分布；浙江有3种。

分种检索表

1. 第二外稃薄革质，具膝曲或近于劲直的芒。
   2. 秆较柔弱，节密生白色髯毛；芒近劲直，无芒柱和芒针之分 ············ 1.毛节野古草 A. barbinodis
   2. 秆质坚硬，节无毛或具灰褐色短柔毛；芒膝曲，有芒柱和芒针之分········ 2.刺芒野古草 A. setosa
1. 第二外稃硬纸质，无芒或具芒状小尖头············ 3.野古草 A. hirta

1. 毛节野古草 （图9-498）
Arundinella barbinodis Keng ex B.S. Sun et Z.H. Hu

多年生草本。秆疏丛生，直立，较柔弱，高60～90cm，节上密生白色髯毛。叶鞘长于节间，疏生细疣基毛；叶片扁平或边缘稍内卷，两面疏生柔毛。圆锥花序疏散，分枝细弱，单生或孪生，枝腋间具细柔毛；小穗孪生或下部者单生，长4.5～5.5mm，灰绿色；颖卵状披针形，脉上稍粗糙，第一颖长3～4mm，具3～5脉，第二颖与小穗等长，具5～7脉；第一外稃具5脉，平滑无毛，内稃较短；第二外稃薄革质，长2～3mm，稍粗糙，具不明显的5脉，先端具1芒和2侧生芒刺，芒劲直，长约6mm，基盘具长约为稃体1/4的柔毛。花果期9—10月。

产于淳安（白马）、开化、江山、遂昌、龙泉（八都）、瓯海（泽雅）、平阳（顺溪）、泰顺（垟溪）。生于海拔500m左右的山坡灌草丛中。分布于福建、江西、湖南、广东等地。

图9-498　毛节野古草

2. 刺芒野古草　（图9-499）

Arundinella setosa Trin.

多年生草本。秆直立，质较坚硬，疏丛生或单生，基部具坚硬根头，节无毛或具灰褐色短柔毛。叶鞘大多具疣基毛或无毛，但边缘均具短纤毛；叶片扁平或边缘内卷，无毛或被疣基毛。圆锥花序开展或稍紧缩，长10～20cm，分枝开展或直立，多单生；小穗长5～7mm；颖卵状披针形，第一颖长3～5mm，具3脉，稀具5脉，第二颖长4～7mm，具5脉；第一外稃大多短于第一颖或与之相等，具5脉；第二外稃薄革质，长2～2.5mm，基盘两侧及腹面具长及稃体1/4

图9-499　刺芒野古草

的柔毛,先端具1芒及2侧生芒刺,芒与小穗近等长,下部1/3膝曲,芒柱扭转。花果期8—11月。

产于安吉、杭州、萧山、桐庐、建德、淳安、嵊州、宁海、象山、开化、永康、武义、椒江、玉环、缙云、龙泉、景宁、洞头、乐清、永嘉、文成、苍南、泰顺。生于海拔1300m以下开阔向阳的山坡林下或路边灌草丛中。分布于华东、华南、西南及河南、湖南等地。东南亚、南亚及澳大利亚也有。

朱秋桂等(1999)报道浙江有变种无刺野古草 var. *esetosa* Bor. ex S.M. Phillips et S.L. Chen 的分布,*Flora of China* 也有记载,与刺芒野古草的区别在于芒柱不发达,短而直,无侧生芒刺。但区别甚微,本志不予区分。

3. 野古草 毛秆野古草 (图9-500)

Arundinella hirta (Thunb.) Tanaka — *A. anomala* Steud.

多年生草本。具横走根状茎。秆直立,较坚硬,高60～100cm,直径2～4mm。叶鞘绿色或灰绿色,具毛或无毛;叶片扁平或边缘稍内卷,无毛乃至两面密生疣基毛。圆锥花序开展或稍紧缩,长10～30cm,分枝及小穗柄均粗糙;小穗长3.5～5mm,灰绿色或带深紫色;颖卵状披针形,具3～5明显而隆起的脉,脉上粗糙,第一颖长为小穗的1/2～2/3,第二颖与小穗等长或稍短;第一外稃具3～5脉,内稃较短;第二外稃披针形,硬纸质,具不明显的5脉,无芒或先端具芒状小尖头,基盘两侧及腹面具长为稃体1/3～1/2的柔毛,内稃稍短。花果期8—11月。

产于全省各地。生于海拔20～1900m的山坡林下、山顶灌丛或林缘灌草丛中。分布于东北、华北、华东、华中、华南、西南及陕西、宁夏等地。日本、朝鲜半岛、俄罗斯、越南、缅甸也有。

可作牧草。

图9-500 野古草

3a. 庐山野古草(变种) (图9-501)

var. **hondana** Koidz. — *A. hondana* (Koidz.) B.S. Sun et Z.H. Hu

与野古草的主要区别在于颖片密被硬疣基毛，基盘毛长为稃体的1/3。

产于宁海、开化、磐安、临海、仙居、天台、玉环、缙云、洞头、乐清、永嘉、瑞安等地。生于海拔350～1100m的山坡、山顶或溪沟边草丛中。分布于江西(庐山)。日本和朝鲜半岛也有。

图9-501 庐山野古草

83 觿茅属 Dimeria R. Br.

一年生草本。秆细弱。叶片狭条形。总状花序单生乃至数枚呈指状着生于秆顶；穗轴延续而不逐节断落；小穗含2小花，第一小花中性，第二小花两性，两侧压扁，单生于穗轴各节或呈两行互生于穗轴的一侧；小穗柄极短；颖草质或纸质，边缘膜质，具1脊状脉；第一外稃及第二外稃透明膜质，均无内稃，第二外稃先端2裂，裂齿间伸出1芒；雄蕊2。

约40种，分布于亚洲和大洋洲的热带和亚热带地区。我国有6种；浙江有3种。

分种检索表

1. 总状花序轴扁平，宽0.6～1cm；小穗柄较密集地呈两行交互排列在序轴一侧。
   2. 总状花序2～3枚；第二颖仅顶端以下的脊呈狭翼状·················· **1. 镰形觿茅 D. falcata**
   2. 总状花序1枚；第二颖的脊呈宽翼状································ **2. 华觿茅 D. sinensis**
1. 总状花序轴呈三棱形，宽不超过0.5cm；小穗柄疏松交互排列在序轴一侧 ···· **3. 觿茅 D. ornithopoda**

1. 镰形觿茅

Dimeria falcata Hack.

一年生草本。秆直立，高40～60cm，具6～9节，节上被白色髯毛。叶片狭条形，长6～15cm，宽2～3mm，两面均密生较长的柔毛；叶鞘具微糙毛；叶舌长约0.4mm。总状花序稍弯曲而似镰刀形，2～3枚呈指状着生于秆顶，长3～5.5cm；穗轴宽约0.7mm，边缘具短纤毛；小穗长约4mm，基部具髯毛，具短柄；颖片草质，脊上具纤毛，第一颖稍短，边缘具纤毛，第二颖无毛或具纤毛；第一外稃长约2mm；第二外稃长约2.5mm，先端2裂，裂齿间伸出1条长约7mm的芒，芒下部1/3处膝曲，芒柱扭转。花果期9—10月。

产于泰顺（乌岩岭）。生于路边草丛。分布于福建、台湾、广东、广西等地。越南、泰国、缅甸、印度也有。

2. 华䅟茅 （图9-502）
Dimeria sinensis Rendle

一年生草本。秆直立，高20~40cm，具5~8节，节具髯毛。叶片扁平，条形，长2~9cm，宽2~4mm，顶生叶片退化成针状，两面具细长疣基毛。总状花序单生于秆顶，长2~5cm，花序轴略弯曲，宽约1mm；小穗长椭圆形，长约4mm，淡红褐色或紫褐色；第一颖稍短于小穗，宽约0.8mm，先端尖，背脊密生髯毛，边缘和侧面具密或疏短纤毛，第二颖与小穗等长，宽约1.4mm，先端尖；第一外稃披针形，透明膜质，长1.5~2mm，边缘疏生纤毛，第二外稃具膝曲的细长芒，芒长8~12mm。颖果长圆形，长约2.5mm。花果期10—11月。

产于象山、泰顺等地。生于山坡林或溪边石缝中。分布于江苏、安徽、江西、福建、广东、广西等地。泰国也有。

图9-502 华䅟茅

3. 蠣茅 （图9-503）

Dimeria ornithopoda Trin.

一年生草本。秆直立或基部稍倾斜，末端常细弱似丝状，高30～40cm，具2～5节，节具倒髯毛。叶鞘具脊，常具直立开展的长疣基毛；叶舌长约0.5mm；叶片条形，长2.5～5cm，宽1～2.5mm，两面具疏或密的展开的细长疣基毛。总状花序2～3枚呈指状着生于秆顶，长1～6cm；小穗交互排列在穗轴的一侧，穗轴宽不超过0.5cm，小穗条状长圆形，两侧极压扁，长1.7～3mm，基盘具倒髯毛；第一颖比小穗短，第二颖与小穗等长，两侧压扁；第一小花退化，仅存外稃，第二外稃狭椭圆状，比第二颖略短，先端2裂，裂齿间伸出细弱的芒。花果期9—11月。

产于磐安、庆元（城郊）、瑞安（湖岭）等地。生于海拔900m以下的沟谷、山坡、岩石边草丛或灌草丛中。分布于江苏、安徽、江西、台湾、广东、广西、云南等地。日本、朝鲜半岛、菲律宾、马来西亚、印度、澳大利亚也有。

图9-503 蠣茅

3a. 具脊蠣茅（亚种）（图9-504）

subsp. **subrobusta** (Hack.) S.L. Chen et G.Y. Sheng

与蠣茅的区别在于其总状花序2～4枚着生于秆顶，小穗较长，长3～4.5mm；第二颖呈脊状，自基部起或上部2/3起呈狭翼状。花果期9—11月。

图 9-504　具脊鬣茅

产于全省各地。生于海拔1100m以下的山坡、沟谷、岩石边旷地草丛中。分布于我国东部、南部和西南部。日本也有。

84 芒属 Miscanthus Andersson

多年生草本。通常有根状茎。秆较高大。叶片长而扁平，有时内卷。圆锥花序顶生，由数个乃至多数总状花序组成；穗轴延续而不逐节断落；小穗背腹压扁，孪生于穗轴各节，1具长柄，1具短柄，同形而均含2小花，第一小花中性，第二小花两性，基盘均具丝状长柔毛；颖厚纸质至膜质，稍不等长；第二外稃无芒或具长芒；雄蕊3或2。

共14种，分布于亚洲热带地区、太平洋岛屿和非洲热带地区。我国有7种，除西北外均有分布；浙江有4种。

分种检索表

1. 小穗具芒，基盘具与小穗近等长或略长的淡黄色丝状柔毛。
    2. 小穗长3～3.5mm；圆锥花序主轴延伸至花序的2/3以上，长于其总状花序 ······················ **1. 五节芒 M. floridulus**
    2. 小穗长4～5.5mm；圆锥花序主轴延伸至花序的2/3以下，短于其总状花序 ········ **2. 芒 M. sinensis**
1. 小穗无芒，基盘具长于小穗约2倍的白色长柔毛。
    3. 秆高1～1.8m，直径1cm以下；圆锥花序长20～30cm，分枝腋间具柔毛 ····· **3. 荻 M. sacchariflorus**
    3. 秆高3～5m，直径1.5cm以上；圆锥花序长30～40cm，分枝腋间无毛 ··· **4. 南荻 M. lutarioriparius**

1. 五节芒　芒秆　（图9-505）

Miscanthus floridulus (Labill.) Warb. ex K. Schum. et Lauterb.

多年生高大草本。具根状茎。秆高1～2.5m，无毛，节下常具白粉。叶鞘无毛或边缘及鞘口具纤毛；叶舌长1～3mm；叶片条形，长30～80cm，宽10～25mm，边缘有锋利细锯齿。圆锥花序长30～50cm，主轴显著延伸几达花序的顶端，或至少长达花序的2/3以上；总状花序细弱；小穗卵状披针形，长3～3.5mm，基盘具较小穗稍长的丝状毛；小穗柄无毛，顶端膨大；第一颖先端钝或有2微齿，第二颖舟形，先端渐尖，具3脉；第一外稃长圆状披针形，稍短于颖，无芒；第二外稃先端具2微齿，芒自齿间伸出，长5～11mm，膝曲，内稃极微小或缺；雄蕊3。花果期6—8月。

产于全省各地。生于海拔800m以下的山坡、沟边、田边灌草丛中和疏林下，尤其是开垦造林地或抛荒农作地生长特别茂盛。分布于华东、华中、华南、西南等地。东南亚也有。

嫩茎叶可作耕牛饲料；老时可用于造纸；也作为生物质能源植物发电。

图9-505　五节芒

2. 芒 芒草（图9-506）

Miscanthus sinensis Andersson

多年生草本。秆高0.8～2m。叶鞘长于节间，除鞘口具长柔毛外其余均无毛；叶舌长1～2mm，先端具小纤毛；叶片条形，长20～60cm，宽5～15mm，边缘具细锐锯齿。圆锥花序扇形，长15～40cm，主轴仅延伸至中部以下；总状花序较强壮而直立；小穗披针形，长4～5.5mm，基盘具与小穗等长或稍短的白色至淡黄褐色丝状毛，小穗柄无毛，顶端膨大；第一颖先端渐尖，具3脉，第二颖舟形，边缘具小纤毛；第一外稃长圆状披针形，较颖稍短；第二外稃较窄，较颖短1/3，先端2齿间伸出1芒长8～10mm，膝曲。花果期9—11月。

产于全省各地。生于山坡、山脊疏林下或灌草丛中，海拔可达1900m。分布于华东、华南、西南及吉林、河北、山东、湖北、陕西等地。日本、朝鲜半岛也有。

嫩茎叶可作耕牛饲料；也可用于园林或庭园绿化供观赏，常见栽培的园艺品种有细叶芒'Gracilliums'、斑叶芒'Zebrinus'、花叶芒'Variegatus'等。

图9-506 芒

3. 荻 荻草 （图9-507）

Miscanthus sacchariflorus (Maxim.) Hack. — *Triarrhena sacchariflora* (Maxim.) Nakai

多年生草本。具粗壮的根状茎。秆直立，无毛，节上具须毛，高可达2m。叶鞘下部者长于节间；叶舌长约1mm，先端具一圈纤毛；叶片条形，长10～50cm，宽4～10mm，除上部者基部生柔毛外其余无毛。圆锥花序顶生，长20～30cm，由10～20枚总状花序组成；小穗狭披针形，长5～6mm，基盘具长约为小穗2倍的白色丝状长柔毛；第一颖膜质，先端渐尖，边缘及背面具长柔毛，第二颖舟状，先端渐尖，具3脉；第一外稃披针形，较颖稍短，具3脉，被纤毛；第二外稃先端无芒，具小纤毛；雄蕊3。花果期8—10月。

产于湖州、嘉兴、杭州、绍兴、宁波及普陀、兰溪等地，湿地公园常有栽培。《浙江植物志》记载产于全省各地，《泰顺县维管束植物名录》也有记载，但其实并非如此。分布于黑龙江、吉林、辽宁、河北、山西、山东、河南、陕西、甘肃等地。日本、朝鲜半岛、俄罗斯（东部）也有。

小穗基部具白色长毛，秋冬季成片生长的荻是很优美的景观。

图9-507 荻

4. 南荻 （图9-508）

Miscanthus lutarioriparius L. Liu ex Renvoize et S.L. Chen — *Triarrhena lutarioriparia* L. Liu

多年生高大草本。具发达的根状茎。秆直立，常被蜡粉，高3～5m，直径2～4cm，具40余节；节部膨大，秆环隆起，上部具分枝。叶鞘无毛，与其节间近等长；叶舌具绒毛，耳部被细毛；叶片条形，长60～100cm，宽可达4cm，边缘具细锯齿。圆锥花序大型，长30～40cm，主轴伸长达花序中部，由极多的总状花序组成，腋间无毛；小穗长5～5.5mm，宽0.9mm；两颖不等长，第一颖顶端渐尖，长于其第二颖的1/4，背部平滑无毛，边缘与上部具长柔毛，基盘柔毛长为小穗的2倍左右；第一与第二外稃短于颖片，边缘具纤毛，顶端无芒。颖果黑褐色，长2～2.5mm。花果期9—11月。

图9-508 南荻

产于吴兴（埭溪），慈溪（生态园）有栽培。生于海拔200m以下的山坡路边灌草丛中或林缘，栽培于滨海公园湿地。分布于长江中、下游及以南各地。日本、朝鲜半岛也有。

为良好的保持水土植物，也可供观赏。

85 甘蔗属 Saccharum L.

多年生草本。秆高大。圆锥花序顶生，开展；穗轴具关节而易逐节断落，具丝状长柔毛；小穗背腹压扁，孪生于穗轴各节，1无柄，1有柄，同形而均含2小花；第一小花中性，第二小花两性，基盘及小穗柄均具长于小穗的丝状长柔毛；颖草质或纸质，等长；外稃透明而膜质，第一外稃顶端无芒，第二外稃通常极退化或正常发育，先端无芒或具芒；雄蕊2或3。

共35～40种，分布于全球热带和亚热带地区，主产于亚洲。我国连同栽培的有12种，分布于东南至西南部；浙江有5种。

分种检索表

1. 小穗无芒或仅具小尖头；第二外稃常极退化。
    2. 顶端叶片不显著退化；小穗基盘具长于小穗的长毛（但斑茅例外）。
        3. 小穗基盘具长约1mm的短毛，背部具长柔毛；第二外稃顶端具短芒尖 ··· 1. 斑茅 S. arundinaceum
        3. 小穗基盘具长于小穗2～4倍的丝状柔毛，背部不具柔毛；第二外稃顶端尖，不具芒。
            4. 秆高1～2m，直径0.4～1cm；叶片条形，宽0.2～0.8cm ············ 2. 甜根子草 S. spontaneum
            4. 秆高2～5m，直径2～6cm；叶片宽条形，宽2～6cm ············ 3. 甘蔗 S. officinarum
    2. 顶端叶片极退化；小穗基盘具等于或短于小穗的丝状长毛 ············ 4. 河八王 S. narenga
1. 小穗具芒；第二外稃正常发育 ············ 5. 台蔗茅 S. formosanum

1. 斑茅 （图9-509）

Saccharum arundinaceum Retz.

多年生草本。秆粗壮，高可达3m，直径可达2cm。叶鞘长于节间，基部和边缘具柔毛；叶舌短，长1～3mm，先端平截；叶片条状披针形，长达1m，宽2～2.5cm，上面基部密生柔毛，边缘呈小刺状粗糙。圆锥花序大型，顶生，开展，长40～50cm；穗轴节间长4～6mm，顶端稍膨大，与小穗柄均具丝状长柔毛；小穗披针形，长约4mm，基盘具短柔毛；颖纸质，第一颖具2脊，背部具长柔毛，第二颖舟形，上部边缘具纤毛；第一外稃长圆状披针形，上部边缘具纤毛；第二外稃披针形，先端具小尖头，内稃长圆形，长为外稃的1/2～2/3。花果期10—11月。

产于全省各地。公园和高速公路绿化带常有栽培。生于海拔1000m以下的溪滩、溪边草丛或低山坡灌草丛中。分布于华东、华南、华中、西南及河北、陕西、甘肃等地。东南亚、南亚

图9-509 斑茅

也有。

植株幼嫩叶可作饲料，老时可用于造纸；秋季花序初放时带粉红色，花后变白色，可用于园林绿化；根系发达，可用于公路和铁路沿线边坡美化。

2. 甜根子草（图9-510）

Saccharum spontaneum L.

多年生草本。具横走的根状茎。秆高1～2m，直径4～8mm，中空，节具短毛，节下常具白色蜡粉,花序以下被白色柔毛。叶舌膜质,长约2mm,顶端具纤毛;叶片条形,长30~70cm,宽4~8mm,灰白色,边缘呈锯齿状粗糙。圆锥花序长20~40cm,主轴密生丝状柔毛,分枝细弱;无柄小穗披针形,长3.5~4mm,基盘具长于小穗3~4倍的丝状毛;有柄小穗与无柄者相似,有时较短;两颖近相等,第一颖上部边缘具纤毛,第二颖中脉成脊,边缘具纤毛;第一外稃等长于小穗,边缘具纤毛;第二外稃边缘具纤毛;雄蕊3。花果期9—10月。

产于舟山及象山、永嘉、洞头、平阳(南麂)等地。生于海拔100m以下的海滨或江边沙滩草丛中。分布于华东、华中、华南、西南及陕西、新疆等地。亚洲(日本、东南部至西南部)、太平洋岛屿、澳大利亚、非洲也有。

图9-510　甜根子草

3. 甘蔗 糖蔗（图9-511）
Saccharum officinarum L.

多年生高大草本。根状茎不发达。秆高3~5m，直径2~6cm，具20~40节，实心，深紫色、绿带紫色、黄绿色，下部节间较短而粗大，被白粉。叶鞘长于其节间，除鞘口具柔毛外余无毛；叶舌极短，生纤毛；叶片长达1m，宽4~6cm，无毛，边缘呈锯齿状粗糙。圆锥花序大型，长约50cm，与其以下秆的部分均不具丝状柔毛；总状花序多数轮生，稠密；小穗线状长圆形，长3.5~4mm，基盘具长于小穗2~3倍的丝状柔毛；第一颖脊间无脉，不具柔毛，顶端尖，边缘膜质，第二颖具3脉，中脉成脊，粗糙；第一外稃膜质，与颖近等长，无毛；第二外稃微小，无芒或退化，内稃披针形。在浙江大多不开花。

图9-511 甘蔗

原产于亚洲东南部和太平洋岛屿。世界热带、亚热带地区广泛引种。福建、台湾、广东、海南、广西、四川、云南、西藏等地普遍种植。全省各地栽培，种植于农田中。

茎中汁液含蔗糖12%~15%，含糖分多，出糖率高，纤维少，质量好，产量高，作水果鲜食，也是重要的制糖原料；蔗渣纤维是造纸原料以及压制隔音板材料，还可供药用，制酒精；秆梢与叶片可作为牛羊等家畜的饲料。

《浙江植物志》记载的甘蔗学名用的是 S. sinense Roxb.，《中国植物志》和 Flora of China 称其为竹蔗，与甘蔗 S. officinarum 的区别在于圆锥花序及其以下秆的部分均具白色丝状柔毛，小穗较长，长约4.5mm。浙江栽培的"甘蔗"外观上有3个类型：①秆皮深紫色，肉质较松脆，通常作水果食用；②秆皮黄绿色，或略带紫色，肉质较坚硬，大多用于制糖；③秆绿色或黄绿色，较细，肉质坚硬，用于制糠。因在本省未见有开花的植株，故无法准确判断浙江是否有竹蔗的栽培。

4. 河八王 （图9-512）

Saccharum narenga (Nees ex Steud.) Wall. ex Hack. — *Narenga porphyrocoma* (Hance) Bor

多年生草本。秆直立，高1~3m，直径5~8mm，节具长髭毛。叶鞘下部者长于而上部者短于节间，遍生疣基柔毛，鞘口密生疣基长柔毛；叶舌厚膜质，长3~4mm，具纤毛；叶片长条形，长达80cm，宽6~12mm，上面密生疣基柔毛，下面无毛，边缘呈锯齿状粗糙。圆锥花序长20~30cm，每节常着生4枚分枝；无柄

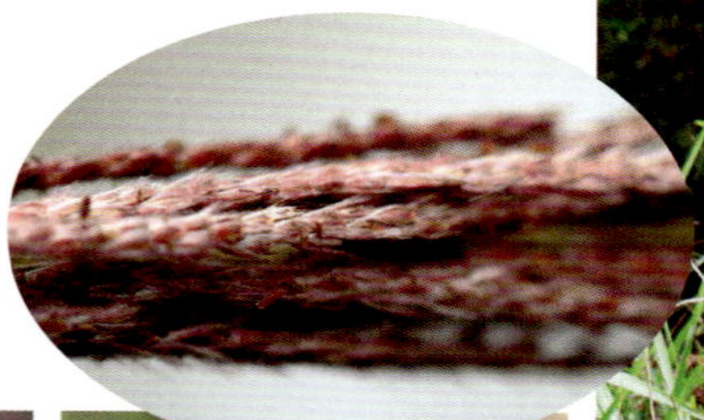

图9-512 河八王

小穗披针形，长约3mm，基盘具丝状毛，毛等长或稍短于小穗；第一颖革质，具不明显的3脉，第二颖舟形，具3脉，背部无毛；第一外稃长圆形，近等长于颖，边缘具纤毛；第二外稃较窄，稍短于颖，顶端钝，与边缘均具纤毛，内稃长约1.5mm，顶端具长纤毛；雄蕊3。花果期10—11月。

产于建德、淳安、开化、常山、龙泉、泰顺等地。生于海拔200m以下的石灰岩丘陵的溪边草丛或山脚灌草丛中。分布于江苏、安徽、江西、福建、河南、台湾、广东、广西、四川、贵州、云南等地。越南、泰国至巴基斯坦也有。

5. 台蔗茅
Saccharum formosanum (Stapf) Ohwi —— *Erianthus formosanus* Stapf

多年生草本。具根状茎。秆直立，高70~100cm，直径2~4mm，具多节，不分枝。叶鞘质厚，通常长于其节间，鞘口具柔毛；叶舌短，顶端圆截形，具纤毛；叶片条形，长30~50cm，宽3~4mm，两面平滑无毛。圆锥花序伞房状，长8~15cm，主轴被丝状柔毛，分枝15~20枚；无柄小穗披针形，长3~3.5mm，基盘丝状毛甚长于小穗；有柄小穗常稍小，长约3mm；第一颖背部具长为小穗2~3倍的丝状柔毛，第二颖背部无毛，边缘具纤毛；第一外稃稍短于颖，顶端具纤毛；第二外稃正常发育，长约1.5mm，具长6~8mm的芒；雄蕊2。花果期10—11月。

产于缙云（大洋山）、瑞安、泰顺等地。生于海拔700m以下的山坡或溪边草丛中。分布于江西、福建、台湾、广东、海南、贵州、云南等地。

86 大油芒属 Spodiopogon Trin.

多年生草本。秆直立，单一或分枝。圆锥花序顶生，狭窄或开展；穗轴节间及小穗柄顶端膨大；小穗背腹压扁，孪生于穗轴各节，1无柄或具短柄，1有长柄，同形而均含2小花；第一小花通常雄性，第二小花两性；颖革质，几等长，多脉；第一外稃顶端尖或钝，无芒；第二外稃先端2深裂，裂齿间伸出一膝曲而下部扭转的芒；雄蕊3。

共15种，分布于亚洲。我国有9种，南北各地均有分布；浙江有2种。

1. 大油芒 （图9-513）
Spodiopogon sibiricus Trin.

多年生草本。根状茎粗壮并具覆瓦状鳞片。秆直立，高1~2m，有7~9节。叶鞘除顶端外大多长于节间，无毛或密生柔毛；叶舌干膜质，平截，长1~2mm；叶片条形，基部渐狭，长15~20cm，宽6~20mm。圆锥花序长圆形，长15~20cm，宽3~5cm，主轴无毛；总状花序近轮生，劲直不下垂；穗轴节间及小穗柄顶端膨大而呈棒状，成熟后逐节断落，两侧具较长纤毛；小穗孪生，1具柄，1无柄，长5~5.5mm，基部被短毛；第一颖遍体被较长的柔毛，具6~9脉，第二颖与第一颖近等长；无柄者具3脉，除脊与边缘具柔毛外余无毛，有柄者具5~7脉，脉间生柔毛；第一外稃卵状披针形；第二外稃具膝曲而下部扭转的芒。花果期8—11月。

产于安吉、富阳、临安、桐庐、建德、淳安、衢江、开化、江山、磐安、天台、仙居、遂昌、龙泉、庆元、乐清、永嘉、泰顺等地。生于海拔1200m以下的山坡灌草丛中、溪边疏林下或竹林里。分布于东北、华北、华东、华中及广东、海南、四川、贵州、陕西、甘肃、宁夏等地。东亚和东北亚也有。

图9-513　大油芒

2. 油芒（图9-514）

Spodiopogon cotulifer (Thunb.) Hack. — *Eccoilopus cotulifer* (Thunb.) A. Camus

多年生草本。具根状茎。秆直立强壮，基部近木质化，高90~150cm，直径3~8mm，具4~8节。叶片条形，长10~50cm，宽8~15mm，基部逐渐狭窄而呈柄状，两面疏生细柔毛。圆锥花序开展，长15~25cm，每节具2至数枚细弱下垂的总状花序；总状花序轴延续不逐节断落；小穗披针形，孪生，1具短柄，1具长柄，成熟后自柄上脱落，长5~6mm，基盘具细毛；第一颖具7~9脉，粗糙，边缘疏生柔毛，第二颖具7脉，背部及边缘生柔毛；第一外稃长圆状披针形；第二外稃长圆形，稍短于第一外稃，先端2深裂，芒自裂齿间伸出，长约12mm，中部以下膝曲，芒柱稍扭转，内稃约短于外稃的1/3。花果期8—10月。

产于全省各地。生于海拔1500m以下的山坡疏林下或沟边灌草丛中。分布于华东、华中、华南、西南及陕西、甘肃等地。日本、朝鲜半岛、印度（北部）也有。

以往，本种及近缘种曾因穗轴延续无关节，不逐节断落，小穗全部具柄而分立为油芒属*Eccoilopus* Steud.，本志赞同*Flora of China*的处理，将之置于大油芒属。

一八四　禾本科 Poaceae

图9-514　油芒

李根有等采自象山渔山岛的xs2013080303号标本,植株矮壮,秆直径5～7mm,节明显隆起,圆锥花序分枝密集,总状花序有分枝而与油芒有异,但其余性状均与本种无异。

本种与大油芒的主要区别在于后者花序分枝劲直不下垂,小穗1具柄,1无柄,穗轴易逐节断落,第一颖遍体被长柔毛。

87 白茅属　Imperata Cirillo

多年生草本。具横走的根状茎。圆锥花序分枝缩短,密集呈圆柱状;穗轴细弱而延续,具丝状长柔毛;小穗背腹压扁,孪生于穗轴各节,1具长柄,1具短柄,同形而均含2小花;第一小花中性,第二小花两性,基盘及小穗柄均具丝状长绵毛;颖膜质,近等长;外稃透明膜质,无芒;第一内稃缺如,第二内稃与外稃同质,稍短;雄蕊2或1。

约10种,分布于全球热带和亚热带地区。我国有3种,分布于全国;浙江有1种。

大白茅　丝茅　（图9-515）

Imperata cylindrica (L.) Raeusch. var. **major** (Nees) C.B. Hubb. — *I. koenigii* (Retz.) P. Beauv.

多年生草本。根状茎密生鳞片。秆丛生，直立，高25～70cm，具2～3节，节上具长4～10mm之柔毛。叶鞘无毛，老时在基部常破碎成纤维状；叶舌干膜质，长约1mm；叶片扁平，长15～60cm，宽4～8mm，下面及边缘粗糙，主脉在下面明显突出而渐向基部变粗而质硬。圆锥花序圆柱状，长5～20cm，宽1.5～3cm，分枝短缩密集；小穗披针形或长圆形，长3～4mm，基盘及小穗柄均密生丝状长绵毛；第一颖较狭，具3～4脉，第二颖较宽，具4～6脉；第一外稃卵状长圆形，长约1.5mm；第二外稃披针形，长约1.2mm；雄蕊2，花药长2～3mm。花果期5—11月。

产于全省各地。生于海拔1200m以下的旱作地、田边、堤坝、路边荒地草丛或山坡林及灌草丛中。分布几遍全国。亚洲（东部、南部、西南部）和澳大利亚也有。

可作牧草；也为常见农田杂草。

与白茅 *I. cylindrica* 的区别在于后者叶片内卷，小穗较大，长4.5～6mm，花药长3～4mm。

图9-515　大白茅

88 莠竹属 Microstegium Nees

一年生草本。秆通常基部匍匐。叶片披针形。总状花序数枚呈指状排列于秆顶；穗轴具关节而易逐节断落；小穗背腹压扁，孪生于穗轴各节，1无柄，1有柄，或两者均有柄，同形而均含2小花；第一小花中性或雄性，第二小花两性；颖革质至膜质；第一外稃通常缺，第二外稃通常微小，先端或齿间具一膝曲或劲直的芒；雄蕊3或2。

约20种，分布于东亚、东南亚和印度，少数至非洲。我国有13种，分布于西南部至台湾；浙江有4种。

分种检索表

1. 总状花序轴节间细长，等长或长于其小穗，无毛。
  2. 孪生小穗均具柄，1具长柄，1具短柄 ·············· **1. 日本莠竹 M. japonicum**
  2. 孪生小穗1具长柄，1几近无柄 ·············· **2. 竹叶茅 M. nudum**
1. 总状花序轴节间粗短，压扁，较短于其小穗，两侧具纤毛。
  3. 顶生叶鞘具隐藏花序；总状花序1～3枚 ·············· **3. 柔枝莠竹 M. vimineum**
  3. 顶生叶鞘无隐藏花序；总状花序4～6枚 ·············· **4. 刚莠竹 M. ciliatum**

1. 日本莠竹（图9-516）
Microstegium japonicum (Miq.) Koidz.

一年生草本。秆平卧或披散状，节稍膨大，膝曲。叶鞘短于其节间，长2～4cm，边缘与上部具疣基柔毛；叶舌平截，长约0.2mm；叶片卵状披针形，长2～4cm，宽6～12mm，基部圆形。总状花序4～5枚稍呈指状着生于秆顶，长4～6cm；穗轴节间长4～5mm，无毛，小穗同形，孪生小穗1具长柄，1具短柄；长3.5～4mm；第一颖宽约1mm，披针形，背部扁平，平滑无毛，脊微粗糙，顶端尖，

图9-516 日本莠竹

基盘具短毛，第二颖舟形；芒自第二外稃顶端伸出，长约1cm；雄蕊2。花果期9—11月。

产于安吉、杭州市区、临安、建德、淳安、北仑、余姚、开化、莲都、遂昌、龙泉、庆元、永嘉、文成、泰顺（垟溪）。生于海拔800m以下的路边草丛中或山坡疏林下。分布于江苏、安徽、江西、湖北、湖南等地。日本、朝鲜半岛也有。

本种与竹叶茅极为相似，区别仅为前者叶片卵状披针形，孪生小穗1具长柄，1具短柄；而后者叶片披针形，孪生小穗1具长柄，1近无柄，有时也有极短的柄。其分类地位值得进一步研究。

2. 竹叶茅 （图9-517）
Microstegium nudum (Trin.) A. Camus

一年生草本。秆细弱，平卧地面，节上生纤毛。叶鞘长于或短于节间，边缘具纤毛；叶舌平截，长约0.5mm；叶片披针形，长2.5～7cm，宽5～12mm，两面无毛。总状花序2～5枚稍呈指状着生于秆顶，长4～9cm，细弱；穗轴节间长4～6mm；孪生小穗1具长柄，1近无柄，长3.5～4.5mm，基盘具纤毛；第一颖披针形，先端具2微齿，上部具2脊，脊间具4脉，脉在先端不呈网状汇合，第二颖先端尖，具3脉；第一内稃稍短于颖，第二外稃极狭，长约2mm，芒细弱，稍弯曲，长10～15mm；雄蕊2。花果期9—11月。

产于杭州市区、临安、开化、江山、金华市区、磐安、临海、天台、玉环、缙云、遂昌、松阳、龙泉、庆元、景宁、永嘉、瑞安、苍南、泰顺等地。生于海拔1500m以下的沟谷、山坡疏林下或灌草丛中。分布于华东、华中、西南及河北、台湾、陕西等地。东南亚、南亚、非洲及日本、澳大利亚也有。

图9-517 竹叶茅

3. 柔枝莠竹 (图9-518)
Microstegium vimineum (Trin.) A. Camus

一年生草本。秆细弱，披散，高60~80cm，一侧常有沟。叶鞘短于节间，上部叶鞘内常具隐藏小穗；叶舌膜质，长不及1mm；叶片条状披针形，长3~8cm，宽5~10mm，边缘粗糙，主脉在上面呈绿白色。总状花序2~3枚，稀1枚，长4~6cm；穗轴节间长3~5mm，边缘具纤毛；孪生小穗1有柄，1无柄，长4~6mm，基盘具少量短毛；第一颖披针形，上部具2脊，脊上具小纤毛，脊间具2~4脉，脉在先端网状汇合；第一花有时有雄蕊，有时内稃也缺；第二外稃极狭，先端延伸成小尖头。花果期9—11月。

产于全省各地。生于海拔1000m以下的地边和路边草丛中，或阴湿的沟谷疏林下。分布于华北、华东、华中、华南、西南等地。东亚、东南亚、南亚及伊朗也有。

可作牧草；也为农田杂草。

图9-518 柔枝莠竹

3a. 荩竹 （图9-519）
var. imberbe (Nees ex Steud.) Honda

图9-519 荩竹

与柔枝荩竹的主要区别在于小穗较大，长5～6mm；第二外稃之芒伸出于颖外，长可达9mm，芒下部扭曲。花果期9—11月。

产于杭州市区、富阳、临安、桐庐、建德、余姚、定海、普陀、开化、江山、仙居、遂昌、松阳、龙泉、庆元、景宁、永嘉、苍南、泰顺等地。生于路边、溪边。分布于吉林、山西、江苏、广东、四川、云南、陕西等地。日本、朝鲜半岛、俄罗斯、印度也有。

《中国植物志》和《浙江种子植物检索鉴定手册》中将本种作为独立的种处理 [*M. nodosum* (Kom.) Tzvel.]，但 *Flora of China* 作柔枝荩竹的异名。笔者认为虽然两者非常相似，但还是容易区别，赞同《中国主要植物图说·禾本科》和《中国高等植物图鉴》作变种处理。

4. 刚荩竹 （图9-520）
Microstegium ciliatum (Trin.) A. Camus

多年生蔓生草本。秆高可达1m，下部节上生根，具分枝。叶鞘长于或上部者短于其节间，背部具柔毛或无毛；叶舌膜质，长1～2mm，具纤毛；叶片披针形或条状披针形，长8～16cm，宽4～12mm，两面具柔毛或无毛。总状花序4～6枚着生于短缩主轴上，呈指状排列，长6～10cm；花序轴节间长2.5～4mm，稍扁，先端膨大，两侧边缘生纤毛；无柄小穗披针形，长3～3.5mm；第一颖背部具凹沟，上部具微毛，二脊无翼，边缘具纤毛，第二颖舟形，具3脉，中脉呈脊状，顶端延伸成小尖头或短芒；第一外稃不存在或微小；第二外稃微小，顶端伸出长10～22mm的芒；雄蕊3，花药长1～1.3mm。有柄小穗与无柄者同形，小穗柄长2～3mm，边缘密生纤毛。花果期9—12月。

产于瑞安（湖岭东坑）。生于海拔150～200m的沟谷石堆或灌草丛中。分布于江西、福建、湖南、台湾、广东、海南、广西、四川、贵州、云南等地。南亚和东南亚也有。

图9-520　刚莠竹

89 金茅属 Eulalia Kunth

多年生草本。秆通常直立。叶片条形。总状花序数枚呈指状排列于秆顶；穗轴具关节而易逐节断落；小穗背腹压扁，孪生于穗轴各节，1无柄，1有柄，同形而均含2小花；第一小花中性或完全退化，第二小花两性；颖革质至硬纸质；第一外稃短于颖或缺，内稃有时缺；第二外稃通常极狭小，芒膝曲，芒柱扭转，内稃有时缺；雄蕊3。

30余种，分布于东半球热带和亚热带地区。我国有14种，分布于黄河以南各地，以华南和西南为多；浙江有2种。

1. 四脉金茅 （图9-521）
Eulalia quadrinervis (Hack.) Kuntze

图9-521 四脉金茅

多年生草本。秆直立，高70~100cm。叶鞘下部者长于而上部者短于节间，除鞘口外均无毛，基部叶鞘无绒毛；叶舌平截，长1~1.5mm；叶片条形，长10~25cm，宽4~6mm，与叶鞘间有关节。总状花序3~4枚，长8~10cm，淡黄色；穗轴逐节断落，节间与小穗柄具白色纤毛；小穗成对，均结实且同形，基盘具毛；无柄小穗长5~6mm；第一颖顶端尖，两侧具脊，脊间具2~4脉，脉的顶端作网状汇合，第二颖舟形，稍长于第一颖；第一外稃几与颖等长，内稃缺；第二外稃裂齿间伸出1芒，内稃长圆状披针形。花果期9—11月。

产于全省各地。生于海拔1100m以下的山坡、山顶疏林下或灌丛中。分布于安徽、福建、河南、台湾、广东、四川、云南等地。东亚、东南亚和南亚也有。

Hosokawa（1938年）曾以采自洞头大门岛（原称虎头岛）的渡边正一28为模式标本（TAI）发表了二穗四脉金茅var. *bispicata* Hosok.新变种，国内主要的植物志书均未见记载，也未作处理。因笔者未见标本，其分类地位有待研究。

2. 金茅 （图9-522）
Eulalia speciosa (Debeaux) Kuntze

多年生草本。秆直立，高70~100cm，通常在花序以下具白色柔毛，其余光滑无毛。叶鞘下部者长于而上部者短于节间，基部叶鞘密生棕黄色绒毛；叶舌平截，长1~1.5mm；叶片长30~50cm，宽4~7mm，扁平或边缘内卷。总状花序5~8枚，长10~15cm，淡黄色；穗轴节间长3~4mm；小穗长圆形，长4.5~5.5mm，基盘具毛；第一颖先端稍钝，具2脊，脊间具2脉，脉在先端不呈网状汇合，第二颖舟形，具3脉；第一外稃长圆状披针形，几与颖等长，内稃缺；第二外稃长约3mm，芒长约15mm，内稃长圆形。花果期9—11月。

产于全省各地。生于海拔1100m以下的山坡林下或山顶灌丛中。分布于山东、安徽、江西、福建、河南、湖北、台湾、广东、海南、四川、贵州、云南、陕西等地。东亚、东南亚、南亚也有。

与四脉金茅的区别在于后者秆基部叶鞘无绒毛，第一颖脊间具2～4脉，脉的顶端作网状汇合。

图9-522　金茅

90 假金发草属　Pseudopogonatherum A. Camus

一年生草本。叶片狭条形。总状花序呈指状排列于秆顶；花序轴节间在成熟时逐节断落或不断落，每节具2同形的小穗，两小穗通常均具柄或1有柄，1无柄；小穗含2小花，第一小花通常不发育，第二小花两性；第一颖背圆，第二颖舟形；第二外稃常极狭长，甚至退化仅为芒的基部，芒一至二回膝曲，芒柱有不同程度的扭转；第二内稃通常不存在。

约3～5种，分布于亚洲（印度东北部、缅甸至东南亚），向南延至大洋洲和太平洋岛屿。我国有3种；浙江有2种。

1. 刺叶假金发草　刺叶笔草

Pseudopogonatherum koretrostachys (Trin.) Henrard — *P. setifolium* (Nees) A. Camus

一年生草本。秆高30～60cm，光滑无毛。叶鞘除基部2～3节外均较节间为短；叶舌长约

0.5mm；叶片长5～20cm，宽1～1.5mm，通常内卷。总状花序细弱，长2～4cm，常2～5枚呈指状排列于秆顶；序轴节间长约2mm，具白色纤毛，成熟后易逐节断落，每节具2同形的小穗，1有柄，另1无柄；小穗披针形，长2.5～3mm，基盘具长约为小穗1/5～1/4的短毛；第一颖先端膜质，稍钝，具2微齿，上部具2脊，下部2/3被白色长柔毛，第二颖舟形，具1脉，先端具长3～6mm的芒；第一外稃钝头，长约1mm；第二外稃极狭，具长15～20mm的芒，芒不明显地二回膝曲，扭转；内稃不存在；雄蕊3。花果期9—11月。

分布于安徽、江西、福建、广东、海南、广西、云南等地。东南亚也有。《中国主要植物图说》(禾本科)、《中国植物志》均记载浙江有产,《浙江植物志》也有记载，但笔者未见标本。

2. 中华笔草 （图9-523）

Pseudopogonatherum contortum (Brongn.) A. Camus var. **sinense** Keng et S.L. Chen
— *Eulalia contorta* (Brongn.) Kuntze var. *sinensis* Keng

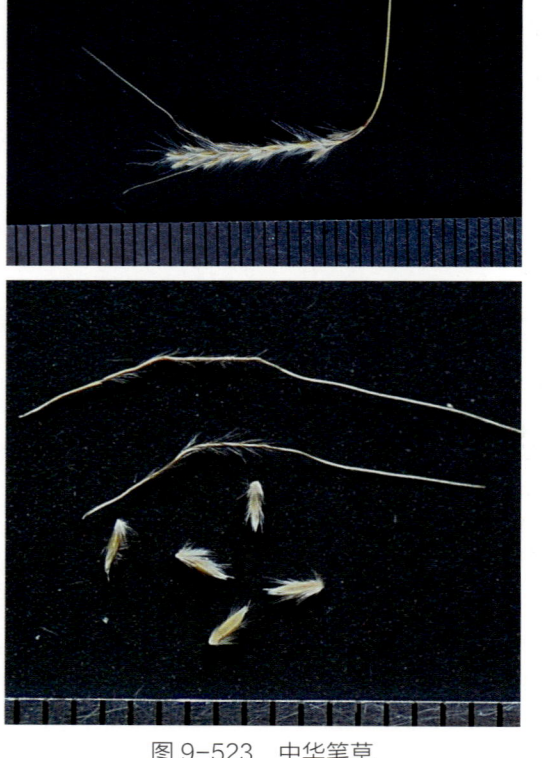

图9-523 中华笔草

一年生草本。植株纤细。秆高20～50cm，节无毛。叶鞘通常较节间为长，无毛；叶片狭条形，长10～20cm，宽约1mm，通常内卷，下面具柔毛。总状花序细弱，长2～4cm，常5～6枚呈指状排列于秆顶；序轴节间长1.2～2mm，具白色纤毛，成熟后不逐节断落；小穗孪生，均有与序轴节间近等长的柄，小穗披针形，长1.6～2mm，基盘具长约为小穗一半的柔毛；第一颖先端膜质，稍钝，第二颖舟形，先端具长0.5～1mm的短尖头；第一外稃钝头，长约1mm；第二外稃极狭，具长约2cm的芒，芒二回膝曲，扭转，芒柱具柔毛，芒针具微刺毛；内稃不存在。花果期9—11月。

产于泰顺（司前）。生于海拔约260m的山坡草丛中。分布于江西、福建、广东、海南、广西等地。浙江仅见1号标本（丁炳扬等 4851），其总状花序1～3枚而与文献记载明显不同，分类地位有待进一步研究。

模式变种笔草小穗基盘具长不及小穗长一半的柔毛，第二颖具长10～12mm的芒。与刺叶假金发草的区别在于后者总状花序轴成熟后易逐节断落，孪生小穗1具柄，1无柄。

一八四　禾本科 Poaceae

91 金发草属 Pogonatherum P. Beauv.

多年生草本。秆细长而硬。叶片条形或条状披针形。穗形总状花序单生于秆顶；小穗孪生，1有柄，1无柄，呈覆瓦状排列于易逐节折断的总状花序轴一侧；无柄小穗含1~2小花；有柄小穗含1小花，两性或雌性；第一颖背腹压扁，具脊而延伸成1芒，第二颖背具脊；第一外稃无芒，第二外稃具细长而曲折的芒；雄蕊1或2。颖果长圆形。

共4种，分布于印度至亚洲东南部、澳大利亚东北部、波利尼西亚。我国有3种，分布于西南至东南部；浙江有1种。

金丝草 （图9-524）
Pogonatherum crinitum (Thunb.) Kunth

多年生矮小草本。秆丛生，高10~30cm，直径0.5~0.8mm。叶鞘短于或长于节间；叶舌短，纤毛状；叶片条形，长2~5cm，宽2~4mm。穗形总状花序单生于秆顶，长1.5~3cm（芒除外）；无柄小穗含2小花；有柄小穗与无柄小穗同形，但较小。第一颖背腹扁平，长约1.5mm，第二颖舟形，具1脉而呈脊状，先端2裂，脉延伸成弯曲的长芒；第一小花完全退化或仅存一外稃；第二小花两性，外稃先端2裂，裂齿间伸出芒，芒长18~24mm；内稃宽卵形，具2脉；雄蕊1。颖果卵状长圆形，长约0.8mm。花果期5—10月。

产于丽水、温州及淳安、开化、金华市区、天台、三门、仙居

图9-524　金丝草

等地。生于海拔800m以下的田埂、岩壁石缝或山坡灌草丛中。分布于华东、华中、华南、西南。东南亚、南亚、澳大利亚(昆士兰)也有。

全株可入药,有清凉散热,解毒、利尿通淋的功效;也可作饲料。

92 荩草属 Arthraxon P. Beauv.

一年生或多年生草本。秆基部倾斜。叶片基部心形抱茎。总状花序呈指状排列或簇生于秆顶;小穗背腹压扁,孪生,1有柄,1无柄,有柄者雄性或中性或退化殆尽致使仅存无柄小穗;无柄小穗含2小花,第一小花中性,第二小花两性;第一颖近革质,第二颖具3脉;外稃透明膜质,第一外稃内无内稃,第二外稃全缘或先端具2微齿,内稃甚小或不存在;雄蕊3或2。

约26种,分布于东半球的热带地区,主产于印度,美洲有引种。我国有12种,广泛分布于全国各地;浙江有2种。

1. 荩草 (图9-525)

Arthraxon hispidus (Thunb.) Makino — *A. hispidus* var. *cryptatherus* (Hack.) Honda

一年生草本。秆细弱,基部倾斜,高30~50cm,具多节,常分枝,无毛。叶鞘短于节间,生短硬疣基毛;叶舌膜质,边缘具纤毛;

图9-525 荩草

叶片卵状披针形，基部心形抱茎，长2～4cm，宽0.8～1.5cm，除下部边缘生纤毛外，余均无毛。总状花序细弱，长2～4.5cm，2～10枚呈指状排列或簇生于秆顶；穗轴节间无毛；无柄小穗卵状披针形，长4～4.5mm；第一颖边缘带膜质，具7～9脉，第二颖近膜质，与第一颖等长；第一外稃先端尖，长约为第一颖的2/3；第二外稃与第一外稃等长，芒长6～9mm，膝曲，下部扭转，有时无芒；雄蕊2；有柄小穗退化仅存短柄或退化殆尽。花果期9—11月。

产于全省各地。生于海拔1100m以下的农田、园地及路边草丛中或山坡疏林下。分布于华北、华东、华中、华南、西南及黑龙江、陕西、宁夏、新疆等地。亚洲、非洲和澳大利亚均有。

可作牧草；也为农田杂草。

1a. 中亚荩草（变种）
var. **centrasiaticus** (Griseb.) Honda

与荩草的主要区别在于其叶片两面被毛。花果期10月。

产于杭州市区、定海、岱山、嵊泗、常山等地。生于田边或路边草丛中。分布于华北、华东、华中。中亚、西南亚也有。

2. 矛叶荩草 （图9-526）
Arthraxon prionodes (Steud.) Dandy

多年生草本。秆较坚硬，高40～60cm，直立或基部横卧，常多分枝，节无毛或具短毛。叶鞘短于节间，无毛或生疣基毛；叶片披针形或卵状披针形，长2～7cm，宽5～1.5cm，两面无毛或具短毛或疣基柔毛，边缘通常具疣基纤毛。总状花序2至数枚指状排列于秆顶；穗轴节间具白色纤毛；无柄小穗长圆状披针形，长6～7mm；第一颖背部光滑或有小瘤点状粗糙，边缘具锯齿状疣基钩毛，第二颖与第一颖等长，质较薄；第一外稃透明膜质，长圆形；第二外稃长于第一外稃，芒长9～13mm，膝曲；雄蕊3；有柄小穗雄性，略短

图9-526 矛叶荩草

于无柄小穗，无芒。花果期8—10月。

产于杭州市区、椒江、龙泉、永嘉、泰顺等地。生于田边或路边草丛中。分布于河北、山东、江苏、安徽、河南、湖北、四川、云南、西藏、陕西等地。亚洲（南部、西南部）、非洲东部也有。

本种的拉丁名在《中国植物志》和《浙江种子植物检索鉴定手册》中用的是 A. lanceolatus（Roxb.）Hochst.，Flora of China 认为此种产于印度，中国产的是本种。

与荩草的主要区别在于后者叶片较宽短，穗轴节间无毛，雄蕊2，有柄小穗退化仅存短柄或退化殆尽。

93 楔颖草属 Apocopis Nees

多年生或一年生草本。叶鞘圆筒形，通常在上部具疣基毛；叶片扁平，通常两面具疣基毛，顶生叶片常很退化。总状花序常为2枚贴生呈圆柱形；小穗单生或孪生；无柄小穗通常两性，成熟时与其着生的总状花序轴一齐断落；通常含2小花，第一小花雄性，常有2雄蕊；第二小花常为雌性，少为两性或中性；第二外稃具一脉延伸成小尖头至膝曲的芒；有柄小穗从完全退化至存在而为雌性，且具膝曲的芒。颖果圆柱形，胚长为颖果的一半。

共15种，分布于亚洲热带和亚热带地区。我国有4种；浙江有2种。

1. 异穗楔颖草 大花楔颖草 （图9-527）

Apocopis intermedius (A. Camus) Chai-Anan —— *A. wrightii* Munro var. *macrantha* S.L. Chen

多年生草本。秆丛生，高30~40cm。叶鞘在下部者长于但在上部者短于节间，上部具疣基毛，鞘口具柔毛；叶舌干膜质，先端钝圆；叶片条形，长3~10cm，宽2~4mm，顶生者短缩，两

图9-527 异穗楔颖草

面具脱落性的疣基毛,基部边缘具疣基长纤毛。总状花序孪生,互相紧贴呈圆柱状,长2～4cm;无柄小穗长5～6mm,基盘具髯毛;有柄小穗时有发育,雌性,长约3mm,具膝曲扭转的芒;第一颖坚纸质,长约5mm,具7脉,第二颖膜质,紫红色,具3脉;第一外稃等长或稍短于第一颖;第二小花中性,外稃卵形或卵状长圆形,长4～5mm,具1长2～2.5cm的膝曲之芒,芒柱扭转;雄蕊2,花药黄色。

产于天台(国清寺附近)、玉环(清港)。生于海拔200m以下的山谷荒地。分布于广东、云南。越南和泰国也有。

2. 曲芒楔颖草　瑞氏楔颖草　(图9-528)
Apocopis wrightii Munro

多年生草本。秆丛生,高35～60cm。叶鞘除近基部者外短于节间,通常无毛;叶舌干膜质,长约1mm,边缘具短纤毛;叶片条形或条状披针形,长4～12cm,宽

图9-528　曲芒楔颖草

3~6mm，顶生者常很退化，两面具软疣基毛，边缘具疣基长纤毛。总状花序孪生，互相紧贴呈圆柱状，长2.5~5cm；穗轴节间长约2mm，密生黄棕色长柔毛；无柄小穗长约4.5mm；第一颖倒卵圆形，与小穗近等长，上部有暗赤色宽带，具7脉，第二颖长圆形，近膜质，上部暗红色，具3脉；第一外稃长圆状披针形，与第一颖近等长；第二小花两性，外稃狭长圆形，长3.5~5mm，具长1~1.5cm的膝曲扭转之芒；有柄小穗退化仅剩1细弱的柄，具黄棕色长毛。花果期9—11月。

产于永康（白云林区）。生于山脊或山坡沙地。分布于安徽、江西、福建、广东、广西、云南等地。泰国也有。

永康的标本总状花序单生而有所不同，但其余特征基本一致。

与异穗楔颖草的区别在于后者无柄小穗较长，长5~6mm，第二小花中性，有柄小穗常发育，雌性。

94 鸭嘴草属 Ischaemum L.

一年生或多年生草本。总状花序通常2枚贴生呈圆柱状；小穗背腹压扁，孪生，1有柄，1无柄；无柄小穗通常含2小花，第一小花雄性，第二小花两性；有柄小穗全为雄花或第二小花为两性而不孕；穗轴易逐节断落；第一颖硬纸质或下部革质，边缘内折，第二颖舟形，质较薄，具3~5脉；第一外稃具内稃；第二外稃裂齿间具芒，稀无芒，具内稃；雄蕊3。

约70种，分布于世界热带地区，但以亚洲为多，尤其是印度。我国有12种，主要分布于长江流域以南地区；浙江有4种。

分种检索表

1. 无柄小穗第一颖背面无长柔毛。
 2. 无柄小穗第一颖背面具横皱纹 ··· **1. 粗毛鸭嘴草 I. barbatum**
 2. 无柄小穗第一颖背面不具横皱纹。
  3. 无柄小穗倒卵状长圆形，长约5mm；有柄小穗具膝曲的芒 ············ **2. 细毛鸭嘴草 I. ciliare**
  3. 无柄小穗披针形，长逾6mm；有柄小穗无芒或具短直芒 ············ **3. 有芒鸭嘴草 I. aristatum**
1. 无柄小穗第一颖背面具长柔毛 ··· **4. 毛鸭嘴草 I. anthephoroides**

1. 粗毛鸭嘴草 （图9-529）

Ischaemum barbatum Retz. — *I. tientaiense* Keng et H.R. Zhao

多年生草本。秆较粗壮，直立或基部膝曲，高30~100cm，节上常被白色髯毛。叶鞘无毛或密生柔毛；叶舌明显，长2~5mm；叶片条形或狭披针形，长5~30cm，宽3~8mm，两面常密生柔毛。总状花序长4~10cm；穗轴节间棱上具纤毛；无柄小穗长5~7mm；第一颖无毛，常有2~4条横穿背部的皱纹，有时下部两侧有小瘤，第二颖与第一颖等长，硬纸质；第一小花雄性，第一外稃与内稃等长；第二小花两性，第二外稃膜质，2深裂，裂齿间伸出长12~14mm的芒；

有柄小穗与无柄者相似，但稍短于后者，无芒。花果期10—11月。

产于安吉、开化、江山、磐安、天台、庆元、永嘉（四海山）、泰顺（茶坪和龟湖）。生于海拔500m左右的路边草丛。分布于华东、华南及湖北、湖南、贵州、云南等地。日本、东南亚、南亚、澳大利亚、非洲北部也有。

图 9-529　粗毛鸭嘴草

2. 细毛鸭嘴草 （图9-530）

Ischaemum ciliare Retz. — *I. indicum* (Houtt.) Merr.

多年生草本。秆直立或基部平卧至斜升，直立部分高40～50cm，节上密被白色髯毛。叶鞘疏生疣基毛；叶舌膜质，上缘撕裂状；叶片条形，长6～15cm，宽5～10mm，两面被疏毛。总状花序长5～7cm；穗轴节间和小穗柄的棱上均具长纤毛；无柄小穗倒卵状矩圆形；第一颖革质，长4～5mm，先端具2齿，背面上部具5～7脉，下部光滑无毛，第二颖较薄，舟形，等长于第一颖，边缘具纤毛；第一小花雄性；第二小花两性，外稃较短，先端2深裂至中部，裂齿间着生膝曲的芒；有柄小穗与无柄小穗相似但略小，具膝曲芒。花果期7—11月。

产于温州及临安、淳安、鄞州、普陀、开化、武义、磐安、天台、温岭、玉环、遂昌、龙泉、庆元、平阳等地。生于海拔1000m以下的溪沟边、山坡疏林下或路边灌草丛中。分布于华东、华南、西南及湖北、湖南等地。东南亚、南亚也有，美洲有引种。

图 9-530　细毛鸭嘴草

3. 有芒鸭嘴草　（图 9-531）

Ischaemum aristatum L. — *I. hondae* Matsuda

多年生草本。秆直立或下部膝曲，高 70～80cm。叶鞘疏生长疣基毛；叶舌干膜质，长 2～3mm；叶片条状披针形，长 5～16cm，宽 4～8mm，无毛或两面具疣基柔毛。总状花序长 4～6cm；穗轴节间和小穗柄外侧边缘均具白色纤毛，内侧无毛或略被茸毛；无柄小穗披针形，长 6～7mm；有柄小穗通常稍小于无柄小穗，具短直芒，稀无芒；第一颖先

图 9-531　有芒鸭嘴草

端钝或具2齿，具5~7脉，第二颖舟形，与第一颖等长；第一外稃稍短于第一颖，具不明显的3脉；第二外稃较第一外稃短1/5~1/4，2深裂至中部，裂齿间伸出长8~12mm的芒，芒在中部以下膝曲。花果期6—11月。

产于全省各地。生于海拔1000m以下的溪沟边、田边湿地或山坡灌草丛中。分布于华东、华中、华南及贵州、云南等地。日本、朝鲜半岛也有。

3a. 鸭嘴草 （图9-532）

var. **glaucum** (Honda) T. Koyama —— *I. crassipes* (Steud.) Thell.

与有芒鸭嘴草的区别在于其无柄小穗无芒或具短直芒，小穗节间与小穗柄外侧边缘粗糙。

产于杭州及定海、普陀、椒江、玉环、遂昌、龙泉、庆元、洞头、瑞安、苍南（北关岛）。生于海拔200m以下的山坡或沙滩草丛。分布于辽宁、河北、山东、江苏、安徽（南部）等地。日本、朝鲜半岛、越南也有。

赵惠如（1981）发表变种毛鞘鸭咀草var. *barbivaginatum* H.R. Zhao（模式标本采自杭州）和长芒鸭咀草var. *longiaristatum* H.R. Zhao。前者与有芒鸭嘴草的区别在于其节生髯毛，无柄小穗的第二颖长于第一颖，有柄小穗无芒；后者与有芒鸭嘴草的区别在于其节生髯毛，叶鞘上部密生开展疣基毛，无柄小穗的第二颖长于第一颖，无柄小穗和有柄小穗均具长芒。因笔者未见标本，*Flora of China*也未作处理，其分类地位有待进一步研究。

图9-532　鸭嘴草

4. 毛鸭嘴草 (图9-533)
Ischaemum anthephoroides (Steud.) Miq.

多年生草本。秆直立，基部膝曲，疏丛生，高30～55cm，直径2～3mm，一侧有凹槽，节上具髯毛。叶鞘被柔毛；叶舌长2～4mm，上缘撕裂状；叶片条状披针形，长3～14cm，宽3～7mm，两面密被长柔毛。总状花序长6.5～8cm；穗轴节间和小穗柄被白色长柔毛；无柄小穗长约1cm；有柄小穗较无柄小穗稍短；第一颖倒长卵形，长约10mm，背面除先端外被长柔毛，具

图9-533 毛鸭嘴草

5脉，第二颖略短于第一颖，质较薄，具3~9脉；第一小花雄性，内、外稃均为膜质；第二小花两性或雌性，与第一小花近等长，外稃先端2齿裂，齿间具芒；内稃卵形，先端具长喙。花果期10—11月。

产于椒江（大陈岛）、平阳（西湾、南麂）等地。生于海拔200m以下的滨海山坡灌草丛中。分布于河北、山东等地。日本、朝鲜半岛也有。

95 须芒草属 Andropogon L.

多年生草本。秆丛生。叶片条形或狭条形；叶舌膜质或退化成毛。总状花序成对或指状排列于主秆或分枝顶端，基部托以鞘状佛焰苞；花序轴脆弱，易逐节折断；小穗孪生，1无柄，1具柄；无柄小穗通常两性，背腹压扁，具2小花；有柄小穗雄性或中性，无芒，有时完全退化成细棒状；颖近等长；第一小花常退化仅剩1透明膜质的外稃；第二小花两性，外稃透明膜质或质稍厚，具长芒，内稃很小或缺；雄蕊1~3。颖果狭长圆形或近圆柱形。

约100种，多产于世界温暖地区。我国有3种，产于华东、华南、西南等地区。浙江有1归化种。此外，在玉环漩门湾湿地公园等地还少量栽培西藏须芒草 *A. munroi* C.B. Clarke（=*A. yunnanensis* Hack.）。

弗吉尼亚须芒草 （图9-534）
Andropogon virginicus L.

多年生直立草本，高1~1.7m。秆丛生，基部略扁，无毛。叶鞘基部套折，被长柔毛；叶片长20~45cm，宽3~6mm，下部对折。秆的中上部多次分枝，每次分枝均托以长2.5~5cm的佛焰苞，其内生2枚总状花序和1枚次级分枝。总状花序长1.5~3cm，具8~12小穗；序轴脆弱，极易逐节连同小穗一起断落，节间长2~2.5mm，具长纤毛；小穗孪生，但有柄小穗退化成细棒状，密生长纤毛；无柄小穗狭披针形，长约3mm；颖与小穗近等长，外颖披针形，薄纸质，内颖稍长于外颖，脊上具短刺毛；第一小花退化仅留膜质外稃，与第一颖近等长；第二小花长约为小穗的2/3，外稃膜质，具长1.5~2cm的芒，内稃缺。颖果圆柱状，长1.8~2mm。

原产于北美洲，向南经加勒比地区至南美洲的哥伦比亚。日本、澳大利亚、新西兰、美国夏威夷等有归化。吴兴（埭溪）、慈溪、宁海也有归化。生于荒地、路边或山坡草丛中。

由于本种的种子（颖果）微小，连同具长毛的花序轴节间一起脱落，很容易随风传播而快速扩散。在澳大利亚，其高度易燃性增加了森林和草场火灾风险，且作为牧草时营养价值较低，导致草原生产力的下降。因此，其被列为对环境和牧业有影响的入侵种。本种传入我国的途径尚不清楚，应引起相关管理部门和科技人员的关注，加强监测和研究。

图 9-534 弗吉尼亚须芒草

96 香茅属 Cymbopogon Spreng.

多年生草本。通常具香味。秆不分枝。花序为具佛焰苞之孪生总状花序组成的假圆锥花序；小穗背腹压扁，孪生，总状花序基部的1～2对小穗为同性对（均为雄性或中性），无芒，上部的各对小穗则为异性对（无柄的两性，有柄的雄性或中性）；无柄小穗含2小花，第一小花中性，第二小花两性，外稃具芒，内稃微小；有柄小穗无芒。颖果长圆球形，背面扁平。

约70余种，分布于东半球的热带和亚热带地区，美洲热带地区有引种。我国有24种，分布于河北及以南地区；浙江有3种。另外，Flora of China 记载浙江还有青香茅 C. mekongensis A. Camus 分布，但未见标本，不予收录。

分种检索表

1. 小穗无芒；植物体有柠檬香气 ·· **1. 香茅 C. citratus**
1. 小穗具芒；植物体无明显香气。
    2. 假圆锥花序较稀疏而狭窄，单纯；无柄小穗长5～6mm ················· **2. 橘草 C. goeringii**
    2. 假圆锥花序较大而密集，复合；无柄小穗长3.5～5mm ·············· **3. 扭鞘香茅 C. tortilis**

1. 香茅 柠檬草 （图9-535）
Cymbopogon citratus (DC.) Stapf

多年生草本。具柠檬香气。秆高达2m，粗壮，丛生，节下被白色蜡粉。叶鞘无毛，内面浅绿色；叶舌质厚，长约1mm；叶片长30～90cm，宽5～15mm，平滑或边缘粗糙。伪圆锥花序具多次复合分枝，长约50cm，疏散，分枝细长，顶端下垂；佛焰苞长约1.5cm；总状花序不等长，具3～4或5～6节，长约1.5cm；花序梗无毛；花序轴节间及小穗柄长2.5～4mm，边缘疏生柔毛；无柄小穗线状披针形，长5～6mm，宽约0.7mm；有柄小穗长4.5～5mm；第一颖背部扁平或下凹成槽，无脉，上部具窄翼，边缘具短纤毛；第二外稃狭小，长约3mm，先端具2微齿，无芒或具短芒尖。花果期夏季，少见有开花者。

图9-535 香茅

原产于南亚。广泛种植于亚洲热带地区,西印度群岛与非洲东部也有栽培。福建、湖北、台湾、广东、海南、贵州、云南等地有栽培。海宁、杭州市区、萧山、宁波市区和苍南(马站)等地也有栽培。

茎叶提取柠檬香精油,供制香水、肥皂;可食用,嫩茎叶为制咖喱调香料的原料;药用有通络祛风等功效。

2. 橘草 (图9-536)

Cymbopogon goeringii (Steud.) A. Camus

多年生草本。根须状。秆较细弱,直立,无毛,高60～120cm。叶鞘无毛,下部者多破裂而向外反卷,内面红棕色;叶舌先端钝圆,长1～2.5mm;叶片条形,长15～35cm,宽3～5mm,无毛。假圆锥花序较稀疏而狭窄;总状花序长1.5～2cm;佛焰苞长1.8～2.5cm;穗轴节间长3～3.5mm;无柄小穗长5～6mm;有柄小穗长4～6mm,小穗柄具长1～3mm的白色柔毛;颖几等长;第一外稃膜质,长圆形;第二外稃狭窄,2裂,裂齿间伸出芒,内稃微小或缺如。花果期9—11月。

产于全省丘陵山地。生于海拔1200m以下的山坡、山脊疏林下或灌草丛中。分布于华东及河北、山东、湖北、湖南、台湾、广东(香港)、贵州、云南等地。日本和朝鲜半岛也有。

嫩茎叶可作牧草。

图9-536 橘草

3. 扭鞘香茅（图9-537）
Cymbopogon tortilis (J. Presl) A. Camus

多年生草本。有细韧的须根。秆直立，高60～120cm，节具白色微小茸毛。叶鞘无毛，基部者多破裂反卷，呈现棕红色；叶片条形，长30～45cm，宽4～6mm。总状花序长8～18mm，成对从舟形佛焰苞中伸出，组成大而密集的假圆锥花序，长2.5～3.5cm，红棕色或紫色；佛焰苞长12～15mm；小穗成对着生；无柄小穗长3.5～5mm，具1膝曲的芒，芒长10～15mm；有柄小穗长3.5～5mm，无芒，小穗柄通常被长0.5～1mm的白色柔毛；颖几等长；第一外稃膜质，长圆形，第二外稃狭窄，2裂，裂口处伸出芒；内稃小或不存在。花果期8—10月。

产于湖州、杭州市区、桐庐、嵊州、新昌、余姚、龙游、兰溪、磐安、椒江、天台、仙居、玉环、乐清、永嘉、平阳、泰顺等地。生于海拔500m以下的山坡、山脊疏林下或灌草丛中。分布于安徽、福建、台湾、广东、海南、贵州、云南等地。菲律宾和越南也有。

嫩茎叶可作牧草。

图9-537 扭鞘香茅

97 裂稃草属 Schizachyrium Nees

一年生或多年生草本。秆纤细。叶片通常条形或条状长圆形。总状花序单生，基部有鞘状总苞；小穗成对生于各节，1无柄，1具柄；无柄小穗具2小花，第一小花退化仅存一外稃，第二小花两性；有柄小穗退化，仅存1或2颖；第一颖长圆状披针形；第二颖窄舟形，质较第一颖薄；外稃透明膜质，第二外稃具1膝曲的芒；内稃缺或细小；雄蕊3。颖果狭条形。

约60种，分布于全球热带和亚热带地区。我国有4种，分布于东北南部经华东、华中至华南；浙江有1种。

裂稃草 （图9-538）
Schizachyrium brevifolium (Sw.) Nees ex Buse

一年生草本。须根短而细弱。秆高20～70cm，细瘦。叶鞘短于节间；叶舌短，缘撕裂并具睫毛；叶片条形或长圆形，长2～4cm，宽3～7mm。总状花序纤细，长1～2cm；无柄小穗条状披针形，长约3mm，基盘具短髯毛；有柄小穗退化仅剩1或2颖，顶端具直芒；第一颖近草质，顶端2齿裂，具4～5脉，第二颖舟形，有3脉；外稃透明膜质，第一外稃条状披针形，顶端急尖，第二外稃短于第一颖1/3，2深裂几达基部，芒自裂齿间伸出，长约

图9-538 裂稃草

1cm；雄蕊3。颖果线形，长约2.5mm。花果期9—11月。

产于全省各地。生于海拔1100m以下的田边和路边草地或阴湿山坡草丛中。分布于河北、山东、江苏、安徽、福建、河南、湖北、台湾、广东、海南、四川、贵州、西藏等地。东亚、东南亚、南亚均有。

全草可作饲料。

98 高粱属 Sorghum Moench

一年生或多年生草本。秆高大。圆锥花序顶生；小穗背腹压扁，孪生，1有柄，1无柄；无柄小穗含2小花，第一小花中性，第二小花两性；有柄小穗雄性或中性；穗轴节间及小穗柄线形，边缘均具纤毛；第一颖背部突起或扁平，成熟时变硬而有光泽，第二颖舟形，具脊；第一外稃透明膜质；第二外稃先端2裂，芒从裂齿间伸出，或全缘而无芒；雄蕊3。

约30种，分布于东半球热带和亚热带地区，墨西哥也有1种。我国有5种，全国各地广泛分布；浙江有3种。

分种检索表

1. 植株较高大，高1～4m，秆直径超过5mm；圆锥花序的分枝再分枝。
    2. 一年生草本，不具根状茎；无柄小穗宽倒卵形，宽逾3mm ·················· **1. 高粱 S. bicolor**
    2. 多年生草本，具根状茎；无柄小穗椭圆形，宽不超过2.5mm ············· **2. 假高粱 S. halepense**
1. 植株较矮小，高不逾1.5m，秆直径不超过4mm；圆锥花序的分枝单纯不再分枝 ··· **3. 光高粱 S. nitidum**

1. 高粱 蜀黍 芦稷（图9-539）

Sorghum bicolor (L.) Moench

一年生草本。秆较粗壮，直立，高2～4m，直径2～5cm，基部节上具支柱根。叶鞘无毛或稍有白粉；叶舌硬膜质，边缘具纤毛；叶片条形至条状披针形，长40～70cm，宽3～8cm，两面无毛。圆锥花序疏松，主轴裸露，长15～45cm，宽4～10cm，总梗直立或微弯曲，分枝3～7枚轮生；无柄小穗长4.5～6mm，宽3.5～4.5mm，基盘纯，具髯毛；有柄小穗长3～5mm，雄性或中性；两颖均革质，初时黄绿色，成熟后为淡红色至暗棕色，第一颖具12～16脉，第二颖7～9脉；外稃透明膜质，第一外稃披针形，边缘具长纤毛，第二外稃具2～4脉，顶端稍2裂，自裂齿间伸出一膝曲的芒，芒长约14mm；雄蕊3。颖果两面平突，长3.5～4mm，淡红色至红棕色。花果期9—11月。

原产于非洲。世界各地广泛引种。我国南北各地均有栽培。全省各地零星栽培。高粱经长期栽培选育，形成众多品种：按其性质分，有粳性和糯性2类；按籽粒色泽有黄色、红色、黑色、白色或灰白色、淡褐色5类。《中国植物志》记载本种有1变种球果高粱 var. *subgtobosus*（Hack.）

Snowden，颖果熟时完全为颖所包或微露，倒卵形至亚球形。但 *Flora of China* 未作划分。

颖果脱壳后即为高粱米，是我国传统的五谷之一。按颜色有红、白之分，红者又称为酒高粱，主要用于酿酒，白者用于食用，性温味甘涩；同时也可作制醋、提取淀粉、加工饴糖的原料；茎、叶可作牲畜饲料；籽粒和根可供药用，具有和胃、健脾、消积等功效；谷壳也可作染料。

图 9-539　高粱

2. 假高粱　石茅　（图 9-540）

Sorghum halepense (L.) Pers.

多年生草本。具横走根状茎。秆直立，高 1~3m，直径 5~10mm。叶舌长约 1.8mm，具缘毛；叶片阔条状披针形，长 30~80cm，宽 1~4cm，基部具白色绢状疏柔毛。圆锥花序长

20～50cm，分枝轮生，基部具白色柔毛；穗轴具关节，具纤毛；小穗成对，1无柄，1具柄；无柄小穗椭圆形，长3.5～4mm；有柄小穗较狭，无芒；颖片革质，近等长，第一颖的顶端具3齿，第二颖的上部1/3处具脊；第一外稃透明膜质，被纤毛，第二外稃长约为颖片的1/3，顶端微2裂，主脉延伸从齿间伸出芒。颖果椭圆形，长约1.4mm，被柔毛。花果期9—11月。

原产于地中海沿岸。现世界亚热带和暖温带地区归化为杂草。东北、华北、华东、华中、华南、西南及陕西等有归化。象山、定海、普陀、嵊泗、椒江、玉环、缙云、乐清、平阳、苍南、泰顺等地有过逸生或归化，由于农业检疫部门组织清除，有些分布点已消失。生于海拔200m以下的田边或路边草丛中，也见于山坡灌草丛。

本种为外来入侵植物，已列为检疫对象。

本种有1变型匿芒假高粱 form. *muticum* C.E. Hubb.，第二外稃无芒，仅具小尖头。但这一性状并不稳定，多数情况是花序分枝上部小穗具芒，下部小穗无芒。

图 9-540　假高粱

3. 光高粱 （图9-541）

Sorghum nitidum (Vahl) Pers.

多年生草本。秆直立，高50~150cm，直径2~4mm，节密生白色髯毛。叶鞘紧密抱茎；叶舌硬膜质，长1~2mm；叶片条形，长10~45cm，宽4~8mm，两面均无毛。圆锥花序长圆形，长10~30cm，主轴直立，光滑无毛；分枝单纯，细而轮生，基部裸露；分枝上端之总状花序长1~2cm，通常有1~4节；无柄小穗卵状披针形，长3~5mm，基部钝圆，具髯毛；有柄小穗为雄性，与无柄小穗几等长；两颖均呈革质，成熟后变黑褐色，下部光亮无毛，上部及边缘具棕色柔毛；第一外稃厚膜质，稍短于颖，第二外稃膜质，芒自裂齿间伸出，长15~25mm，膝曲；雄蕊3。花果期8—10月。

产于临安、桐庐、北仑、象山、椒江、温岭、洞头（大门岛）、瑞安（下岙岛）、平阳（南麂岛）。生于海拔500m以下的山坡灌草丛中。分布于华东、华南、西南及山东、湖北、湖南等地。东亚、东南亚、南亚及太平洋岛屿、澳大利亚（东北部）也有。

图9-541 光高粱

存疑种

苏丹草

Sorghum sudanense (Piper) Stapf

《浙江植物志》记载椒江（大陈岛）有分布，与假高粱的主要区别是植株为一年生草本，无根状茎，无柄小穗较大，长椭圆形，长6~7.5mm。但作者实地调查未发现符合特征的植株；检查浙大标本馆收藏的鉴定为本种的标本（丁炳扬等5521），小穗卵状披针形，长4.5~5mm，也不符合本种的特征，应该是假高粱的误定。

99 金须茅属 Chrysopogon Trin.

多年生草本。具粗壮根状茎。秆高大粗壮。叶鞘多少压扁成脊；叶片条形，质地硬。圆锥花序大型顶生，花序分枝轮生；小穗孪生或3枚着生于分枝顶端，1无柄，1或2具柄，成熟后自穗轴节间逐节断落；无柄小穗两性；有柄小穗雄性或中性；颖片坚纸质或近革质；第一小花中性，第二小花两性，外稃顶端2裂或全缘，自裂齿间伸出膝曲的芒或仅具小尖头；雄蕊3。颖果线形。

共44种，分布于全球热带和温带地区，主产于亚洲和澳大利亚，仅1种分布至北美东南部。我国有4种；浙江有1种。

香根草 （图9-542）

Chrysopogon zizanioides (L.) Roberty —— *Vetiveria zizanioides* (L.) Nash

多年生粗壮草本。须根含挥发性浓郁的香气。秆丛生，高1～2.5m，直径约5mm，中空。叶鞘无毛；叶舌短，长约0.5mm，边缘具纤毛；叶片条形，直伸，扁平，下部对折而背部具脊，与叶鞘相连而无明显的界线，长30～70cm，宽5～10mm，无毛。圆锥花序大型顶生，长20～30cm；主轴粗壮，分枝轮生，长10～20cm，下部常裸露；无柄小穗线状披针形，长4～5mm，基盘无毛；有柄小穗背部扁平，等长或稍短于无柄小穗；第一颖革质，背部圆形，边缘稍内折，近两侧压扁，5脉不明显，疏生纵行疣基刺毛；第二颖脊上粗糙或具刺毛；第一外稃边缘具丝状毛；第二外稃较短，具1脉，顶端2裂齿间伸出一小尖头。花果期9—11月。

原产于印度，非洲热带和亚洲热带地区广泛种植。江苏、福建、台湾、广东、海南、四川、云南均有引种。杭州市区、萧山、建德、淳安、宁波市区、永

图9-542 香根草

康、温州市区、洞头等地也有，栽培于平原农田或田边，喜生于溪流旁和疏松黏壤土中。

须根含香精油，紫罗兰香型，挥发性低，用作定香剂；幼叶是良好的饲料；茎秆可作造纸原料，20世纪60～70年代在建德等地曾有较大规模的栽培，并办厂提取香料；但现在仅少量栽种于田边地角，用于虫害的生态防治。

100 孔颖草属 Bothriochloa Kuntze

多年生草本。秆分枝或不分枝。总状花序呈圆锥状或伞房状兼指状排列于秆顶；小穗背腹压扁，孪生；无柄小穗含2小花，第一小花中性，第二小花两性；有柄小穗为雄性或中性；第一颖先端尖或渐尖，边缘内折成2脊，第二颖舟形，具3脉，先端尖；第一外稃透明膜质，无脉；第二外稃退化成线形，先端延伸成一膝曲的芒；雄蕊3。

约30种，分布于世界热带和亚热带地区。我国有3种，分布几遍全国；浙江有1种。

白羊草 （图9-543）
Bothriochloa ischaemum (L.) Keng

多年生草本。秆丛生，直立或基部膝曲，高40～90cm，直径1～2mm，具3～4节。叶舌膜质，长约1～1.5mm，具纤毛；叶片狭条形，长5～16cm，宽2～4mm，两面疏生疣基柔毛或下面

图9-543　白羊草

无毛。总状花序4至多个簇生于秆顶，长3～7.5cm；穗轴节间与小穗柄两侧具丝状毛；无柄小穗长圆状披针形，长4～5mm，基盘具髯毛；有柄小穗雄性，无芒；第一颖背部中央稍下凹，有5～7脉，下部1/3常具丝状柔毛，第二颖舟形，中部以上具纤毛；第一外稃长圆状披针形，边缘上部疏生纤毛；第二外稃退化成线形，芒长10～15mm，膝曲。花果期7—10月。

产于杭州及北仑、舟山市区、开化、金华市区、浦江、天台、三门、莲都、缙云、洞头、平阳、苍南、泰顺等地。生于海拔500m以下的路边灌草丛或田边草丛中。分布于华北、华中、华南、西南、西北及安徽、福建等地。亚洲大部、欧洲、非洲北部也有，美国有引种。

101 细柄草属 Capillipedium Stapf

多年生草本。秆细弱或较坚硬。圆锥花序具一回或二回分枝，由多数1～7节的总状花序组成；小穗背腹压扁，孪生，1无柄，1有柄；无柄小穗含2小花，第一小花中性，第二小花两性；有柄小穗雄性或中性；穗轴节间与小穗柄纤细；第一颖草质兼硬纸质，边缘内折成2脊，第二颖舟形；第一外稃透明膜质；第二外稃退化成线形，先端延伸成一膝曲之芒。

约14种，分布于亚洲热带地区、大洋洲和非洲东部。我国有5种，分布于华东、华中至南部；浙江有2种。

1. 硬秆子草 （图9-544）
Capillipedium assimile (Steud.) A. Camus

多年生草本。秆坚硬，高0.7～1.5m。叶鞘疏松裹茎，常长于节间；叶片条状披针形，长6～15cm，宽3～7mm，具白粉。圆锥花序长6～20cm，分

图9-544 硬秆子草

枝簇生，与小枝腋间均具细柔毛；穗轴节间和小穗柄均具长纤毛；无柄小穗长2～3mm；第一颖先端钝，具4～6不明显的脉，第二颖与第一颖等长，具3脉；有柄小穗雄性，长于无柄小穗，无芒，两颖上部边缘均具纤毛；第一外稃长圆形，长约为第一颖的2/3；第二外稃线形，先端延伸成一膝曲之芒，芒长约10mm。花果期7—11月。

产于杭州市区、临安、建德、淳安、新昌、北仑、奉化、衢江、开化、浦江、磐安、玉环、缙云、遂昌、松阳、龙泉、庆元、景宁、洞头、永嘉、文成、平阳、苍南、泰顺等地。生于海拔800m以下的田边草丛、山坡灌草丛中或疏林下。分布于华中、华南、西南及山东、江西、福建等地。南亚、东南亚和日本也有。

2. 细柄草 （图9-545）
Capillipedium parviflorum (R. Br.) Stapf

多年生草本。秆细弱，高30～100cm，直立或基部倾斜，单生或稍分枝。叶片扁平，条形，长10～20cm，宽2～7mm。圆锥花序长5～25cm，通常紫色；分枝及小枝纤细，枝腋间均具细柔毛；无柄小穗长3～5mm，被粗糙毛，基盘被白色长柔毛，具1～1.5cm的细芒；第一颖坚纸质，边缘内折成2脊，第二颖舟形，背面具钝圆的脊；第一外稃透明膜质，无脉；第二外稃退化成线形，先端延伸成1膝曲的芒；有柄小穗和无柄小穗等长或略短于无柄小穗，无芒。花果期7—11月。

产于全省各地。生于海拔1100m以下的田边、路边灌草丛中

图9-545　细柄草

或山坡疏林下。分布于华中、华南、西南及河北、山东、安徽、福建、陕西等地。亚洲（东部、南部、西南部）、澳大利亚和非洲也有。

与硬秆子草的主要区别在于后者秆坚硬，叶片条状披针形，有柄小穗长于无柄小穗。

102 黄茅属 Heteropogon Pers.

一年生或多年生草本。叶片宽条形。总状花序穗状，单生于秆顶或枝端；小穗孪生，位于穗轴基部者为1至数个同性对，均为雄性或中性，宿存而无芒，位于上部者为异性对，1无柄，1有柄；无柄小穗两性或雌性，具棕褐色毛，具长芒，芒粗壮，膝曲；有柄小穗雄性或中性，扁平，无芒。

共6种，分布于全球热带和亚热带地区。我国有3种，分布于西南至东部；浙江有1种。

黄茅
Heteropogon contortus (L.) P. Beauv. ex Roem. et Schult.

多年生草本。秆丛生，高20~100 cm，基部常膝曲，上部直立，光滑无毛。叶鞘压扁而具脊，鞘口常具柔毛；叶舌膜质，顶端具纤毛；叶片条形，扁平或对折，长10~20 cm，宽3~6 mm。总状花序单生秆顶，长3~7 cm；小穗成对作覆瓦状排列，花序下部者数对不孕，花序上部的无柄小穗结实，有柄小穗不孕；无柄小穗圆柱形，长6~8 mm；第一颖狭长圆形，革质，边缘包卷同质的第二颖，第二颖较窄，顶端钝，具2脉；第一外稃长圆形，远短于颖；第二外稃退化成芒；有柄小穗偏斜略扭转，覆盖无柄小穗。

文献记载平阳（南麂岛）有产，但笔者未见标本。浙江大学标本馆保存有1号原浙江农业大学留下的标本，但无任何采集信息。

103 菅属 Themeda Forssk.

多年生草本。秆粗壮。假圆锥花序复合或单纯，由数枚短总状花序所组成，每一总状花序基部有1佛焰苞，单生或束生于叶腋；小穗圆柱形，孪生，总状花序基部的2对小穗为同性对（无柄小穗和有柄小穗均为雄性），形似总苞状，其余1至多对小穗为异性对（无柄小穗为两性，有柄小穗为雄性或中性）；两性小穗通常具长芒，稀无芒，基盘被棕色柔毛；雄蕊3。

共27种，分布于东半球热带和亚热带地区，主产于亚洲。我国有13种，遍布全国；浙江有4种。

分种检索表

1. 植株较高大,秆下部直径5mm以上;总状花序由9~17枚小穗组成,总苞状小穗着生在不同水平面上。
   2. 总苞状小穗的第一颖被短柔毛或无毛;总状花序由9~11枚小穗组成。
      3. 两性小穗具膝曲的长芒;总苞状小穗的第一颖背面无毛 ·················· **1. 苞子草 T. caudata**
      3. 两性小穗无芒或具短直芒;总苞状小穗的第一颖背面被短柔毛 ··············· **2. 菅 T. villosa**
   2. 总苞状小穗的第一颖被疣基长毛;总状花序由13~17枚小穗组成 ··············· **3. 浙皖菅 T. unica**
1. 植株较矮小,秆下部直径5mm以下;总状花序由7枚小穗组成,总苞状小穗着生在同一水平面上 ······
   ··· **4. 黄背草 T. triandra**

1. 苞子草 (图9-546)

Themeda caudata (Nees) A. Camus

多年生草本。秆丛生,粗壮,高1~3m,光滑。叶鞘在秆基套叠,具脊;叶片条形,长20~80cm,宽0.5~1cm。大型假圆锥花序,由带佛焰苞的总状花序组成,佛焰苞长2.5~5cm;总状花序由9~11小穗组成,下方2对小穗不着生在同一水平面;总苞状小穗条状披针形,长1.2~1.5cm;无柄小穗圆柱形,略短;第一颖革质,几全包同质的第二颖;第一外稃披针形,边缘具睫毛或流苏状;第二外稃退化为芒基,芒长2~8cm,芒柱粗壮而旋扭;有柄小穗形似总苞状小穗,雄性或中性。颖果长圆形,长约5mm。花果期10—11月。

产于衢江、龙游、遂昌、龙泉、庆元、景宁、永嘉、瑞安、平阳、苍南、泰顺等地。生于海拔800m以下的溪边或山脚灌草丛中。分布于华南、西南及江西、福建、湖北等地。东南亚、南亚也有。

图9-546 苞子草

2. 菅 （图9-547）
Themeda villosa (Poir.) A. Camus

多年生草本。秆丛生，粗壮，高1～2m，直径1～2cm。叶片条形，长可达1m，宽0.7～1.5cm。大型假圆锥花序，由具佛焰苞的总状花序组成；总状花序长2～3cm，由9～11小穗组成；总苞状小穗披针形，不着生在同一水平面上；颖草质，第一颖狭披针形，长10～15mm，具13脉，第二颖长约8mm，具5脉；无柄小穗长7～8mm；颖硬革质，第一颖长圆状披针形，长7～8mm，具7～8脉，第二颖狭披针形，长约7mm，具3脉；第一小花不孕，第二小花两性，外稃狭，主脉延伸成1小尖头；有柄小穗似总苞状小穗。花果期10—12月。

图9-547 菅

产于平阳（凤卧）、苍南（桥墩、莒溪）、泰顺（里光）等地。生于海拔600m以下的溪沟边或山脚灌草丛。分布于华中、华南、西南及江西、福建等地。东南亚、南亚也有。

3. 浙皖菅
Themeda unica S.L. Chen et T.D. Zhuang

多年生草本。秆粗壮，高1～2.5m，直径4～10mm，具7～8节。叶鞘疏松裹秆，下部者长于节间，上部者短于节间，鞘口疏生疣基刚毛；叶舌纸质，长2～7mm，顶端圆形；叶片条形，长30～60cm，宽4～10mm。假圆锥花序长1～1.5m，具3～4节，每节生1～3枝；佛焰苞舟形，长4～9cm；每总状花序由13～17小穗组成；最下2对总苞状小穗不着生在同一平面，长25～40mm，雄性；颖草质，第一颖披针形，顶端长渐尖，第二颖狭，顶端长渐尖，呈芒状；无柄小穗两性，长可达1cm，基盘密生髯毛；颖革质，被黄褐色粗毛，第一颖宽卵形，具11脉；第二颖长圆形，具3脉，第二外稃退化为芒基，芒长2～4cm；其内稃透明膜质，无脉；有柄小穗酷似总苞状小穗。花果期8—10月。

产于德清(莫干山)、江山(仙霞关),据文献记载,笔者未见标本。分布于安徽。

本种总状花序长3~6cm,由13~17小穗组成;总苞状小穗长25~40mm,颖顶端长渐尖,呈芒状;无柄小穗长可达1cm;异性对成熟时常成对脱落等特征均与属内已知种有别。

4. 黄背草 (图9-548)

Themeda triandra Forssk. — *T. japonica* (Willd.) Tanaka

多年生草本。秆直立,高0.6~1.2m。叶鞘紧密裹茎,通常具硬疣基毛;叶舌长1~2mm,先端具小纤毛;叶片条形,长15~40cm,宽4~5mm,背面通常粉白色,基部生硬疣基毛。假圆锥花序较狭窄,长30~40cm;总状花序长15~20mm,具长2~3mm之花序梗,其下托以长2.5~3cm之佛焰苞;基部总苞状的雄性小穗位于同一平面上,似轮生;第一颖背面上方通常被硬疣基毛;上部的3枚小穗中,2枚为雄性或中性,有柄而无芒,1枚为两性,无柄而具芒;两性小穗纺锤状圆柱形,长8~10mm,基盘具长2~5mm的棕色柔毛。花果期7—11月。

产于全省各地。生于海拔1300m以下的山坡灌草丛中、沟谷疏林下或山顶草地上。分布于华东、华中、西南及河北、山东、台湾、海南、陕西等地。东亚、东南亚、南亚、西南亚、非洲及澳大利亚也有。

图9-548 黄背草

104 束尾草属 Phacelurus Griseb.

多年生草本。秆粗壮。叶舌常为厚膜质；叶片扁平，主脉显著。总状花序数枚指状或伞房兼指状排列于秆顶；花序轴节间和小穗柄均为三棱形；小穗孪生，1无柄，1具柄，同形，背腹压扁或有柄小穗近两侧压扁，均无芒；无柄小穗含2小花；第一小花雄性或中性，第二小花两性；第一颖膜质至革质，边缘内折成2脊，第二颖常为舟形；有柄小穗多少退化。

共10种，分布于东半球热带地区，延至欧洲东南部。我国有3种，分布于南部至东北；浙江有1种。

束尾草（图9-549）

Phacelurus latifolius (Steud.) Ohwi — *P. latifolius* var. *angustifolius* (Debe.) Kitag. — *P. latifolius* var. *monostachyus* Keng ex S.L. Chen

多年生高大草本。根状茎粗壮发达，直径约4mm。秆直立，高1～1.8m，直径3～5mm，节上常有白粉。叶舌厚膜质，长约3mm；叶片条状披针形，质稍硬，长可达40cm，宽1.5～3cm。总状花序4～10枚，指状排列于秆顶；花序轴节间及小穗柄均等长于或稍短于无柄小穗；无柄小穗披针形，长8～10mm，嵌生于总状花序轴节间与小穗柄之间；第一颖革质，边缘内折，两脊上缘疏生细刺，第二颖舟形；第一小花雄性，雄蕊3；第二小花两性；有柄小穗稍短于无柄小穗，两

图9-549 束尾草

侧压扁。颖果披针形，长约4mm。花果期6—10月。

产于舟山、宁波及乐清、瑞安、苍南等地沿海。成片生于海拔20m以下的河边或滨海草丛中。分布于辽宁、河北、山东、江苏、安徽、福建等地。日本、朝鲜半岛也有。

105 牛鞭草属 Hemarthria R. Br.

多年生草本。秆平卧或直立。总状花序微扁，单独顶生或1~3枚成束腋生；小穗孪生，1无柄，1有柄，两者同形或有柄小穗较窄，无柄小穗嵌生于多少脆弱或坚韧的穗轴凹穴中；第一颖革质或硬纸质，第二颖多少与穗轴贴生；小穗含2小花，第一小花中性，仅剩透明膜质外稃；第二小花两性，外稃透明膜质，无芒，具小型的内稃。

共14种，分布于东半球热带和亚热带地区，美洲有引种。我国有6种，分布于全国各地；浙江有2种。*Flora of China* 记载浙江有牛鞭草 *H. sibirica* (Gand.) Ohwi 的分布，主要特征是穗状花序近圆柱形，无柄小穗基盘短，平截。因未见标本，暂不收录。

1. 大牛鞭草 （图9-550）
Hemarthria altissima (Poir.) Stapf et C.E. Hubb.

多年生草本。具长而横走的根茎。秆高0.8~1.2m。叶鞘无毛，通常短于节间；叶舌短小，具一圈纤毛；叶片条形，长8~20cm，宽4~8mm。总状花序长达10cm，单生茎顶或腋生；穗轴节间稍短于无柄小穗，无柄小穗长6~8mm；第一颖卵状披针形，多少在顶端以下紧缩，第二颖膜质，多少与穗轴贴生；第

图9-550 大牛鞭草

一外稃膜质；第二外稃膜质，无芒，具小型的内稃；有柄小穗渐尖，约与无柄小穗等长。颖果卵圆形，长约2mm。花果期7—10月。

产于湖州市区、杭州市区、萧山、临安、桐庐、建德、奉化、兰溪、椒江、玉环、缙云、永嘉、文成、苍南、泰顺等地。生于海拔600m以下的溪边、池塘边或路边荒地草丛中。分布于黑龙江、河北、山东、安徽、河南、湖北、贵州、云南等地。东南亚、南亚、西南亚、非洲及地中海地区也有，美洲和新西兰有引种。

2. 扁穗牛鞭草 （图9-551）
Hemarthria compressa (L. f.) R. Br.

多年生草本。秆高0.6～1.5m，基部横卧地面，有分枝。叶鞘压扁，鞘口具疏毛；叶片条形，长3～13cm，宽3～8mm，无毛，边缘粗糙。总状花序压扁，长5～10cm；穗轴坚韧，不易断落，其节间近等长于无柄小穗；无柄小穗长4～5mm；第一颖近革质，等长于小穗，背面扁平，具5～9脉，第二颖纸质，略短于第一颖，完全与总状花序轴的凹穴愈合；第一小花仅存外稃；第二小花两性，外稃透明膜质，长约4mm；内稃长约为外稃的2/3；有柄小穗披针形，等长或稍长于无柄小穗。颖果长卵形，长约2mm。花果期7—9月。

产于开化、缙云、庆元、乐清、瑞安（北龙）、平阳等地。生于农田边或路边湿地。分布于内蒙古、福建、台湾、广东、海南、广西、四川、贵州、云南、陕西等地。亚洲东部、东南部至西南部也有。

图9-551 扁穗牛鞭草

与大牛鞭草的区别在于后者叶鞘和小穗均不压扁，无柄小穗较长，长6～8mm。

106 筒轴茅属 Rottboellia L. f.

一年生或多年生草本。秆直立,高可达2m,基部常有支柱根。叶片扁平,较宽。总状花序圆柱形,较粗壮,易逐节断落;小穗孪生,1无柄,1具柄;无柄小穗两性,嵌生于总状花序轴节间的凹穴中;有柄小穗之柄与总状花序轴节间愈合,通常雄性或甚退化;第一颖革质,第二颖舟形;第一小花中性或雄性;第二小花两性;两稃膜质,近等长;雄蕊3。颖果卵形或长圆形。

共5种,分布于亚洲、欧洲、非洲热带地区。我国有2种,分布于东南部至西南部;浙江有1种。

筒轴茅 罗氏草 (图9-552)

Rottboellia cochinchinensis (Lour.) Clayton —— *R. exaltata* L. f.

一年生粗壮草本。须根粗壮,常具支柱根。秆直立,高可达2m,无毛。叶鞘具硬刺毛或变无毛;叶舌长约2mm,上缘具纤毛;叶片条形,长可达50cm,宽可达2cm,中脉粗壮,无毛或上面疏生短硬毛。总状花序粗壮直立,长可达15cm,直径3~4mm;花序轴节间肥厚,长约5mm,易逐节断落;无柄小穗嵌生于凹穴中,第一颖质厚,卵形,多脉,边缘具极窄的翅,第二颖质较薄,舟形;第一小花雄性;第二小花两性;有柄小穗着生在总状花序轴节间1/2~2/3部位,卵状长圆形,含2雄性小花或退化。颖果长圆状卵形。花果期9—11月。

产于龙泉、庆元、乐清、瑞安、平阳、苍南、泰顺等地。生于海拔350m以下的海滨或田边草丛中。分布于福建、台湾、广东、海南、广西、四川、贵州、云南等地。东半球的热带地区均有,加勒比地区有引种。

图9-552 筒轴茅

107 蜈蚣草属 Eremochloa Buse

多年生草本。秆直立或匍匐。总状花序压扁,单生于秆顶;小穗单生;有柄小穗退化,仅具柄的痕迹;无柄小穗背腹压扁,含2小花,第一小花雄性,第二小花两性或雌性,无芒,覆瓦状排列于穗轴的一侧;穗轴迟缓断落,节间呈棍棒状;第一颖宽阔,硬纸质,边缘内折,具2脊,第二颖略呈舟形,具3脉;稃片膜质;雄蕊3。颖果长圆形。

共7种,分布于印度至东南亚及大洋洲。我国有5种,分布于东部至西南部;浙江有1种。

假俭草 (图9-553)

Eremochloa ophiuroides (Munro) Hack.

多年生草本。具贴地而生的横走匍匐茎。秆向上斜升,高达10cm。叶鞘压扁,多密集跨生于秆基,鞘口常具短毛;叶片条形,扁平,先端钝,长3～12cm,宽2～6mm,顶生者退化。总状花序直立或稍作镰刀状弯曲,长4～6cm,宽约2mm;穗轴节间压扁,略呈棍棒状,长2～3mm;无柄小穗长圆形,长约4mm;第一颖

图9-553 假俭草

与小穗等长，具5～7脉，第二颖略呈舟形，厚膜质，具3脉；第一外稃长圆形，几等长于颖，内稃等长于外稃而较窄；第二外稃短于第一外稃，具较窄之内稃；有柄小穗仅存的柄扁平锥形，长3～4mm。花果期7—11月。

产于全省各地。生于海拔800m以下的溪滩、路边旷地上或田边草丛中，也见于山坡荒地。分布于华东、华中、华南及四川、贵州等地。越南也有。

为优良的草坪草；也可作牧草。

108 球穗草属 Hackelochloa Kuntze

一年生草本。秆直立，分枝。叶片扁平。总状花序较短小，串珠形，顶生或腋生；小穗孪生，序轴易逐节脱落；无柄小穗呈球形，两性；第一颖革质，背面具蜂窝状浅穴，腹面具半圆形的凹口，第二颖厚纸质，紧贴于序轴节间而一同嵌入第一颖腹面的凹口中；内、外稃均为透明膜质，无脉；有柄小穗卵形，雄性或中性，颖厚纸质，雄蕊3。颖果阔椭圆形。

共2种，分布于全世界热带地区。我国2种均产；浙江有1种。

球穗草 （图9-554）
Hackelochloa granularis (L.) Kuntze

一年生草本。秆直立，高20～60cm，直径2～3mm。叶鞘被疣基糙毛；叶舌短，边缘具纤毛；叶片条状披针形，长5～15cm，宽4～10mm，基部多少呈心形，两面及边缘生疣基糙毛。总状花序纤弱；有柄小穗与无柄小穗分别交互排列于序轴一侧而成两行；无柄小穗半球形，直径约1mm；第一颖背面具方格状窝穴，第二颖厚膜质，具3脉，

图9-554　球穗草

一八四　禾本科 Poaceae

嵌入第一颖腹面的凹槽并包裹序轴节间；第一小花仅存膜质外稃；第二小花两性，稃膜质；有柄小穗卵形，长1.5~2mm，第一颖纸质，具4脉，背部扁平，两侧之翅约等宽，第二颖舟形，具5脉。花果期8—11月。

产于开化（坝头）、乐清（雁荡山）、文成（铜铃山）、泰顺等地。生于海拔500m以下的农地、路边草丛和山坡灌草丛中。分布于华南、西南及安徽、福建等地。全球热带地区也有。

全草可作饲料。

109 薏苡属 Coix L.

一年生或多年生草本。秆高大，分枝。叶片长而宽。总状花序多数，成束由叶腋抽出；小穗单性，雄小穗含2小花，2或3枚生于穗轴各节，其中1无柄，其余有柄；颖片具较明显的脉，草质；雌小穗生于总状花序的基部，包藏于骨质念珠状的总苞内，2或3枚生于一节，其中仅1枚发育，其余均退化；孕性雌小穗的第一颖下部膜质，上部厚纸质，第二颖舟形，为第一颖所包。

共4种，分布于亚洲热带地区。我国有2种，多栽培；浙江有1种。

薏苡　菩提子　（图9-555）
Coix lacryma-jobi L. — *C. lacryma-jobi* var. *maxima* Makino

多年生草本。秆粗壮，直立，高1~2m，多分枝。叶鞘光滑，上部者短于节间；叶片条状披针形，长20~30cm，宽1~3cm。总状花序多数，成束生于叶腋，长5~8cm，具总梗；小穗单性，雌小穗长7~10mm，总苞骨质，念珠状，圆球形；第一颖具10脉，第二颖舟形；第一外稃略短

图9-555　薏苡

于颖，内稃缺；第二外稃稍短于第一外稃，具3脉，较外稃小，具3枚退化雄蕊；无柄雄小穗长6～8mm；颖草质，第一颖扁平，多脉，第二颖舟形，具多脉；外稃与内稃均为膜质；雄蕊3；有柄雄小穗与无柄雄小穗相似，但较小或退化。花果期8—11月。

原产于亚洲热带地区，全国各地几乎都有栽培。全省各地有栽培或逸生。生于海拔900m以下的田边水沟或池塘边草丛中。

总苞坚硬，美观，按压不破，有光泽而平滑，基端之孔大，易于穿线成串，工艺价值大，用于制作佛珠或门帘；颖果小，质硬，淀粉少，不堪食用。

a. 薏米（变种）（图9-556）
var. **ma-yuen** (Rom. Caill.) Stapf — *C. chinensis* Tod. ex Balansa

图9-556　薏米

与菩提子的区别在于其总苞珐琅质，质地较软而薄，表面有纵条纹。花果期8—10月。

杭州市区、临安、建德、嵊州、鄞州、余姚、宁海、天台、温岭、缙云、云和、龙泉、瓯海、平阳、泰顺等地有栽培或逸生。生于海拔1000m以下的田边、沟渠边或池塘浅水处。华东、华南及辽宁、河北、河南、湖北、四川、云南、陕西等地有栽培或逸生。南亚和东南亚也有。

颖果又称苡仁或米仁，味甘淡微甜，营养丰富，并有特殊的薏仁酯，为价值很高的保健食品；米仁入药有健脾、利尿、清热、镇咳等功效；叶与根均作药用；秆叶为家畜的优良饲料。为浙江省重点保护植物。

110 玉蜀黍属　Zea L.

一年生草本。秆高大，直立。花单性，雌雄同株异序；雄花序顶生，圆锥状；雌花序腋生，穗状，具短总梗，外包有多数鞘状苞片；雄小穗含2小花，孪生于三棱形的花序分枝上，1无柄，1具短柄；颖膜质，先端尖；外稃与内稃均为透明膜质；雄蕊3；雌小穗密集成纵行，排列于粗壮海绵状之穗轴上，含2小花，第一小花不育；颖宽广，顶端圆形或微凹；外稃透明膜质；雌蕊具细弱而极长之花柱。颖果成熟后超出颖片和稃片。

5种，4种野生于中美洲，1种广泛栽培。我国引种栽培1种；浙江也有。

玉米　玉蜀黍　（图9-557）

Zea mays L.

一年生草本。秆高1～4 m，通常不分枝，基部各节具气生支柱根。叶鞘具横脉；叶片宽大，长披针形，长50～90 cm，宽3～12 cm，边缘波状皱褶，具强壮之中脉。雄性小穗长7～10 mm；两颖几等长，背部隆起，具9～10脉；外稃和内稃几与颖等长；花药橙黄色，长4～5 mm；雌小穗孪生，成16～30行排列于粗壮而呈海绵状的穗轴上；两颖等长，甚宽，无脉而具纤毛；第一外稃内具内稃或缺；第二外稃似第一外稃，具内稃；雌蕊具极长而细弱之花柱。成熟的果穗（玉米棒）长10～30 cm，直径5～10 cm；颖果略呈扁球形，成熟后超出颖片或稃片，黄色、白色或黑色。花果期5—10月。

原产于美洲。全球热带和温带地区广泛栽培。我国各地普遍栽培。全省各地也均有栽培。

本种是重要的粮食作物之一，谷粒可加工磨制玉米面，营养成分比较全面，是一种健康食物，也是各种家畜的优质饲料，亦可酿酒；秆、叶可作为青饲料，亦可造纸；干燥的花柱（玉米须）可药用，有降血糖作用，适用于糖尿病患者的辅助治疗，亦有利尿、消水肿的作用。

图9-557　玉米

中名索引

A

埃格草	25
矮慈姑	2,7
矮雷竹	261,263
矮小柳叶箬	497,499
矮棕竹	57
安吉金竹	202,214
安吉水胖竹	212
安吉紫毛竹	222
安祖花	80
暗竹	191
澳古茨藻	43

B

巴山木竹	303
巴山木竹属	160,303
白哺鸡竹	203,228
白顶早熟禾	352
白鹤芋	81
白鹤芋属	79,81
白花鸭跖草	126
白花紫露草	128,131
白夹竹	211
白壳笋	254
白壳竹	204,254
白毛暗竹	191
白茅	522
白茅属	323,521
白皮唐竹	297,298
白羊草	552
白药谷精草	139,141
白叶灰竹	259
白掌	81
百山祖玉山竹	161,163
稗	461,463
稗荩	495
稗荩属	322,495
稗属	322,461
斑苦竹	278,282
斑毛竹	222
斑茅	514
斑箨酸竹	296,306
斑竹	227
半夏	107,110
半夏属	80,107
棒头草	383
棒头草属	319,383
苞子草	555
秕壳草	326,328
笔草	530
笔竹	185,187
篦齿眼子菜	36
篦齿眼子菜属	35
臂形草属	322,465
鞭檐犁头尖	98
扁茎灯心草	148,150
扁穗牛鞭草	561
扁穗雀麦	362,364
变竹	260
槟榔科	52
哺鸡竹	235
布迪椰子	71
布迪椰子属	52,71

C

穇属	321,412
穇子	412
糙花青篱竹	316
糙花少穗竹	313,316
草茨藻	39,42
草沙蚕属	321,427
茶秆竹	185,187
菖蒲	77
菖蒲科	77
菖蒲属	77
长苞谷精草	139,140
长耳箬竹	200
长画眉草	415,420
长喙毛茛泽泻	8
长芒稗	461,462
长芒棒头草	384
长芒草	390
长芒草沙蚕	428,429
长芒鸭咀草	539
长毛米筛竹	177
长叶雀稗	468,471
长枝竹	164
朝阳青茅	423
朝阳隐子草	423

中　名　索　引

撑篙竹	165,172	大花臭草	358	灯心草科	147
赤竹属	160,193	大花楔颖草	534	灯心草属	147,155
翅茎灯心草	148,152	大画眉草	415,416	低矮早熟禾	352,354
臭草属	318,357	大黄苦	315	滴水珠	107
川蔓藻	37	大节竹属	160,304	荻	509,512
川蔓藻科	37	大距花黍	454	荻草	512
川蔓藻属	37	大凌风草	350	地杨梅属	155
川竹	278,280	大麦	404	滇南芋	88
垂枝苦竹	287	大麦属	320,404	吊丝单竹	177,178
垂竹草	133	大毛毛竹	210	吊丝球竹	183
春羽	93	大米草	431	吊竹梅	129,133
茨藻科	39	大明竹	278,279	蝶毛竹	220
茨藻属	39	大木竹	164,166	蝶竹	207
慈姑	5	大牛鞭草	560	东笆竹属	160,195
慈姑属	1	大藻	95	东北南星	100,103
慈竹	183	大藻属	80,94	东方茨藻	44
慈竹属	159,183	大丝葵	59	东方泽泻	12
刺果泽泻属	1,10	大穗结缕草	444,447	东亚魔芋	97
刺黑竹	267,268	大野芋	89	东阳青皮竹	204,246
刺葵	61,64	大叶直芒草	391	东瀛鹅观草	409
刺葵属	52,61	大油芒	519	董棕	65,68
刺芒野古草	503,504	大油芒属	323,519	都昌箬竹	197
刺毛柳叶箬	497,501	大柱霉草	47	毒麦	397,400
刺叶笔草	529	黛粉叶	87	杜若	121
刺叶假金发草	529	黛粉芋	87	杜若属	119,121
刺竹	267,268	黛粉芋属	79,87	短柄草	400
刺竹子	268	单竹属	164	短柄草属	320,400
赐竹	312	淡红竹	245	短芒纤毛草	407
粗毛鸭嘴草	536	淡竹	205,259	短穗鱼尾葵	65,66
翠竹	279,296	淡竹叶	331	短穗竹	274,276
		淡竹叶属	317,331	短叶马唐	479
D		稻	325	短叶黍	449,451
大白茅	522	稻属	317,325	短颖草属	319,374
大茨藻	39	灯台莲	100,102	对花竹	227
大狗尾草	481,486	灯心草	147,148	钝脊眼子菜	30

569

钝颖落芒草	389	拂子茅	378	谷精草属	139
盾叶半夏	107,108	拂子茅属	319,378	瓜水竹	202,213
多秆画眉草	419	莩草	480,481	挂绿竹	164
多花地杨梅	157	浮萍	116,117	冠果草	2
多花黑麦草	397,398	浮萍科	113	光稃香草	395
多枝乱子草	436,438	浮萍属	113,115	光稃野燕麦	367
多枝霉草	49	福建酸竹	306,311	光秆青皮竹	171
		富阳乌哺鸡竹	203,235	光高粱	547,550
				光花异燕麦	368

E

鹅观草	407,409			光头稗	461
鹅观草属	320,406	**G**		光箨篌竹	206
鹅毛竹	261	甘蔗	514,517	光箨苦竹	287
耳苞鸭跖草	124,127	甘蔗属	323,514	光叶求米草	459
二棱大麦	405	橄榄竹	306,311	广东万年青	85
二穗四脉金茅	528	刚莠竹	523,526	广东万年青属	79,85
二型柳叶箬	499	刚竹	224	广序臭草	359
		刚竹属	160,202	广州鼠尾粟	439,441
		钢鞭哺鸡竹	226	龟背竹	84

F

		高节竹	203,226	龟背竹属	79,83
法氏箬竹	303	高粱	547	龟甲竹	222
法氏早熟禾	355	高粱属	324,547	鬼蜡烛	387
饭包草	124,127	高舌苦竹	278,289	桂竹	203,227
方苦竹	271	根茎水竹叶	134,136	国王椰属	52,69
方竹	267,271	耿氏假硬草	351	国王椰子	69
方竹属	160,267	弓果黍	448		
菲白竹	279,294	弓果黍属	321,447	**H**	
菲黄竹	193,194	沟叶结缕草	444,446	海芋	91
粉黛乱子草	438	狗尾草	481,487	海芋属	79,90
粉单竹	164,166	狗尾草属	322,480	海枣	61,65
粉绿竹	203,229	狗牙根	434	寒山竹	191
粉酸竹	306,308	狗牙根属	321,434	寒竹	267
凤尾竹	169	狗爪半夏	109	杭州苦竹	287
奉化水竹	202,215	菰	330	禾本科	158
佛肚毛竹	222	菰属	317,330	禾亚科	317
佛肚竹	164,165	谷精草	140,144	合果芋	94
弗吉尼亚须芒草	541	谷精草科	139		

中 名 索 引

合果芋属	79,93	花魔芋	96	黄秆乌哺鸡竹	238
合江方竹	267,270	花南星	99,100	黄姑竹	255
河八王	514,518	花头黄竹	181	黄古竹	204,255
河竹	203,218	花箨唐竹	297,301	黄花茅	396
黑麦草	397	花叶京竹	231	黄花茅属	320,395
黑麦草属	320,396	花叶芦苇	341	黄间竹	309
黑水竹	218	花叶芦竹	337	黄金葛	82
黑藻	21	花叶唐竹	300	黄茅	555
黑藻属	14,21	花叶万年青	87	黄茅属	324,555
黑竹	208	花叶蘮草	395	黄皮刚竹	223
红边竹	204,243	花竹	164,169	黄皮花毛竹	220
红哺鸡竹	204,251	花烛	80	黄皮绿筋刚竹	224
红后竹	202,212	花烛属	79,80	黄皮毛竹	220
红壳淡竹	259	华北剪股颖	375	黄丝草	33
红壳寒竹	266	华东魔芋	97	黄甜竹	306,309
红壳雷竹	203,233	华东水竹	212	黄条大木竹	167
红壳竹	234,251	华东早熟禾	352,355	黄条金刚竹	196
红舌唐竹	297	华南谷精草	139,142	黄条台湾桂竹	256
红尾翎	475,479	华箬竹	193	黄条早竹	242
红掌	80	华盛顿棕	59	黄纹竹	238
红竹	251	华穗茅	506,507	黄竹	171
篌竹	202,205	华夏慈姑	5	灰水竹	203,235
厚皮毛竹	222	画眉草	415,418	灰竹	258
厚穗狗尾草	488	画眉草属	321,415	彗竹	185,191
胡麻竹	209	皇后葵	74	火柴头	127
湖北三毛草	370	黄背草	556,558	火鹤花	80
虎尾草	433	黄槽斑竹	228		
虎尾草属	321,431	黄槽刚竹	224	**J**	
虎掌	109	黄槽罗汉竹	242	芨芨草属	319,391
互花米草	430	黄槽毛竹	221	鸡冠眼子菜	28,29
花哺鸡竹	204,248	黄槽石绿竹	240	笄石菖	153
花秆红竹	252	黄槽竹	203,230	蒺藜草	493
花秆绿竹	182	黄草毛	435	蒺藜草属	322,492
花秆早竹	242	黄秆京竹	231	虮子草	425
花龟竹	221	黄秆绿槽白夹竹	206	稷	449

加那利海枣	61,62	江山倭竹	261,262	井冈寒竹属	160,266
嘉兴雷竹	204,252	江西柳叶箬	500	井冈酸竹	307
甲竹	164	茭白	330	久内早熟禾	352
假槟榔	73	胶南竹	297,298	橘草	543,544
假槟榔属	53,72	角果藻	45	巨大狗尾草	489
假稻	326	角果藻科	45	巨序剪股颖	375,377
假稻属	317,326	角果藻属	45	距花黍	455
假灯心草	150	角竹	203,238	距花黍属	322,454
假高粱	547,548	节节草	124,125	聚花草	122
假俭草	563	结缕草	444	聚花草属	119,122
假金发草属	323,529	结缕草属	321,444	具脊髑茅	508
假毛竹	204,247	金发草属	323,531	筠竹	260
假牛鞭草	402	金佛山方竹	267,272		
假牛鞭草属	320,402	金刚竹	195	**K**	
假鼠妇草	360	金黄白夹竹	207	卡开芦	337,338
假硬草属	318,351	金茅	528	看麦娘	385,387
尖头青竹	204,239	金茅属	323,527	看麦娘属	319,385
尖头唐竹	297,302	金明竹	227	糠稷	449
尖箨茶秆竹	185,188	金钱蒲	78	空心苦	185,188
尖尾芋	90	金钱树	111	孔颖草属	324,552
尖叶眼子菜	29,34	金色狗尾草	481,484	苦草	20
尖子竹	278,288	金山葵	74	苦草属	14,19
坚被灯心草	148,151	金山葵属	53,74	苦绿竹	177
菅	556,557	金丝草	531	苦竹	285,278
菅属	324,555	金丝慈竹	184	苦竹属	160,277
剪股颖	375	金丝毛竹	220	宽叶林燕麦	333
剪股颖属	319,375	金条竹	231	宽叶隐子草	424
碱茅	357	金镶玉竹	231	宽叶泽薹草	9
碱茅属	318,357	金须茅属	324,551	阔叶慈姑	2,5
建瓯大节竹	308	金叶芦苇	341	阔叶箬竹	197,198
建瓯酸竹	308	金竹	203,223		
江边刺葵	61,63	荩草	532	**L**	
江南灯心草	148,153	荩草属	323,532	辣韭矢竹	186
江南谷精草	140,143	京芒草	392	兰氏萍	114
江南竹	311	京竹	231	兰氏萍属	113,114

中名索引

蓝耳草属	119,123	龙须眼子菜	36	马唐属	322,475
蓝羊茅	345	龙爪稷	412	马蹄莲	86
烂头苦竹	278,284	龙爪茅	411	马蹄莲属	80,86
狼尾草	490	龙爪茅属	320,411	麦黄竹	227
狼尾草属	322,489	芦花竹	261,264	麦氏草属	320,343
老谷精草	143	芦稷	547	鳗竹	215
箣竹属	159,164	芦苇	337,340	满山爆竹	300
雷竹	240, 250	芦苇属	320,337	满山跑	304
类芦	342	芦竹	336	芒	509,511
类芦属	320,341	芦竹属	320,335	芒草	511
犁头尖	98	庐山野古草	506	芒秆	510
犁头尖属	80,98	露水草	124	芒属	323,509
黎子竹	217	绿苞灯台莲	103	毛臂形草	465
篱竹	187	绿槽刚竹	224	毛萼紫露草	128,130
丽蚌草	366	绿槽罗汉竹	243	毛萼紫鸭跖草	130
丽水苦竹	296	绿槽毛竹	220	毛秆野古草	505
丽水眼子菜	31	绿秆黄槽白夹竹	206	毛茛泽泻	8
利川慈姑	2,3	绿苦竹	278,290	毛茛泽泻属	1,8
镰形穗茅	506	绿萝	82	毛花雀稗	468,469
梁山牡竹	184	绿皮花毛竹	221	毛环短穗竹	277
粱	485	绿纹竹	238	毛环方竹	267,269
两耳草	468	绿竹	177,179	毛环水竹	202,207
晾衫竹	297,300	绿竹属	159,164,177	毛环竹	204,245
裂稃草	546	乱草	415	毛节野古草	503
裂稃草属	324,546	乱子草	436	毛金竹	209
林刺葵	61	乱子草属	321,435	毛壳花哺鸡竹	204,246
凌风草属	318,350	罗汉竹	204,243	毛壳竹	202,210
柳叶箬	497	罗氏草	562	毛鳞省藤	53
柳叶箬属	322,497	罗氏轮叶黑藻	23	毛马唐	479
柳枝稷	449,452	裸花水竹叶	134,137	毛芒乱子草	436,438
龙常草	373	落芒草属	319,389	毛鞘鸭咀草	539
龙常草属	319,372			毛鼠尾粟	439,442
龙舌草	15	**M**		毛算盘竹	304
龙塘山谷精草	145	妈竹	164	毛鸭嘴草	536,540
龙头竹	165,175	麻竹	184	毛玉山竹	161

毛竹	203,219	柠檬草	543	青秆竹	165,173
矛叶荩草	533	牛鞭草	560	青篱竹	187
霉草科	47	牛鞭草属	324,560	青皮竹	164,170
美丽箬竹	197,201	牛轭草	134,138	青香茅	543
美丽针葵	63	牛筋草	414	庆元华箬竹	193,194
美竹	203,232	扭鞘香茅	543,545	箣竹属	160,273
孟宗竹	219			秋画眉草	415,417
米草属	321,429	**P**		秋竹	278,281
米箬竹	199	胖苦竹	287	求米草	458
米筛竹	165,176	泡箬竹	197	求米草属	322,456
米竹	210	披碱草属	406	球果高粱	548
密齿苦草	19	品萍	116,117	球茎燕麦草	366
密刺苦草	19	平截茶秆竹	185,189	球穗草	564
密穗野青茅	380,383	平颖柳叶箬	497,502	球穗草属	324,564
面竿竹	185,191	铺地黍	449,451	曲秆竹	204,249
膜稃草属	322,474	铺地竹	279,295	曲芒楔颖草	535
魔芋	96	匍茎剪股颖	378	衢县红壳竹	203,234
魔芋属	80,96	菩提子	565	衢县苦竹	278,291
墨西哥羽毛草	390	蒲葵	58	全缘灯台莲	102
牡竹属	159,184	蒲葵属	52,58	雀稗	468,472
木竹	303	蒲苇	334	雀稗属	322,467
		蒲苇属	320,334	雀麦	362,363
N		普通小麦	409	雀麦属	318,361
囡儿子竹	243	普陀南星	99,101		
南荻	509,513			**R**	
南方眼子菜	28,30	**Q**		热亚海芋	92
南雀稗	473	麒麟叶	79	人面竹	242
南投谷精草	139,141	麒麟叶属	79,82	日本短颖草	374
楠竹	219	䅌草	371	日本浮萍	116
囊颖草	455	䅌草属	319,371	日本看麦娘	386
囊颖草属	322,455	千金子	425	日本柳叶箬	497,500
尼泊尔谷精草	140,143	千金子属	321,424	日本龙常草	372
尼泊尔早熟禾	352	枪刀竹	205	日本乱子草	436,437
拟麦氏草	343	强竹	221	日本求米草	460
匿芒假高粱	549	秦岭箬竹	303	日本天南星	107

日本苇	337,339	圣音竹	222	水车前	15
日本小丽草	496	胜利箬竹	197,198	水车前属	14
日本羊茅	345,347	石绿竹	204,239	水单竹	164
日本莠竹	523	石茅	548	水禾	329
绒马唐	475,476	石竹	258	水禾属	317,329
绒毛狼尾草	490,491	实肚苦竹	293	水茅草	153
蓉草	326,327	实心苦竹	278,291	水胖竹	217
蓉城竹	202,211	实心竹	218	水筛	17,18
柔毛筇竹	273	矢竹	185,186	水筛属	14,17
柔弱灯心草	151	矢竹属	159,160,185	水生黍	453
柔枝莠竹	523,525	寿竹	228	水王荪	21
如昆早熟禾	353	瘦瘠伪针茅	494	水蕹	26
瑞氏楔颖草	535	瘦弱早熟禾	356	水蕹科	26
箬叶竹	197,200	疏花雀麦	362	水蕹属	26
箬竹	197,199	疏花无叶莲	50	水蕴草	25
箬竹属	160,196	疏花野青茅	380	水蕴草属	14,24
		疏毛谷精草	143	水竹	202,217
S		疏穗野青茅	380	水竹叶	134,135
赛谷精草	141	黍属	322,448	水竹叶属	119,134
三芒草属	321,435	蜀黍	547	丝带草	395
三毛草	369	鼠茅	349	丝葵	59
三毛草属	319,369	鼠茅属	318,348	丝葵属	52,59
三年紫	209	鼠尾粟	439,440	丝毛雀稗	468,470
三月竹	239	鼠尾粟属	321,439	丝茅	522
散尾葵	70	束尾草	559	四方竹	271
散尾葵属	52,70	束尾草属	324,559	四国谷精草	140,145
沙白竹	187	竖立鹅观草	407	四季竹	313,314
山东披碱草	409	双稃草	425,426	四角竹	271
山类芦	341	双花狗牙根	435	四脉金茅	528
少花茶秆竹	185,190	双穗求米草	459	四时竹	191
少穗竹	313,315	双穗雀稗	468,469	苏丹草	550
少穗竹属	160,312	水白菜	15,95	宿根画眉草	415,422
蛇头草	107	水鳖	16	粟草	388
升马唐	475,477	水鳖科	14	粟草属	319,388
省藤属	52,53	水鳖属	14,15	酸竹属	160,306

算盘竹	304,306	微萍	118	喜林芋属	79,93
遂昌雷竹	204,250	伪针茅属	322,493	喜荫草属	47
		苇状羊茅	345	细柄草	554
T		䅌草	403	细柄草属	324,553
台湾桂竹	204,255	䅌草属	320,403	细柄黍	449,450
台湾虎尾草	432	温州单竹	166	细灯心草	150
台湾剪股颖	375,376	倭形竹	305	细茎针茅	390
台湾竹叶草	457	倭竹	261,264	细毛鸭嘴草	536,537
台蔗茅	514,519	倭竹属	160,261	细叶鹅观草	407
唐竹	297,299	乌哺鸡竹	203,236	细叶结缕草	444,446
唐竹属	160,297	乌龟笋竹	232	狭叶谷精草	139,142
糖蔗	517	乌脚绿竹	177,182	狭叶求米草	459
梯牧草属	319,387	乌芽竹	202,216	狭叶倭竹	261,265
天目隐子草	424	乌竹	202,210	仙居苦竹	278,292
天目早竹	204,248	乌桩头竹	252	纤毛鹅观草	406
天南星	100,104	无根萍	118	纤毛马唐	477
天南星科	79	无根萍属	113,118	纤细茨藻	39,40
天南星属	80,99	无芒稗	464	显子草	443
田干草	26	无芒雀麦	362	显子草属	321,442
田野黑麦草	400	无毛画眉草	419	线形草沙蚕	428
甜根子草	514,515	无尾水筛	17	香根草	551
甜茅	360	无叶莲科	50	香茅	543
甜茅属	318,359	无叶莲属	50	香茅属	324,543
甜笋竹	203,225	蜈蚣草属	324,563	箱根野青茅	380,382
甜竹	249	五彩芋	79	萧山早竹	257
筒轴茅	562	五节芒	509,510	小茨藻	39,41
筒轴茅属	324,562	五月季竹	227	小慈姑	2,6
				小灯心草	147,150
W		**X**		小旱稗	464
弯果草茨藻	42	西来稗	464	小画眉草	415,417
弯果茨藻	39,42	西南䅟草	480,482	小黄苦	316
菵草	373	西藏须芒草	541	小节眼子菜	33
菵草属	319,373	稀脉浮萍	116	小丽草	497
望江哺鸡竹	257	䅊茅	506,508	小丽草属	322,496
微齿眼子菜	29,33	䅊茅属	323,506	小麦	409

小麦属	320,409	盐地鼠尾粟	439,440	蔺草	393
小米	481,485	眼子菜	28,30	蔺草属	319,393
小盼草	333	眼子菜科	28	银边草	366
小盼草属	317,333	眼子菜属	28	银海枣	61
小琴丝竹	169	燕麦	366	银鳞茅	350
小眼子菜	29,35	燕麦草	365	隐子草属	321,423
小叶慈姑	6	燕麦草属	318,365	硬稃稗	461,465
小叶箬竹	266	燕麦属	318,366	硬秆子草	553
小叶眼子菜	29	燕子竹	216	硬壳竹	232
小颖短柄草	401	羊茅	345,348	硬雀麦	362,364
小颖羊茅	345,346	羊茅属	318,345	硬头黄竹	165,174
孝丰紫筋毛竹	222	洋毛竹	226	硬头苦竹	278,281
孝顺竹	164,167	洋野黍	449,453	硬直黑麦草	397,399
楔颖草属	323,534	野慈姑	2,4	硬质早熟禾	352,356
心叶刺果泽泻	10	野灯心草	147,149	油苦竹	278,284
信宜石竹	164	野古草	503,505	油芒	520
星花灯心草	148,154	野古草属	323,503	油芒属	520
袖珍椰属	53,75	野青茅	380,381	疣草	134
袖珍椰子	76	野青茅属	319,379	有芒鸭嘴草	536,538
须芒草属	324,541	野黍	466	有尾水筛	17,18
雪铁芋	111	野黍属	322,466	莠竹	526
雪铁芋属	79,111	野燕麦	366	莠竹属	323,523
		野芋	88	鱼肚腩竹	164
Y		业平竹	274	鱼尾葵	65,67
鸭驰草	468,473	业平竹属	160,274	鱼尾葵属	52,65
鸭茅	344	一把伞南星	100,106	羽毛地杨梅	155
鸭茅属	318,344	伊乐藻	24	羽叶喜林芋	93
鸭跖草	124,125	伊乐藻属	14,23	玉米	567
鸭跖草科	119	宜兴苦竹	278,293	玉山竹	161,162
鸭跖草属	119,124	异穗楔颖草	534	玉山竹属	159,161
鸭嘴草	539	异燕麦属	318,368	玉蜀黍	567
鸭嘴草属	323,536	异叶天南星	104	玉蜀黍属	324,566
芽竹	202,216	薏米	566	芋	88
崖州竹	172	薏苡	565	芋属	80,88
烟竹	217	薏苡属	324,565	御谷	490,492

原动花	130	浙江甜竹	204,253	竹叶子属	119
圆果雀稗	473	浙皖箐	556,557	竹蔗	518
圆叶泽泻	10	针茅属	319,390	紫背浮萍	113
圆柱叶灯心草	154	枝花隐子草	424	紫背万年青	128,129
远东芨芨草	393	知风草	415,421	紫露草	128,130
云和哺鸡竹	203,232	止血马唐	475	紫马唐	475,476
云和少穗竹	313,315	中东海枣	61	紫萍	113
云台南星	100,105	中华笔草	530	紫萍属	113
		中华草沙蚕	428,429	紫蒲头灰竹	259
Z		中华淡竹叶	332	紫万年青	129
早哺鸡竹	240	中华结缕草	444,445	紫万年青属	119,128
早熟禾	352,353	中华业平竹	274,275	紫鸭跖草	130
早熟禾属	318,351	中间型竹叶草	457	紫叶狼尾草	491
早园竹	204,257	中亚苈草	533	紫叶象草	489
早竹	204,240	肿节苦竹	313	紫芋	88
泽米叶天南星	111	肿节少穗竹	313	紫御谷	493
泽薹草	10	肿节竹	313	紫竹	202,208
泽薹草属	1,9	皱苦竹	278,293	紫竹梅	129,132
泽泻科	1	皱叶狗尾草	480,483	棕榈	54
泽泻属	1,11	珠芽画眉草	415,420	棕榈科	52
泽泻叶慈姑	5	蛛丝毛蓝耳草	124	棕榈属	52,54
窄叶泽泻	11	竹节菜	125	棕叶狗尾草	480,482
展穗膜稃草	474	竹亚科	159	棕竹	56
獐毛	411	竹叶草	456,458	棕竹属	52,56
獐毛属	320,410	竹叶吉祥草	121	菹草	28,32
掌叶半夏	107,109	竹叶吉祥草属	119,120		
沼原草	343	竹叶茅	523,524		
浙江淡竹	245	竹叶眼子菜	28,32		
浙江柳叶箬	497,500	竹叶子	120		

拉丁名索引

A

Achnatherum	319,391
coreanum	391
extremiorientale	392,393
pekinense	392
Acidosasa	160,306
anaurita	306,307
chienouensis	306,308
edulis	306,309
gigantea	306,311
longiligula	306,311
notata	296,306
Acoraceae	77
Acorus	77
calamus	77
'Variegatus'	78
gramineus	78
'Ogan'	78
'Variegatus'	78
tatarinowii	78
Aeluropus	320,410
sinensis	411
Aglaonema	79,85
modestum	85
Agrostis	319,375
canina var. *formosana*	376
clavata	375
gigantea	375,377
matsumurae	375
sozanensis	375,376
stolonifera	378
Alisma	1,11
canaliculatum	11
orientale	12
Alismataceae	1
Alocasia	79,90
cucullata	90
macrorrhizos	92
odora	91
Alopecurus	319,385
aequalis	385
japonicus	386
Amorphophallus	80,96
kiusianus	97
konjac	96
rivierei	96
sinensis	97
tienmushanensis	97
Andropogon	324,541
munroi	541
virginicus	541
yunnanensis	541
Anthoxanthum	320,395
glabrum	395
odoratum	396
Anthurium	79,80
andraeanum	80

scherzeranm	80	*lanceolatus*	534
Apocopis	323,534	**prionodes**	533
intermedius	534	*Arundinaria*	
wrightii	535	*amabilis*	187
var. *macrantha*	534	*amara*	285
Aponogeton	26	*fargesii*	303
lakhonensis	26	*hindsii*	191
Aponogetonaceae	26	*latifolia*	198
Araceae	79	*varia*	285
Archontophoenix	52,72	**Arundinella**	323,503
alexandrae	73	*anomala*	505
Arecaceae	52	**barbinodis**	503
Arisaema	80,99	**hirta**	503,505
amurense	100,103	var. **hondana**	506
bockii	100,102	*hondana*	506
form. **viridescens**	103	**setosa**	503,504
dubois-reymondiae	105	var. *esetosa*	505
erubescens	100,106	**Arundo**	320,335
heterophyllum	100,104	**donax**	336
japonicum	107	var. **versicolor**	337
lobatum	99,100	**Avena**	318,366
ringens	99,101	**fatua**	366
sikokianum	103	var. **glabrata**	367
var. *serratum*	103	*sativa*	366
silvestrii	100,105		
Aristida	321,435	**B**	
cumingiana	435	**Bambusa**	159,164
Arrhenatherum	318,365	**albolineata**	164,169
elatius	365	*argenteostriata*	295
'Variegatum'	366	*atrovirens*	179
var. **bulbosum**	366	*basihirsuta*	177
Arthraxon	323,532	*boniopsis*	164
hispidus	532	**breviflora**	164,173
var. **centrasiaticus**	533	**chungii**	164,166
var. *cryptatherus*	532	*dolichoclada*	164

dolichomerithalla	169	**Brachiaria**	322,465
gibboides	164	**villosa**	465
glaucescens	167	**Brachyelytrum**	319,374
multiplex	164,167	*erectum* var. *japonicum*	374
form. **alphonse-karri**	169	**japonicum**	374
form. **fernleaf**	169	**Brachypodium**	320,400
var. *lutea*	167	**sylvaticum**	400
oldhami	179	var. **breviglume**	401
pachinensis	165,176	*Brachystachyum densiflorum*	276
var. **hirsutissima**	177	**Briza**	318,350
pervariabilis	165,172	*maxima*	350
prasina	177	**minor**	350
rigida	165,174	**Bromus**	318,361
subruncata	164	**catharticus**	362,364
textilis	164,170	**japonicus**	362,363
var. **glabra**	171	*inermis*	362
var. **gracilis**	172	**remotiflorus**	362
tuldoides	165,173	**rigidus**	362,364
variostriata	178	*unioloides*	364
ventricosa	164,165	**Butia**	53,71
vulgaris	165,175	**capitata**	71
var. *vittata*	164		
wenchouensis	164,166	**C**	
form. **striata**	167	*Caladium bicolor*	79
Bambusoideae	159	**Calamagrostis**	319,378
Bashania	160,303	**epigeios**	378
fargesii	303	var. *densiflora*	378
Beckmannia	319,373	**Calamus**	52,53
syzigachne	373	**thysanolepis**	53
Blyxa	14,17	**Caldesia**	1,9
aubertii	17	**grandis**	9
echinosperma	17,18	**parnassifolia**	10
japonica	17,18	**Capillipedium**	324,553
Bothriochloa	324,552	**assimile**	553
ischaemum	552	**parviflorum**	554

Caryota	52,65	lacryma-jobi	565
maxima	65,67	var. *maxima*	565
mitis	65,66	var. **ma-yuen**	566
obtusa	65,68	**Colocasia**	80,88
ochlandra	67	*antiquorum*	88
Cenchrus	322,492	**esculenta**	88
echinatus	493	**gigantea**	89
Chamaedorea	53,75	*tonoimo*	88
elegans	76	**Commelina**	119,124
Chasmanthium	317,333	**auriculata**	124,127
latifolium	333	**benghalensis**	124,127
Chimonobambusa	160,267	**communis**	124,125
armata	267	form. **alba**	126
hejiangensis	267,270	**diffusa**	124,125
hirtinoda	267,269	**Commelinaceae**	119
marmorea	267	**Cortaderia**	320,334
purpurea	267,268	**selloana**	334
quadrangularis	267,271	**Cyanotis**	119,123
utilis	267,272	**arachnoidea**	124
Chloris	321,431	**Cymbopogon**	324,543
formosana	432	**citratus**	543
virgata	433	**goeringii**	543,544
Chrysopogon	324,551	*mekongensis*	543
zizanioides	551	**tortilis**	543,545
Clavinodum oedogonatum	313	**Cynodon**	321,434
Cleistogenes	321,423	**dactylon**	434
hackelii	423	var. **biflorus**	435
var. **nakaii**	424	**Cyrtococcum**	321,447
ramiflora	424	**patens**	448
var. **tianmushanensis**	424		
Coelachne	322,496	**D**	
japonica	496	**Dactylis**	318,344
simpliciuscula	497	**glomerata**	344
Coix	324,565	**Dactyloctenium**	320,411
chinensis	566	**aegyptium**	411

Dendrocalamopsis	159,164,177	radicosa	475,479
basihirsuta	177	violascens	475,476
edulis	177,182	**Dimeria**	323,506
oldhami	177,179	**falcata**	506
form. **revoluta**	181	**ornithopoda**	506,508
form. **striata**	182	subsp. **subrobusta**	508
variostriata	177,178	**sinensis**	506,507
Dendrocalamus	159,184	*Diplachne fusca*	426
farinosus	184	**Dypsis**	52,70
latiflorus	184	**lutescens**	70
Deyeuxia	319,379		
arundinacea		**E**	
var. *borealis*	381	*Eccoilopus cotulifer*	520
var. *ciliata*	381	**Echinochloa**	322,461
var. *laxiflora*	380	**caudata**	461,462
var. *ligulata*	381	**colona**	461
conferta	380,383	**crusgalli**	461,463
effusiflora	380	var. *austrojaponensis*	464
hakonensis	380,382	var. *caudata*	462
henryi	381	var. *hispidula*	463
hupehensis	381	var. **mitis**	464
pyramidalis	380,381	var. **zelayensis**	464
Diarrhena	319,372	**glabrescens**	461,465
japonica	372	*hispidula*	463
mandshurica	373	**Echinodorus**	1,10
sinica	373	**cordifolius**	10
Dieffenbachia	79,87	**Egeria**	14,24
picta	87	**densa**	25
seguine	87	**Eleusine**	321,412
Digitaria	322,475	**coracana**	412
chrysoblephara	479	**indica**	414
ciliaris	475,477	**Elodea**	14,23
var. **chrysoblephara**	479	**nuttallii**	24
ischaemum	475	*Elymus*	406
mollicoma	475,476	*shandongensis*	409

Epipremnum	79,82		*sikokianum*	145
aureum	82		var. *linanense*	145
pinnatum	79		**Eriochloa**	322,466
Eragrostis	321,415		**villosa**	466
autumnalis	415,417		**Eulalia**	323,527
brownii	415,420		*contorta* var. *sinensis*	530
bulbillifera	420		**quadrinervis**	528
cilianensis	415,416		var. *bispicata*	528
cumingii	415,420		**speciosa**	528
ferruginea	415,421			
japonica	415		**F**	
minor	415,417		**Festuca**	318,345
multicaulis	419		**arundinacea**	345
perennans	415,422		*glauca*	345
pilosa	415,418		**japonica**	345,347
var. **imberbis**	419		*myuros*	349
zeylanica	420		**ovina**	345,348
Eremochloa	324,563		**parvigluma**	345,346
ophiuroides	563		**Floscopa**	119,122
Erianthus formosanus	519		**scandens**	122
Eriocaulaceae	139			
Eriocaulon	139		**G**	
angustulum	139,142		**Gelidocalamus**	160,266
buergerianum	140,144		**rutilans**	266
cinereum	139,141		**Glyceria**	318,359
decemflorum	139,140		**acutiflora** subsp. **japonica**	360
faberi	140,143		**leptolepis**	360
kengii	145			
miquelianum	140,145		**H**	
nantoense	139,141		**Hackelochloa**	324,564
var. *parviceps*	143		**granularis**	564
nepalense	140,143		**Helictotrichon**	318,368
nipponicum	140		**leianthum**	368
senile	143		**Hemarthria**	324,560
sexangulare	139,142		**altissima**	560

compressa	561	lacunosus	197
sibirica	560	**latifolius**	197,198
Heteropogon	324,555	**longiauritus**	197,200
contortus	555	**tessellatus**	197,199
Hierochloe glabra	395	**victorialis**	197,198
Hordeum	320,404	**Indosasa**	160,304
distichon	405	*gigantea*	311
vulgare	404	**glabrata**	304
var. *distichon*	405	var. **albo-hispidula**	304
Hydrilla	14,21	**shibataeoides**	305
verticillata	21	**Isachne**	322,497
var. **roxburghii**	23	*dispar*	499
Hydrocharis	14,15	**globosa**	497
dubia	16	*hirsuta*	501
Hydrocharitaceae	14	**hoi**	497,500
Hygroryza	317,329	**nipponensis**	497,500
aristata	329	var. **kiangsiensis**	500
Hymenachne	322,474	**pulchella**	497,499
patens	474	**sylvestris**	497,501
Hystrix	320,403	**truncata**	497,502
duthiei	403	**Ischaemum**	323,536
		anthephoroides	536,540
I		**aristatum**	536,538
Ichnanthus	322,454	var. *barbivaginatum*	539
pallens	455	var. **glaucum**	539
var. **major**	454	var. *longiaristatum*	539
vicinus	454	**barbatum**	536
Imperata	323,521	**ciliare**	536,537
cylindrica	522	*crassipes*	539
var. **major**	522	*hondae*	538
koenigii	522	*indicum*	537
Indocalamus	160,196	*tientaiense*	536
cordatus	197		
decorus	197,201	**J**	
gigantea	311	**Juncaceae**	147

Juncus	147	**Leptochloa**	321,424
alatus	148,152	**chinensis**	425
bufonius	147,150	**fusca**	425,426
compressus var. *gracillimus*	150	**panicea**	425
diastrophanthus	148,154	*Lingnania*	164
effusus	147,148	*cerosissima*	164
gracillimus	148,150	*chungii*	166
leschenaultii	153	*remotiflora*	164
prismatocarpus	148,153	*wenchouensis*	166
subsp. **teretifolius**	154	**Livistona**	52,58
setchuensis	147,149	**chinensis**	58
var. **effusoides**	150	**Lolium**	320,396
tenuis	148,151	*arvense*	400
		multiflorum	397,398
K		**perenne**	397
Kengia ramiflora var. *tianmushanensis*	424	**rigidum**	397,399
Koeleria	319,371	**temulentum**	397,400
cristata	371	var. **arvense**	400
macrantha	371	**Lophatherum**	317,331
		gracile	331
L		var. *hispidum*	331
Landoltia	113,114	**sinense**	332
punctata	114	**Luzula**	155
Leersia	317,326	**multiflora**	157
japonica	326	**plumosa**	155
oryzoides	326,327		
sayanuka	326,328	**M**	
Lemna	113,115	**Melica**	318,357
aequinoctialis	116	**grandiflora**	358
japonica	116	**onoei**	359
minor	116,117	**Microstegium**	323,523
perpusilla	116	**ciliatum**	523, 526
punctata	114	**japonicum**	523
trisulca	116,117	*nodosum*	526
Lemnaceae	113	**nudum**	523,524

vimineum	523,525
var. **imberbe**	526
Milium	319,388
effusum	388
Miscanthus	323,509
floridulus	509,510
lutarioriparius	509,513
sacchariflorus	509,512
sinensis	509,511
'Gracilliums'	511
'Variegatus'	511
'Zebrinus'	511
Miyoshia sakuraii	50
Molinia	320,343
hui	343
japonica	343
Moliniopsis hui	343
Monstera	79,83
deliciosa	84
Muhlenbergia	321,435
capillaris	436,438
'Regal Mist'	438
huegelii	436
japonica	436,437
ramosa	436,438
Murdannia	119,134
hookeri	134,136
keisak	134
loriformis	134,138
nudiflora	134,137
triquetra	134,135

N

Najadaceae	39
Najas	39
ancistrocarpa	39,42
chinensis	39,44
gracillima	39,40
graminea	39,42
var. **recurvata**	42
marina	39
minor	39,41
oguraensis	39,43
orientalis	44
Narenga porphyrocoma	518
Nassella tenuissima	391
Neosinocalamus	159,183
affinis	183
form. **viridiflavus**	184
beecheyanus	183
Neyraudia	320,341
montana	341
reynaudiana	342

O

Oligostachyum	160,312
fujianense	316
glabrescens	312
lanceolatum	313,315
lubricum	313,314
oedogonatum	313
scabriflorum	313,316
sulcatum	313,315
Oplismenus	322,456
compositus	456
var. **formosanus**	457
var. **intermedius**	457
undulatifolius	458
var. **binatus**	459
var. **glaber**	459

var. **imbecillis**	459
var. **japonicus**	460
Orthoraphium grandifolium	391
Oryza	317, 325
sativa	325
var. *glutinosa*	325
Oryzopsis obtusa	389
Ottelia	14
alismoides	15

P

Panicum	322, 448
bisulcatum	449
brevifolium	449, 451
dichotomiflorum	449, 453
miliaceum	449
paludosum	453
psilopodium	450
var. *epaleatum*	450
repens	449, 451
sumatrense	449, 450
virgatum	449, 452
Parapholis	320, 402
incurva	402
Paspalum	322, 467
commersonii	473
conjugatum	468
dilatatum	468, 469
distichum	468, 469
longifolium	468, 471
orbiculare	473
scrobiculatum	468, 473
var. **bispicatum**	473
var. **orbiculare**	473
thunbergii	468, 472
urvillei	468, 470
Pennisetum	322, 489
alopecuroides	490
americanum	492
glaucum	490, 492
'Purple Majesty'	492
purpureum 'Red'	489
setaceum	490, 491
'Rubrum'	491
Petrosavia	50
sakuraii	50
Petrosaviaceae	50
Phacelurus	324, 559
latifolius	559
var. *angustifolius*	559
var. *monostachyus*	559
Phaenosperma	321, 442
globosum	443
Phalaris	319, 393
arundinacea	393
var. **picta**	395
Philodendron	79, 93
bipinnatifidum	93
Phleum	319, 387
paniculatum	387
Phoenix	52, 61
canariensis	61, 62
dactylifera	61, 65
loureiroi	61, 64
roebelenii	61, 63
sylvestris	61
Phragmites	320, 337
australis	337, 340
'Variegata'	341
japonicus	337, 339

karka	337,338	form. **bicolor**	220
Phyllostachys	160,202	form. **gracilis**	220
acuta	204,239	form. **holochrysa**	220
albidula	204,254	form. **huamozhu**	221
angusta	204,255	form. **luteosulcata**	221
arcana	204,239	form. **mira**	221
form. **luteosulcata**	240	form. **nabeshimana**	221
atrovaginata	202,216	form. **obliquinoda**	221
aurea	204,243	form. **pachyloen**	222
form. **flavescens-inversa**	244	form. **porphyrosticta**	222
form. **koi**	244	form. **purpureoculmis**	222
aureosulcata	203,230	form. **purpureosulcata**	222
form. **aureocaulis**	231	form. **tubaeformis**	222
form. **flavostriata**	231	form. **ventricosa**	222
form. **pekinensis**	231	**elegans**	203,225
form. **spectabilis**	231	*erecta*	216
form. **vittata**	231	*faberi*	223
aurita	202,207	**fimbriligula**	203,238
bambusoides	203,227	**flexuosa**	204,249
form. **castillonis**	227	**funhuaensis**	202,215
form. **duihuazhu**	227	**glabrata**	204,248
form. **lacrima-deae**	227	**glauca**	205,259
form. **mixta**	228	form. **yunzhu**	260
form. **shouzhu**	228	var. **variabilis**	260
bissetii	202,211	*helva*	232
chlorina	223	**heteroclada**	202,217
circumpilis	204,246	form. **denigrata**	218
compar	204,252	form. *funhuaensis*	215
concava	212	form. **solida**	218
congesta	217	*heterocycla* var. *pubescens*	219
decora	232	**hispida**	202,210
dulcis	203,228	**incarnata**	203,233
edulis	203,219	**iridescens**	204,251
'Kikko-chiku'	222	form. **heterochroma**	252
form. **abbreviata**	220	**kwangsiensis**	204,247

longiciliata	202,213	form. **houzeauana**	224
makinoi	204,255	form. **robertii**	224
form. **wuyishanensis**	256	form. **viridisulcata**	224
mannii	203,232	var. **viridis**	224
meyeri	204,245	**tianmuensis**	204,248
nidularia	202,205	**varioauriculata**	202,210
form. **glabro-vagina**	206	*villosa*	223
form. **mirabilis**	206	**violascens**	204,240
form. **speciosa**	206	form. **notata**	242
form. **sulfurea**	207	form. **viridisulcata**	242
form. **vexillaris**	207	**virella**	204,246
nigella	203,235	**viridi-glaucescens**	203,229
nigra	202,208	*viridis*	224
var. **henonis**	209	form. *aurata*	223
var. **punctata**	209	**vivax**	203,236
nuda	205,258	form. **aureocaulis**	238
form. **localis**	259	form. **huangwenzhu**	238
form. **varians**	259	form. **viridivittata**	238
parvifolia	202,214	**yunhoensis**	203,232
pinyanensis	228	**zhejiangensis**	204,253
platyglossa	203,235	**Pinellia**	80,107
praecox	240	**cordata**	107
primotina	204,250	**pedatisecta**	107,109
prominens	203,226	**peltata**	107,108
propinqua	204,257	**ternata**	107,110
form. **lanuginosa**	257	**Piptatherum**	319,389
pubescens	219	**kuoi**	389
retusa	212	**Pistia**	80,94
rivalis	203,218	**stratiotes**	95
robustiramea	202,216	**Pleioblastus**	160,277
rubicunda	202,212	**altiligulatus**	278,289
rubromarginata	204,242	**amarus**	278,285
rutila	203,234	var. **hangzhouensis**	287
stimulosa	217	var. **pendulifolius**	287
sulphurea	203,223	var. **subglabratus**	287

var. **tubatus**	287	**Pollia**	119,121
argenteastriatus	279,295	japonica	121
gozadakensis	278,281	**Polypogon**	319,383
gramineus	278,279	**fugax**	383
hsienchuensis	278,292	**monspeliensis**	384
incarnatus	278,290	**Pooideae**	317
intermedius	306	**Potamogeton**	28
juxianensis	278,291	**crispus**	28,32
longifimbriatus	278,281	**cristatus**	28,29
maculatus	278,282	**distinctus**	28,30
maculosoides	296	var. **lishuiensis**	31
oedogonatum	313	**maackianus**	29,33
oleosus	278,284	malaianus	33
ovatoauritus	278,284	nodosus	33
pygmaeus	279,296	**octandrus**	28,30
rugatus	278,293	var. *miduhikimo*	30
simonii	278,280	**oxyphyllus**	29,34
solidus	278,291	*pectinatus*	36
truncatus	278,288	**pusillus**	29,35
variegatus	279,294	**wrightii**	28,32
yixingensis	278,293	**Potamogetonaceae**	28
Poa	318,351	**Pseudopogonatherum**	323,529
acroleuca	352	**contortum** var. **sinense**	530
var. *ryukyuensis*	353	**koretrostachys**	529
annua	352,353	*setifolium*	529
faberi	352,355	**Pseudoraphis**	322,493
hisauchii	352	**sordida**	494
infirma	352,354	*spinescens* var. *depauperata*	494
nepalensis	352	**Pseudosasa**	159,160,185
prolixior	355	**acutivagina**	185,188
sphondylodes	352,356	**aeria**	185,188
var. *macerrima*	356	**amabilis**	185,187
Poaceae	158	*cantorii*	185
Pogonatherum	323,531	**hindsii**	185,191
crinitum	531	**japonica**	185,186

var. *tsutsumiana*	186
longivaginata	199
notata	306
orthotropa	185,191
pallidiflora	185,190
truncatula	185,189
variegata	294
viridula	185,187
Pseudosclerochloa	318,351
kengiana	351
Puccinellia	318,357
distans	357

Q

Qiongzhuea	160,273
puberula	273

R

Ranalisma	1,8
rostrata	8
Ravenea	53,69
rivularis	69
Rhapis	52,56
excelsa	56
humilis	57
Rhoeo	
discolor	129
spathacea	129
Roegneria	320,406
ciliaris	406
var. **hackliana**	407
var. **submutica**	407
japonensis	407
kamoji	407
mayebarana	409

shandongensis	409
tsukushiensis var. *transiens*	407
Rottboellia	324,562
cochinchinensis	562
exaltata	562
Ruppia	37
maritima	37
Ruppiaceae	37

S

Saccharum	323,514
arundinaceum	514
formosanum	514,519
narenga	514,518
officinarum	514,517,518
sinense	518
spontaneum	514,515
Sacciolepis	322,455
indica	455
Sagittaria	1
guayanensis	3
subsp. **lappula**	2
lichuanensis	2,3
platyphylla	2,5
potamogetonifolia	2,6
pygmaea	2,7
trifolia	2,4
form. *longiloba*	4
subsp. **leucopetala**	5
var. *sinensis*	5
Sasa	160,193
argenteostriata	295
auricoma	193,194
pygmaea	296
qingyuanensis	193,194

sinica	193	subsp. **pycnocoma**	489
variegata	294	*Setcreasea*	
Sasaella	160,195	*pallida*	132
kongosanensis	195	*purpurea*	132
'Aureostriaus'	196	**Shibataea**	160,261
Sasamorpha		**chiangshanensis**	261,262
migoi	198	**chinensis**	261
qingyuanensis	194	**hispida**	261,264
Schizachyrium	324,546	**kumasasa**	261,264
brevifolium	546	**lanceifolia**	261,265
Sciaphila	47	**strigosa**	261,263
ramosa	49	**Sinobambusa**	160,297
secundiflora	47	*anaurita*	307
Sclerochloa kengiana	351	*edulis*	309
Secale	317	**farinosa**	297,298
cereale	317	*gigantea*	311
Semiarundinaria	160,274	**intermedia**	297,300
densiflora	274,276	*parvifolia*	315
var. **villosa**	277	**rubroligula**	297
fastuosa	274	**seminuda**	297,298
lubrica	314	**striata**	297,301
scabrifiorum	316	**tootsik**	297,299
sinica	274,275	form. **albo-striata**	300
Setaria	322,480	var. **laeta**	300
chondrachne	480,481	**urens**	297,302
faberi	481,486	**Sorghum**	324,547
forbesiana	480,482	**bicolor**	547
glauca	485	var. *subgtobosus*	547
italica	481,485,489	**halepense**	547,548
var. *germanica*	485	form. *muticum*	549
palmifolia	480,482	**nitidum**	547,550
plicata	480,483	**sudanense**	550
pumila	481,484	**Spartina**	321,429
viridis	481,487	**alterniflora**	430
subsp. **pachystachys**	488	**anglica**	431

Spathiphyllum	79,81		**Trachycarpus**	52,54
kochii	81		fortunei	54
Spatholirion	119,120		**Tradescantia**	119,128
longifolium	121		*discolor*	129
Sphaerocaryum	322,495		fluminensis	128,131
malaccense	495		ohiensis	128,130
Spirodela	113		pallida	129,132
polyrhiza	113		*reflexa*	130
Spodiopogon	323,519		spathacea	128,129
cotulifer	520		virginiana	128,130
sibiricus	519		zebrina	129,133
Sporobolus	321,439		*Triarrhena*	
fertilis	439,440		*lutarioriparia*	513
hancei	439,441		*sacchariflora*	512
pilifer	439,442		**Tripogon**	321,427
virginicus	439,440		chinensis	428,429
Stipa	319,390		filiformis	428
bungeana	390		longearistatus	428,429
tenuissima	390		**Trisetum**	319,369
Streptolirion	119		bifidum	369
volubile	120		henryi	370
Stuckenia	35		**Triticum**	320,409
pectinata	36		aestivum	409
Syagrus	53,74		**Triuridaceae**	47
romanzoffiana	74		**Typhonium**	80,98
Syngonium	79,93		blumei	98
podophyllum	94		*divaricatum*	98
			flagelliforme	98

T

Themeda	324,555
caudata	556
japonica	558
triandra	556,558
unica	556,557
villosa	556,557

U

Uniola latifolia	333

V

Vallisneria	14,19
denseserrulata	19

natans	20	zamiifolia	111
Vetiveria zizanioides	551	**Zannichellia**	45
Vulpia	318,348	palustris	45
myuros	349	**Zannichelliaceae**	45
		Zantedeschia	80,86
W		aethiopica	86
Washingtonia	52,59	**Zea**	324,566
filifera	59	mays	567
robusta	59	*Zebrina pendula*	133
Wolffia	113,118	**Zizania**	317,330
arrhiza	118	*caduciflora*	330
globosa	118	latifolia	330
		Zoysia	321,444
Y		japonica	444
Yushania	159,161	macrostachya	444,447
baishanzuensis	161,163	matrella	444,446
basihirsuta	161	pacifica	444,446
niitakayamensis	161,162	sinica	444,445
		tenuifolia	446
Z			
Zamioculcas	79,111		

附 录

照片提供作者名录(非本卷编著者)

刘 西 羽毛地杨梅(左中、左下、右下),弓果黍(3),荸草(中),小丽草(2),沼原草(右上),早熟禾(右上),线形草沙蚕(左下),野古草(右),油芒(上右),日本莠竹(上左),竹叶茅(下右),柔枝莠竹(左中),荩草(右上),细毛鸭嘴草(右上),有芒鸭嘴草(左下),细柄草(下左),假俭草(上左),玉米(左中、右下)。共24张。

王军峰 窄叶泽泻(左、右上),丽水眼子菜(左),疏花无叶莲(下左、下右),东亚魔芋(左下),杜若(右、左下),聚花草(右、左下),鸭跖草(下),饭包草(右),紫竹梅(中),吊竹梅(左下),裸花水竹叶(右上),牛轭草(左上、右下),展穗膜稃草(左上、右),香根草(左),球穗草(中)。共21张。

陈征海 花南星(上右、下左),巨大狗尾草(2),卡开芦(右上、右下),台湾虎尾草(左下、右上),盐地鼠尾粟(右、右下),大穗结缕草(下左、下右),甜根子草(左下),河八王(4),异穗楔颖草(2),高粱(左下)。共20张。

陈贤兴 广东万年青(左下),雪铁芋(下左、下右),节节草(左,右下),耳苞鸭跖草(2),紫背万年青(右上、右中),毛萼紫露草(左下,右下),白花紫露草(右下),裸花水竹叶(左),洋野黍(左)、展穗膜稃草(左)。共15张。

高亚红 东方泽泻(4),花叶芦苇(1),鸭茅(2),银边草(1),鬼蜡烛(右),细茎针茅(1),花叶蘘草(1)。共11张。

顾余兴 华夏慈姑(右下),矮慈姑(左下),江南谷精草(3),双穗求米草(2),小米(中),厚穗狗尾草(2)。共10张。

李根有 御谷(2),日本苇(右上),硬雀麦(2),鬼蜡烛(左),大米草(1),台湾虎尾草(右下),虎尾草(右下),甜根子草(左上)。共10张。

金孝锋 禾本科小穗和小花结构图(6)。共6张。

注:括号中的数字为张数。

陈世品　毛鳞省藤（左下），棕竹（右上、下），短穗鱼尾葵（左、右上）。共5张。

梅旭东　江边刺葵（右上），布迪椰子（左、右中、下）。共4张。

胡仁勇　海芋（右下），犁头尖（左），毛鼠尾粟（左下）。共3张。

池方河　刺葵（3）。共3张。

李华东　二棱大麦（下、上左），小麦（上中）。共3张。

谢文远　线形草沙蚕（左上、右），曲芒楔颖草（下右）。共3张。

黄　青　无根萍（右上、右下）。共2张。

叶延龄　毛鳞省藤（右上、右下）。共2张。

王　挺　海芋（左上），台湾虎尾草（左下）。共2张。

俞　璐　多花地杨梅（2）。共2张。

徐绍清　南荻（下、右上）。共2张。

陈晓慧　甘蔗（上、下右）。共2张。

陈小萍　甘蔗（下左、下中）。共2张。

张宏伟　竹叶子（2）。共2张。

张庆勉　水车前（左）。

叶喜阳　海芋（左下）。

马丹丹　绿苞灯台莲（1）。

徐跃良　东北南星（下右）。